科学图书馆　校园科学实验

兴趣 爱好 启智 动手
铺垫未来的作为

趣味化学

[俄] 米·莫·列维茨基　著　谢云才　主译
王晓丹　赵婷婷　译

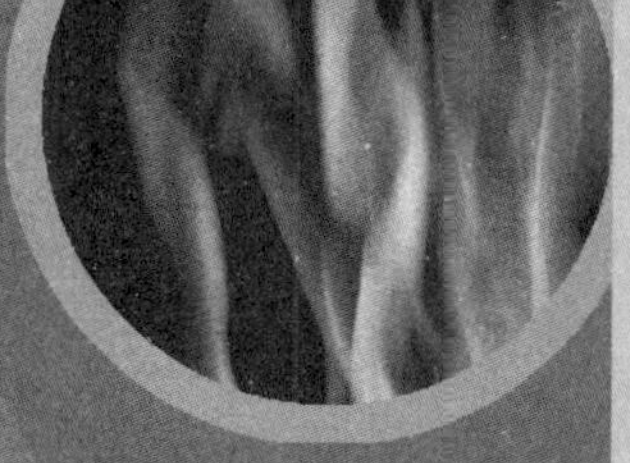

上海科学技术文献出版社

图书在版编目（CIP）数据

趣味化学/(俄罗斯)米·莫·列维茨基著；谢云才主译．—上海：上海科学技术文献出版社，2013.1
ISBN 978-7-5439-5531-8

Ⅰ.①趣… Ⅱ.①米… ②谢… Ⅲ.①化学—普及读物 Ⅳ.①O6-49

中国版本图书馆CIP数据核字（2012）第208193号

图字：09-2012-489

责任编辑：杨建生
美术编辑：徐　利

趣味化学
[俄]米·莫·列维茨基　著　谢云才　主译
*
上海科学技术文献出版社出版发行
（上海市长乐路746号　邮政编码200040）
全国新华书店经销
昆山市亭林彩印厂印刷
*
开本740×970　1/16　印张22.5　字数378 000
2013年1月第1版　2013年1月第1次印刷
ISBN 978-7-5439-5531-8
定价：45.00元
http://www.sstlp.com

本书简介

化学——这是研究物质的组成、结构以及变化规律的科学。通过了解化学知识，您可以知道许多日常生活中的奥秘。看似枯燥乏味的化学分子式，其实蕴含着缤纷多彩的大千世界！

本书以通俗易懂的语言和生动形象的实例，向读者娓娓讲述妙趣横生的化学知识，其中既有人类在化学领域思考、探索和发现的艰辛历程，也有日常生活中化学知识的各种实际应用。

作为介绍化学知识的科普读物，本书将知识性与趣味性巧妙融合，通俗的语言加上形象的插图，可以让读者在了解化学知识的同时深深喜欢上这门学科。

本书适用于初、高中学生和大学生，对于大、中学教师也有一定的参考价值，此外，普通读者阅读本书同样会受益匪浅。

目　录

前　言

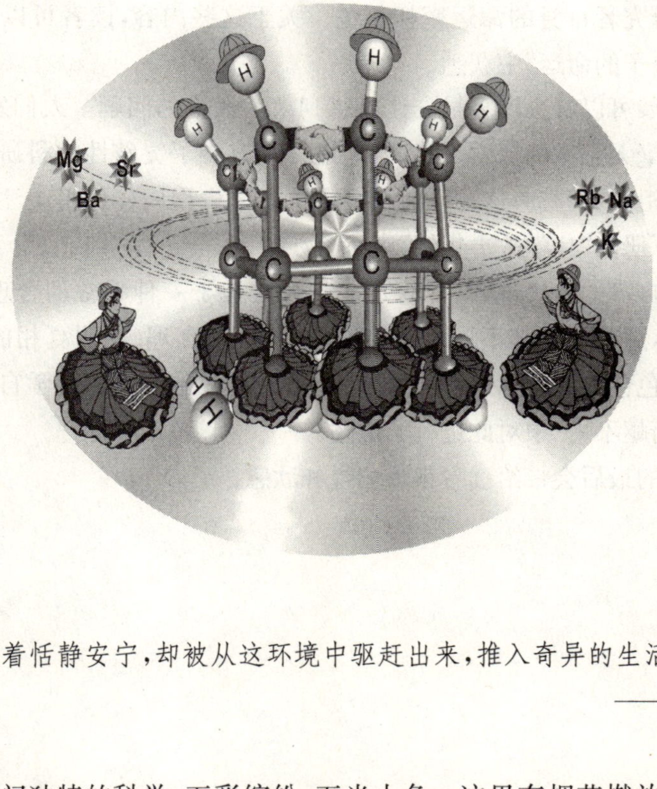

我本享受着恬静安宁，却被从这环境中驱赶出来，推入奇异的生活狂欢之中。

——保罗·瓦勒里

化学是一门独特的科学，五彩缤纷，五光十色。这里有烟花燃放时绽放的绚丽火焰，还有晶体折射所形成的绚丽色彩变化。一些化学键断裂后又形成新的化学键，就如同万花筒中的奇妙景象。获取化合物就像在玩一场令人着迷的游戏。思考周密的逻辑链条可以让我们洞察过程本身，感觉就像同大自然进行一场特殊的游戏，在这场游戏中研究者提出问题，然后根据所得到的答案再列出下一个问题。但是有一点非常重要，即一定要提出正确的问题。化学家解决各种问题的过程以及取得的成功，就好像亲历一场盛大的狂欢。

如果能够见证成功那一刻的绚烂华美，那么再繁杂的日常工作也能让人心情舒畅。化学家们其实早就具有各自的审美眼光，只是基于某些原因，鲜有表达而已。关于这一点，在本书上册的“思考、探索、发现”中作了介绍。

什么样的化学元素最重要？哪些物质最为有用？如果举行一场特殊的竞赛，答案一目了然。

获取新的物质，探究新物质的属性，这既需要付出艰苦努力，也存在一定的偶然因素，它们与研究者自身的命运密切相关。关于这些内容，读者可以在本书下册的“化学元素和分子的命运”中获悉。

科学的发展可以解决许多早先让人感到束手无策的问题。人们发现，研究者选择了一条似乎毫无意义的探索之路，但是最终却取得了突破性的科研成果。错误与失败固然令人沮丧，但有时这种看似可笑和愚蠢的失误同样值得关注。关于这方面的问题，本书下册的“化学故事集锦”中将会涉及。

科学有其自身的发展规律，尽管这些规律是基于一种平常的合理认知，但是对于某些人来说，这些规律却不同寻常。另外，在追求真理、探明真相的过程中，科学一直在同形形色色的伪科学进行斗争，而斗争的过程也锤炼了科学自身。本书下册的“科学之路崎岖不平”中对此进行了讲述。

本书下册的最后会带给读者很多愉悦和欣慰。

思考，探索，发现

图中有三个人物、三个单词和一些箭头，这是科学探索之路的基本形式。这三个单词应该如何排序呢？顺序可以是任意的，但是根据经验，科学研究经常是始于"思考"。有时，顺序也可以反向，但是无论是正向还是反向，都使科学之旅更加引人入胜。而且这三个单词缺一不可。"发现"——这是科学的基本目的，至于另外两个词，可以建议的只有一点——在某些时刻暂时停止实验，再思考一下。在了解了下面所讲述的内容之后，您会对此深信不疑。

不要急于做实验

生活如同一所学校，
不要急于毕业离开。
——埃米尔·米克

某些新定律的发现一般都是基于大量的实验积累。然而，这并非意味着都需要始于实验，有时先思考一下，然后再通过实验来确定自己的推断是否准确，这也是一种行之有效的方法。经常有这样的情形，前辈研究者所掌握的事实已经很多，需要的仅仅是对其规律的认识，以便随后严谨地描述这一规律。

前人的研究成果往往作为化学原理在教科书中被归纳总结出来。但是，成果的研究过程却比成果本身更耐人寻味。因此，在科学探索中，将逻辑与直觉结合起来，这种研究手段毫不逊色于当代研究者的研究技巧（有时甚至超过它们）。

沿着河流或沿着湖泊

首先训练一下我们的想象力，解决一个日常生活中遇到的简单问题。一艘船以恒定速度沿着湖面从甲岸运行到乙岸，然后立即以同样的速度沿原航线返回。这艘船以同样的速度沿着河面顺流而行，运行距离与湖面距离相等，然后再逆流返回到原点。船在河面和在湖面运行的距离相等，但是所用时间是否相同呢？船速、运行距离以及河水的流速——这些都是未知因素。我们只知道，当船在河面运行时，如果顺流，则船速增加，逆流则船速减慢。由于没有具体的数值，回答这个问题只能靠推测。给人的感觉是，在这两种情况下，船运行的时间应该相等。如果给出距离、船速和水流等具体数据，然后进行计算，

就可以得到准确的答案。其实不用进行任何运算，凭借推测也可以获得准确答案，也可以解决这个问题。假如河水的流速等于船速，在这种情况下，船顺着水流很快就能抵达目的地，但是永远不可能返回，因为逆流运行的时间将会无限延长，而在湖面运行时，船却可以在一定时间内返回。可见，沿河面运行时间永远比沿湖面运行的时间长。您或许觉得这样的答案过于草率，如果河水流动的速度不是很快，答案是否会不一样呢？不妨具体运算一下，结果您会发现，无论水流速度和距离长短怎样变化，答案都是一样。这个问题直接涉及交通工具的运输问题。执行两点间往返飞行的飞机，在无风的天气下比有风时花费的时间要少。这个因素在航空运输时必须考虑到，因为这直接关系到燃油的耗费量。

凯库勒与苯化学结构

现在每个化学家都熟知苯分子式，然而，化学家们也曾对苯的化学结构一无所知。迈克尔·法拉第于1825年率先从照明用的气体冷凝液中分解出了苯。埃·米希尔里希于1833年在其实验室里进行了苯酸热分解。这两件事情在化学史中只是很普通的事件，但是，苯的化学结构的确定却被认为是化学史上最重要的事件之一，具有里程碑意义。弗里德利希·凯库勒于1865年提出的著名苯分子结构式，在很长一段时间里成为有机化学的标志。1965年国际化学界举行了纪念苯化学结构确定100周年的庆祝活动。

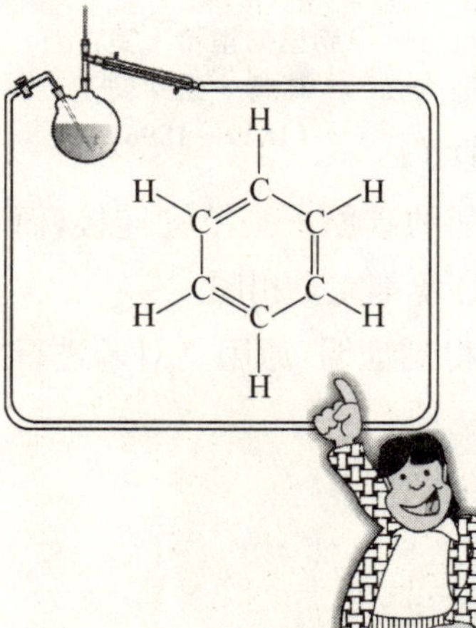

需要指出的是，作家或记者有时为迎合大众口味以求轰动效果，往往曲解科学家们的发明创造，将科学发现添加上某些神秘色彩，比如他们说，牛顿看到了掉在地上的苹果，发现了万有引力。维尔纳在梦中发现了配价化合物的结构理论。门捷列夫创建的化学周期表同样是在睡梦中。苯结构分子式得以确定也被赋予传奇色彩。有这样一个说法，凯库勒看到自己的老师尤斯图斯·冯·李比希手中拿着格

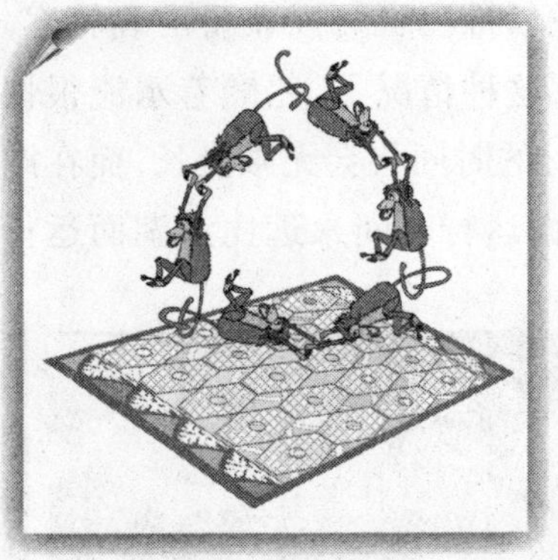

尔里茨伯爵夫人的钻石戒指，这枚戒指是法庭审判的证物，而当时他的老师是法庭证据鉴定专家。这枚戒指由一条黄金铸成的蛇与一条铂金铸成的蛇相互交错缠绕而成。在壁炉旁打盹的凯库勒梦见了这枚戒指(不知为何，凡是重大发现总发生在梦境之中)，随后，苯的环形分子结构式就以尾巴相连的两条蛇的形式呈现于世。还有另外一种说法，据说凯库勒看到六只猴子，它们相互之间尾巴相缠(单价键)，彼此脚抓着脚(双价键)围成一个圆。其实，有证据表明，是铺在壁炉旁的波斯地毯上的图案使凯库勒联想到了苯的分子结构式。

可以推测，凯库勒不过是巧妙地同记者开了个玩笑而已。过去的科学家(现在的科学家也是如此)并不想对那些缺乏专业知识，又缺乏耐心的记者详细解释某个科学发现的全过程，他们只是宣布一下结果，并不过多披露其中的细节。

弗里德里希·奥古斯特·凯库勒(1829—1896)

至于在梦中可以产生某种灵感，这种说法确实很难反驳，但是所有的人都需要睡觉，为什么只有凯库勒梦到了苯的分子式结构，别人为什么没有梦到呢？发现苯分子式之前化学家是如何进行思考的？真实的情况平淡无奇，但从化学角度来看，却是趣味横生。

从苯的分子式结构来看，苯的分子是环状的，其中每个原子都是等价的。“等价”这个词可以理解为每一个碳原子都连接着一个氢原子和两个碳原子，并且同其中一个相邻的碳原子是单键连接，而同另一个则是双键连接，换句话说，每一个碳原子的周围环境都完全相同。

为什么凯库勒认为分子是环状的呢？这一点很容易得到证明，原因是对苯进行氢化。见下图：

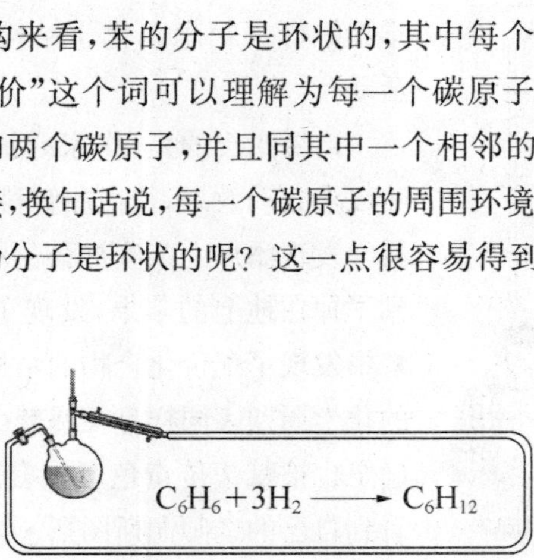

于是，就会形成环己烷，其环状结构先前已被证明。现在，尝试着证明所有的碳原子都是等价的。首先进行溴化处理，就可以得到溴苯 C_6H_5Br。见下图：

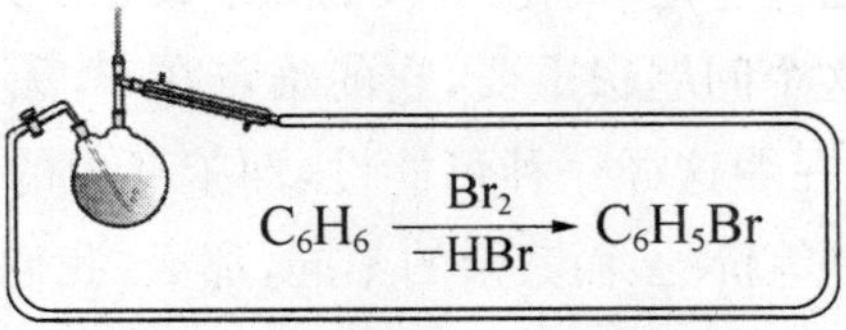

研究表明，只有一个氢原子被溴取代，形成了一个单独的化合物，并且没有同分异构体。请注意，具有相同成分和不同结构的物质称为同分异构体。所以，这是首次指出在这个环中所有六个碳原子都是相同的。可以通过下列方式进行补充证明。首先，可以从溴苯中获取苯酸钠盐。见下图：

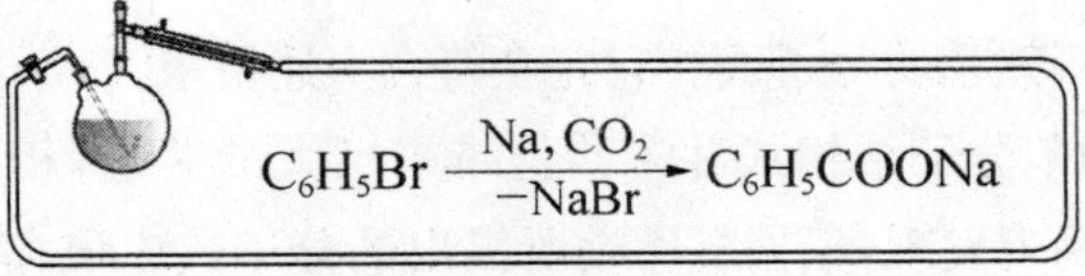

接下来，从这个钠盐中提取苯酸，然后进行溴化。见下图：

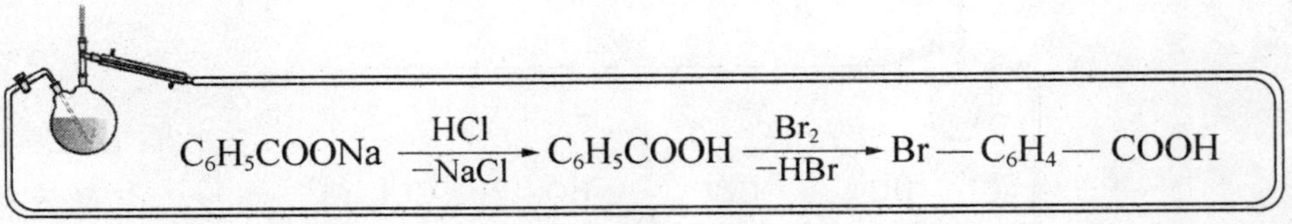

显而易见，新的溴原子与另一个碳原子发生链接，也就是说，并没有同第一个碳原子链接，因为在第一个溴原子的位置上链接着羧基。碱性条件下加热所得到的溴苯酸分解出二氧化碳，形成溴苯。见下图：

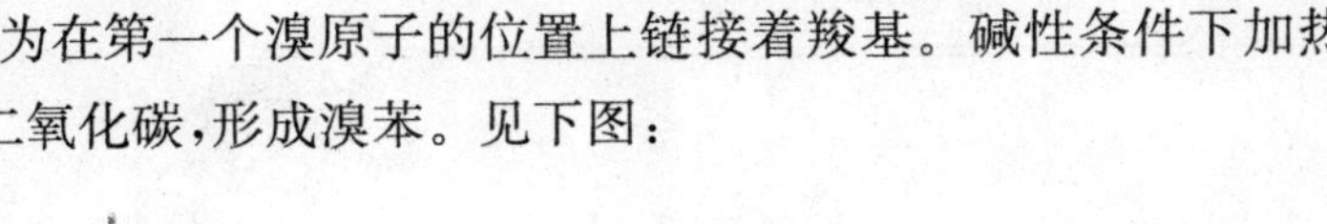

我们已经注意到，重新获得的溴苯中其溴原子并未同原来溴苯中的碳原子链接。然而，这个新获取到的化合物，其属性同最初的化合物并无任何差别，由此可

见，苯中的碳原子是等价的。

现在我们暂停实验，检查一下我们的推论是否符合逻辑。严格地说，我们证明的仅仅是在初始和最终化合过程中同溴链接的 2 个碳原子具有等价性。而余下的 4 个原子该如何解决呢？这个问题很重要，它的难点在于，无论是引入第一个溴原子还是第二个溴原子，都存在着这样一种可能性，即苯环中的不同碳原子都可能发生作用。假如两个碳原子是等价的，而其余的不同，那么，我们一定能够获取不同溴苯的混合物。

或许，上述关于原子等价性的证明显得有些复杂。事实上，采用现代光谱方法马上就可以解决这个问题。但是，借助推理来进一步做出正确的解释同样也是必要的。

所以，在假设的苯分子结构式中，还要求出具下列参数：环状结构、碳的等价性、碳的四价性（在早先的有机化合物中已被确定）。凯库勒很好地解决了这个问题，并且呈现给我们现在所熟悉的分子式。它完全符合上述要求。

但是，凯库勒的苯分子结构式并未给他带来巨大的荣耀，相反却给他制造了一些麻烦。研究者们马上发现，根据凯库勒所提出的分子式应该存在着两种不同的邻二氯代苯（加上“邻”字意味着氯原子同相邻的碳原子相链接）。见下图：

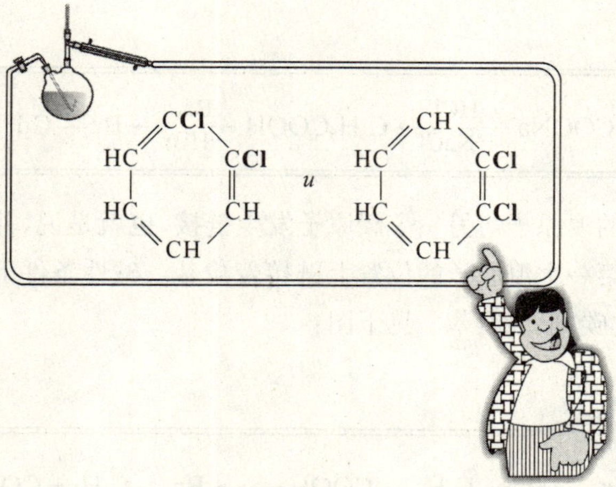

在第一种情况下，氯原子以单键链接置于碳原子旁边，而在第二种情况下，则是以双键链接置于碳原子旁边。然而，研究表明，并不存在这两种不同的邻二氯代苯，事实上只有一种。出现这戏剧性的一幕，让人们对凯库勒所提出的分子式产生了严重质疑。

凯库勒提出这种结构的某些不完善之处，最终导致出现另一些解决方案。见下图：

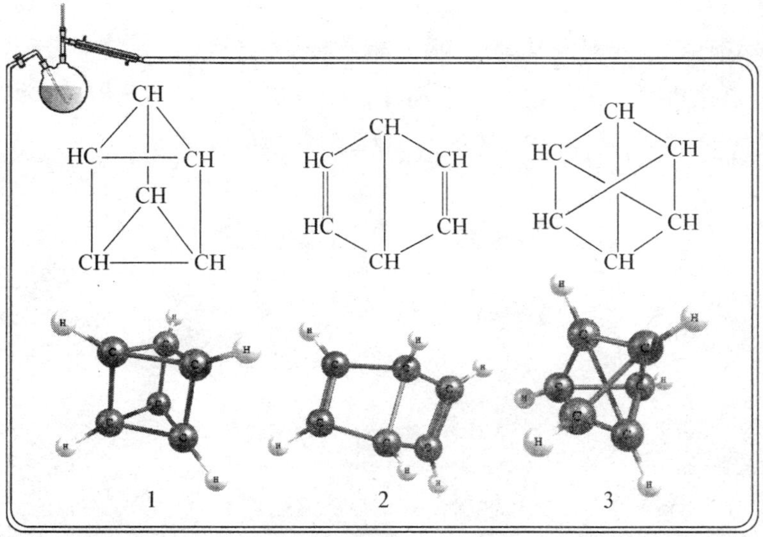

结构 1 由阿尔贝特·拉登堡提出，结构 2 是詹姆斯·杜瓦的设想，结构 3 的创造者是克劳斯。现在，我们仔细研究一下他们提出的这些结构。其中每一个结构都符合苯的总分子式 C_6H_6，而且四价碳也随处可见。相对凯库勒的分子结构式，这些分子结构都是根据实验数据得出的。结构 1 并非环状，相邻的两个碳原子也并非等价。结构 3 很容易在平面图上描绘出来，但是，当试图将其以空间形式呈现出来时，则出现一定的困难，由此引发某些质疑之声，人们怀疑这种结构是否真正存在。

上面所展示的三种分子结构其结果各不相同，其中的两种（结构 1 和结构 2）直到 20 世纪下半叶才得到证实，分别取名为拉登堡苯和杜瓦苯。而结构 3 将来也难以证实。

在试图完善自己的结构时，凯库勒注意到，苯环双键的化学性能明显区别于其他分子式的双键，例如乙烯分子式。对于苯而言，氢原子的取代反应最为典型，按双键的连接相当困难，而对于乙烷而言，这种链接就很容易。凯库勒由此做出大胆假设：存在双键，但是很特殊，它们的状态并不稳定，处于“振荡”状态，也就是说，一对相连的碳原子不断互相取代，发生振荡（很难相信，这种独特的想法也是凯库勒在梦中产生)。正是这一点解释了为什么邻二氯代苯没有同分异构体。乍一看来,凯库勒似乎在竭力拯救自己的分子式。但实际上,这是勇敢的一步,这一步使我们向前迈进将近 100 年。

20 世纪 50 年代,美国著名化学家莱纳斯·鲍林在研究化学键的本质时,提出了著名的"共振理论"。其理论基础是,描述某些物质的结构并非只有一种结构式,而是可以通过某种共振结构的组合式来描述。鲍林提出的正是凯库勒当时所假设的分子式(碳原子标上编号,以便清晰地发现双键的位移)。见下图:

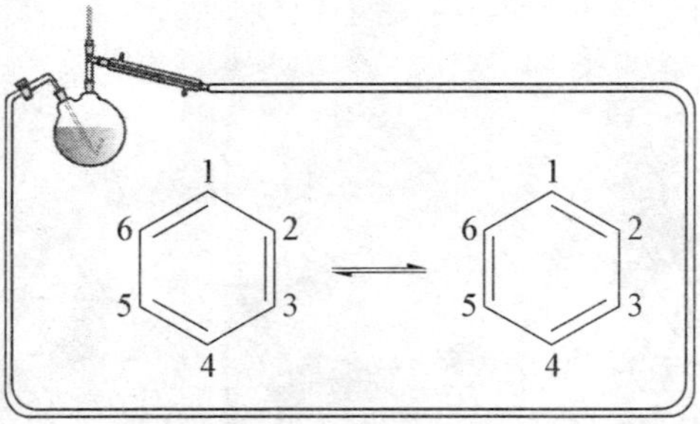

现在,共振理论已经过时,按照今天的概念,双键的电子状态不够稳定,它们形成了一个完整的封闭电子环。今天,惯常的表达式是在环状的内部用圆形作为其标志。

令人颇感兴趣的是,今天的研究并没有废除原先的分子式,仅仅对其进行了修正。凯库勒提出的古老分子式直至今天依然被认为是正确的,并且经常出现在各种学术著作中。

根据推论确定结构

化学家经常通过大量实验获取某些数据,但有时也会先进行推论,然后做实验,最后再来确定自己的推论是否正确。这里,我们可以列举瑞士化学家阿尔弗雷德·维尔纳,这位配价化学的创始人经常运用逻辑推论进行科学研究。

大家知道,对硝酸银进行敏感的定性反应可以看到水溶液中的氯离子,同时可以瞬间形成无色的氯化银沉淀。根据所形成的氯化银数量可以准确判定水溶液中氯离子的数量。这已经由大量的无机氯化物检测过。现在，再来看看络合物。取 3 种已知的三氯化钴和氨的络合物，其中让三氯化钴结合不同数量的氨分子。见下图：

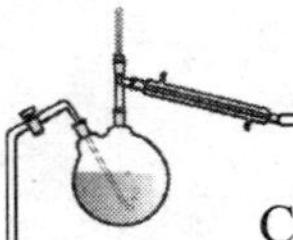

$CoCl_3\cdot 6NH_3$, $CoCl_3\cdot 5NH_3$, $CoCl_3\cdot 4NH_3$

在第一种络合物溶液中，硝酸银可以沉淀出三个氯原子（以 AgCl 的形式）。第二种络合物中只有两个氯原子，第三种络合物中则只有一个。这个结果可以得出什么结论呢？在第一种络合物中氯离子都是相同的，它们同氯化钠中的氯离子类似，很容易以氯化银的形式沉淀。而在第二种和第三种络合物中，还存在其他类型的氯离子。维尔纳就此推测，在金属原子的周围存在着配价域，它能够牢牢地固定住处于这一区域内的离子或分子。用方括号表示配价域，我们可以列出下面三种钴的络合物。

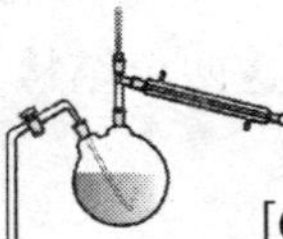

$[Co\cdot 6NH_3]Cl_3$, $[CoCl\cdot 5NH_3]Cl_2$, $[CoCl_2\cdot 4NH_3]Cl$

正是处于配价域之外的（即方括号之外）这些氯离子具有反应性，即能够同硝酸银相互反应。用方括号表示配价域，不仅方便，而且还很有效。请注意，氯离子和方括号内氨分子的总数相同。它们正好是六个。这个数值称作配价数。对于大部分金属而言，其配价数是固定的，或者变化不大。处在配价域内的原子和离子称作配价基。关于配价络合物的相关问题可以在教科书中了解到，我们的任务则是告诉大家，如何通过推论再结合实验来弄清络合物的结构。

如上所述，我们有六个配价钴原子，在配价域内有两种配价基——氯离子和氨分子，我们只需要改变它们的数量关系。现在，让我们暂时抛开化学，开始进行丰富的联想。金属原子周围的配价基究竟是如何排列呢？维尔纳的第一个推论是，配价基呈对称形态排列。为什么会是这样的呢？首先，拥有丰富经验的化学家凭直觉意识到，晶体络合物中的本质特征就是对称性。那么，具有六个点的对称结构究竟是何种形态呢？大家熟悉的形态有平面的（Ⅰ）、棱柱形的（Ⅱ）、八面体的（Ⅲ）。见下图：

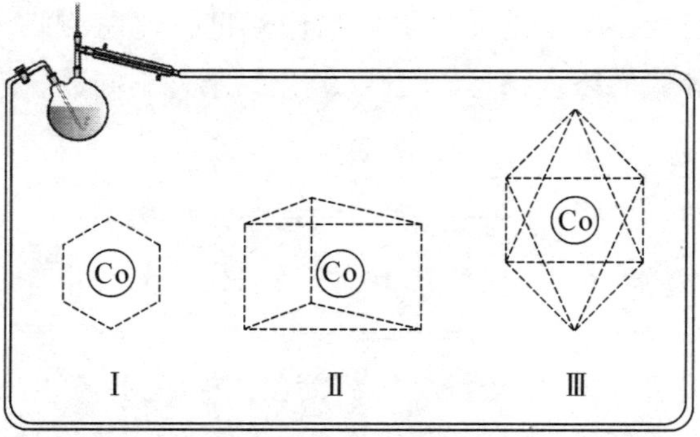

为了方便观察，示意图中的立体结构Ⅱ和Ⅲ画得有些失真。实际上，棱柱形结构Ⅱ的底面是等边三角形，侧面是正方形，而八面体结构Ⅲ的所有棱面都是等边三角形。现在，我们回忆一下在讨论苯结构时提到的“同分异构体”。多面体的空间结构中也可能存在同分异构体，我们通常称之为立体同分异构体。区分不同的立体同分异构体并非易事。但是区别同分异构体是两个结构还是同一个化合物，有一个很简单的规则，即一个结构位移并转动之后，如果在空间上与另一个结构能够完全吻合，那么，这就是同一个络合物，而非立体同分异构体。如下面这两个结构：

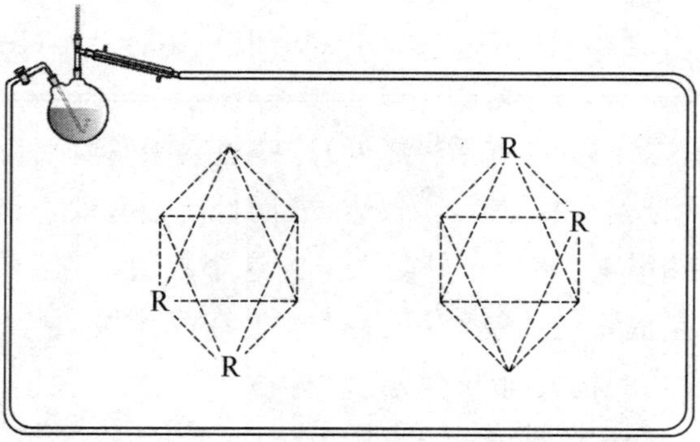

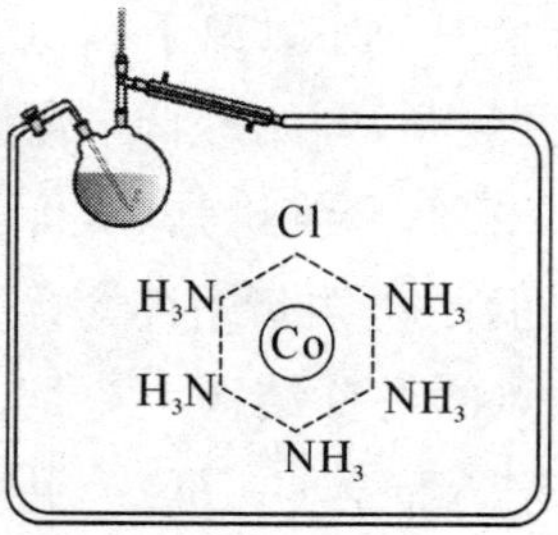

将其中的一个结构沿纵轴和横轴翻转，在空间上仍能与另一个结构完全吻合。因此，它们不是同分异构体，而是同一个络合物。

现在，尝试写出具有两种配位基 Cl 和 NH_3 的平面六角结构所有可能的同分异构体。我们在思考过程中只采用配价域——即处于方括号内。络合物[$CoCl \cdot 5NH_3$]Cl_2 可能只存在一种同分异构体。见左图：

可以任意改变氯原子和任意一个氨分子的位置，然而，此时我们并没有得到新的同分异构体，所以，这只是同一种络合物而已。

络合物$[CoCl_2\cdot4NH_3]Cl$却可能具有三种同分异构体（氯原子比邻；彼此相隔一个氨分子；彼此相隔两个氨分子）。见下图：

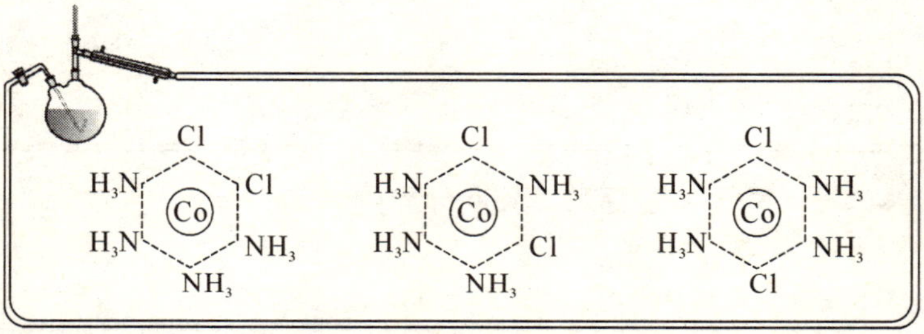

络合物$[CoCl_3\cdot3NH_3]$同样也具有三种同分异构体，见下图：

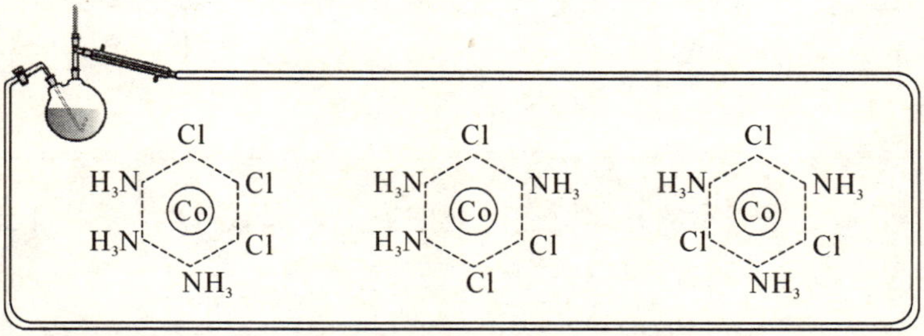

现在，我们转到棱柱形结构Ⅱ，并尝试完成所有三种钴络合物的结构。络合物$[CoCl\cdot5NH_3]Cl_2$只有一种同分异构体的可能，见下图：

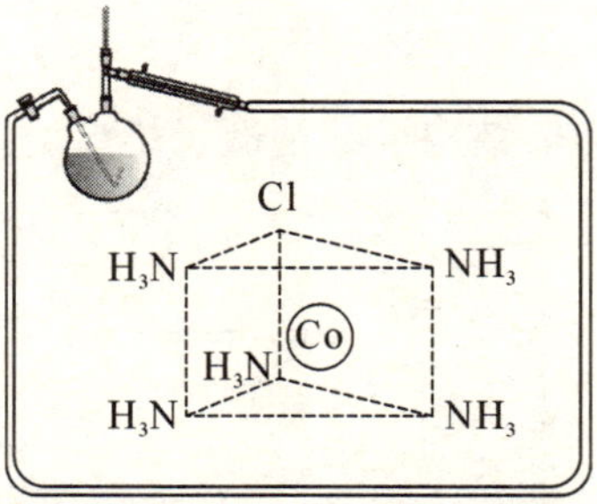

这里需要说明，虚线表示的并非化学键，而是为了立体描绘出想象的架构，架构的顶点位置是配价基。这里，我们并没有分析同周围配价基连接的金属中心原子的化学键特性，我们感兴趣的是，当我们逐个挑选能够填充配价域的所有方案时，我们可能做出何种逻辑推论。所以，继续进行我们的推论。络合物$[CoCl_2\cdot4NH_3]Cl$可能存在三种同分异构体，见下图：

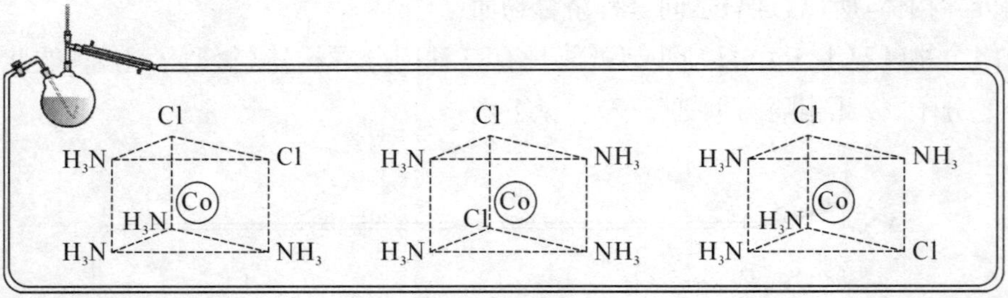

络合物[$CoCl_3 \cdot 3NH_3$]也存在三种同分异构体：

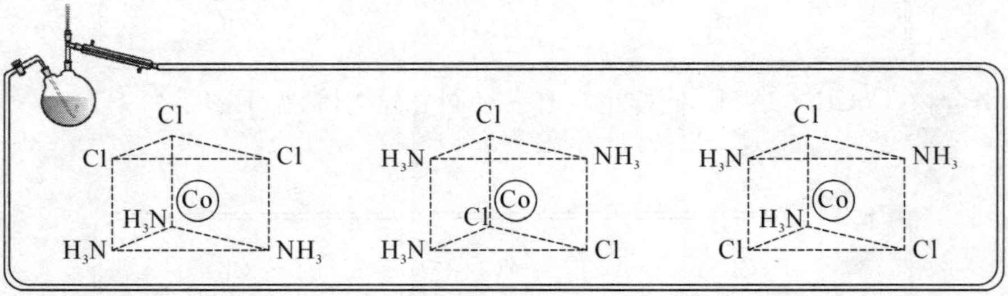

也许您觉得，这里展示的并非所有可能的方案。那么，读者可以自己尝试一下，在这个棱柱的顶端用不同方式排列三个氯原子和三个氨分子，所得到的只能是上面展示的三种方案之一，即使您把某些结构翻得"底朝上"也是徒劳无益。辨别该结构是同分异构体还是同一种络合物，可以采用前面我们所提到的规则，想象一下，在空中翻转到适当角度，然后将其中的一个结构放到另一个结构中，就像刀插入刀鞘。您一定会相信，您并没有得到新的立体异构体。

现在，我们再来看看八面体结构Ⅲ的情况。络合物[$CoCl \cdot 5NH_3$]Cl_2可能只有一种同分异构体，见下图：

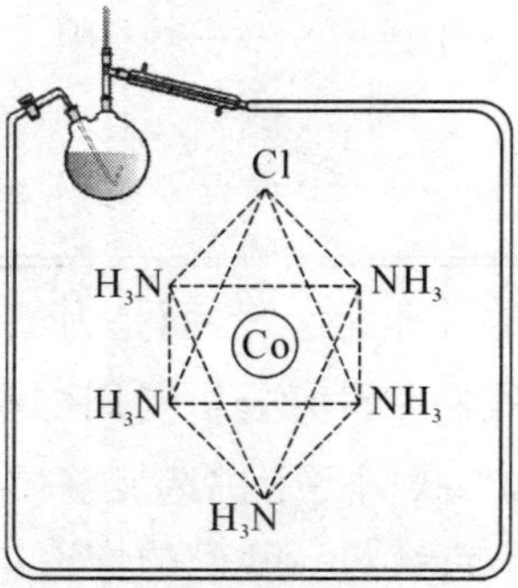

络合物[$CoCl_2 \cdot 4NH_3$]Cl 可能具有两种同分异构体。

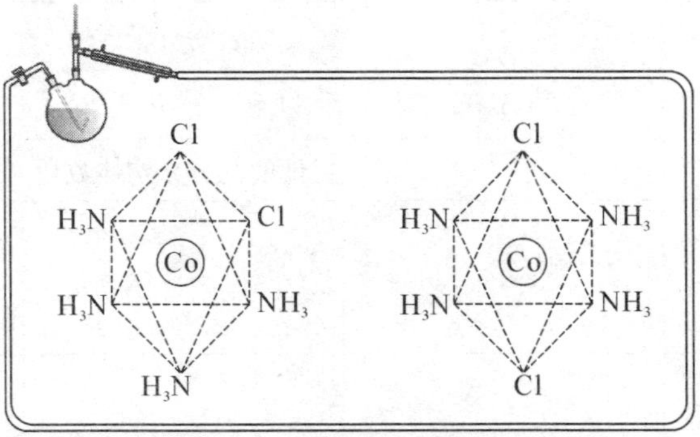

络合物[$CoCl_3 \cdot 3NH_3$]同样可能具有两种同分异构体。

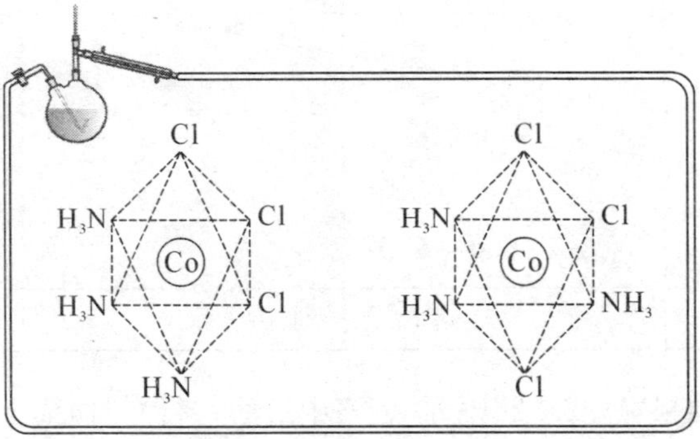

上面描写的所有程序如同在圣诞树上悬挂固定数量的彩球：

现在，我们将所有结构以表格形式呈现出来，表格中将同分异构体与配价域内不同结构之间的相互关系统一起来。最令人感兴趣的是表格的最后一行，其中显示的是不同的同分异构体之间的数量关系，这些不同的同分异构体并非通过推论得到

的结果，而是通过实验所得。见下列表格：

配价域方案	络合物分子式		
	$[CoCl \cdot 5NH_3]Cl_2$	$[CoCl_2 \cdot 4NH_3]Cl$	$[CoCl_3 \cdot 3NH_3]$
	可能的同分异构体数量		
	1	3	3
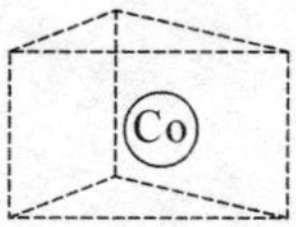	1	3	3
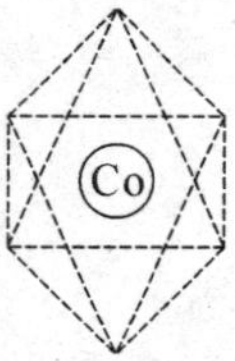	1	2	2
实验结果	1	2	2

现在，将实验结果“1－2－2”序列（表格中最后一行）与横线上方的三组序列做一比较。我们发现，只有一组是吻合的，即只同第三个“理论”行相吻合。因此，配价域具有八面体形态。所以，实验结合逻辑推论，使得络合物的结构得以确定。所做结论正确与否，稍后本书中将借助 X-射线分析予以证实。

阿尔弗雷德·维尔纳
（1866—1919）

我们可以提出这样的问题，假如实验结果不是同第三行数据相吻合，而是同第一行或者第二行相一致（第一行和第二行相同），结论会是怎样呢？可以说，维尔纳很幸运，因为答案可以马上得到（第三行与另外两行不同）。否则，需要进行更多的推论，获取大量的实验数据，不过可以相信，维尔纳有能力解决这个问题。

上面描述的关于钴络合物的所有“逻辑练习”构成奠定了阿尔弗雷德·维尔纳配价理论基础的组成部分。1915 年，由于创建配价理论，阿尔弗雷德·维尔纳获得诺贝尔奖。

著名定律名称的由来

科学史上有一个传统，即某个重大发明往往以其发明者的名字来命名。有时，一个新发现的名称里面会并列两三个科学家的名字。为什么会出现这种情况呢？他们是合作研究，还是研究领域相同，但是各自独立呢？各种情况都有可能，不过，更为常见的是下面这种情形，即我们将要探讨的发现气体定律的过程。

罗伯特・波义耳
(1627—1691)

马略特
(1620—1684)

1662 年，波义耳提出了一种气体定律，这个定律很简单，也很容易理解，似乎并不需要任何改进：$pV=\text{const}$。公式的含义是：压强增大，体积减小，压强减小，体积增大，因为二者的乘积为恒数。14 年后，马里奥特作出一个重要补充，即该定律成立的前提是保持恒温。换言之，在一种温度下这个恒数(const)是一个数值，而在另一种温度下将是另一个数值。这个恒数的数值是否取决于温度呢？对此，我们可以借助盖伊-吕萨克的第一个气体定律来说明。该定律确认，气体体积与温度成正比。自然，如果两个数值按一定比例改变，那么，其比率将是常数。因此，如果我们用数值 V/T 替代数值 V 代入波义耳-马略特定律中，那么，我们将得出不取决于温度的恒数：$pV/T=\mathrm{B}$。B 就是新的恒数，它确实不取决于温度，然而，它不是“完全的恒数”，因为它既取决于气体的性质，还取决其质量。正因为如此，1834 年产生了一个新的贝诺特・保罗・埃米尔・克拉佩龙定律。是否可以使新的恒数绝对通用，无需取决气体的性质。1874 年，德米特里・伊凡诺维奇・门捷列夫成功地解决了这个问题。他比其他人更早想到运用阿伏伽德罗定律来评价这个数值。因为任何气体的摩尔质量都含有绝对固定的同样数量的分子，这并不取决气体的性质，他于是提出一个类似克拉佩龙所提出的公式，但是他做了一个重要的补充，即该公式适用于一个摩尔质量气体。这样，他引用了恒数的字母符号：$pV/T = R$(教科书中的公式是 $pV=RT$)。乍一看，门捷列夫的公式与克拉佩龙提出的公式差异不大，然而，事实上则不然。新的恒量 R 是可以通用的，而且并不

约瑟夫·路易斯
盖伊-吕萨克
（1778—1850）

贝诺特·保罗·埃米尔·
克拉佩龙
（1799—1864）

阿莫迪欧·阿伏伽德罗
（1776—1856）

德·伊·门捷列夫
（1834—1907）

取决于气体性质及其数量。当然，如果引入摩尔气体常数来表示气体数量的相应系数，这个公式可以适用于任意气体的任何数量。这样一来，我们（继门捷列夫之后）可以将波义耳-马略特、盖伊-吕萨克和阿伏伽德罗三个气体定律结合起来，可以得出一个新的关系式，这个关系式也称克拉佩龙-门捷列夫定律。描述、总结这一定律对于我们来说并不难，因为我们是站在前辈研究者已经取得的成就之上，因此我们无需自夸，但是新定律的产生过程却要比这复杂得多，而且新定律在科学史上也意义重大，门捷列夫将这个气体定律视为继周期表之后自己的最重要发现。

定律名称包括两位发现者的名字，但是，他们俩人的发现之路却迥然不同。门捷列夫不是通过试验的方法，而是完全依靠推论，这为门捷列夫非凡的创造能力又增添了绚丽的一笔。

$$PV = RT$$

化学家的空间想象力

想象力如同一匹欢快的小马，
问题是面前的路过于复杂。
——奇·兰姆

首先需要明白，什么是空间想象力。在化学中，这种空间想象力不仅仅是一种想象出分子立体形状的能力，同时还要能够在想象中移动和改变立体物体在空间的位置。

我们先从一个日常生活中的小事来检验一下我们的空间想象力。取一件男上衣，这件男上衣扣眼在左前襟上，扣子在右前襟上(女上衣则相反，扣眼在右前襟，扣子钉在左前襟)，将上衣从里向外翻过来，当然，袖子也一并翻过来，穿在身上，并扣上扣子。现在想象一下，这件上衣是如何扣着的，是按照男上衣的扣子方向，还是按照女上衣的扣子方向?

这个问题较难想象，其实要想解决这个问题，实践一下比想象要简单得多。而化学为我们提出的大量空间问题实际上要比这简单得多，但是为此也要进行一定的专业训练。

同分异构体

化学这门学科在什么情况下需要运用空间想象力呢？一般是涉及同分异构体的时候。同分异构体是化学最为重要的概念之一，特别是在有机化学中。需要注意的是，同分异构体是组成成分的性质和数量相同，但结构不同的化合物，换句话说，同分异构体由数量相同，但组配顺序有所不同的分子“组配”而成。产生同分异构的原因之一是由于有机化合物种类繁多，并且各种各样。最为简单的变体出现在所谓的结构性同分异构现象中，即同分异构体与碳氢化合物的骨架结构不同，或者是杂原子(O、N、Cl)排列位置不同，或者是双键不同。见下页图：

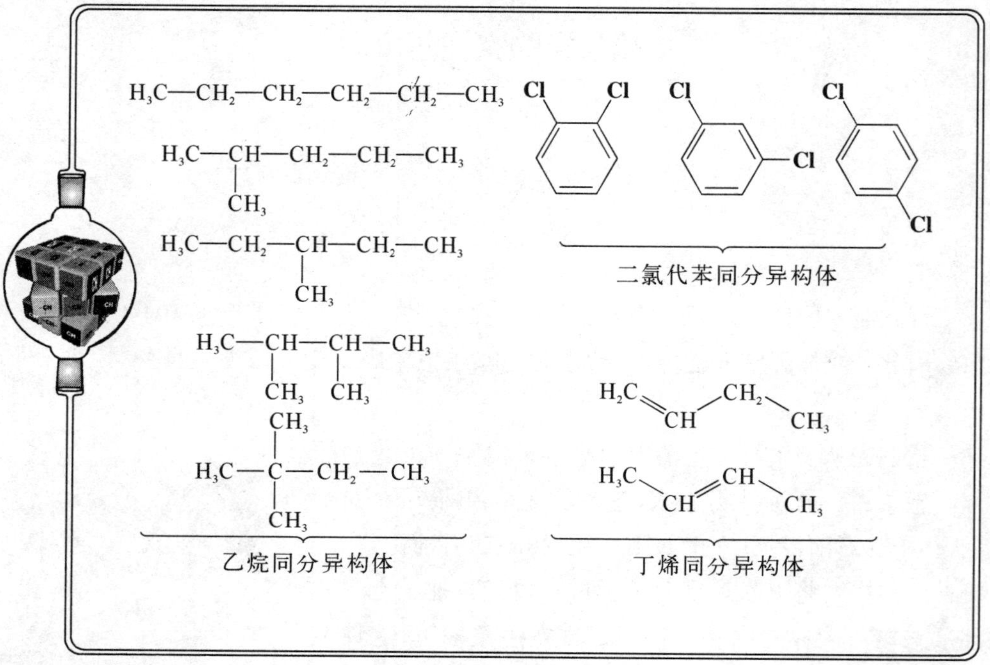

同分异构体结构上的差别反映在依据命名规则所制定的同分异构体的名称上。根据这些命名规则，使用了碳的一些骨架编号，诸如“邻-”、“正-”、“对-”等等，但是，我们首先需要关注的还是同分异构体的结构特点。

在涉及同分异构现象的问题中，推论和实验二者紧密相关。如果推论（当然一定是推论正确的情形下）表明不可能存在同分异构体，实验也会同样表明这一点。如果计算结果证明了同分异构体的某个数量，那么实际获取的数量也应该相同，或者小于这个数量，但是不能超出这个数量。并非所有理论上精确计算出的同分异构体都可以获取到，因为理论上计算出的同分异构体中原子之间的距离或者化合价的角度都可能超出允许范围。例如，对于含有六个 CH 基（苯就在它们之中）的物质而言，理论上可能存在六种同分异构体。见下图：

上图显示的同分异构体中前五种是存在的。在苯结构（1）确定之后大约 100 年后，2、3、4、5 这四种同分异构体才被获取。最后一种同分异构体（6）尚未获得。作为一种六边形，很少有人相信其真实存在，因此，化学家们试图找到其可能实现的空间形状。他们尝试将分子引入结构 6（A）的不同形状中，分别以倾斜的棱柱形

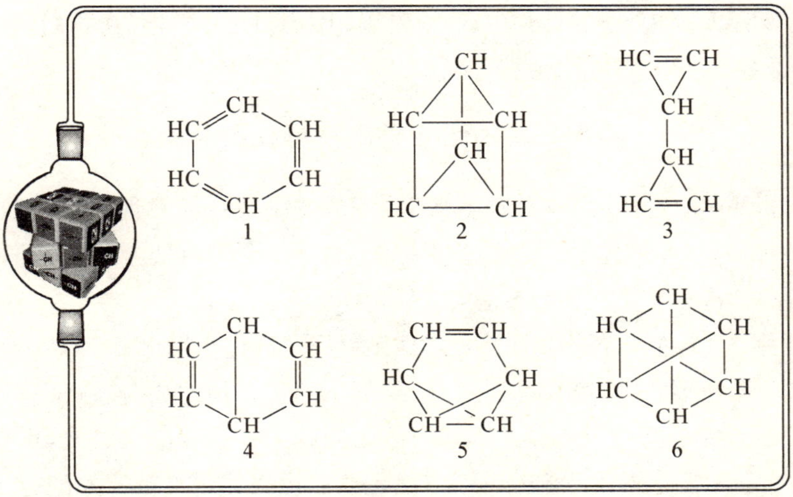

(B)、有三条射线的星形(C)、不完整的锥形(D)以及双锥形(E)呈现在我们面前。见下图：

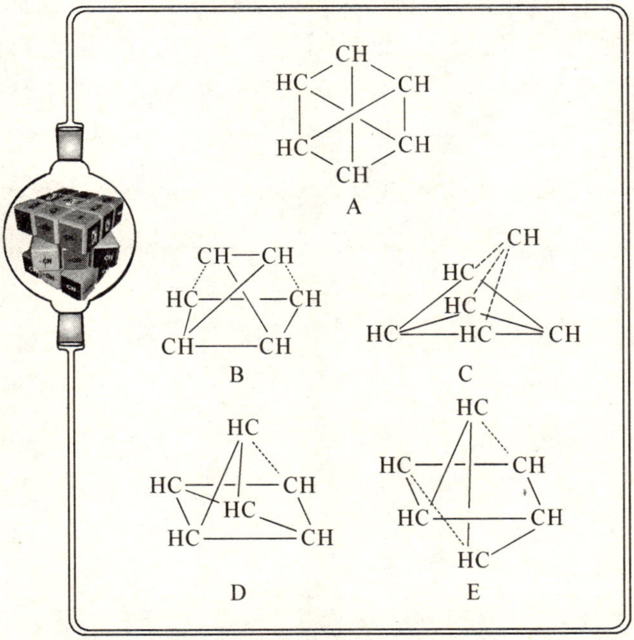

图上这些方案中每一种都含有或是数量完全不同的 C—C 键，或是化合价差异明显的倾斜角度，其中 E 方案被认为最有可能获取到同分异构体。而且这种异构体

极有可能不是以中性分子的形式出现，而是以阳离子的形式呈现在我们面前。这种结构能否被我们获取到，将来会见分晓。

是同分异构体还是同一种化合物？

在上述所举的例子中，同分异构体结构上的差别很容易发现，无需特别的空间想象力，然而，这种差别并不是常常都表现得这样明显。这时就会出现以下问题：

1. 两种被比较的化合物是不是同分异构体？

2. 两种被比较的化合物是同分异构体还是同一种化合物？

第一个问题回答比较简单，只需比较一下不同化合物的成分就可以，如果成分相同，则完全可能是同分异构体。回答第二个问题需要花费一些时间，也要发挥一下空间想象力。解决这个问题的通用方法是通过想象让两种被比较的分子在空间重合。如果在空间进行各种翻转和移动之后，一个分子与另一个分子完全重合，那么，这两个被比较的分子就不是同分异构体，而是同一种化合物。以碳氢骨架的同分异构体现象为例，我们首先应该围绕价键进行不同的翻转(单键能够做到，这在一定程度上符合其物理属性)。移动个别分子片段之后(这时不允许化学键断裂)，将一个分子覆在另一个分子上。如果两个分子完全重合，它们就不是同分异构体，而是同一种化合物。下面显示的碳氢化合物的两种结构就是同一种化合物，通过移动分子、片段就可以证明这一点。见下图：

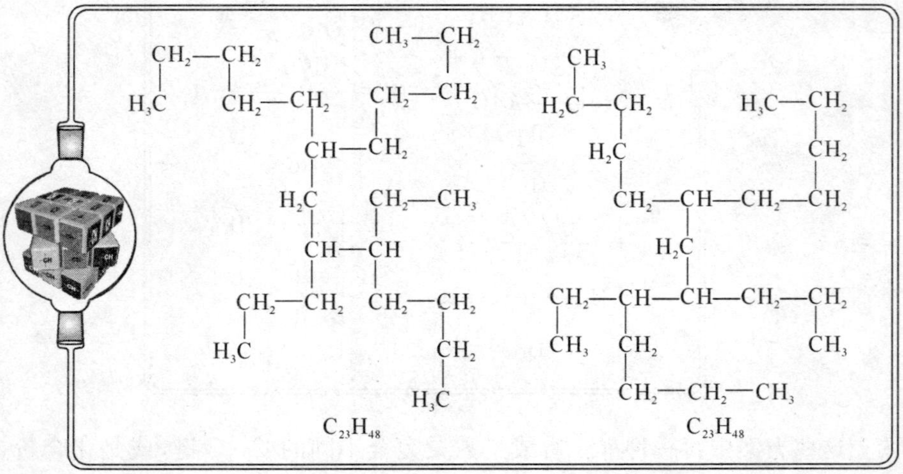

分子可以是硬性立体结构，所以称之为骨架结构。我们首先应该尽量去比较两个分子化学键的长度和化合价的角度，然后转动其中一个分子，让其在空间定位成另一个分子形状，并通过想象让两个分子彼此“重合”，就如同将刀放入刀鞘一样。结果便会表明，两个分子的结构是否重合（如果是带几个侧面形状的，同样应该重合）。见下图：

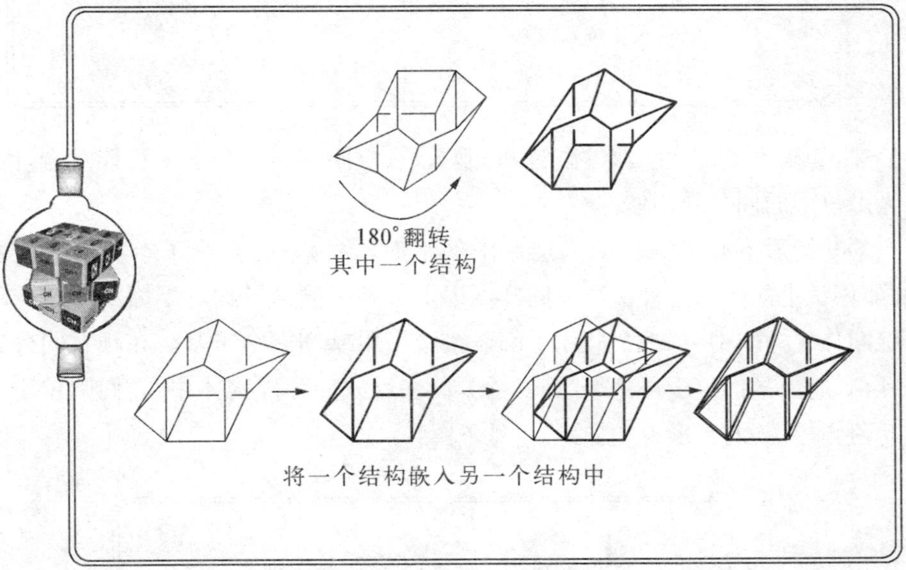

从平面图到立体图

除了同分异构现象外，还存在立体异构现象。立体异构现象的形成源于原子在空间的不同排列方式，不过在这种情形下，原子的排列顺序与同分异构体中原子之间的化学键的类型是一样的。之前，我们可以自如地改变饱和碳氢化合物的分子形态，围绕单键翻转片段。与单键不同，双键基于其物理属性“不允许”进行这种翻转。双键的这种属性导致形成了一种特殊类型的同分异构体，这种类型的同分异构体称为顺反异构现象。为了更好地理解这种现象，需要通过想象先将一个平面穿过双键，然后分析这个平面上取代基的位置。如果相同的基置于平面的一侧，这就是顺式同分异构体，如果置于不同侧面，则是反式同分异构体。这种同分异构体在其形成历史上还有其他不同的名称。见下页图：

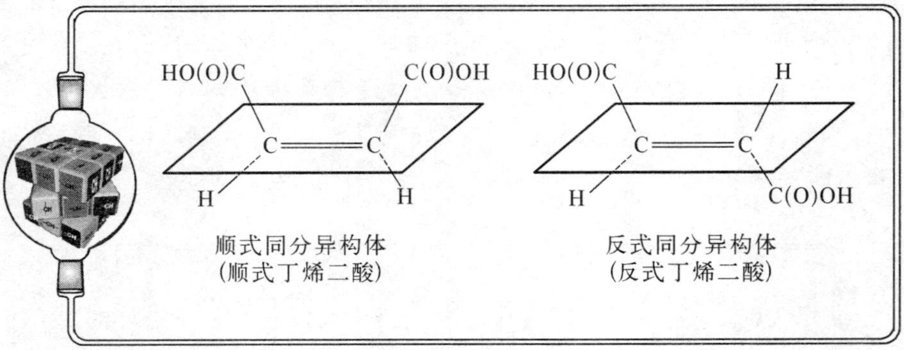

顺式同分异构体
（顺式丁烯二酸）

反式同分异构体
（反式丁烯二酸）

显然，如果不允许围绕双键翻转基，那么，在空间这两种分子不可能重合，因此，这是无可争辩的同分异构体。

在某些情形下并不需要引入想象中的平面，因为它已被分子本身的形状所指定，例如环状平面。在这种情形下同样可以形成顺反同分异构。下面所显示的环三硅氧烷同分异构体中，每一个硅原子都链接一个甲基和一个苯基。在顺式同分异构体中，所有的甲基都位于环状平面的一侧，而在反式同分异构体中，它们则位于环状平面的两侧（苯基的情形也是如此）。见下图：

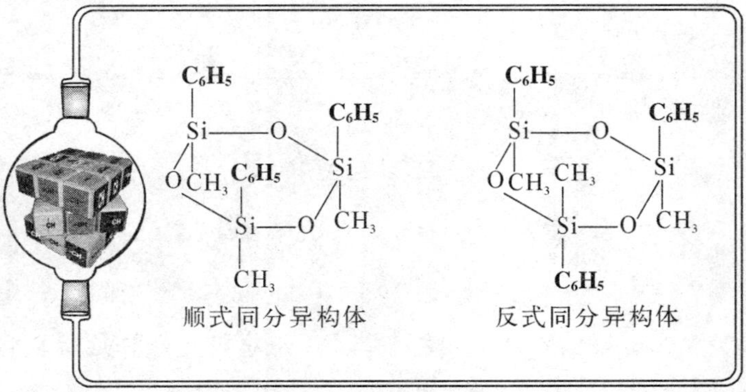

顺式同分异构体　　反式同分异构体

由多种不同分子组成的结构经常会导致出现一些异常复杂的问题，借助空间想象有时也无济于事，因此，化学家专门制作出类似儿童玩具的特殊框架式组合结构，即将彩色的塑料小球和金属小棒进行连接，使它们形成不同的角度。这种框架结构可以将各种形状的分子组合起来。下面显示的是葡萄糖和果糖的两种同分异构化合物的分子结构模型。见下页图：

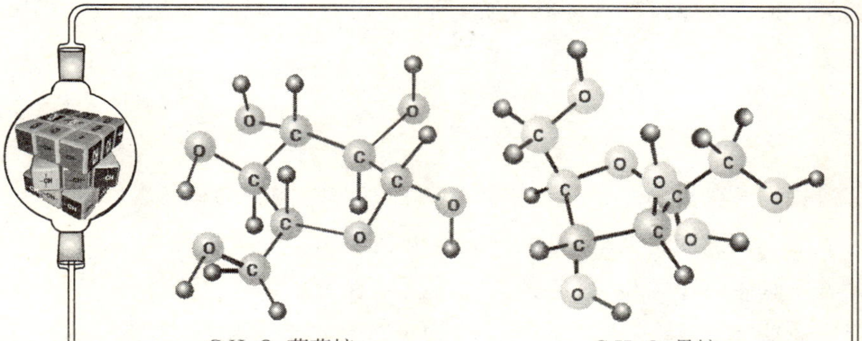

$C_6H_{12}O_6$ 葡萄糖　　$C_6H_{12}O_6$ 果糖

其中的大球表示碳原子和氧原子，它们用相应的化学符号来标记，没有标记的小球表示氢原子。这些框架结构中的每一组原子都对应着某种颜色，按照国际惯例，黑色代表碳原子，白色代表氢原子，红色代表氧原子，蓝色代表氮原子，黄色代表硫原子（在黑白背景下，这些色彩无法体现出来），其余的原子在颜色上并未严格规定。这种结构模型可以帮助我们解决一系列问题，比如单个基的相应位置、结构的强度、循环片段可能的变化形状等等。如果您手中持有这种结构模型，很多问题就可以迎刃而解。可是，当这些模型显现在图上（如上图）时，看上去并不太直观。因此，最好在纸上写出结构式，若要表现出其立体性，可以借助粗细不同的线条来代表价键。见下图：

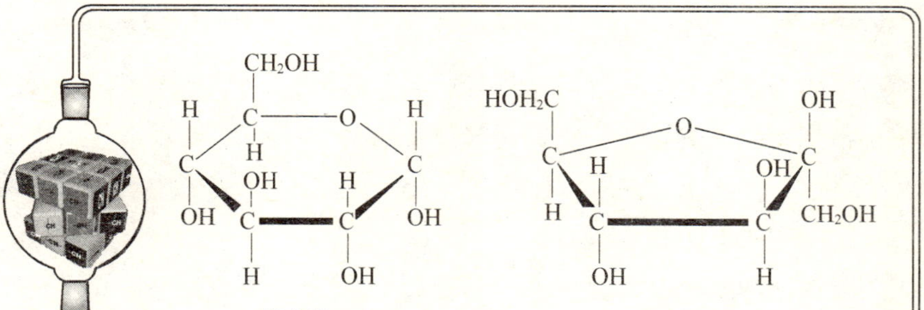

葡萄糖　　果糖

上图显示的两种同分异构体属于哪种同分异构现象呢？当然，它们的成分相同，但是，因为它们具有的环大小不同（6 项和 5 项），所以，原子的排列顺序也不相同，可见，它们不是立体异构现象，这是结构异构现象。然而，因为这些同分异构体中每个异构体都有环状平面，所以，其中每一个都能够以顺反异构形式存在。

空间化学

现在，我们来观察一种非常有趣而且非常特殊的同分异构现象，它属于立体异构范畴，但是一种特殊的类型，也就是光学异构现象。要想从分子中获取其光学异构体，无需任何移动和翻转，只需将其直接反映在镜中即可。有些分子具有这样的属性，即分子本身及其镜像属于同分异构现象。是不是感到有些意外？似乎镜中的影像就是物体的绝对准确的副本，事实却并非总是如此。下图显示的是一只拖鞋及其镜像，而展现在我们面前的是由左脚和右脚组成的一双拖鞋。

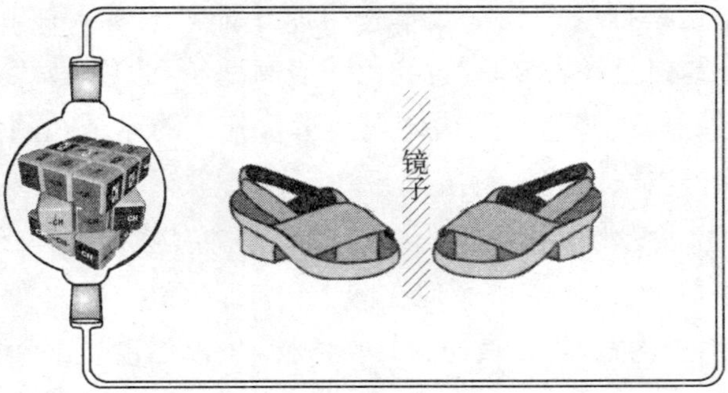

将它们视作真实的物体拿起来，然后想象着将其在空间重合。由于它的鞋尖部位弯曲方向不同，两只拖鞋不能完全重合。所以，处于镜子中的影像还是有所变化。如果物体在空间不能完全重合，就一般规则而言，这种是同分异构体，不过，因为它们通过镜中影像构成一对，所以，它们是光学异构体。同一个化合物其结构异构体可能有几个，可是，光学异构体只能有两个，因为任何物体在镜子中映出的影像只能有一个。

正因为存在这种同分异构现象，因此需要化学家充分发挥其空间想象力。我们再通过一些例子来帮助我们掌握某些辨认技巧。请看下面两幅图，图中显示的是两个人和他们在镜中的影像。第一个人和他的镜像完全可以重合(假设手和脚完全一样)。这种情况借用化学术语来说不是同分异构体，而是同一种化合物。而图中拿伞的那个人与第一个人就有些不同。将镜像看作真实物体，它与原型人物在空间不能完全重合。原因在于，原型人物是左手拿着伞，而镜子里的人是右手拿着伞。您或许觉得，两个人完全可以重合，如果像书页一样将一张盖在另一张上面（用弯曲的箭头表示），这时两把伞就可以完全重合了。然而不要忘了，我们这里讨论的不是平面图形，而是三维立体物体，是人的轮廓。如果这样覆盖折叠，其中一个人的鼻子就会竖立在另一个人的后脑上。两个身体不能重合，这意味着他们是光学异构体。见下图：

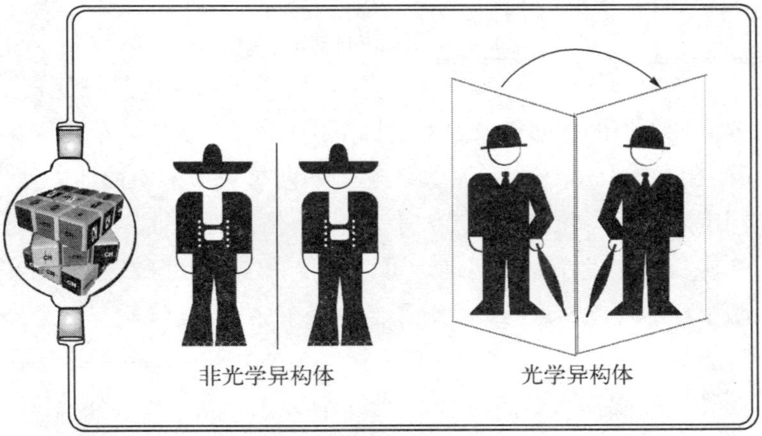

现在，我们再来看看化合物。原则仍然一样，如果分子在空间不能与其镜像完全重合，我们接触的就是两个光学异构体。并不是所有的分子都具有这种属性。其实，光学异构现象的研究始于一个重大事件，即发现分子中有四价原子，例如四价碳原子。其基本条件是碳原子的所有四个取代基应该不同。在这种情形下，这种原子称为非对称中心。众所周知，碳原子的化合价朝向想象中的四面体的顶点（右图虚线所示）。这样，有四个取代基的碳原子应是立体的“四足”结构，图中用实线表示。

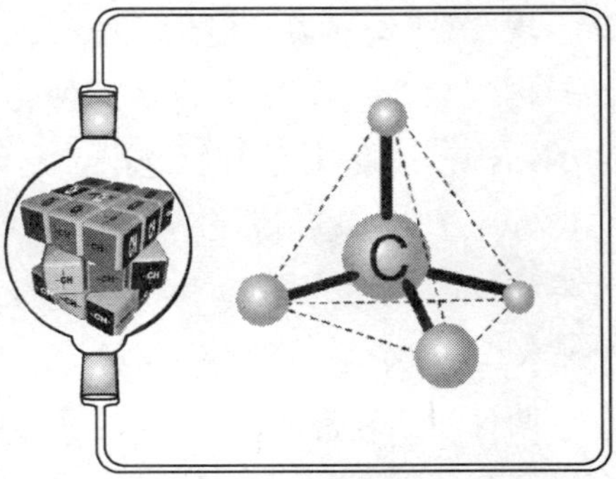

外侧四个大小不同的小球表示四个不同的取代基。想象一下，如何将这个结构同它的镜像重合。以分子结构式来描绘这种化合物时不需要使用小球。为了表现分子的立体性，通常使用下列方法，即用普通的线段表示放置在平面上的化合价（A—C 键和 E—C 键），用楔形粗线表示偏离平面朝向观察者的化合价（C—D 键），而朝向平面

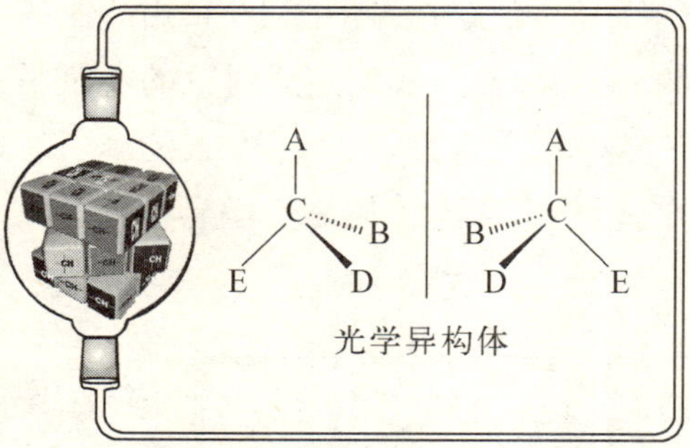

光学异构体

后方的化合价用细的楔形虚线表示(C—B键)。见左图:

所以,只有在所有四个取代基不同的情形下,才可能是光学异构体。为了证明这一点,我们可以尝试将这样的分子与它的镜像在空间进行重合。无论您怎么翻转都无法完成,两对取代基不可能完全重合。请注意,化合价是固定的,不可以改变它们的位置。如果您的空间想象力不足以解决这个问题,应该使用立体模型。取一个塑料小球,在小球上连上四条小链,让它们朝向想象中的四面体的四个顶点,在链子的末端固定四个不同颜色或不同大小的小球,然后把一面镜子放在这个结构面前。真实的结构和它的镜像在空间是否可以重合只能通过想象来完成,因此,将一个分子的中心小球尽可能靠近另一个分子的中心球,并且确认所有四个外围小球同时重合是不可能的。

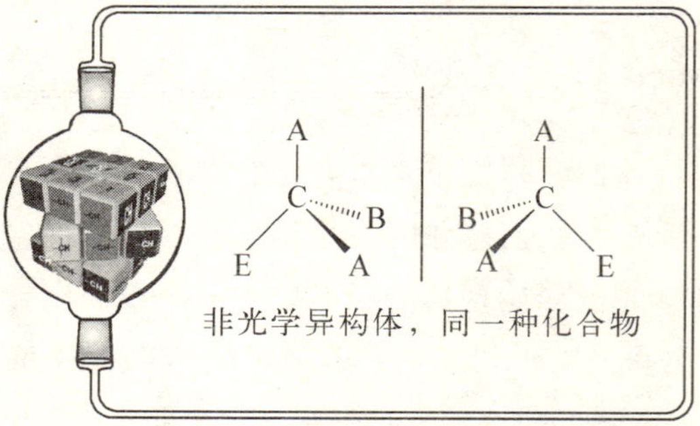

非光学异构体,同一种化合物

如果不同类型的取代基不是四个,而是三个(也就是说,有两个取代基,例如A是一样的),那么分子和它的镜像很容易重合。可见,它们不是光学异构体。见右图:

现在,我们通过具体例子来探讨光学异构现象。下图显示的是三种化合物的结构:乳酸、甘油和氨基酸。它们具有一个共同的属性。这些化合物都有非对称的碳原子,也就是说,这种原子具有四个不同的取代基。为了直观地看到光学活性异构体,使用的正是这种"四足"的分子图像。每一个空间结构下面都习惯地写上公式,非对称中心一般用星号标记。见下页上图:

两种光学异构体的物理属性(沸点、熔点、密度等)以及化学属性都完全相同,只有一点有些不同。偏振光的光线透过光学异构体溶液时(偏振光透过一个平面时发生振动),出口处的偏振面会偏转成一定角度。一个光学异构体使偏振面向右旋转,称为右旋物质,化学上用拉丁字母D表示,例如D-乳酸。使偏振面向左旋转同样角度的对应的化合物称为左旋物质,用拉丁字母L表示。旋转偏振平面的能力称为光

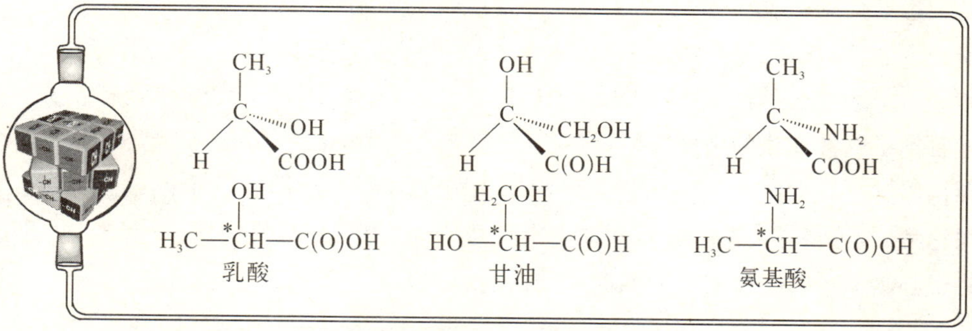

学活性（也称旋光性）。正因为这样，异构体才称为光学异构体，完全不是因为在探讨这种现象时我们使用了镜子。

光学异构现象的发现过程很特别。1811 年，弗朗索瓦·阿拉戈首先在石英晶体中发现了光学异构现象，1815 年，比奥特发现了有机物质——松节油的光学活性。

1850 年，法国微生物学家路易·巴斯德为化学发展做出了非常卓越的贡献，作为微生物学家，他更为著名之处是对医用血清进行的研究，他还提出了食物灭菌的方法，后来称之为巴氏灭菌法。

在利用显微镜观察酒石酸钾盐晶体过程中（葡萄酒发酵后的一种产物，称为酒石），巴斯德注意到，在所获取物质中有两类晶体，它们的外形相同，但具有互为镜像的特征。见下图：

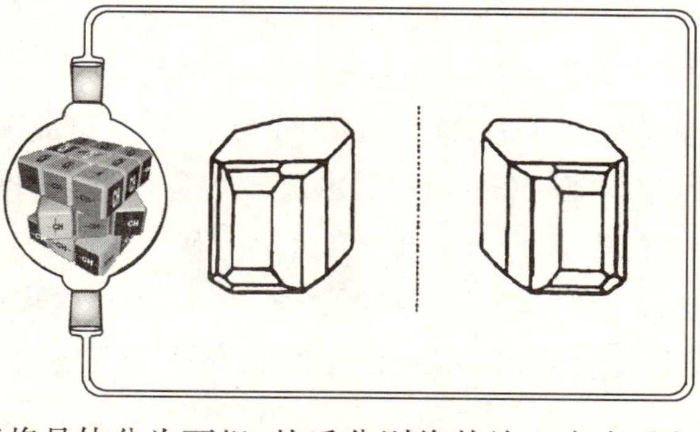

巴斯德用镊子将晶体分为两组，然后分别将其放入水中进行溶解。结果，两种液体都具有光学活性，可以将偏振光通过的平面转向相反的一面。这便是首次在混合物中分离出光学活性异构体。巴斯德的研究成果使我们明白，不仅结晶物质或有机液体具有光学活性，溶液物质中的个别分子同样具有这一属性。

巴斯德的敏锐性和洞察力至今仍然让研究者啧啧称奇，化学中这么重要的现象——光学异构现象竟然产生于这样一个简单的实验。其实，这一成果的取得也并非一路坦途，它也需要一定的认识和研究过程。1874 年，荷兰化学家范特霍夫成功地解释了这种现象的个别特征，他对某些有机化合物能够构成具有光学活性的同分异构体这一属性产生浓厚兴趣。平面结构分子式并不能回答这个问题。经过长时间思考后，范特霍夫决定在空间描绘出乳酸分子(如同酒石酸一样，拥有光学活性)，将中心碳原子置于想象中的四面体结构的中心。见下图：

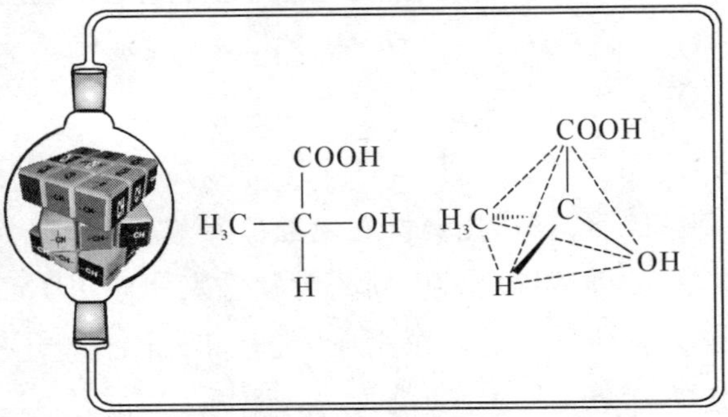

正是这种方法解释了镜像异构体两种形式存在的道理，而分子平面图却无法解释同分异构体是否能够构成。

这一想法既简单又有效，它成功地将光学活性同物质结构联系起来。范特霍夫的观点远远超出了光学活性的范围，实际上，这改变了化学家的研究方式，即任何一个分子都应被视为立体物体，具有一定的空间形状。

1874 年，范特霍夫发表了名为《空间化学》的文章，其中阐述了他的研究观点。然而，著名化学家科尔贝随即在权威的学术杂志上撰文反击范特霍夫，他认为范特霍夫是个天马行空的幻想家，而科学家应当更为严谨。但是科尔贝的观点也遭到很多著名化学家的批驳。范特霍夫的空间化学理论日益被大家所接受，他对物理化学发展所作的贡献得到众人的肯定，他也成为第一个诺贝尔化学奖的获奖者(1901 年)。

光学异构体除了能够将偏振光振动平面旋转到另一面之外，它们还有一些非常细微的差别，这些差别可以表现在某些生物过程中。因为很多生物系统都具有含有非对称中心的有反应能力的基，因而借助它们能够区分光学异构体。例如，天然烟草中有左旋尼古丁，比人工获得的右旋尼古丁毒性更大。左旋的医用肾上腺素药物明显比右旋药物更为有效。氨基酸的一种衍生物——天门冬酰胺(左旋)——无味,而右旋则具有甜味。

不仅是非对称中心

立体化学理论其后的发展确认,一些不具有非对称中心的物质可以构成光学异构体,基本原则还是一样,即分子与其镜像在空间无法重合。例如,骨架中包含四个不同取代基的金刚烷分子具有光学活性,如果通过想象将分子所有骨架部分收缩到一个点上,就会出现有四个不同取代基(CH_3,H,Br,C(O)OH)的非对称中心。见下图:

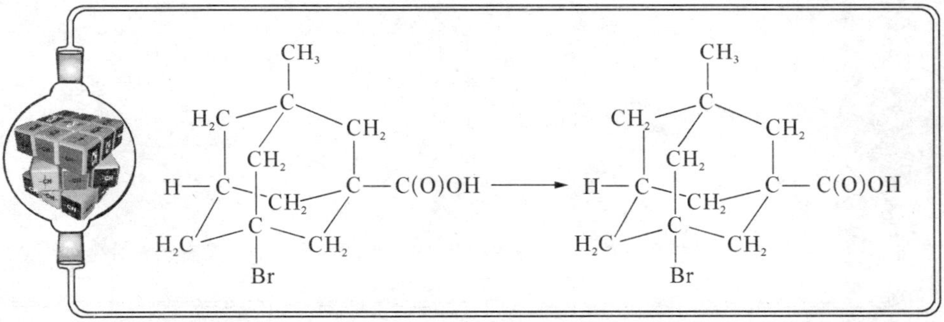

可能存在这种情况,即分子连隐形的非对称中心也没有,它自身可能就是非对称中心。这种情形同样可以是光学异构体。

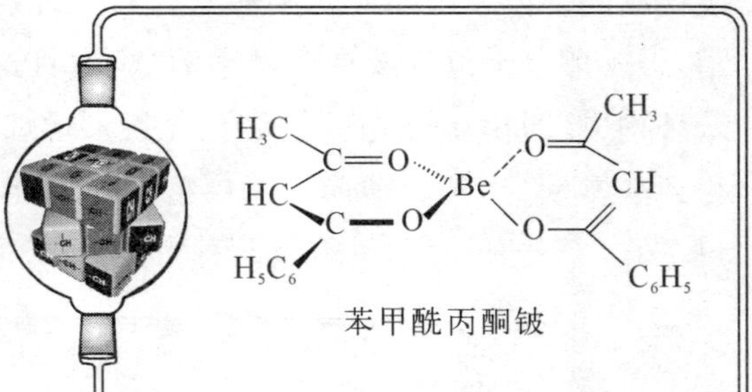

苯甲酰丙酮铍

在苯甲酰丙酮铍分子中,金属原子被两个相同的环形片段环绕,但其平面呈相互垂直状。正是在这种情形下,环上的两种不同取代基(CH_3和C_6H_5)可以使化合物具有光学活性。如果能使分子与其镜像重合,就可以确信这一点。见右图:

结构形式可以让化学家预测出化合物的某种属性,并且指出,为使化合物具有光学活性,化合物结构中应当改变的究竟是什么。而光学异构现象就是一个生动的例子。我们可以通过一个实际例子来说明。一种现实存在的化合物结构——硅氧烷片段 Si—O—Si 构成的立体分子,每个硅原子旁边有一个苯酸基。显然,分子不具有光学活性。怎样才能使硅具有光学活性呢？为此，我们选择一种最简单的方法（不是从化学角度，而是基于逻辑）。我们尝试构建一个非对称硅原子中心。首先想象着从立体结构中取出一个硅原子和与其相邻的三个硅原子。在下图中，用加粗的线条来表示这个片段。这样，就得到一个典型的具有非对称中心的半成品，只是“四足”结构的“脚”长度不同，但是这没有关系。现在，用三个不同的基 CH_3，C_2H_5，H 替代硅原子外围分离出来的苯酸基。结果，该片段中出现了非对称中心（星形标记），得到的立方体与自己的镜像不能重合，因此，它具有光学活性。见下图：

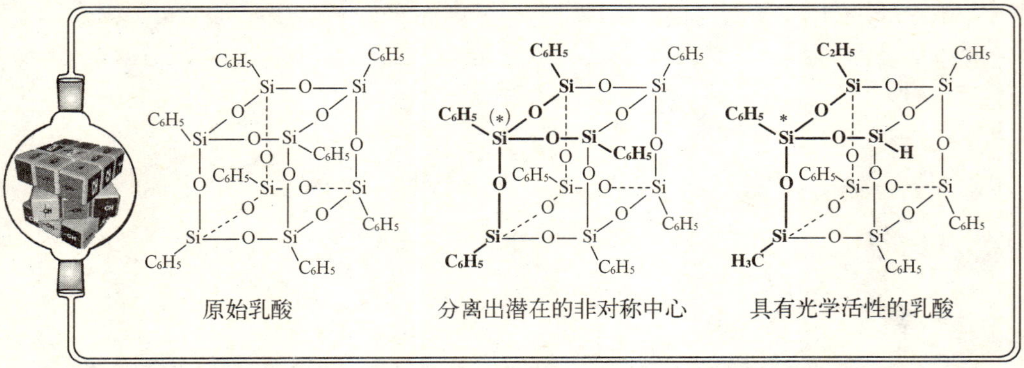

我们周围有很多非对称物体，这些非对称物体统称为螺旋物，如弹簧、螺钉、木螺钉、螺栓和螺母。所有螺旋物都分为右旋或左旋，它们不能在空间重合，例如，左旋螺纹的螺母无论如何也不能安在右旋螺纹的螺栓上。简单推论就可以让我们知道，螺旋形分子也应该具有光学活性，而且这完全可以通过实验来证明。由压缩的苯环构成（即相互间紧密连接）的螺旋形螺烯分子具有光学活性，而且这种活性表现得还非常明显，甚至薄薄的一层溶液就可能翻转偏振光平面超过 360°，有时甚至超过 720°。下图所显示的就是两种由九个苯环组成的螺烯缩略图。

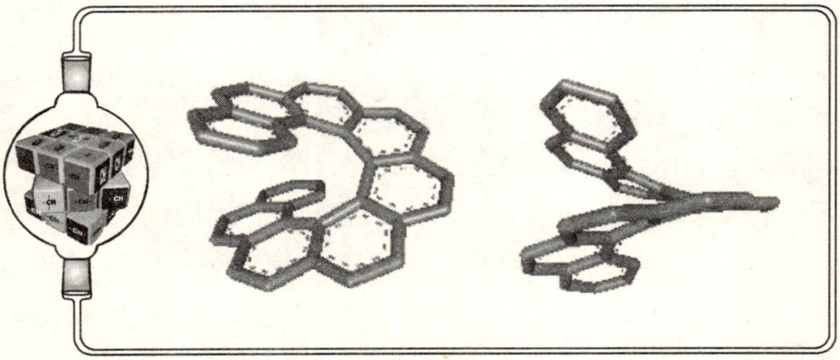

蛋白质和DNA的螺旋分子也具有光学活性。需要注意的是，整个生物世界都含有光学活性分子，同时，动物机体中的分子没有光学对映体，因为动物体内的所有氨基酸都是左旋（右旋从未见过），含糖的碳水化合物只有右旋，蛋白质和DNA的螺旋分子总是向右旋转。

完全可以假设，其他星球存在的是我们的镜像生物体，所有的氨基酸右旋，而生物聚合体的分子向左转。

分子由里往外翻转

现在，我们再回到先前探讨过的作为光学异构体的那双拖鞋上。同样的道理，一副手套也是一种光学异构体，但是手套与拖鞋有一点不同，即我们可以将手套从里往外翻过来，这样左手手套即可变成右手手套。那么，左旋分子是否可以变成右旋分子呢？借助化学反应可能实现，不过，“里外翻转”显得有些奇特。下页图显示的是苹果酸分子结构式，其中有非对称的碳原子，具有光学活性。首先用氯化剂——五氯化磷（PCl_5）与这个化合物发生反应。该试剂可能与苹果酸中已有的—OH基反应。反应机制应该是让试剂（PCl_5）不是从与—OH基发生反应的一侧靠近活性分子（试剂PCl_5恰恰具有这种特性），而是从另外一侧。这时会形成不稳固的化合物，也称活化络合物。它既含有进入基团—Cl基，也含有离去基团—OH基。形成的活化络化合物不稳定，它分解成化合物的构成物，其中Cl原子取代—OH基，使分子重新具有“四足”结构形式，但这时分子出现由里往外翻转的现象。接下来，为了得到苹果酸，应该重新将氯原子转化成羟基，但是在这种情形下，Cl原子成为离去基团，而—OH基变为进入基团。必须使新的试剂氢氧化银（AgOH）从离去基团Cl一侧靠近分子（该试剂恰恰具有这种特性）。最终我们会重新获取到新的苹果酸，然而，这只是原苹果酸的镜面对映物。见下页图：

我们所描述的苹果酸同分异构体的转换，即将其转化为其对应物，这是1898年瓦尔登首次完成的，因此这种翻转也被称为“瓦尔登翻转”，它的意义几乎是在50年之后才被人们所理解。

光学异构体的相互翻转需要一些条件，即需要借助某些次生醇、氯代物和其他化合物的反应。完成瓦尔登翻转的重新组配一定要遵守两个基本规则，即两种试剂中有一种是从离去基团相对的一侧靠近发生反应的分子，而另一种试剂则直接靠近发生反应的基团。根据翻转化合物的性质，第一种试剂和第二种试剂的顺序可以转

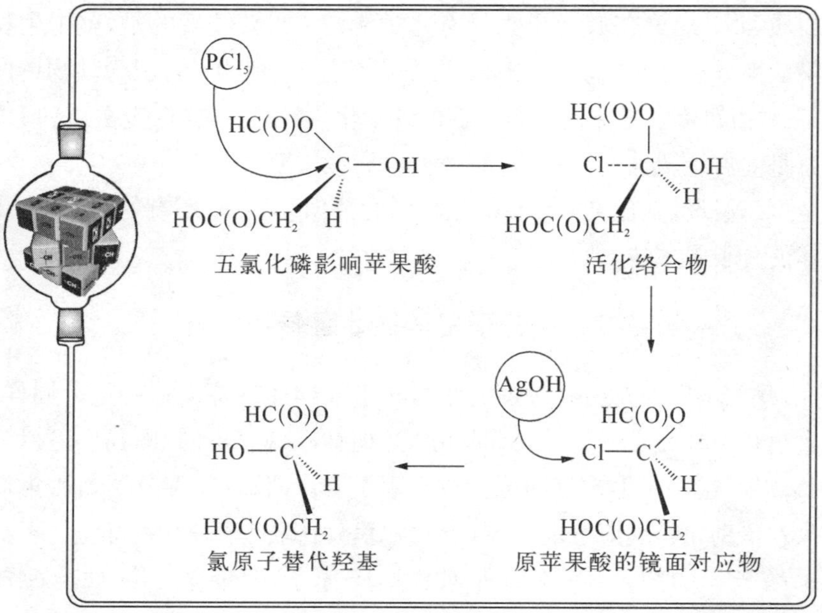

换，换句话说，直接靠近离去基团的试剂也可以是第一种，而第二种试剂则从相反的一侧靠近。

上面介绍的这些分子翻转并非总能轻易完成，然而，将它们在空间显现出来却相对比较容易，为此不需要太多的想象力。

化学美学

美来自简约。

——奥维德

每当谈到艺术或艺术创造，人们往往会引用美学理论，其实科学中也有美。化学或许是最美丽的自然科学之一。首先，它有着令人炫目的外在美：色彩缤纷的烟火、五彩斑斓的指示剂、晶莹剔透的结晶体。正是这种斑斓的色彩和绚烂的美丽吸引着人们，让大家为之神往。而那些制造美的人们虽然鲜为人知，但是他们仍然宵衣旰食、不舍昼夜、乐此不疲地从事着这项美的事业。不过，化学之美不仅体现在美的外表，也蕴于其纯净的内在。这正是我们在下面要讨论的话题。它不是那些复杂的过程，也不是枯燥复杂的化学结构，化学的美还在于它的简约。

简约与精致

很多物质的提取一般都伴有其净化过程，在净化过程的同时还能增加所需化合物的数量，这种方法可以称作是美丽的方法。例如，工业元素硼的提取是通过硼的氧化物和金属镁的还原反应。

$$B_2O_3 + 3Mg \xlongequal{\quad} B + 3MgO$$

这时，硼表现为杂质硼化镁，后者即是副反应过程的结果。

$$3Mg + 2B \xlongequal{\quad} Mg_3B_2$$

去除杂质最简单、最有效的方法是使硼化镁与反应中形成的氧化硼相互作用。

$$B_2O_3 + Mg_3B_2 \longrightarrow B + MgO$$

结果生成了元素硼，但同时还得到了一些有用的物质。最后阶段的精妙在于，氧化还原反应只发生在原化合物中的硼原子之间。

我们再来看看另外的例子。可以运用不同的去湿法来干燥气态氯化氢，例如借助五氧化二磷 P_2O_5，不过，使用干燥剂——无水的 $AlCl_3$——更为有效。在吸收水分的过程中，这种干燥剂进行水解并产生一定数量的干燥氯化氢 HCl。与此类似，可以使用 PBr_3 来干燥气态的 HBr，其效果同样如此。

前面提到的无水 $AlCl_3$ 经常被污染，出现无水 $FeCl_3$ 杂质。去除杂质可以采用简单的方法，即利用铝质金属屑来升华氯化物混合物。这时，氯化铁转化成有用的物质——氯化铝。见下图：

$$FeCl_3 + Al \xlongequal{\quad} AlCl_3 + Fe$$

水合结晶的脱水并不总像 $CaCl_2\cdot 6H_2O$ 脱水时那么简单，后者在烘焙箱里直接加热即可。例如，$CoCl_2\cdot 6H_2O$ 或 $NiCl_2\cdot 6H_2O$ 加热时，分解出的不仅仅是水，还有氯化氢 HCl，形成成分不稳定的碱式盐 $M(OH)_xCl_{2-x}$。这时很容易理解，干燥时分解出的水蒸气具有酸性反应。为了抑制氯化氢 HCl 的分解过程，干燥这类盐时要在 160—170℃氯化氢流体中进行，这种方法不太方便。更为简单的方法是将它们同甲硫酰氯一起煮沸（沸点温度 75℃）。见下图：

$$CoCl_2\cdot 6H_2O + 6SOCl_2 = CoCl_2 + 12HCl\uparrow + 6SO_2\uparrow$$

晶化水转化成了两种气体。这种方法既简单又方便。

净化和清除杂质常常与工业生产密切相关，为此我们还要考虑投入和产出的问题。有些地方（如阿斯特拉罕、奥伦堡）的天然气中含有大量导致输气管道溶蚀的硫化氢，这种气体燃烧时会形成污染大气的氧化硫。但借助克劳斯方法来处理则最为简单有效。尽管该方法早在 19 世纪就已提出，但至今仍被广泛使用。见下图：

$$2H_2S + SO_2 = 3S + 2H_2O$$

反应的化学机理如同前面分析过的硼元素净化，氧化还原反应只有在硫原子的参与下才能进行。

分析某些大家熟知的化学过程时，我们并非总能意识到，这些化学过程的创造者具有怎样卓越的创造才能。

一个国家化学工业发展的标志之一就是碳酸钠（烧碱）的生产总量。它主要应用于玻璃制造业。在自然界中，碱通常以土壤盐溶液的形式存在，同时也蕴含在某些矿产（泡碱和钠沸石）之中。19 世纪初，碱的天然储备已经无法满足工业需求，于是开始寻找人工生产的方法。早期广泛采用的方法之一由以下三个步骤构成：

氯化钠转化为硫酸钠。

$$2NaCl + H_2SO_4 = Na_2SO_4 + 2HCl$$

硫酸钠还原生成硫化物。

$$Na_2SO_4 + 4C \longrightarrow Na_2S + 4CO$$

硫化物同碳酸钙（石灰岩）反应。

$$Na_2S + CaCO_3 = Na_2CO_3 + CaS$$

按照上述流程生产碱时，在生产的最后阶段会产生一种有害物质硫化钙，露天存放硫化钙会分解出有毒气体硫化氢。这个问题已经成功解决：燃烧硫化氢可以生成二氧化硫，在随后的氧化以及与水反应时形成硫酸，而硫酸可以在这个流程的第一阶段使用。这是一种有效的改良方法，它将副产品成功地转化为有用产品，而且整个流程是在封闭的内部循环中完成的。但是化学家并没有就此停止他们前进的脚步，他们通过减少反应流程的步骤和消除硫化物的形成（采用溶剂分解法），成功地寻找到更加完美的解决方案。

氯化钠水溶液加入氨气，通过氨气排除气态二氧化碳。

$$NaCl + NH_3 + CO_2 + H_2O = NaHCO_3 + NH_4Cl$$

烧沸获取的碳酸氢钠，则形成必需的碳酸盐。

$$2NaHCO_3 = Na_2CO_3 + H_2O + CO_2$$

前一阶段出现的副产物——氯化铵——可以作为这个流程第一阶段所使用的氨气资源。这样，无废物排放的封闭循环流程就此形成。

“租借”反应

金属矿开采过程中杂质的去除问题一直是颇费气力的事情，因此，简单而方便的净化方法在一定程度上便被视为美丽的净化方法。传统上，金属镍来自镍铜硫化物矿，这种矿含有硫化钴和铁的杂质。提取镍的步骤包括熔化(加入添加物形成熔渣)，然后在转炉中加工(焙烧出硫黄)，最后在电炉中进行浮选(精选)和还原。现在人们找到另外一种更为简便的方法，这种方法基于羰基镍 $Ni(CO)_4$ 是一种特殊的易挥发物质(沸点 43℃)。先经过一氧化碳 CO 处理硫化物杂质，在压强增大的条件下，生成易除的羰基镍。剩余的金属羰基更难去除。获取的 $Ni(CO)_4$ 在随后温度加热到 180℃后开始分解，形成高纯度的金属镍。

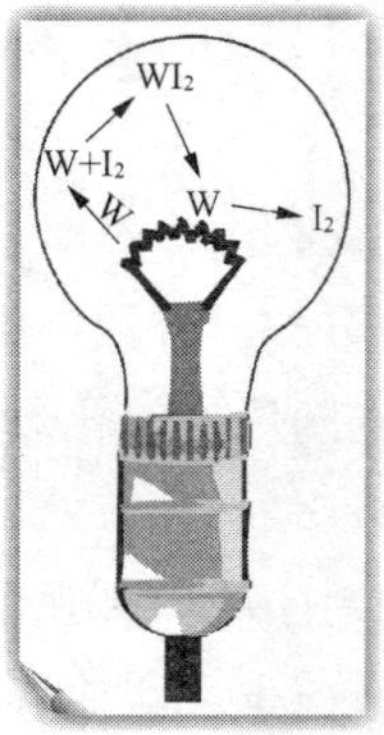

采用通过转化而生成易挥发化合物的方法来净化金属非常方便。碘在常温下很容易同钛、锆、铪这类金属发生反应，形成易挥发的碘化物。升温后碘化物极易分解而生成纯金属。游离碘能够重新与一定量的净化金属发生相互作用。这就是所谓的输送反应。当然，碘就是输送者的角色。大概，卤化灯的炙烤是实现输送反应最为有效的方式。例如灯泡里金属丝上的钨，通电发热时会蒸发并沉淀在灯泡壁上，在低温下会与灯泡内存在的碘发生反应，从而形成易挥发的碘化钨，接触到加热的灯丝时分解成钨和碘。钨沉淀在灯丝上，而碘重新加入到反应过程中。这样，钨被碘又带回灯丝，于是延长了灯泡的寿命。

简单替代繁琐

获取化合物的途径有很多，但是人们总是力求使用更为简单的方法。

首先我们认识一种十分精美的化合物金刚烷，这是一种饱和碳氢化合物，构架分子完全对称。金刚烷中碳原子所处位置类似金刚石中碳原子的位置，由此得名。它与所处的晶体外部形态没有任何关系，只是结晶格内碳原子的空间位置相同。见下页图：

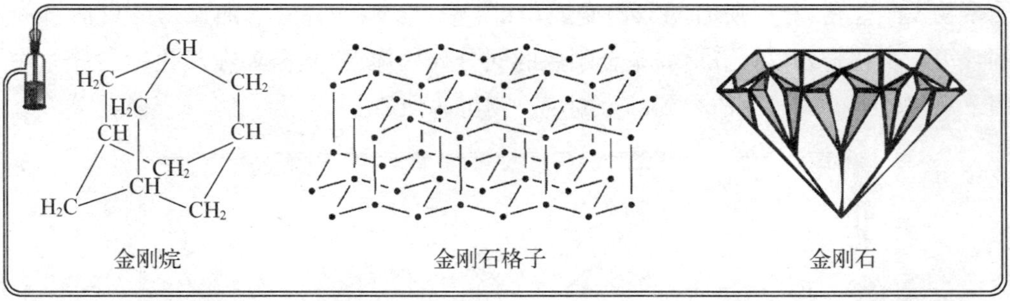

金刚烷的骨架很坚固，但缺乏应力，碳原子之间的角度均为 109.5°，饱和碳氢化合物也一样。化合物的化学性能稳定（不与酸和碱发生反应），熔点为 269℃。所有这些表明这种化合物适合作为能源，也就是说在适当条件下这种化合物很容易形成。怎样才能得到金刚烷呢？最初是通过石油分馏分解出来，后来是利用甲醛和乙醚合成。第一阶段出现的所谓乙醚，实质上就是金刚烷的半成品。

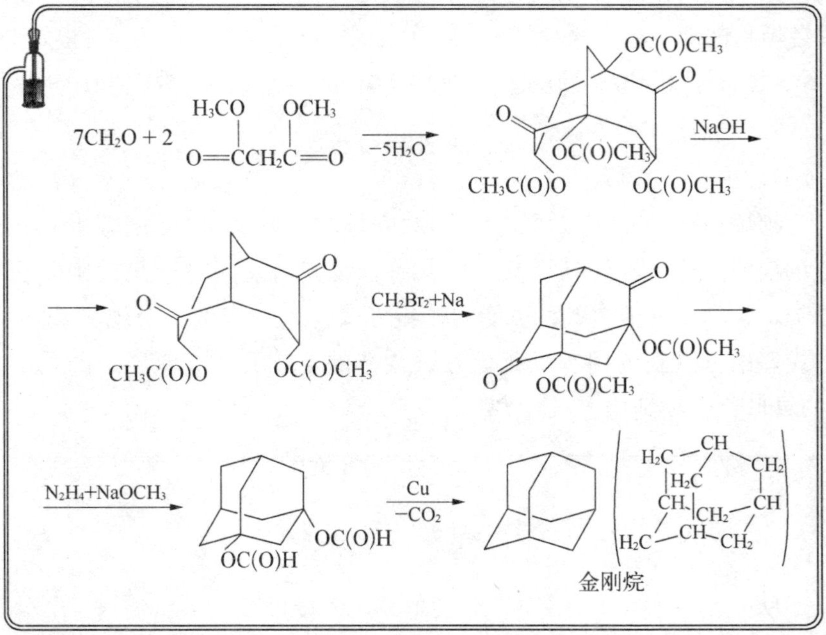

上图显示的化合途径更多地展现了有机化学的强大能力，而不是展示了它的美。由于步骤过多，最终得到的产物不足 2%。后来找到一种更为简单的方法，如下页图所示。原始化合物环戊二烯 C_5H_6 在存储过程中极易发生二聚反应，形成合成所需的二聚物 $C_{10}H_{12}$（图中第二个化合物），因此，二聚物并不需要专门获取。接下来，二聚物发生氢化，之后所有的双键变成单键。值得注意的是，下图显示的反应链中倒数第二个化合物（氢化产物）是金刚烷的同分异构体，只是需要在氧化铝的催化作用下重建骨架。这种方法得到的金刚烷产物可达到 20%。

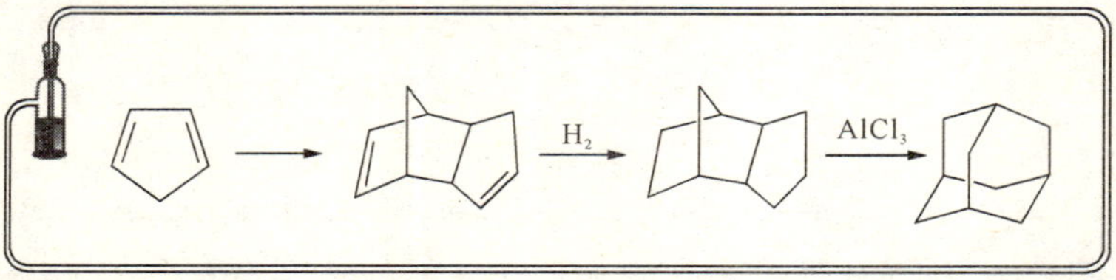

化学家究竟采用怎样特别和美观的方法来获取复杂分子呢？对此很难进行简单的回答。金刚烷的合成可以依靠下列步骤来进行，首先应该找出含有四个 CH 基和六个—CH_2的原始碳氢化合物。如上图所示，无论氢化产物还是金刚烷都含有这种基。接下来需要重组分子骨架，为此需要最重要的催化剂——铝分子。成功的希望寄托在金刚烷上，因为金刚烷具有相当的稳定性，也就是说，这是一种节省能源的化合物，而且化合过程会顺利进行。这种过程设计并非总能立即获得成功，不过，具有很好的化学知识，加上不懈的努力以及敏锐的观察力，这些常常能够帮助我们解决类似的问题。

精致的分子

说到金刚烷，我们就要提及其分子的漂亮外观。其实，比金刚烷更具吸引力的化合物数量众多。这里不妨列举其中的几种。首先，化合物(1)是两个紧密相连的金刚烷分子。金刚烷分子中各种可能的连接方式让人们产生一个想法，即通过下面的重建方式理论可以获取用有机化学方法创造的金刚石。下图展示的是一些特殊的、精致的星形化合物结构。

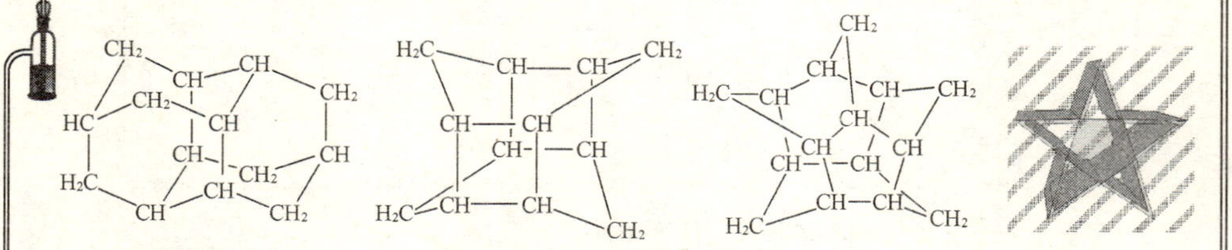

化合物(1)　　化合物(2)

而接下来展示的是被称为“鸟笼”的两种封闭骨架分子，不错，里面并没有“鸟”。所谓“笼中之鸟”就是被带内腔的分子从里面抓牢的原子或分子，其获取方式完全不同。由60个碳原子组成的富勒烯球状分子在形成过程中可以将某些金属原子，例如镧，裹进内腔。“鸟笼”和“笼中之鸟”这类形象名称不仅出现在科普文章里，还出现在科技文献中。见下图：

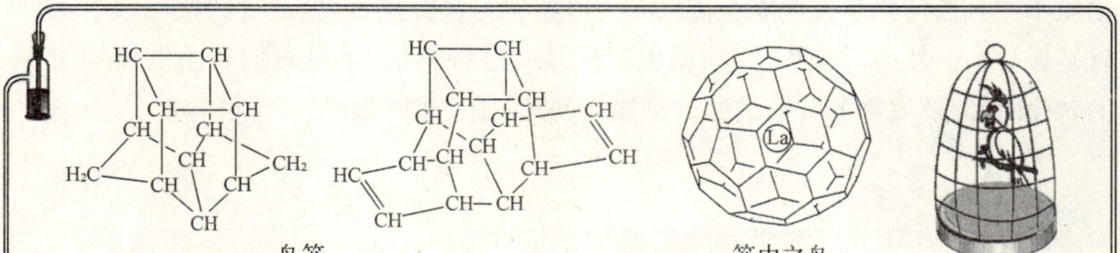

鸟笼　　笼中之鸟

我们再来描绘一下四面体、棱柱体和立方体，您可能感到它们并不漂亮，但是化学家却不这样看。在很长一段时间里这些特殊形状的分子被认为无法获取的，因为它们的骨架具有很强的内部应力。它们最后呈现出一种特殊的美，原因是化学家成功地解决了这个棘手的问题，获取了这些特殊形状的分子。如果试图用碳原子构建一个日常生活中最简单、最常见的多面体，似乎很难。这些化合物中每一种化合物的获取都成为一件大事。

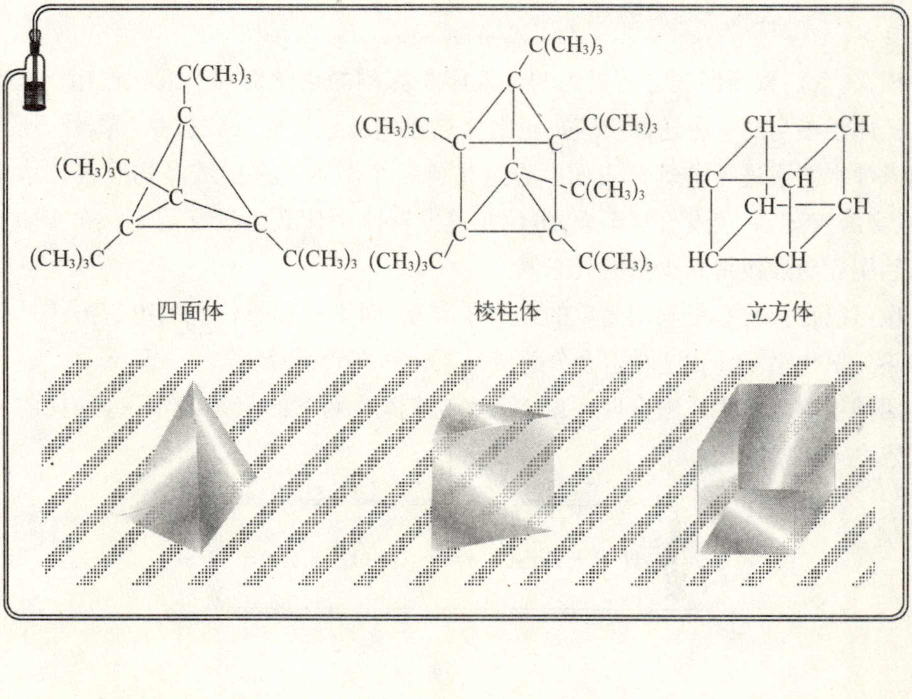

四面体　　棱柱体　　立方体

魔幻般的转化

某些简单的转化之所以令人印象深刻，是因为得到的结果有些出乎意外。固体物质不加入任何化学试剂能否转化成气体物质？答案是可以，这种转化的显著例证就是爆炸物。然而，其他一些物质也同样具有这种属性，不过它们在由固体向气体的转化时却是“安静的”，渐进的。例如，碳酸铵在加热时形成三种气体。

$$2NH_4CO_3 = 2NH_3\uparrow + 2CO_2\uparrow + H_2O\uparrow$$

制作泡沫塑料时可以使用这种特性，还可以基于这种属性制作糖果松散剂。亚硝酸铵也具有这样的属性。

$$NH_4NO_2 = N_2\uparrow + 2H_2O\uparrow$$

现在，我们重新回到之前提到的令人印象深刻的化学机理。氧化作用——这是只有氮原子参与的一种还原反应。正常加热亚硝酸铵可能导致过热和爆炸，所以最好用煮沸水溶液进行分解。表面上看这仿佛是个魔术。您把结晶物质置入水中溶解，煮沸溶液，然后蒸发直至干燥，最后在蒸发器皿中什么也没有留下。在实验室里可以利用亚硝酸铵得到少量的气态氮。

也可以在实验室里利用简单的方法获取氟，而不用通过传统的电解方法。只需要加热三氟化钴 CoF_3，这时它会分解成二氟化钴 CoF_2 和氟 F_2。

两种被溶解的物质融合时不断沉淀，而液体中剩下的只是清水，这种反应看上去同样令人异常惊诧。

$$BaS + ZnSO_4 = BaSO_4\downarrow + ZnS\downarrow$$

这种反应已经运用在工业生产中。两种沉淀物质硫酸钡和硫酸锌，都是纯白色，因此沉淀物(称之为锌钡白)可以作为白色搪瓷制品的颜料使用。主要是在得到颜料的同时不会形成任何废残渣。这可以称为“漂亮的解决方案”。

化 学 时 间

过去 10 年中，发现的最不寻常的反应之一就是所谓的震荡反应(现在，它是反应的一个类别)，它将内在的效果和外在的美观结合起来。进行这种反应要在水溶液中倒入硫酸铈 $Ce_2(SO_4)_3$、溴酸钾 $KBrO_3$ 和溴化的丙二酸 HO(O)C—CH(Br)—C(O)OH，并且将它们混合。硫酸可以酸化反应物质。

随后发生的所有转换都是普通的氧化还原反应，所以我们用离子形式来表现。

第一阶段，溴酸阴离子(当然由溴酸钾提供)还原三价铈离子(铈盐分解时产生)。

$$10Ce^{3+} + 2BrO_3^- + 12H^+ = 10Ce^{4+} + Br_2 + 6H_2O \quad (I)$$

这一阶段最主要的是水溶液中出现四价铈离子 Ce^{4+}。在下一阶段，它将和溴丙酸发生氧化反应。

$$4Ce^{4+} + HOOC—CHBr—COOH + 2H_2O = 4Ce^{3+} + HCOOH + 2CO_2 + 5H^+ + Br^- \quad (II)$$

最后，铈离子重新成为三价，加入到第一阶段的反应中。实际上，铈离子起到典型的催化剂作用，加入到反应中却没有任何消耗，可是没有它的反应转化无法进行。如果说铈离子没有消耗，那么消耗的是什么呢? 消耗的是溴酸钾(氧化剂)和溴丙酸(还原剂)。这时，铈从一种试剂向另一种试剂中输送电子。看起来没有什么特别之处，只是典型的催化反应。而精妙之处就在于在第二阶段形成了溴阴离子 Br^-。它好像在抑制第一阶段的反应，而对第二阶段的反应没有任何影响。最后，在反应体系中累积了大量第二阶段反应的产物，首先是铈离子 Ce^{3+}。当这些离子的数量累积到一定程度时，溴离子就不能再抑制第一阶段的反应，而第一阶段的反应高速进行，反应体系中重新出现四价铈离子 Ce^{4+}，它接着加入到缓慢的第二阶段反应中。

因此,抑制剂起到了缓解作用,它在特定时间之前不会开启快速的反应阶段。

最为有趣的是这一整套反应过程可以目测观察,即亲眼看到。水溶液中的三价铈离子 Ce^{3+} 是无色的,而四价铈离子 Ce^{4+} 呈黄色。因此我们可以看到反应物质瞬间变黄,然后再慢慢失去颜色。大概每一分半钟进行一次颜色交替,这种颜色交替在几个小时之内保持不变。

再介绍一些震荡反应的例子。可以使用复合铁盐代替铈,在这种情形下蓝色瞬间变成红色,然后再慢慢重新变成蓝色。柠檬酸[HOC(O)—CH_2]$_2$ C(OH)—C(O)OH 在锰盐催化下,每两分钟发生一次颜色变化,而草醋酸 HOC(O)—CH_2—C(O)—C(O)OH 与铈盐在一起就像每六秒钟敲打一次的钟摆。

为使化学反应具有如此令人惊讶的属性,必须满足两个条件。首先,在第一阶段的反应速度应该远远高于第二阶段。其次,第二阶段反应过程中应当生成抑制剂,它到一定时间可以抑制第一阶段的反应速度。

震荡反应带给我们的乐趣不仅仅在于其外在效果,更在于它的实际应用价值。震荡反应发现之后不久即被人们所接受,人们发现,类似的震荡反应很普遍,例如可以用金属催化剂氧化一氧化碳、氢气、氨气和乙烯。此外,震荡反应还可以确定某些重要生物过程是否在进行,例如神经冲动振荡和肌肉收缩等等。

我们以上呈现给读者的仅仅是某些所谓美丽的化合物及其转化过程。最后应该指出,对所谓美的认识是一种主观认识,其中某些观点可能只是本书作者的个人看法。随着对化学的深入了解,相信读者也会对这个无比独特、引人入胜的学科发生浓厚兴趣,产生自己的美学评价。这是因为,化学不仅仅是一门科学,更是一门艺术!

聚合化学的特殊任务

耐心是希望的艺术。

——沃韦卡德

人类很早就学会利用天然聚合物，在远古时代，人们就懂得用动物毛皮制作衣服，纺织棉线和毛线。然而，有一种当代非常著名的天然聚合物，欧洲人在很长时间里并不熟悉，这就是天然橡胶。

坚持换来的胜利

第一批从美洲印第安人那里看到天然橡胶的欧洲人是哥伦布勘察队的成员们，这之后由法国科学家组成的勘察队于 1735 年确定，这种橡胶是从巴西的橡胶树汁液中提取而来，有段时间橡胶被称为巴西焦油酸，后来才改名天然橡胶。它的聚合链由单键和双键交替链接的碳原子组成——每隔两个单键就有一个双键。见下图：

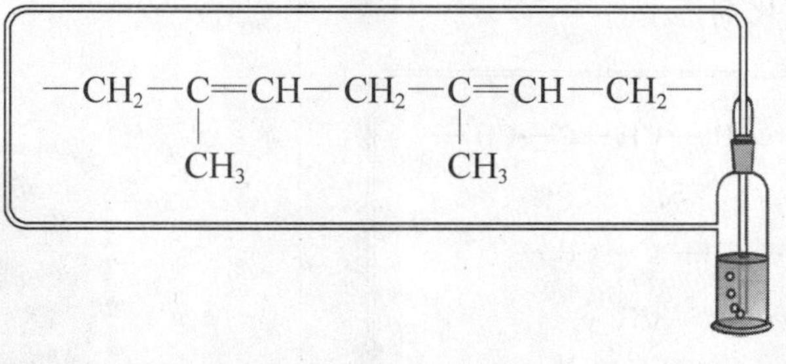

橡胶很快便风靡起来，人们开始用它做服装、鞋子，还用它制作防雨的敞篷车篷。但是流行潮很快就过去了，因为人们发现，所有橡胶制成品“遇冷”时变得又硬又脆，受热时则变得发粘，1 年之后它们就变成气味难闻的半液体的混合物了。

一个美国发明家决定消除这些缺陷，他就是个体手工业者查尔斯·古德伊尔。他没有受过任何教育，对于天然橡胶的组成成分也没有任何概念。但是他为什么认为这个问题能解决呢？可能是直觉给了他某些提示，更重要的还是他的非凡能力，因为他很快发现，周围世界并没有任何类似橡胶的物质。这种判断即使在今天也是正确的，尽管我们已经熟悉了橡胶，对其特殊的属性也已经习以为常——橡胶带可以伸长 4—6 倍，停止拉动后又能恢复到原来状态(这种属性称为高弹性)。可能您会反驳说，钢质弹簧也有类似的属性。请比较一下这两种物质，它们的差别泾渭分明，显而易见。

大概，古德伊尔被这种物质的罕见属性所震惊，所以决定一定要找出它的使用方法。他大胆地往橡胶里加入各种东西。他用棒子将手边所有的东西都掺进橡胶里并进行搅拌：沙子、盐、粉笔末、胡椒、糖、干酪、墨水、苦土，甚至还有菜汤，他坚信问题一定能够得到解决。他研究了 1 年、2 年……。各种添加物中都有硫黄粉，用来防止橡胶粘连到一起。其中一个实验样本恰巧放在加热的炉子旁，但它却没有熔化，而是保持着原来的形状。古德伊尔立即发现了这个令他期待已久的现象。这是决定性的一刻，光有顽强的精神还不够，还需要高度集中的观察力，不能错过任何蛛丝马迹。就这样，1839 年硫化橡胶被发明出来。在硫黄相互作用的情形下聚合链的双键被打开并形成聚硫桥（由一些硫原子构成），它们通过横向交联将聚合链连接起来，形成所谓的交联聚合物，也就是硫化橡胶。还在古德伊尔在世时，美国、英国、法国和德国就开始建造生产硫化橡胶的工厂。生产橡胶制品的公司依据古德伊尔的名字命名为固特异（Goodyear Tyre and Rubber）（美国），该公司以生产轮胎为主。最令人惊讶的是，古德伊尔发现的硫化方法时至今日仍没有改变，迄今为止，硫仍然被视为最佳的硫化剂。

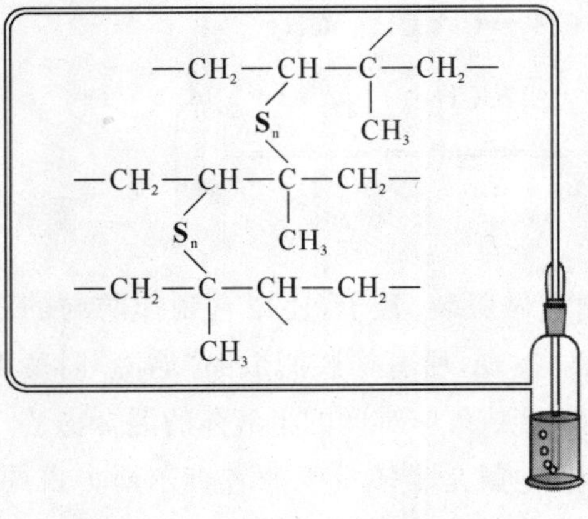

寻找溶剂并非轻而易举

纤维素是植物性聚合物，其聚合链由—CH—O—CH—桥组成的环状分子片段构成，外表看上去它的分子很像项链。见下页图：

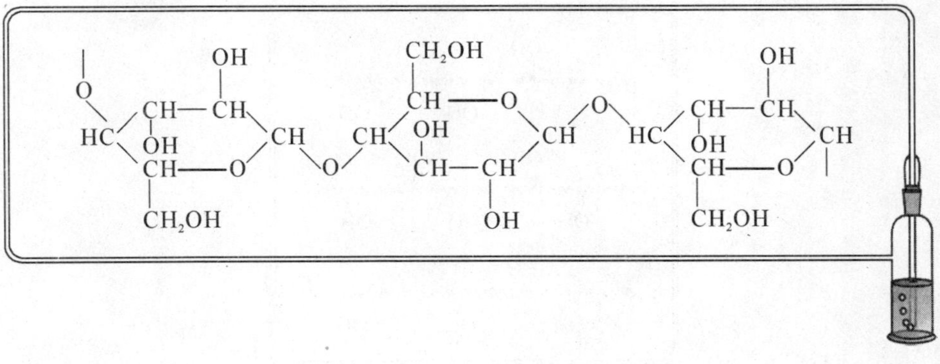

棉质纤维（普通的棉花）中纤维素的含量达到95%—97%，而木质纺织品含有40%—45%的纤维素。众所周知，棉质纺织品由棉花制成，棉质纤维的特点似乎最适合纺线。但是，棉花是很难种植的作物，它只能在某些气候条件下才能生长。那么，能不能用木质纤维素制造出棉纤维和纺织品呢？从聚合物中抽出丝并不复杂。为此应该将其加热软化，然后将得到的熔体用带细孔的薄板进行挤压过滤（用所谓的起模板）。在起模板的出口处聚合物便结成了丝线状。为此，将聚乙烯加热到180～200℃就足够了，而用于获取尼龙纤维的聚乙丙酰胺需要加热到250～300℃。但是对于纤维素来说这种方法并不适合。大家都知道，木材在加热的时候不会溶解，也不会成为液态，它只能开始焦化。用科学语言来表述就是纤维素的溶解温度高于其热分解的温度。但是对于聚合物来说，还有另外一种途径可以从中提取纤维。线性聚合物的显著特点就是在有机溶剂中能够溶解。所以，应该溶解聚合物，将得到的液体通过起模板压入沉淀剂池中。沉淀剂是很容易与溶剂混合的液体，它又不能使聚合物本身溶解。最后在起模板出口处得到细线。但是对于纤维素来说这种方法也不合适，纤维素如何抽丝成了摆在研究者面前的一道难题。我们知道，纤维素具有线性结构，同时又不溶于任何一种已知的溶剂。如果仔细地观察纤维素的聚合链，其中的原因不言自明。每一个环链含有三个羟基—OH，极性基在一定程度上总会相互反应。这时，相邻聚合链的这些极性羟基之间形成所谓氢键（关于这种键的详细描述，请参见“万能的弱化学键”一章），最后，所有分子成为由氢键连接成的统一结构：

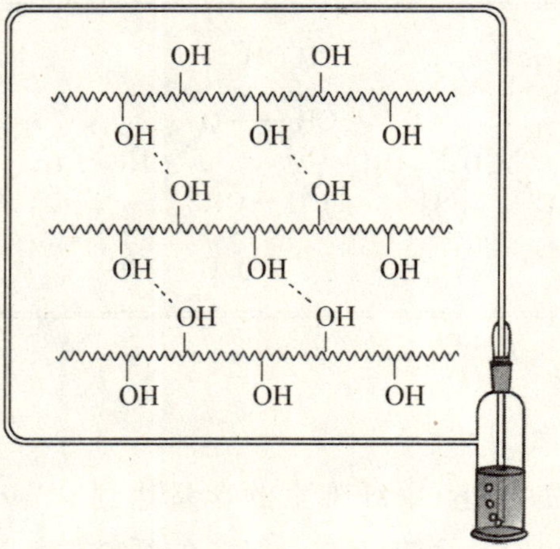

氢键比一般的化学键弱 15—20 倍。但是氢键一直与这个被拉长的分子的长度相伴。因此，将分子彼此分开并将其置入溶液中相当困难。就好像“搭扣”拉链，或者衣服和鞋子上的“粘扣”。尽管这种拉链的每个小勾扣在一起，但并非十分牢固，然而你若想一下子拉开所有小钩并不可能，只能依次打开，也就是将拉链的这一面向另一面“撕开”。

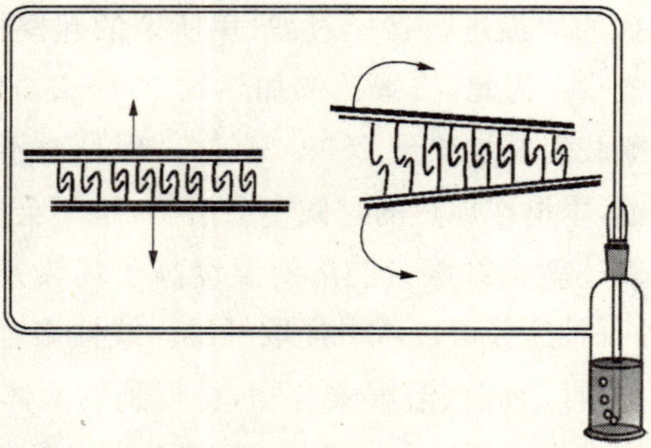

化学家们在寻找纤维素的溶剂时是怎样进行推测的呢？如果聚合分子是线性，那么它应该能被溶解。只是应该在一段时间内破坏氢键，而从溶液中得到纤维之后，它们本身又要恢复原状，于是我们重新得到了原来的纤维素。如果将某种高极性化合物放入聚合物中，氢键可能被破坏，这种高极性化合物与羟基的反应要比羟基之间的反应更为强烈。在这种情况下，这种化合物从表面逐渐渗入来解开氢键的“挂钩”。

经过努力地寻找，这种化合物终于被找到。这是一种带有氨的氢氧化铜络合物 $[Cu(NH_3)_n](OH)_2$，$n=4\div6$。这种纤维素溶剂是一种比较简单的化合物，它是氨气浓缩水溶液中的氢氧化铜 $Cu(OH)_2$溶液，在这个过程中形成铜氨络合物。在室温下这个络合物中纤维素发生溶解。这样，主要目的已经达到，我们成功地获取到纤维素溶液。接下来一切便按照既定流程进行了，溶液通过起模板挤压入活水槽中。铜氨络合物被冲洗干净，而得到的纤维，其成分就是原来的纤维素。

这时仍然在发生某些变化，整个溶解和随后发生的分解都伴随着聚合分子环空间位置的某些改变。因此，得到的纤维完全不同于棉质纤维，它具有天然丝般华丽的表面。

铜氨丝是最早由纤维素获取的人工纤维，它完全保留了原化合物的成分。起初，由于其韧性很差，并没有受到广泛应用，但是过了一段时间，德国科学家蒂勒提出为纤维及其萃取物塑形。这样，聚合链区域沿纤维轴定位，这显著地提高了其韧性。

为生产铜氨丝设计了相应的工艺流程。但是最为有趣的是，当初开展这项工作时，还没有关于聚合物的理论，相关理论在几十年后才出现。相应的，当时也不存在聚合分子和聚合环定位这些概念。所谓聚合物是线性的，原则上可以被溶解，这些都不过是直觉上的猜测。然而，整个过程学理严谨，因而至今其主要特点并没有变化。

与许多科学现象一样，一个科学问题，当它得出一定的结论之后，总会随之出现大量新的方案。于是，又提出纤维素的其他溶解方法。粘胶纤维素是这些新方法中最为普遍的方法，它的溶解方法与上述方法完全不同。至于铜氨方法，虽然它面临新的挑战，但是至今仍未失去其存在的价值，也没有被完全取代。纤维在铜氨络合物水溶液中能够溶解，这是瑞士研究者施韦策在 1857 年发现的，而铜氨纤维第一次被生产出来是在 1896 年。尽管距今已经很遥远，但是当我们重温这项科学研究时，我们仍然为这个难题的最终顺利解决而感到欣喜。

情 景 再 现

20 世纪 30 年，代聚丙烯腈（腈纶）又给研究者们提出了类似的问题，这种聚合物的基础碳链上“悬挂”着腈基 CN。

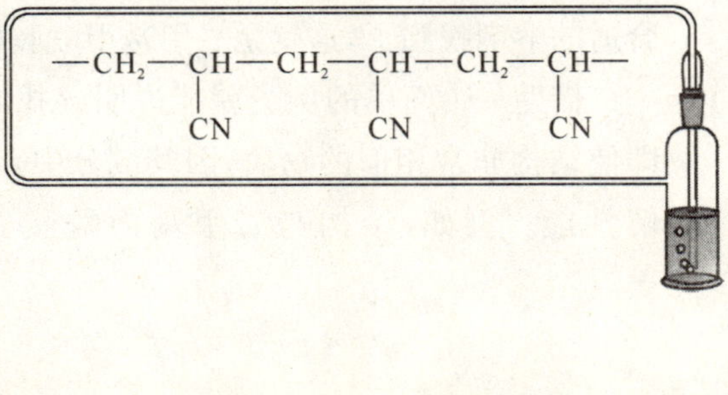

这种聚合物在加热条件下也不软化，因此，纤维素中这种线性聚合物的加工只能通过溶解方法才能实现。很长一段时间没能找到溶解聚丙烯腈的物质，原因和纤维素一样——氢键连接的分子之间的相互作用力很强。它们形成于一个聚合分子中的氢原子和相邻的聚合链的腈基之间。通常，≡C—H 键不参与氢键的形成，它是弱极性，但是，由于与腈基 C≡N 为邻，这一点显然改变了它的属性，结果便可以形成氢键 ≡C—H…N≡C 链。见下图：

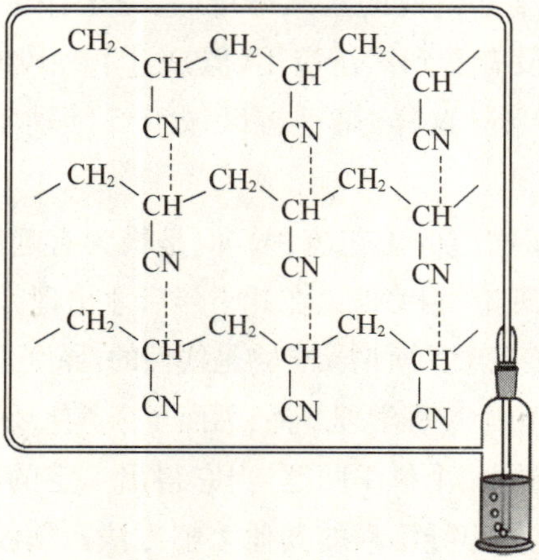

设想一下，我们就会清楚，必须找到能够破坏聚合分子间氢键的高极性溶剂。溶解纤维素的铜氨络合物也对此无可奈何，这是聚合物的另外一种化学属性，在对其进行的探寻过程中曾经实验过几千种有机化合物。

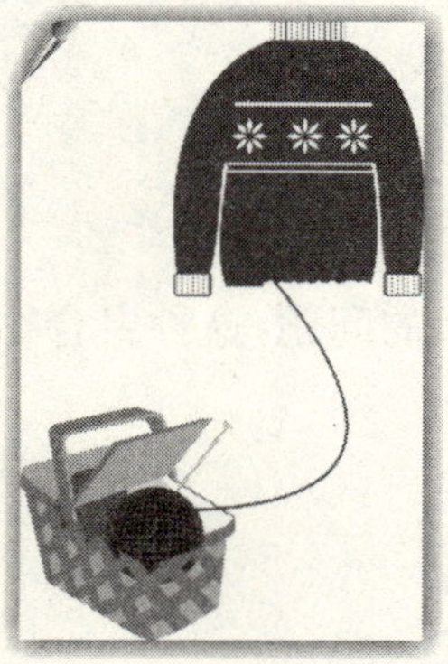

之所以使用这么多的有机化合物，是因为寻找合适的溶解剂应当在所有“被怀疑的”化合物范围内进行。经验丰富的化学家能够明确地指出这个范围。有一些理论假设可以帮助选择适合的聚合物溶剂，但是它们还无法事先指明具体的化合物分子式。因此，只借助不同的假设在这一范围内寻找正确的解决方案显然并不可行，必须依靠经验和大量的实验。最终，合适的溶剂找到了，这就是二甲基甲酰胺$(CH_3)_2NC(O)H$。

借助一个简单的例子就能说明寻找溶解剂是多么艰辛。即使结构非常相似的物质，因其成分中存在最细微的差别都会严重影响它们的溶解性能。例如，结构与二甲基丙酰胺非常相似的丙酰胺

$H_2NC(O)H$和二乙丙酰胺$(C_2H_5)_2NC(O)H$都不能溶解聚丙烯腈。可以想象,如果仅仅测试这三种化合物中的两种化合物的溶解性能,就很容易“漏过”所需化合物。

二甲基丙酰胺开辟了腈纶纤维之路。外表看上去,它很像一种柔软、蓬松的羊绒和针织品。纤维在俄罗斯工业中的商品名称是“腈纶”,而在其他国家叫“奥纶”,这种纤维的工业生产始于1950年。有趣的是,奥纶首先打开了二甲基丙酰胺之路。

最初二甲基丙酰胺完全是一种罕见的化合物,并不是每个实验室都可能获取到,但是自从发现其独一无二的溶解性能之后,它便大量应用于工业生产。这确实是一种万能的溶解剂,所以它现在广泛用于生产胶片、涂料、颜料和人工皮革,同时还被用作催化反应介质。在科学文献中它甚至还有专门的缩写词DMF。

如果聚合物不溶于任何溶剂

我们知道,在溶液中无论怎么改变线性聚合物都是可能的,即使聚合分子之间存在很强的相互作用。但是,我们现在面临一个更为复杂的问题,如果聚合物的聚合链之间不是氢键链接,而是化学键,那么聚合物还能溶解吗?这样的聚合物称为交联聚合物,它与线性聚合物的主要区别在于,加热状态下它并不会转变成液态,并且不溶于任何溶剂。整个聚合物就是一个统一的空间网。见下图:

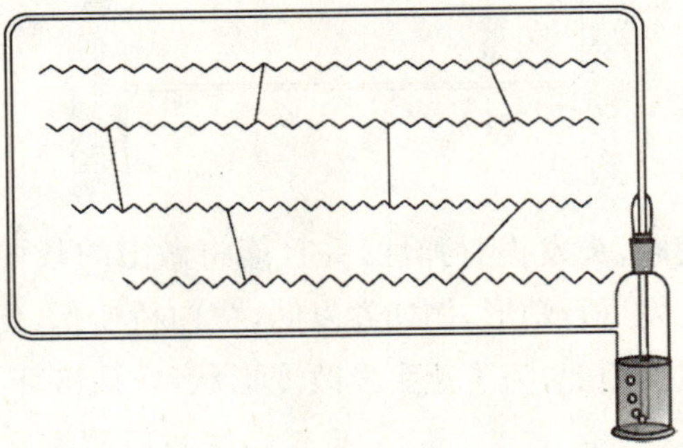

怎样才能改变这类聚合物制成品的形态呢?或者怎样才能给其制成品塑形呢?经常采用的方法就是先从“尚未交联”的聚合物中塑成制成品,然后进行“缝合”,换句话讲就是固化,即使其形成空间网状(塑形和固化经常同时进行)。前面分析过的硫化橡胶正是这样的工作原理。

而为已经交联的聚合物塑形则更难。为此需要先破坏相连的化学键,在其塑形之后再进行复原,以便将原来的成分返回聚合物中,即恢复其属性。奇怪的是,这项工作在一定意义上比之前的工作更为简单，它不需要寻找适合的溶解剂。寻找溶解剂在某种程度上需要技巧，而破坏和恢复化学键对于化学家来说却是寻常事情。

现在，我们举一个实例来说明这个问题。我们取一些天然羊毛，更具体地说就是哺乳动物的毛发。它是大自然本身造就和塑形的材料。但是情况往往是这样，大自然创造的样式并不令人满意。例如很多人不喜欢直发，而喜欢卷发。最普通的烫发方法——将湿润的头发卷在卷发夹子上或者使用热弹簧钳将头发卷起来——效果并不好。前一种方法的弊端是潮湿的空气或头发上的水分让卷起来的头发又舒展开来。根本问题还是在于构成头发的分子结构。这是蛋白质聚合分子，是由二硫化物桥横向交联而成，类似橡胶硫化时出现的情形。见下图：

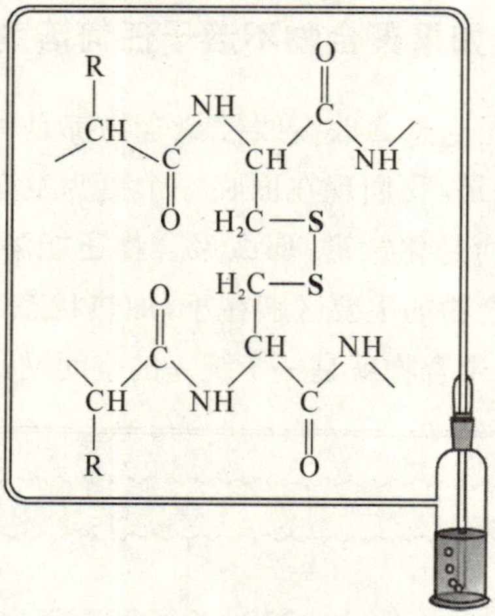

由于存在横向交联，头发很有弹性，并且能将做出的某种形状和长成的某种形状完好保存。在对头发进行塑形，例如卷发时，横向桥变形，但是停止塑形后头发的形态又恢复原来形状。因此，为了让头发改变形状，应该破坏二硫化物桥，使头发产生新的样式后再恢复横向桥。化学家们通过研制化学烫发剂成功地解决了这个问题，为此，需要先用亚硫酸氢钠来处理头发。这时，二硫化物桥断开，形成硫代基—SH。见左图：

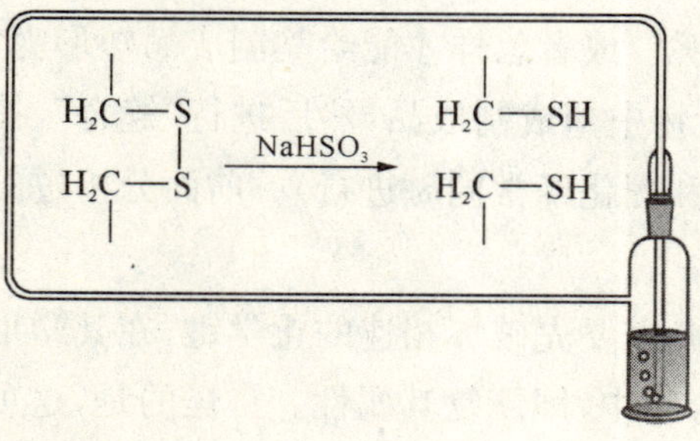

经过化学处理的头发可以塑成所需样式，如将其卷在卷发夹子上，然后进行逆向

反应，也就是说重新创建二硫化物桥，其工作原理或者是利用空气中的氧气，或者是通过氧化氢溶液。

这时，桥恢复原状，头发又具有了先前的弹性并“记住”了赋予它的新形态。水对这种卷发已经无能为力，洗头后头发继续保持卷曲形状。但是，又出现一个问题，头发是生长的，因此需要定期进行化学处理。然而需要指出的是，很多化学反应，尤其是不在水溶液中，而是在固态物体（头发表面）上进行的化学反应，常常不能百分之百地渗入到最里层，二硫化物桥没有完全恢复原状。而如果频繁烫发，头发的发质会受到破坏。然而，从化学的角度来看，将直发变成卷发这一问题已经得到解决。

元素周期表的新思考

有这样一个体系，
很长时间我们都无法走出，
那就是太阳系。
——斯坦尼斯拉夫·利茨

上面格言中的“太阳”一词完全可以用“周期”来替换。所有的化学教科书中都配有门捷列夫的元素周期表，很多人最初将其视为一份无用的物质清单，只有那些对化学感兴趣的人才能意识到它的伟大之处。

爱好者们逐渐开始寻找新的、更加完善的周期表形式。他们设计了圆形的、三角形的和螺旋形的周期表，还提出了格子形、圆柱形、有两个塔形的平台等各种形状的三维立体方案。

没有人规定周期表的格子需要涂上什么颜色，因此每个人都可以根据自己的想法为格子涂色，结果元素表出现了让人意想不到的各种各样的颜色。尽管如此，大家还是遵循一个重要原则，即同一类型的元素（如过渡元素）应当涂上一样的颜色。

我们的同时代人也不甘落后，但是，这些人的创造力却完全用在其他方面，这也凸显出我们时代的特点。出现了众多电子版的周期表，电子版的周期表形式几乎一致，都是将元素周期表以独特的键盘形式显示在电脑屏幕上。每个小格对应一个代表一种化学元素的按键。电脑可以瞬间呈现出该元素的物理属性和化学属性，指出其在自然界的分布，讲述该元素的发现过程等等。甚至还有一种商业版本的周期表，按一下按键就可以了解到这种元素的化合物是否正在出售。

任何一种现代或者更早一些的变化形式都与过去的形式没有太多改进，它们实际上包含的都是同样的信息。追求一种美的表现形式在无意中却掩盖了这个周期表真正的令人震惊的特性。尽管人们感觉周期表的属性和作用已经尽人皆知，毫无秘密可言，但是即使在今天，它依然拥有强大的预测力量。

三大重要成果

有关第一个重大成果，你们可以在书本里了解到。发现了门捷列夫预言的镓、钪和锗可以被视为纪念新定律的三次礼赞。元素周期表的命运发生了根本性的转变，它很快便驰名世界。甚至对化学知之甚少的人们也高度评价了这一化学元素目录的创建。周期表系统化地呈现出我们周围世界存在的所有元素，甚至在邮局的明信片上都印有元素周期表。

第二个重大成果发生在创建元素周期表之后的半个世纪。1914 年，根据范·登·布鲁克和莫斯莱的研究，人们意识到，元素周期表中每一种元素的序号不仅仅是简单的数字。原来，序号准确地指出了原子核的电荷数，也就是质子数。既然原子是电中性，那么这个数字也就表示了该元素原子中的电子总数。如果从原子总数中减去质子数，便可以得到中子的数量，而中子的数量正是这个序号。

可以想象，这个发现给当时的人们留下了怎样的印象。元素周期表创建之时，科学家们无论是对原子结构还是对元素粒子都一无所知，然而，这个周期表却隐含着每种元素原子中这些粒子的数量信息。很难找到其他重大的发现，可以如此长时间地保存着没有被识别的信息。从这一刻起，元素周期表不再是“化学家的个人成就”，它成为最重要的物理定律之一。

有趣的是，元素周期表没有成为恒久的定律列入教科书中，就像其他大部分定律那样固定不变。门捷列夫的元素周期表是开放的，它将一直增添下去。

第三个重大成果的见证者其实正是你和我。可以说，第三个重大成果并没有受到人们热烈的追捧，它似乎是在不知不觉中诞生的。很多人认为，因为元素周期表正确地反映了大自然的基本规律，因而，它的预测能力完全是一种自然现象。然而，我们却尝试用全新的眼光来审视这个人们早已习以为常的元素周期表。

重建元素周期表

目前，有两种形式的元素周期表比较普及。一种为经典形式，它一共有 8 组，而且还有子组。大部分教科书中使用的正是这种元素周期表。而 IUPAC（理论化学与应用化学国际联合会）提出了一种现代形式的元素周期表，它一共有 18 组，而且没有子组。稀土族元素和锕族元素与以前一样放在元素表下方的单独一行里。原则上没有什么变化，只是变成另一组编号，例如，按照现代名称表，硅元素不是第四组元素，而是第十四组。

第 110、111、112、114、116、118 号元素已经获取到，但尚未命名（括号中指出的是它们的原子质量）。至今尚未获取到的元素用弧形符号标记。见下表：

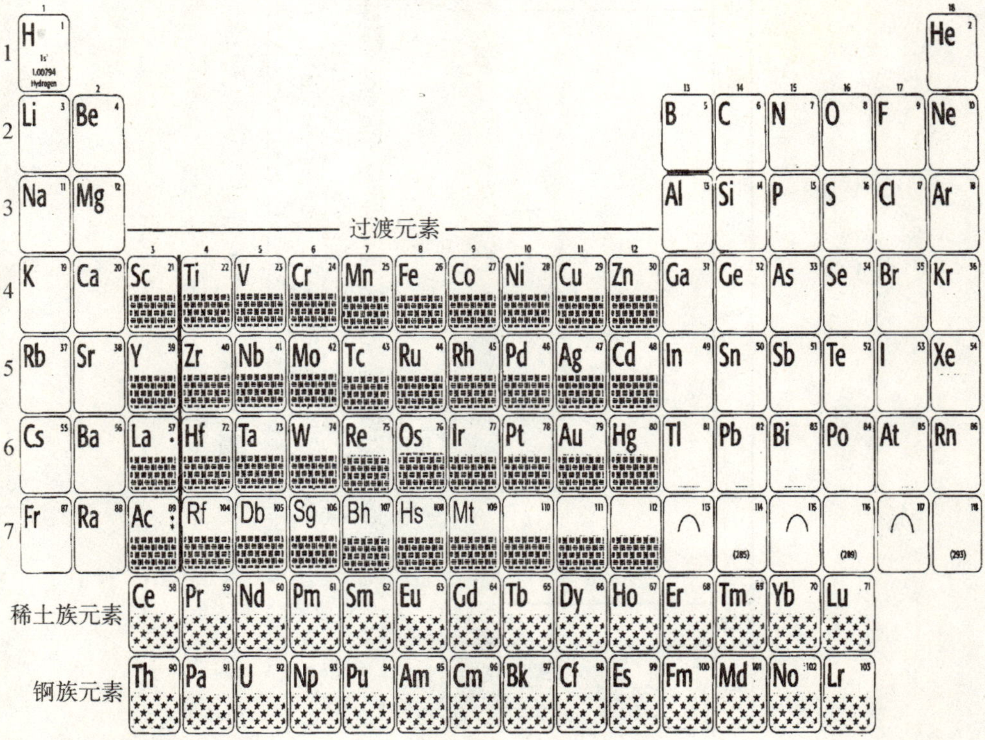

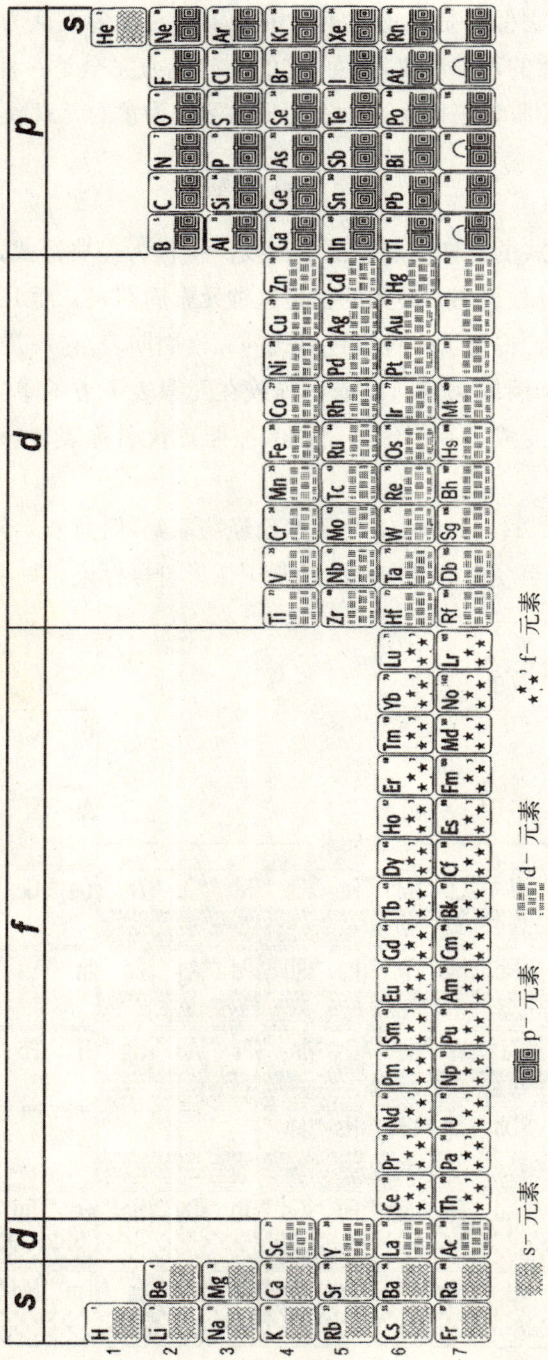
s d f d p s
1 H He
2 Li Be B C N O F Ne
3 Na Mg Al Si P S Cl Ar
4 K Ca Sc Ti V Cr Mn Fe Co Ni Cu Zn Ga Ge As Se Br Kr
5 Rb Sr Y Zr Nb Mo Tc Ru Rh Pd Ag Cd In Sn Sb Te I Xe
6 Cs Ba La Ce Pr Nd Pm Sm Eu Gd Tb Dy Ho Er Tm Yb Lu Hf Ta W Re Os Ir Pt Au Hg Tl Pb Bi Po At Rn
7 Fr Ra Ac Th Pa U Np Pu Am Cm Bk Cf Es Fm Md No Lr Rf Db Sg Bh Hs Mt
s-元素
p-元素
d-元素
f-元素

注意，表中有两个地方的序号中断了，№57（镧）和№72（铪）之间出现了断裂，而№89（锕）和№104（铲）之间也是如此。这个断裂（用粗线表示）并非偶然，这个位置应该是稀土族元素和锕族元素，它们位于基础表格之中。

我们按照一般逻辑来消除这些断裂。我们用垂直粗线切开元素表，将其割成两块，将稀土族元素和锕族元素置于出现的空隙中，也就是其序列号规定的位置。结果我们将得到这样的元素表，其中沿六和七周期序列号一直延续，并未中断。组别号现在失去了意义，于是我们将其去掉。最后得到的表中，六、七周期序号没有中断。

这种形式的元素周期表其实很早就出现了，但是没有得到普及。因为这个长条状的元素表在书页中很难排版，除此之外，大概不会有其他原因。

正是这个版本的元素周期表让我们发现了以前周期表中隐藏的某些东西。我们发现，这个元素表中一些我们习惯的组名没有了，例如“过渡元素”、“稀土族元素”等等。代替这组元素的是背景图标，使用拉丁字母 s、p、d、f 命名，对此我们会加以探讨，不过要放在以后的章节中。

我们先来确定化学元素具有什么样的重要特征。化学元素的护照或者说是指纹就是核电荷，亦即质子数量。为了使一个元素移向相邻的元素，必须向原子核中加入一个质子，同样，也必须向电子外膜中加入一个电子（原子电中性）。

我们来看一下，如何用化学元素填充元素周期表，我们要关注那些电子，也就是说我们都要添加上一个电子（同样，每个核中也添加一个电子）。出现一个问题，下一个电子往哪里放呢？电子的摆放由量子力学来决定。可以说，对这个学科不甚了解的化学家们是幸运的。由量子力学决定的最终结果简单得几乎每个人都能理解，都可以借助它来做一些推测，只要会算数并具有一定的想象力（谁能说自己完全没有想象力呢？）。

楼层，单元，房间

首先回想一下，电子都位于特定的层级上。我们马上就可以发现一个众所周知的规律，即层级数等于原子位于其中的周期序号（周期表中的水平列）。观察任何一个元素周期表，都会发现，表中电子按层级排列。当门捷列夫亲自分配周期序号时，或许他也猜测出了其中的某种奥妙？

电子层级——这实际上就是建筑物的楼层，楼层里有房间组成的单元。这些房间的科学名称是“轨道”，其物理含义是最有可能的电子所在地，简单说就是电子云。量子力学借用简单的规则控制着轨道（如我们之前所说）——安排房间。这其中主要依据泡利原则。按照这个原则，每个轨道（也就是每个房间）可以安置不超过两个电子。

第一层可能只有一个单元，而且只有一个房间。这是 s-轨道，根据泡利原则，其中最多能安置两个电子，或者一个，或者两个。s-轨道填满后形成的元素称为 s-元素，应当承认，这种名称是完全合理的。这样，每一楼层（也就是每一个周期）可能只有两个 s-元素。这一点在长条状的元素表中清晰可见，表中所有的 s-元素用特定的图案背景进行了标记。

第二层除了单间单元以外，还出现了三个房间的单元。每个房间称为 p-轨道，而填满这些 p-轨道之后形成的元素称为 p-元素，这同样名副其实。我们可以提出一个问题，即每个周期楼层可以有多少个 p-元素呢？泡利原则可以给出答案，轨道，即一个房间内，不能超过两个电子。因为 p-轨道有三个房间，一个周期内可能的 p-元素数量总是六个。这一点在前面那个较长的元素表中也可见到。

第三个楼层的房间数和单元数规划得与第二层一样，而第四层则有五个房间的单元，其中的房间称为 d-轨道。这样便形成了先前成为过渡金属的 d-元素。

还是根据泡利原则，每个周期里的 d-元素可能只有 10 个，看一下元素周期表就可以确定这一点。每个周期里的第一个 d-元素似乎与其他元素拉开很大的空隙，不要被这一点所迷惑，我们感兴趣的只是它们的数量。

不用去看元素表的下半部分，上面所列数据完全可以确定出后面周期的成分。只是需要领会元素表中上半部分的两个规律。

首先看到的是在重新出现的单元里房间（轨道）数量增加的规律。s-轨道可能只有一个，p-轨道可能有三个，d-轨道可能有五个。实际上，它们是一个奇数数列 1-3-5。想象一下，下一个轨道将会有多少呢？答案很简单，一定是 7，1-3-5-7 嘛。并且它已经被命名为 f-轨道。这一序列表明，每个周期内的 f-轨道应该是 7 个，而与它们相应的 f-元素应该是 14 个（根据泡利原则）。提醒一句，f-元素的传统名称就是稀土族元素和锕族元素。看一下元素周期表，您就可以相信我们的推测是正确的，稀土族元素和锕族元素确实是 14 个。

根据元素表中上半部分所提供的信息，我们尝试回答第二个问题，即大自然让 f-元素最先出现在哪个周期里？

p-元素最早出现在第二个周期内，d-元素最早出现在第四个周期内。我们继续这个偶数数列 2-4-6，结果是 f-元素应该最早出现在第六个周期内。正是这样，稀土族元素首先正是出现在第六周期内。

我们创建的这种元素周期表可以让我们还发现一个规律,即每一个奇数周期在数量和结构上完全重复着前面的偶数周期。第三周期具有同第二周期相同的长度,而且也是由同样“种类”的元素组成(也就是 s 和 p),第五周期在复制第四周期,而第七周期则仿照第六周期。

编制 21 世纪元素周期表

我们现在来推测,接下来的元素表应当如何填充,并转入下一个周期。如果存在 s-,p-,d-,f-元素,那么在某一时刻是否能够出现某种新的元素呢?完全可能,应该存在 g-元素。现在,利用经验,我们可以大胆地说出它们将出现在哪个周期,数量是多少。

继续偶数数列 2-4-6-8,结果 g-元素应该出现在第八周期。这会是什么元素,暂时还不清楚,因为元素表的上半部分没有类似物质(准确地说是不存在,例如,在元素表上半部分稀土族元素斜上方什么都没有排列)。人类紧张寻找 g-元素的工作仍在继续,g-元素之前的第七周期实际上已经结束,作为第七周期结尾的 118 号元素的获取被化学家们视为 20 世纪的标志性成果之一。

第八周期中总共应该有多少种元素呢?我们还是继续奇数数列 1-3-5-7-9。这样看来,g-轨道最大的可能数是 9 个,因此,g-元素可能的数量是 18 个。

现在,可以轻而易举地回答出第八周期到底会有多少元素。必须算出所有轨道可能的电子总数,记住,每个轨道可能置放的电子只有 2 个。

$$(1+3+5+7+9)2=50\text{ 个元素}$$

如果说填满含有 32 个元素的第七周期花费了整整一个世纪的时间,那么填满这个巨大的新的周期将会需要多少时间呢?而且我们还不能忘记一点,即获取每一种新元素的复杂性一直在增加。

再回到已经完成的阶段,将新的第八周期从下面贴近我们这个长长的周期表,必须要解决一个问题,即 g-元素将从哪个序号开始。我们还是利用元素表提供给我们的图式。f-元素在其出现的时候,它让 2 个 s-元素和 1 个 d-元素置于自己之前,然后,在整个周期表中。我们在第八周期内也采取类似的方法。在这个周期的始端放置 2 个(暂时没有获取到)s-元素和 1 个 d-元素,然后再安置所有的 g-元素,这之后是 f-,d-和 p-元素,也就是说与元素表上方部分一样。元素遵循的这个顺序是由力学性能决定的,然而,由于对此一无所知,我们只是复制元素表上方所列出的规则，通过计算证明目前所得出的结果是正确的。应该认为，元素周期表潜在的内部结构的协调性能够帮助我们做出正确预测，令人产生深刻的印象。

我们注意到，新引入的 g-元素，其花纹背景不同以往。请注意，元素表上有一个显著的特点，即随着 d-，f-，g-组进入周期表，s-元素和 p-元素之间的距离越来越远。所以，在新元素出现的情形下，元素表不仅由于"尾巴"增长而加长，而且更类似生物体一样，由里向外不断扩充。见下列元素表：

呈现在我们面前的就是 21 世纪元素周期表，但是我们并不是这张元素周期表的首创者。这张元素表是诺贝尔化学奖获得者，美国科学家格伦·西奥多·西伯格于 1969 年提出的。关于格伦·西奥多·西伯格，我们应当较详细地介绍一下。他敢于填充门捷列夫元素表中 10 个空缺的方格（从钚开始），并取得了非凡的成就。106 号元素以他的名字命名，他是在世时得此殊荣的唯一科学家。据西伯格的同事讲，他是一个乐观的人，甚至晚年还经常系着上面绘有整个元素周期表的领带。按照我们前面所说的规律，西伯格紧接着第八周期排列了第九周期，其结构与前面的第八周期完全一样，杰出大师用其有力的双手赋予了这个周期前五个元素以序号 169—173。现在，大家都认为这个排列完全合理，因为这之前已经确定第八周期含有 50 种元素，所以，第八周期元素的序号间隔就是 119—168。

格伦·西奥多·西伯格
(1912—1999)

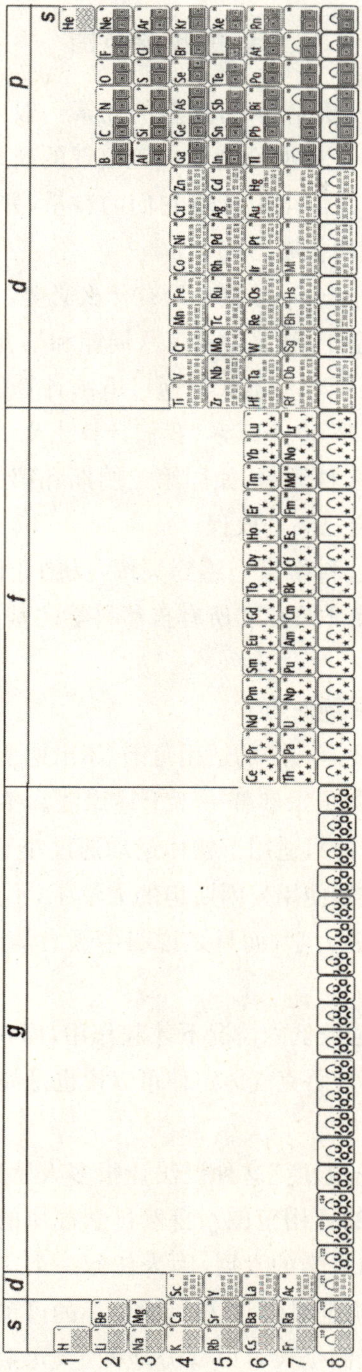
s
d
g
f
d
p
s
1
2
3
4
5
6
7
8

合理的预测范围

根据已知的元素周期表填充规律，如新的元素一般出现在偶数周期，我们可以继续西伯格的预言，认为第十周期原则上应该出现的新元素，并且它们的名称也已想出，即 f -元素。接下来，我们可以计算它们的数量，并且指出它们从什么序号开始，同时可以确定第十周期的长度。

类似的预测可以轻易作出，不过似乎没有什么必要。在很长一段时间学者们都认为西伯格的元素周期表是正确的(增补第八周期和第九周期排列表)，这种元素表甚至还出现在某些书籍中。但是，不久前通过电脑计算表明，看似简单的规律在第八周期末尾被打破，这里不是 50 个元素(我们计算出来的)，而是 46 个。此外，根据计算第九周期中一共将有 8 种元素，如同第二周期和第三周期，这多少有些出乎意料。元素周期表仿佛开始自己新的旅程。

然而这些结果并没有让科学家们感到失望，反倒让他们感到满足。他们指出，那些应用到元素周期表的基本规律和所有自然科学的基本定律一样，要受两个原则的支配。

第一个原则——定律要绝对可靠。

第二个原则——它们要有一定的适用范围，超出这个范围定律便不适用。

我们通过一些简单的例子来解释一下上述说法。牛顿确定的力学定律被人类证明是可靠的，但是这些定律只适用于物体运动速度小于光速的情形下。如果物体运动速度接近光速，那么就须使用爱因斯坦的力学了，不过，爱因斯坦的力学并非像很多人所想的那样废除牛顿力学，而只是说明牛顿力学定律是部分现象，并有自己的适用范围。

波义耳气体定律在压强较低的情况下才起作用，而在较高压强时则必须转到更普通的范德华定律。盖伊-吕萨克气体定律可以说也是如此，在温度较低的情况下必须做出相应的变动。

“较低的压强”，“较低的温度”这种说法让很多人感到迷惑不解。较低是多少？能否清晰地限定这些定律的适用范围？自然科学规律的独特性就在于其模糊的界限。然而，这丝毫没有影响科学的发展，因为任何一个实验者在每个具体的情况下都能够借助运算预先作出决定，是否应该考虑定律的可预见偏差。

再回到元素周期表，我们今天可以部分地确定，元素表的严整性和预言能力在第八周期末尾将逐渐消失,而这极有可能不是在21世纪,而是在22世纪通过实验才能得到证明。但是,关于科学发展速度的假设最不可靠,科学一直在超越类似的预测,而这又是多么美妙啊!

大自然更喜欢偶数

书中任何一个数学公式
都会使购书者减少一半。
——斯蒂芬·霍金

上述具有讽刺意义的句子旨在提醒我们尽量减少公式和数学运算,我们尝试一下这种方法。有的时候,一定的理解力和算术知识的充分运用完全可以解决问题。而解决类似的问题是一门很有趣的功课。

别让商家宰秤

我们来看一个日常生活中经常遇到的问题。您要去市场买1千克杏和1千克李子。但是遗憾的是,所买的东西分量不足。为什么会出现这种情形呢?有很多方法可以让待称的东西分量不足。现在很多商家使用的都是有两个平衡托盘的秤,托盘中间有一个带箭头的圆盘。可以将秤放得有些倾斜,这样一来,空秤盘的指针就可以显示出100克的分量。由于担心站在近处的顾客会马上发现这种猫腻,心虚的商家会将1千克重的秤砣放在第二个托盘上,这时,称重是处于"称重极限"的状态,误差就不会被发现了。

另一个方法是,秤本身没有问题,但是秤砣有些轻,重量少100克。商家一般不会事先将这个秤砣放置在秤上,否则眼尖的顾客走近瞥上一眼,事情马上就会露馅。还有一种方法,称重的时候,商家悄悄在秤盘底下装上重100克的小磁铁。当然,您去市场买东西时不会随身携带检测用的秤或者重量准确的秤砣。如何才能发现重量不足呢？我们通过推论和简单的实验来解开其中的谜底。如果每种商品的分量都少 100 克，统计学上将其称为系统误差。您从商家那里购买了 1 千克杏和 1 千克李子，但实际上每种商品只有 900 克。可以让商家将两种商品放在一起称量。秤会显示（考虑到系统误差）900＋900＋100＝1 900 克。您买的重量为 2 千克的东西与实际重量 1900 克之间明显存在误差：2000 克－1900 克＝100 克。这样，不用任何其他检测工具，你在几秒钟之内就能知道，黑心的商家每份商品里克扣你多少分量。

大自然也可以“缺斤少两”

研究物理和化学现象时遇到的“重量不足”和“尺寸减小”既不是某种恶意行为，也不是敛财之目的，而是源于某些控制变化的规律。

在研究原子核结构时经常会遇到“分量不足”的情况。我们来看看硅原子核的情形。硅原子核有 14 个质子和 14 个中子，使用现代仪器能够准确确定出硅原子核的质量，它等于 2. 797693 原子质量单位（amu）。看一下门捷列夫元素表，细心的读者马上就会发现其中的误差，表中指出的数量是 28. 085 5 amu。难道这个误差是“称量”硅原子核时缺少的电子质量吗？不是，电子质量微不足道，问题完全在于其他方面。自然界中硅以三种稳定的同位素形式存在：^{28}Si (92. 27％)，^{29}Si (4. 68％)，^{30}Si (3. 05％)（括号内表示其百分量）。这里需要提醒一下，同位素原子核里的质子数量相同，所以只能用中子数量来区分。正是这种混合物确定了门捷列夫元素表中列出的数值。接下来，我们来分析含有 14 个质子和 14 个中子的硅原子核。

与硅原子核一样，通过单独实验发现其质子质量为 1. 007 276 amu，中子质量为 1. 008 665 amu。现代检测技术可以精确到小数点后五位，所以，它完全没有发生丢失现象。现在，我们计算一下 14 个质子和 14 个中子的总质量：

$$14 \times 1.007276 = 14.10186$$

$$14 \times 1.008665 = 14.12131$$

$$\text{总质量} = 28.22317$$

得到的总数大于硅原子核质量，差额是：

$$28.22317 - 27.97693 = 0.24624 \text{ amu}$$

不足的部分看起来微不足道，因为一个原子单位质量总共为 1. 660 56 · 10^{-27} 千克，然而，任何消失的质量都应该解释清楚。

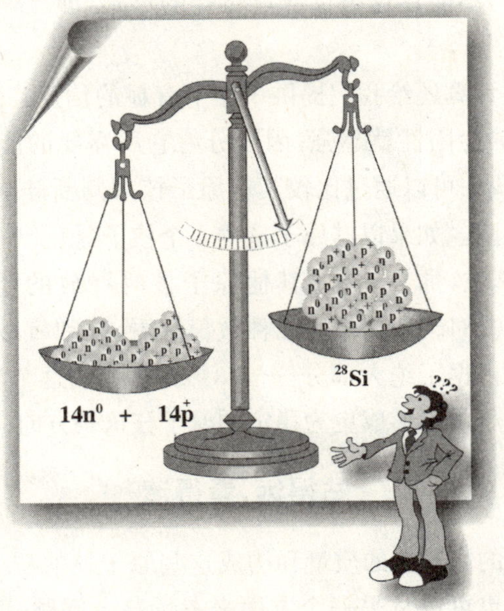

问题在于，当单独的中子和质子结合成一个原子核，也就是在基本粒子中形成原子的时候，会释放出能量。根据著名的爱因斯坦公式，我们知道质量与能量彼此相关：$E=mc^2$（c 表示光速）。通过计算了解到，缺少的质量转化成了能量。

这种现象称之为质量缺陷。那么，中子和质子形成一个硅原子核时能够释放出多少能量呢？根据爱因斯坦公式，1 原子质量单位相当于 $1.49\cdot10^{-10}$ 焦耳能量，因此，0.246 24 amu 质量缺陷相当于释放出 $0.368\ 10^{-10}$ 焦耳能量。这个数值是否很大呢？乍一看好像微不足道，实际上却相当巨大，因为这不过是一个原子释放的。为了感受这种巨大的能量，我们来看一下，形成 1 克硅（边长为 7.5 mm 的小立方体）的基本粒子能够释放出多少能量。我们将形成一个原子时释放的能量乘以 1 克硅中的原子数量：$0.368\cdot10^{-10}\ 6.02\cdot10^{23}/28=7.9\cdot10^{11}$ 焦耳（计算中使用阿伏伽德罗常数 $6.02\cdot10^{23}$——物质中的摩尔原子数量）。而这个能量接近于燃烧 180 吨汽油所获得的能量。

轻原子核合成重原子核时出现的这种质量缺陷正是热核聚变产生的能源的重要来源。现在我们知道了，为什么热核反应被视为最有前景的能源。

主要的希望寄托在氚原子核合成氦原子核。形成氦原子核时质量缺陷达到

0.029 3 amu，它仅次于硅，然而这个数值已经很高了，实际上可以视其为取之不尽的能源源泉。问题在于，不能让这种反应以爆炸的形式（即氢弹）进行，要将其控制在"燃烧过程"中。

质量缺陷的相关计算还给我们提供了一个有趣的信息。一般来说，形成原子时释放的能量越多，它的稳固性就越强，因为分解它所需要的能量正好等于形成时所释放的能量。这样，我们可以通过比较其他原子核来判断硅原子核的稳定性。计算正是基于这种质量缺陷。如果以硅原子核内 1 个核子（核子——质子和中子的统称）耗费的能量为基本单位，那么，构成其他原子核时释放的能量是：O—0.94，C—0.90，B—0.81，He—0.84。从列举的几种数值来看，硅和氧最为稳定。这就是为什么在地球表面硅和氧占据了绝大部分——73%。在我们这个星球的形成过程中，原子核的合成主要趋向于可以形成更为稳定的原子核这一方向。

站得远，看得清

通过比较所测量的原子核的质量和构成这些原子核的粒子的质量，我们可以评估原子核的稳定性。也可以从另一个方面来考量这个问题，即我们要注意，它是否具有放射性衰变倾向。核化学多年发展所取得的成果可以帮助我们进行这种比较分析。我们只选取一些稳定的同位素，也就是那些不倾向于放射性衰变的同位素进行研究。

如果化学家具有足够的观察力并且善于区分出奇数与偶数（不要对此一笑置之），那么他就能够独立地发现这个领域中的某些重要规律。

最简单的方法就是看一下《简明化学百科全书》第二卷 208—209 页的同位素表格，这个褐色的五卷本百科全书在俄罗斯的任何一家图书馆都能找到。遗憾的是，这之后问世的《化学百科全书》（绿色的五卷本）中就没有这个表了。

表格很大，占书的两面，里面涵盖丰富的信息，如同位素的普及性、半衰变期、原子核分解时释放出的粒子类型等等。初看上去，这个表格极有可能让您觉得枯燥乏味，或者你会对它完全地漠然处之。填满了数字的大量的小方格让人望而生畏，感觉这只能是少数专家的兴趣所在。产生这种畏难之情的原因在于你距离这个表格太近了。这时，用谢尔盖·叶赛宁的几句诗来表达或许更为准确：

近在眼前时，看不清模样，
拉开距离时，看到却更多。

如果从远处看这个表格，很快就能清晰地发现其中的规律性。下面显示的是这个表格正反两面的影印图，不过上面的数字信息实际上无法辨认。但有一个特点可以立刻引起我们的注意，即在第一面表格上发暗的小格很少，而在另一面上却很多，并且占据了很多排。暗格表示稳定的，不趋向于该元素放射性衰变的同位素，其元素符号位于纵栏的下部。如果注意看表格的右上角，就可以发现暗格不均匀分布的原因。第一面表格的元素位置具有奇数数值 Z（原子核中质子数量），第二面则是偶数数值 Z。见下表：

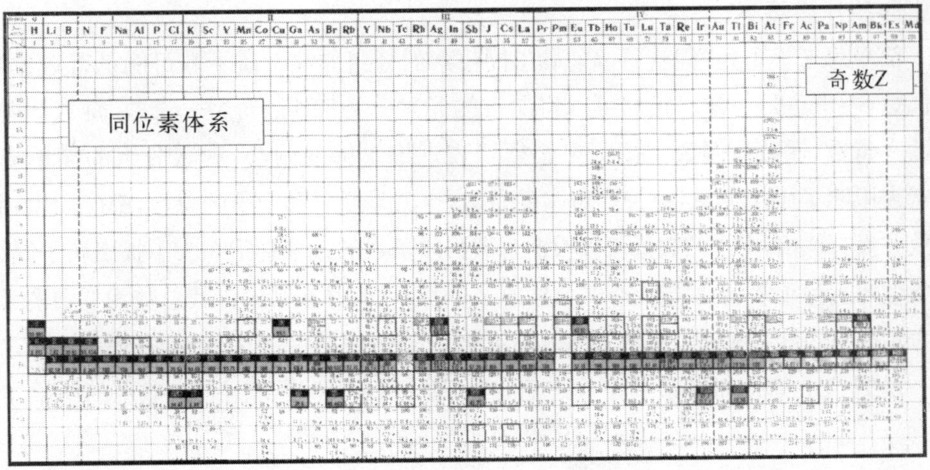

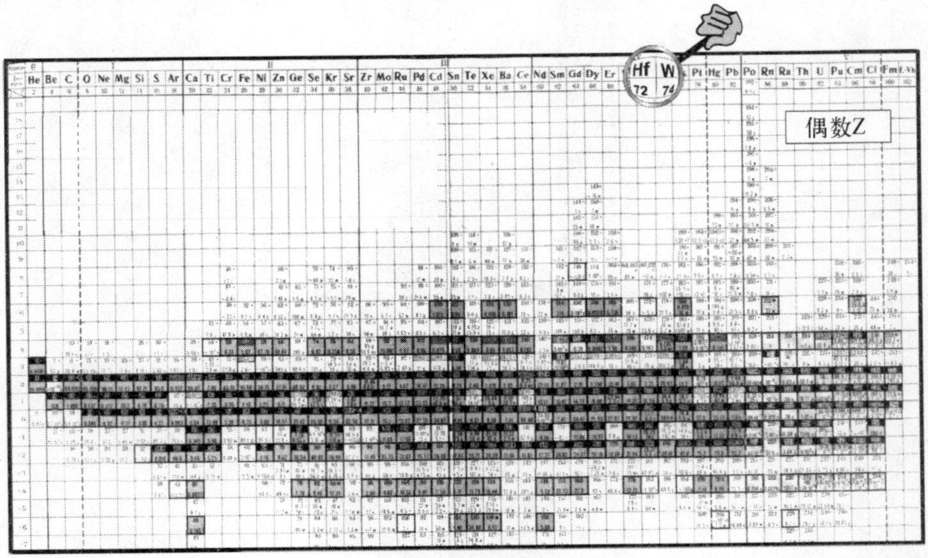

所以，问题还是在于原子核电荷是奇数还是偶数。我们不必为自己具有这种敏锐的观察力而沾沾自喜，实际上，在我们之前已经有很多人发现了这个规律，其中就包括这个表格的制造者，所以他们才能将奇数和偶数的元素置于不同的页面。

重新计算质子和中子

我们想知道，是否只有质子的数量才能影响到相应稳定的同位素数量，而中子对此没有任何影响呢？要想弄清这个问题，必须应当更加详细地分析这个表格，仅靠影印照片显然不行。

简单思考一下，我们就可以勾勒出同位素的分组方法。质子数可能是奇数也可能是偶数，中子也是一样。我们可以将所有的元素分为四组：奇数—奇数，奇数—偶数，偶数—奇数，偶数—偶数。接下来必须要表现出足够的耐心，观察分组的简单规则。元素表中除了中子数量，每种同位素的总数，也就是质子和中子的总数，都已标出，而中子数并没有标出，中子的数量可以根据总数与质子数的差来确定。为了找出属于偶数—偶数组的所有元素，必须选择有偶数数值 Z 的那一面，并在其中寻找总数为偶数的元素，因为偶数与偶数之和还是偶数。您可以用类似的规则轻易完成其余组别的划分。

做完这个细致而复杂的工作之后，我们便可以得出下面图表中显示的结果。

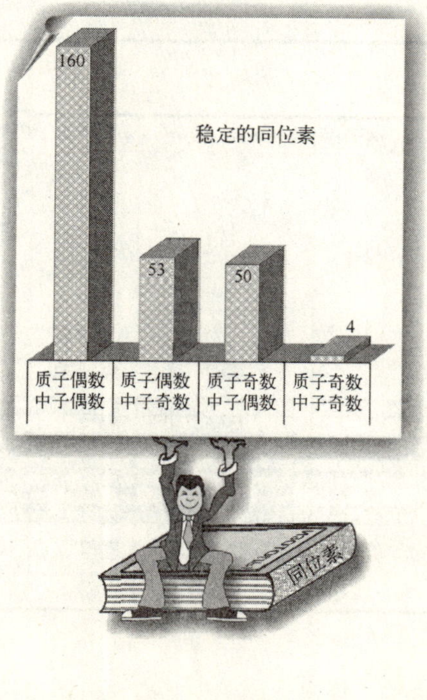

这样，我们就发现了一个重要的规律，即大自然更喜欢偶数。由于大部分元素都有一些同位素，所以它们的总数(267)明显大于元素周期表中化学元素的总数。

对照表格的两面还能发现一个细节。在偶数Z元素所在的那面，表格中心部分的稳定同位素持续好几行。这意味着，每个纵行(纵行对应一种化学元素，其符号在表格的上端标注)里有一些稳定的同位素。居领先地位的是锡元素，它拥有最多的稳定同位素——10种。与此相反，有奇数Z的元素中没有一种元素能够超过两个稳定同位素。

并非每个人都有耐心来完成这种同位素划分，但是这个图表中最后的数字4的真实性您很容易检测出来。取表格中奇数Z的元素所在的那一面，寻找其中总数是奇数的同位素，遵循一个简单的规则：两个奇数之和是偶数。最后您可以发现一共有四个同位素遗憾地破坏了这幅图的均匀分布。它们都属于轻元素，这就是氢、锂、硼、氮：同位素${}^{2}_{1}H$(氘)，${}^{6}_{3}Li$，${}^{10}_{5}B$，${}^{14}_{7}N$(元素左下方的数字表示质子数，左上方表示总数)。

图表显示，所找出的依附关系并不具有严格的定律，多半是核化学中的一个规则，其表达方式为：最稳定的原子核含有质子和中子的偶数。偏离了偶数规则通常会导致稳固性的下降，而它们之中的特殊情形，即两种类型的粒子奇数性意味着原子核可能更具放射性(排除我们已经确定的四种元素)。

看似简单的算题

奇数与偶数的对比不仅有助于解决化学方面的问题。我们来看一个闲来无事时我们可能会想到的问题。如下图所示，画出有两条对角线的长方形，要求铅笔不能离开纸面，同时每一条线都不允许重复。

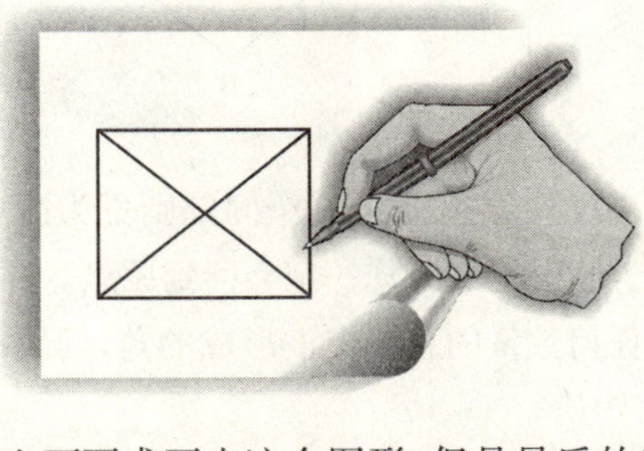

许多人尝试着按照上面要求画出这个图形，但是最后的结论是无法完成的。然

后他们才开始考虑如何去做才能既满足要求，又完成任务，其实他们完全应当在动手之前就设计好绘图方案。

直线交汇点称之为角，上面图形中有两类角。一类角位于长方形的中心，有四条直线交汇，称为偶数角。另一类是长方形顶点的四个角，有三条直线交汇，称为奇数角。偶数角和奇数角的特点不同。偶数角更容易一些，绘图时可以自由进出偶数角，不会出现任何麻烦。这类角的特点是，您从这个角出来几次，就应该进去几次(否则就会转变为奇数角)。所以，这类角比较容易完成。

奇数角则完全不同，它们进出的次数是不同的，因此，在绘画的中间阶段应该避开这类角。如果您从奇数角开始画，那么您就能够返回，但是随后你一定要出去，不可能在这儿结束绘图，否则就变成偶数角了。奇数角的这个特点提示我们，奇数角可以放在画线路径的最后(如果画线不是从奇数角开始)。最后的结论是，应该从一个奇数角开始画起，在另一个奇数角结束，而中途不应经过奇数角。

我们再来仔细看一下上面的图，其中有四个奇数角，而按照我们的结论只允许有两个奇数角，所以问题无法被解决。

如果加两条线，将原来的图形变成信封状图形(A)，这个问题就很容易解决。这样，奇数角就变成了两个。只需记住，从一个奇数角开始，在另一个奇数角结束(星号标出的两个角)。

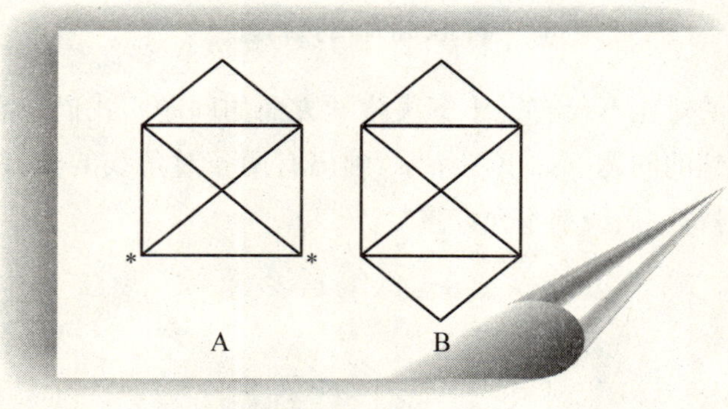

如果把所有的角都变成偶数角(B)，这个问题则更为简单。可以从任意一个角开始画，结果正如我们之前所推测的，您一定会回到原点。

我们的推论适合于任何数量的直线交汇形成的角，问题的关键在于确定是奇数角还是偶数角。

寻找规律容易吗？

对于任何一个
令人激动的问题来说，
总能轻易找到简单可行
但却是错误的答案。
——亨利·路易斯·门肯

大概，很多人抬头仰望星空时，脑海中浮现的不仅仅是宇宙的浩瀚无穷，还会好奇它是如何形成的。关于宇宙的形成有很多假说，而让化学家感兴趣的则是化学元素的形成，它与宇宙科学有着直接的关系。

不是靠学识，而是靠领悟

首先，我们来看一组测试题，每个人都会对这类测试题感兴趣，可以利用它来测试智商IQ。这类测试中最典型的一个问题就是延续给出的数列，也就是找出这些数字之间的规律。例如数列1－3－5－7……很容易可以猜出，这是一个奇数数列，接下来应该是9—11。

下面给出一个略复杂的数列：

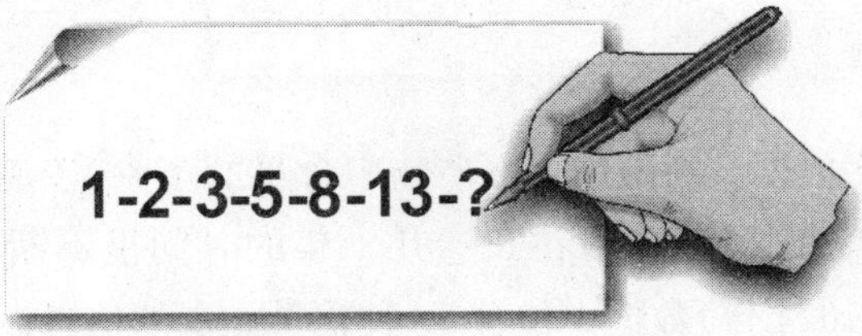

经过短暂思考，您可能会发现，每个接下来的数是前两个数之和，因此，接下来的数应该是21、34、55。这个数列称为斐波纳奇数列，不久之前畅销的丹·布朗所著的《达·芬奇密码》一书中描写的各种奇遇就与这些数字有关。

数列不仅可以由数字构成，也可以用字母来完成，而且由字母构成的数列可能更出人意料。例如，字母数列O－T－T－F－F……，乍一看让人感到莫名其妙，不过仍然可以猜出其中的规律。这些是构成自然数列1－2－3－4－5……数字的第一个字母。自然，接下来的数列字母将是S－S－E(6－7－8)。

这类练习不仅是一种休闲娱乐，还包含着对规律的探索，大自然经常会对科学家提出类似的问题。

神秘的数列

科学中有这样一些事例，即一项研究的结果可能给后代提出一些难题，而解决这些难题则需要历经整整一个世纪。

19世纪80年代，美国地球化学家弗兰克·克拉克决心弄清地球表面化学元素的分布情况。他分析了超过800种的岩石样本，确定了这些岩石的成分，他还计算出岩石中每种化学元素的平均含量，最终在1889年形成了下面这个表格：

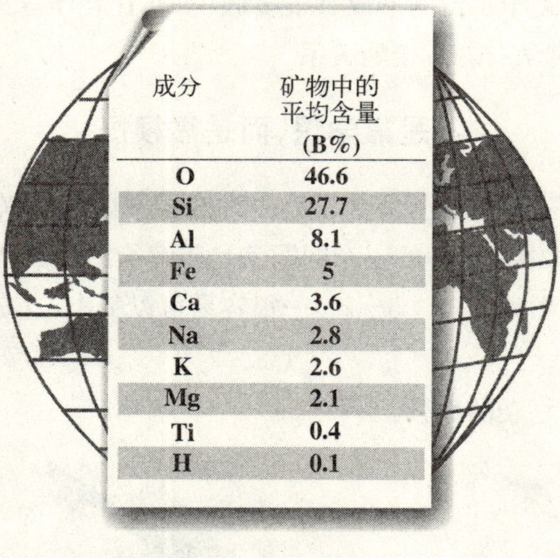

成分	矿物中的平均含量(B%)
O	46.6
Si	27.7
Al	8.1
Fe	5
Ca	3.6
Na	2.8
K	2.6
Mg	2.1
Ti	0.4
H	0.1

表中元素的位次根据其在地球表面矿物中含量的多少，按递减方式排列。克拉克孜孜不倦地进行着自己的研究，在长达几十年的时间里不断扩大着所分析的样本。他最新公布的(1924年)数据中包含50种化学元素的信息。科学家们并没有马上意识到克拉克的想法有多么重要，很多人认为，这些东西对科学研究没有特别的意义，然而，许多年之后，地球化学家们才开始意识到，正是它打开了星球探索之门，它让我们明白了我们这颗星球出现、形成和发展的奥秘。

地球科学家们继续着克拉克的研究，他们使用更为精确的方法来分析岩石样本。克拉克确定的所有数值被证实是准确无误的，只是一些元素在表中所处的位次发生了变化，今天，地球表面所有元素的含量都已经被确定。

克拉克一生致力于这项研究，俄罗斯著名的地球化学家、科学院院士阿·耶·费尔斯曼提议将每一种化学元素在地壳中所占的比例数命名为克拉克值。随着时间的推移，以克拉克命名的科学现象越来越多，有单独物质的克拉克值、地壳克拉克值、地球基本克拉克值，甚至还有恒星克拉克值和行星克拉克值。现在，这个术语已经被全世界所接受。

下面图表显示的是递减序列中 28 种分布最广的元素的克拉克值。这些元素占地球表面总量的 99.9%。这个表格的吸引人之处在于，借助这种排列方法可以立刻看出哪种元素处于领先地位，哪种元素明显落后。

即使快速地瞥一眼这个图表，也能发现一些令人费解的问题。例如，图中显示，铜元素比铈元素更为稀少，但是我们每个人都能接触到金属铜（日常生活中的导线），而铈的化合物却未必有人见过。问题在于，铜形成了含铜量较高的外层紧实的矿物质（主要是硫化物），因此获取它相对比较容易。铈属于分散性元素，这种元素在不同的矿物中以数量极少的混合物形式存在。

然而，铜的克拉克值尽管与前面的元素相比明显偏低，但仍可被视为很高的数值（$4.5 \cdot 10^{-3}$），而有些元素，其克拉克值比其他元素低了七个序列，如镭的克拉克值只有 $2 \cdot 10^{-10}$。见下表：

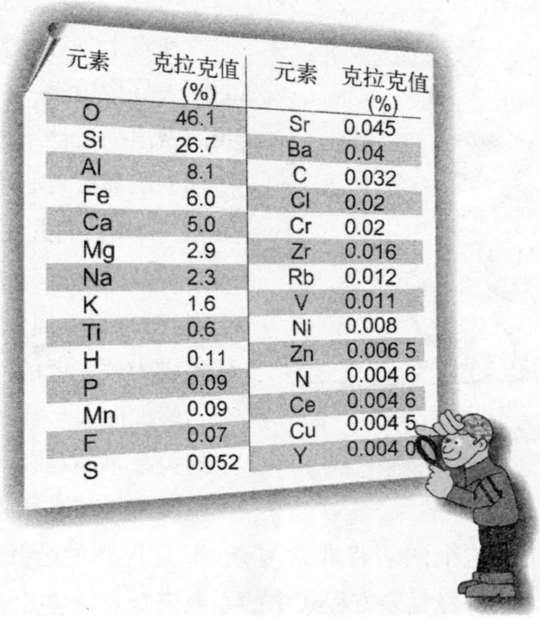

元素	克拉克值(%)	元素	克拉克值(%)
O	46.1	Sr	0.045
Si	26.7	Ba	0.04
Al	8.1	C	0.032
Fe	6.0	Cl	0.02
Ca	5.0	Cr	0.02
Mg	2.9	Zr	0.016
Na	2.3	Rb	0.012
K	1.6	V	0.011
Ti	0.6	Ni	0.008
H	0.11	Zn	0.006 5
P	0.09	N	0.004 6
Mn	0.09	Ce	0.004 6
F	0.07	Cu	0.004 5
S	0.052	Y	0.004 0

早在这个图表得到之前，科学家们就开始寻找这个数字列表的答案。为什么大自然创造的元素有多有少，它的选择是根据什么原则呢？其实，寻找可以解释所观察现象的规律，这是任何一门科学的基础，经常是还没有等到全图的出现，归纳总结已经开始。例如，门捷列夫创造元素周期表时，总共才只有63种元素，然而，他却成功地找到了其基本规律。

采用一般方法

克拉克值的顺序给科学家们提出了一个很难的问题。我们好像清楚了我们接下来要做的工作，那就是必须将这个数列与另外一个其特性已经被大家所熟知的顺序连接起来。说到化学元素，不会产生特别的疑问，因为其中的每一种元素都有自己的“护照”，也就是元素周期中的序号。我们要弄清的是，为什么会是这样。序号就是质子数量，它决定了原子核正电荷。也正是这个序号指出了原子中的电子数量(元素的原子呈电子中性)。这时出现了一个问题，为什么没有提及原子核中的中子呢？原因在于，中子数量的改变导致元素同位素的出现，而同一个元素的同位素，其化学属性一样。所以，当提到化学元素的属性的时候，首先要注意其序号。

现在我们来确定克拉克值与元素序号之间的关系。地球化学家于20世纪中期完成了这项任务。见下图：

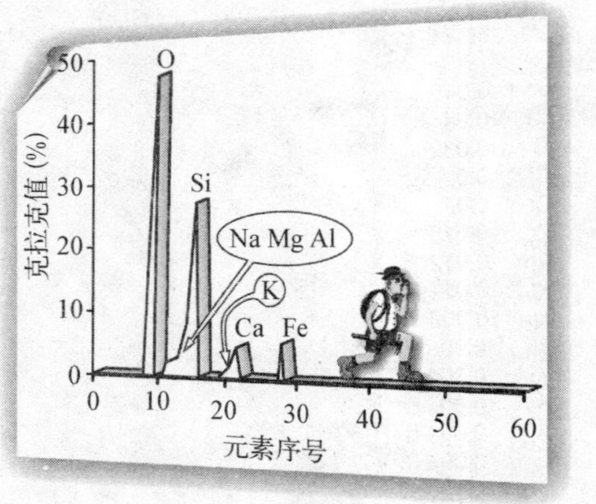

初看上去，这个内容丰富、别有深意的图表好像山脊一样，不过，它却能够让我们做出一般性结论。只有一组元素在横轴上明显升高，而其他元素的克拉克值相当小，它们几乎就位于轴上。所有最为普及的元素分属于周期表中的不同组别，而且化学属性明显不同，它们还不具备成为领先者的性质。

假如图表呈直线或者显现出比较复杂的关系，如双曲线或者抛物线，那么是否说明序号与克拉克值之间存在某种关系？用数学公式来描写这个图表将非常复杂，况且得到的公式也会失去其物理意义，所以，我们还是无法解释复杂方程式中的系数究竟意味着什么。

暂时还没有发现任何严谨的规律,但还是可以作出一个确切的结论。最普及的化学元素位于周期表的开头,26 号(铁)之后没有明显的凸起。显然,解决这个问题还需要通过其他的方法。

20 世纪 30 年代中期,终于进行了第一次成功的试验。将前面表中的现代克拉克值的 28 种元素划分为两组,即奇数 N 序列和偶数 N 序列,然后计算出每组的克拉克值总数。见下图:

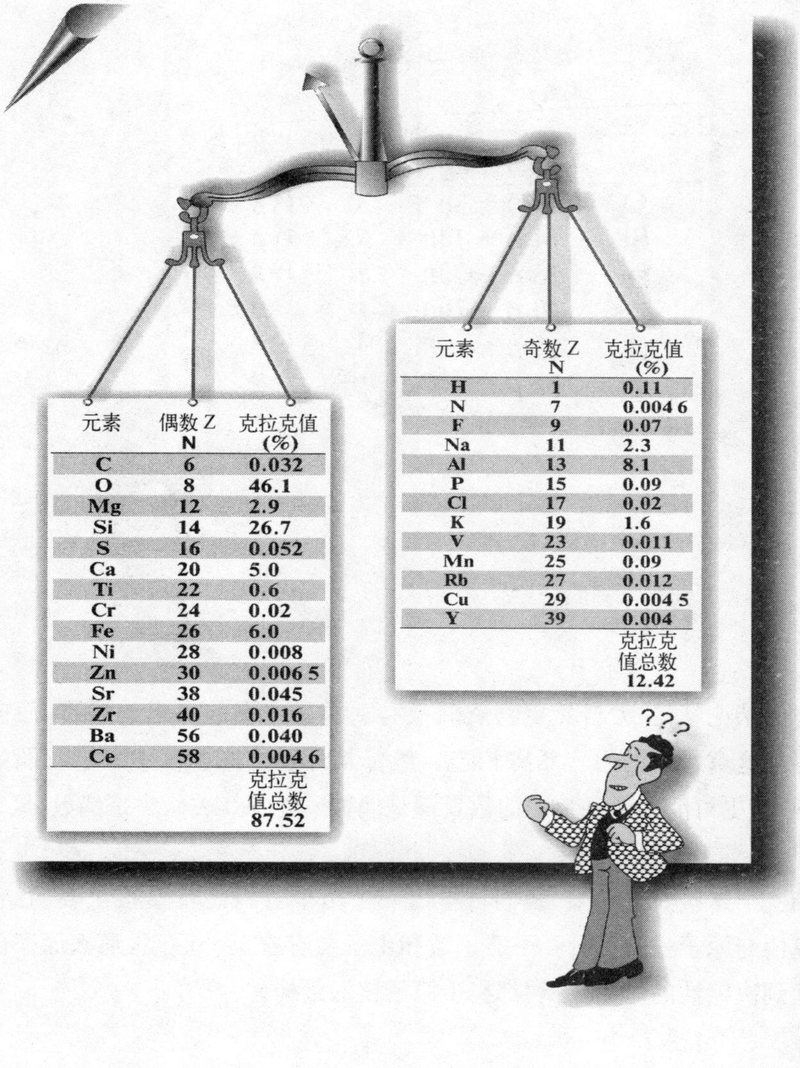

元素	偶数 Z N	克拉克值 (%)
C	6	0.032
O	8	46.1
Mg	12	2.9
Si	14	26.7
S	16	0.052
Ca	20	5.0
Ti	22	0.6
Cr	24	0.02
Fe	26	6.0
Ni	28	0.008
Zn	30	0.006 5
Sr	38	0.045
Zr	40	0.016
Ba	56	0.040
Ce	58	0.004 6
		克拉克值总数 87.52

元素	奇数 Z N	克拉克值 (%)
H	1	0.11
N	7	0.004 6
F	9	0.07
Na	11	2.3
Al	13	8.1
P	15	0.09
Cl	17	0.02
K	19	1.6
V	23	0.011
Mn	25	0.09
Rb	27	0.012
Cu	29	0.004 5
Y	39	0.004
		克拉克值总数 12.42

图中更加清晰地显示，具有偶数序号的元素在地壳中所占的比例超过87%。然而，属于“奇数”的元素中也有一些克拉克值比较高的元素，如Al，Na，K。是什么属性让它们进入领先的组别呢？如果考虑的不仅仅是原子核中质子数量，而且还有中子数量，那么情形就会更加清楚。原来，“奇数”领先的原子核中有偶数个中子。

我们来看看具有最高克拉克值的12种元素的原子核成分（p表示质子，n表示中子）。见下图：

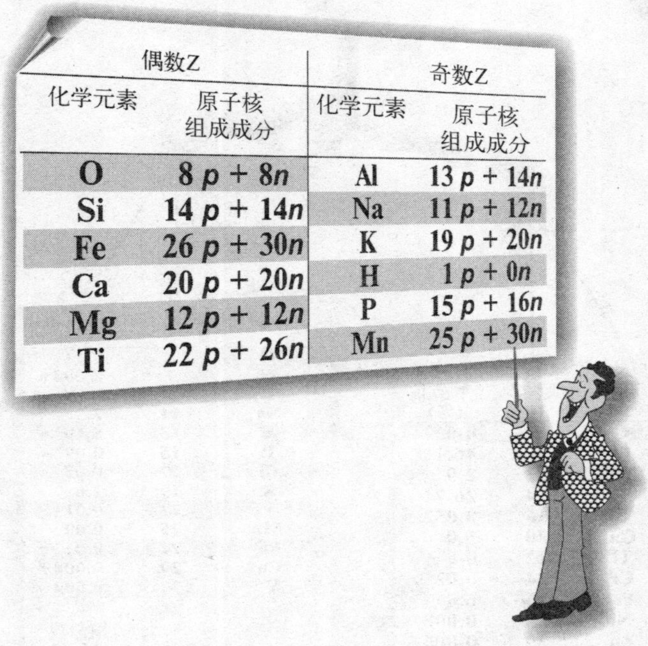

偶数Z		奇数Z	
化学元素	原子核组成成分	化学元素	原子核组成成分
O	8 *p* + 8*n*	Al	13 *p* + 14*n*
Si	14 *p* + 14*n*	Na	11 *p* + 12*n*
Fe	26 *p* + 30*n*	K	19 *p* + 20*n*
Ca	20 *p* + 20*n*	H	1 *p* + 0*n*
Mg	12 *p* + 12*n*	P	15 *p* + 16*n*
Ti	22 *p* + 26*n*	Mn	25 *p* + 30*n*

最终的结论就是“大自然更喜欢偶数”，这也是本书前一章的题目，而前一章所讲的内容与这章所讲的内容紧密相连。最普及元素的原子核中一定有偶数质子或者偶数中子，更可能是两种粒子的数量都是偶数。由于0被认为是偶数，氢也适用于这个规律。

总结一下这些研究结果，我们将得出一个出乎意料而且又很重要的结论，即由于克拉克值与原子核的成分——质子数和中子数存在某种联系，那么原子的化学属性没有起到决定性的作用，一切都在于原子核的结构。

从地球到宇宙

如果我们发现的规律,即领先元素的原子核中质子数或中子数是偶数这一规律具有普遍性,那么这一规律就不仅仅单纯适用于地球。对很多恒星进行的光射线光谱分析使我们有可能比较宇宙中不同元素的含量。宇宙中化学元素的克拉克值通常用标准单位来表示,即表明这种元素的原子数与10^6个硅原子的比值,也就是说,硅作为稳定性的标准。

我们将化学元素分为两组——普及的和不太普及的,它们对应下图中的左列和右列。见下图:

普及元素			不太普及的元素		
元素	质子数	普及性(标准单位)	元素	质子数	普及性(标准单位)
H	1	$3.1\cdot10^{10}$	F	9	$1\cdot10^{3}$
He	2	$3.1\cdot10^{9}$	Na	11	$6\cdot10^{4}$
C	6	$1.5\cdot10^{7}$	Al	13	$8.5\cdot10^{4}$
N	7	$3.1\cdot10^{6}$	P	15	$7\cdot10^{3}$
O	8	$2.6\cdot10^{7}$	Cl	17	$5.7\cdot10^{3}$
Ne	10	$1.6\cdot10^{6}$	K	19	$3.5\cdot10^{3}$
Mg	12	$1.1\cdot10^{6}$	Sc	21	3.1
Si	14	$1\cdot10^{6}$	V	23	2.5

这样，大部分最为普及的元素具有偶数Z(Z表示原子核中质子数)。这个关系并不是很严格——有两个例外，氢和氮，然而这个关系已经足够清晰了。在不太普及的元素所在的那部分表中，位列着奇数序号的元素。

与地球不同，宇宙中占领先地位的完全是另外一些元素，这就是氢和氦，它们的数量比硅高3—4个序列组别。为什么在地球上最为普及的氧和硅在宇宙中却占不到领先地位呢？我们推测，原因之一就是在炽热的恒星中，物质的形成过程远远没有结束，可以猜测，当它们变冷时，化学元素之间的关系将会与地球上的物质相近。

判断原子核是否稳定的另一种方法

迄今为止，我们认为最稳定的原子核就是大自然储备数量最多的原子核，这完全合乎逻辑。这种方法在前一章"大自然更喜欢偶数"中已经做了详细阐述。现在，我们介绍判断原子核是否稳定的另一种方法。我们知道，当质子和中子构成原子核时，组成粒子的总质量大于得到的原子核质量(质量缺陷)，缺失的那部分质量转化成了释放的能量。能量释放得越多，原子核就越稳定，所以质量缺陷是判定原子核是否稳定的数量标准。为了让这种对比更加"公正"，通常会比较一个原子核的核子(核子是质子和中子的统称)的能量数，这个数值称为原子核单位比能。

下图显示的是原子单位能量与化学元素原子质量之间的关系。纵轴表示标准单位，即每一单位的硅原子核比能，再次用硅作为衡量标准，如同在宇宙中那样。见下图：

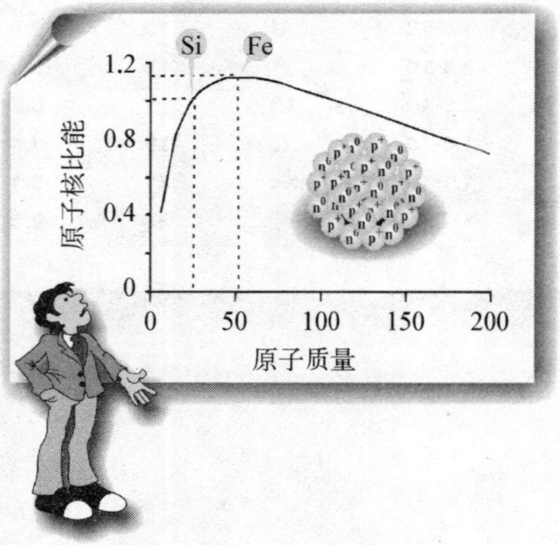

从图中可以看出，在原子核形成时能够分解出最大能量，并且最适合做能源的元素位于铁和镍区域内。然而，不是铁，而是硅和氧的总数占地球表面的75%。这很自然出现一个问题，为什么在地球的形成过程中没有继续将硅和氧合成为更重的元素呢？也许，这个过程需要一定的条件，即系统的能量最小。要想回答这个问题，仅仅分析地球表层还不够，还要弄清整个地球的组成成分。

探究地球内部

有一种十分流行的观点认为，当人类接近地核之前，先在某些遥远的星球上环游一圈，尽管地球中心就在我们身边。在地球中心等待我们的是 $3.6 \cdot 10^{11}$ 帕的压力和高达 6 000℃的高温，在这种条件下前往地核旅行确实比较困难。然而，解释地球核心的成分构成可以采用间接的方法，不需要直接靠近观察。

这种方法有点类似于阿基米得曾经使用过的一种方法：皇帝曾委托阿基米得确定一顶皇冠是否由纯金制成。怎样解决这个问题呢？你不可能从皇冠上切割下来一小块物质进行测量。结果是阿基米得既简单又令人信服地解决了这个难题。他首先称量了皇冠的重量，然后确定其体积，再将皇冠放入盛满水的容器中，测量溢出水的体积，得到的结果可以让他确定皇冠的材料密度。然后又与已知的纯黄金密度相比照，最后他宣布，皇冠不是纯金的，是由镀金的铅制成。

为了进行有关地球的研究，必须先对地球进行称重和测量，我们的前辈已经成功地完成了这些测量。地球的质量是 $5\,976 \cdot 10^{23}$ 千克，体积是 $1.083 \cdot 10^{12}$ 立方千米。考虑到地球不是圆形，而是椭圆形，根据这些数据计算出的地球密度是 5.52 г/см^3。但是这个数据却与一百年来研究地球表面的科学家们所得出的结果极不相符。尽管很久以前石头便被看做是重物，它是沉重的象征，很多谚语可以说明这一点，但是地球表面矿物质的密度却不是很大，平均密度为是 2.8 г/см^3，也就是说，比铝(2.7 г/см^3)的密度稍大一些。因此，为使我们的数据与研究地球表面的科学家的数据相一致，必须假设地球的深层有密度更大的物质。“增加”地球所需

质量可以借助于金属，首先是铁和镍。可以猜测，地球表面原子核的合成反应没有来得及进行得更深入，这是由于地表的温度冷却使原子核的合成变得缓慢，最后停留在氧和硅上。在地球的中心，这些过程进行得更为深入，铁和镍构成了主要部分，正如我们之前所指出的，它们最适合作为能源(参见前面原子核比能图表)。不过，最新的研究表明，在地球的中心，熔化的铁和镍的内部有直径几乎达到6千米的含有铀和钚混合物的微小核心。这是天然的核反应堆，它使得地球核心没有变冷，并且维持着地球火山岩的活动。

根据美国现代研究者梅森提出的观点，地球的成分如下图所示：

成分	克拉克值(%)
Fe	38.80
O	27.17
Si	13.84
Mg	11.25
S	2.74
Ni	2.70
Al	1.07
Ca	1.07
Na	0.51
Co	0.20

铁自然被认为是占据第一位的物质，而元素周期表中与它相邻的元素——镍和钴也升到前10位，占据领导者的位置。除了铁、硅和氧的地位实际上没有什么变化。可以认为，这种序列完全客观地反映出最适合作为能源的原子核的合成过程，正是它们构成了我们的地球。

回溯走过之路

在探究克拉克值排序的原因这一过程中，我们弄清了很多不同的规律，但是总的规则还是没能找到。

设想一下，您领导一个汽车生产厂，您会担心，消费者的投诉造成汽车产量下降，问题汽车要召回，换成合格汽车。您还要寻找某种规律，您在分析，问题汽车或许生产于某个特定的月份，如春季，这时很多工人已经身心疲惫，他们迫不及待地等待着暑期休假。

为了验证这一点，您编制一个显示投诉量的图表。结果您得到的是一条曲线，根据这条曲线你无法做出任何合理的结论(就如同我们起初尝试将克拉克值与元素序号联系到一起一样)。

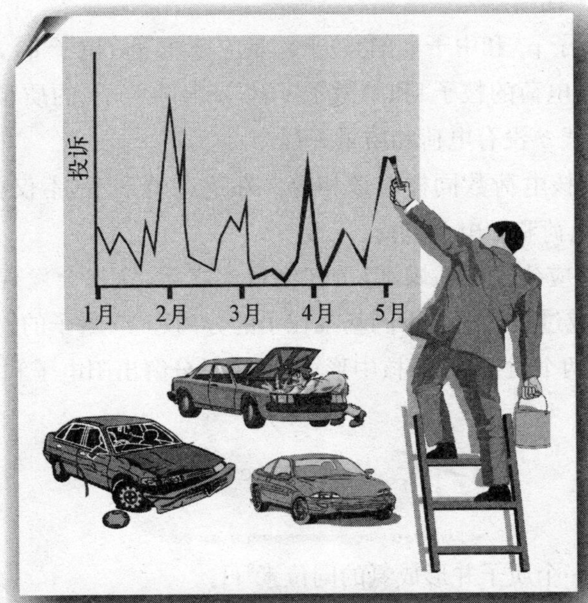

仔细思考您会想到，应该分析究竟是哪个环节出现了问题，是发动机还是传动部分——底盘还是车轮(类似我们判断元素的构成，不能只注意元素的原子编码，还要注意原子核的成分)。

您逐渐开始明白，应该思考投诉来自哪些区域，因为汽车在不同的气候条件下作用功效是不同的(与此类似，我们已经确定出，地球表面的克拉克值和整个地球的平均克拉克值及宇宙的克拉克值不同)。

这样一来您就会相信，综合图表没有任何作用，每一辆问题汽车都需要单独分析。我们也逐渐认识到，每一种化学元素都需要单独进行“详细分析”。

原子核反应中的五彩火焰

宇宙物质的 90%以上由氢构成，我们完全可以认为，氢在所有其余元素的原始材料中作用重大。我们来看一下，以氢原子核为基础的元素合成是怎样进行的。

请注意，元素符号左侧有两个数字，下面的数字表示原子核中的质子数量，上面的数字表示质子和中子的总数。

在描写原子核反应公式时需要遵守两个简单规则，这两个规则类似于制定化学反应式时使用的规则：

1. 等式两边质子 p^+ 和中子 n－的粒子总量应该相等。电子 e^-，阳电子 e^+（具有电子质量，但不是正电荷的粒子）和中微子 v（不带电的粒子）的质量不做考虑，就如同光量子—伽马射线 γ 没有电荷和质量一样。

2. 等式两边的核电荷数同样应该相等。在这种情形下，不仅要注意质子电荷 p^+，还要注意电子电荷和阳电子电荷。

表面上看，核反应公式很枯燥，但是仔细观察之后，您就会发现，它们好似五彩的火焰：元素的合成过程伴随着不同基本粒子的分离和 γ－量子的燃烧。

首先，两个氢（两个质子）原子核中形成氘，这时分解出阳电子和中子。

$$ {}^1_1H = {}^2_1D + e^+ + v $$

形成的氘捕捉一个质子并形成氦的同位素 ^3H。

$$ {}^2_1D + {}^1_1H = {}^3_2He + \gamma $$

两个氦 ^3H 原子核相结合形成稳定的同位素——普通的氦 ^4H 原子核。这时的反应抛出两个质子。

$$ {}^3_2He = {}^4_2He + 2{}^1_1H $$

三个氦原子核相结合形成一个碳原子核。

$$ 3{}^4_2He = {}^{12}_6C + \gamma $$

将一个氦原子核加入到碳中形成氧。

$$^{12}_{6}C + ^{4}_{2}He = ^{16}_{8}O + \gamma$$

从上述反应中可以清楚地观察到，等式两边无论质子数还是中子数都是相等的。使用碳原子核和氧原子核可以获取大部分其余的化学元素，直至镍，它们的反应流程和其他流程方法已被描绘出来。

以碳和氦原子核为基础的合成在高达-10^8—10^9 K 的温度（数千万度）下才能进行，这是我们无法想象的。能够维持如此高的温度正是由于当进行这些反应时，由于质量缺陷而释放出能量，这一点我们已经不止一次地提过。

原子核形成时的能量影响

我们重新回到前面那个显示原子核比能和原子质量关系的图表上。从表上我们可以看到，从氢到铁这种比能值不断升高。为什么不处于这段区间的所有元素都属于最为普及的元素呢？在地球表面和整个地球的构成成分中，为什么锂、铍、硼的克拉克值非常低呢？简单地思考，我们就会知道，原子核形成时的能量并不是影响元素克拉克值的唯一因素。

日常生活中经常有这样的情形，您家附近出售的生活必需品往往价格比较高。同样的商品在别的城市价格较低，但是运费又比较高，这时需要简单计算一下，看在哪儿购买更划算。而元素的合成并非总是这样简单，即使是适合作为能源的原子核的形成也是如此。对于它们中的大部分元素而言，合成链简便又清晰，但是获取其他元素的方法则既复杂又费解。锂、铍、硼的合成就不可能如前面显示的那样简单。然而，这些元素不仅包含在地球表面，在某些恒星的组成成分中也有，并且其含量要超过地球。为什么会出现这种情形呢？现代观点认为，它们的形成是由于比铁更重的原子核与宇宙中的粒子发生碰撞，导致它们分解成更小的原子核。

所以，原子核的合成直到铁和镍都伴随着能量的释放，但是它们不超过所有现存化学元素的1/3。在形成比铁和镍更重的元素时，并不释放能量，相反，还需要消耗能量。

新的元素周期表即将出现

要将铁原子核转化成序号更高元素的原子核，需要添加质子。请注意，只有增加质子的数量才能获取到新的元素，原子核中中子数量的增加只会形成该元素的同位素。用质子攻击原子核通常不会成功，带正电的原子核会排斥它们。为了增加原子核的电荷，大自然制定了一种迂回方案：首先原子核捕捉到一个不带电的粒子——中子，这时形成该元素的同位素，但是不稳定，也就是说具有衰变倾向。获取到的位于原子核中的不带电的中子分解成两个带电粒子——质子 p^+ 和中子 e^-（核化学中称为β-粒子），电子逃逸，质子留在原子核内，将其电荷增加一个单位。这个著名过程称为β-衰变。

$$n^0 \rightarrow p^+ + e^-$$

所有这些都可以以铁转化为钴这一过程为例展现出来。铁原子核捕捉一个中子，该中子在原子核中分解为一个质子和一个电子。

$$^{58}_{26}Fe + n^0 = ^{59}_{26}Fe$$

$$^{59}_{26}Fe = ^{59}_{27}Co + e^-$$

类似的过程不一定都是按步骤进行，每一次都将原子核的电荷增加一个单位。也可能一次捕捉几个中子，这样的话，原子核的电荷便跨越性地增加了。重要的只是使β-衰变（从原子核中除去电子）的结果形成稳定的原子核。在这种情况下，评价是否稳定的标准不是质量缺陷，这只适用于轻元素，而是原子核自然分裂的倾向。

借助于研究者的观察，重元素稳定性的某种基本特征已经被找到，这种特征原来在轻原子核的情形下也存在，含有 2，8，20，28，50，82，126 个质子或中子的原子核拥有高于正常的稳定性（注意，所有序号都是偶数）。这个关系中不包括质子和中子的总数。这些数字得到一个富有诗意的名称——幻数，而成分由幻数表示的原子核称为幻数核，例如，氦、氧、锡、铋和铅。这个规律并非适合所有稳定的轻原子核

(比铁轻的原子核)。例如,稳定性的标尺——硅就没有幻数(它有 14 个质子和 14 个中子,它们的总数是 28,如前面所说,不在考虑之列)。

稳定性最高的是铅同位素$^{208}_{82}Pb$,同时具有两个幻数(82 个质子和 126 个中子)。

使用"幻"这个词是因为这个数列的物理性能尚不清楚。尽管幻数并不包括所有稳定的原子核,这个数列依然被视为非常重要的序列,它"暗示"暂时还没有发现的规律。这种情形类似于门捷列夫创建元素周期表之后出现的情况。他在按照原子质量递增的顺序排列化学元素的时候,发现了化学属性具有严格的周期性。为什么这两个参数如此紧密相关?当然,周期表的创造者不可能知道,但是这种规律却令人信服,无懈可击。而依据原子结构做出的详细解释,其令人震惊的成果,科学家们是在以后的年代里才逐渐发现的。

目前,已经没有人将类似小球的原子核简单视为由质子和中子"黏结而成"的小球,显然,它们之间有着某种特殊的关系,并且存在着某种最适合的动力反应,可能类似遥远的惰性气体的稳定电子云。今天利用已有的实验数据,同时还利用找到的幻数值,提出了某些原子核的结构模型,不过,仍没有完成全面描绘。也可能,我们目前正处在创建某种"周期表"的起步阶段,这个周期表描述的不是元素的化学属性，而是原子核结构的规律。

失败还是胜利？

我们的探讨主题是寻找克拉克值数列中的规律。然而问题尚未解决，代表克拉克值与某种化学元素参数关系的公式没有被成功地找到。随着对这个奇异数列的深入研究，又出现了一些新的问题，但它们已经不在地球范围内，而是涵盖了整个宇宙。目前的研究结果表明，未知的公式恐怕无法找到，不过，好像也不是那么急需找到，重要的是，我们成功地解释了为什么克拉克值具有某种意义。完全弄清这幅全景图为时尚早，条件还不具备，不过，就像科学中经常出现的情形一样，新的研究结果将会指出另外的探索方向。或许这更有趣吧！

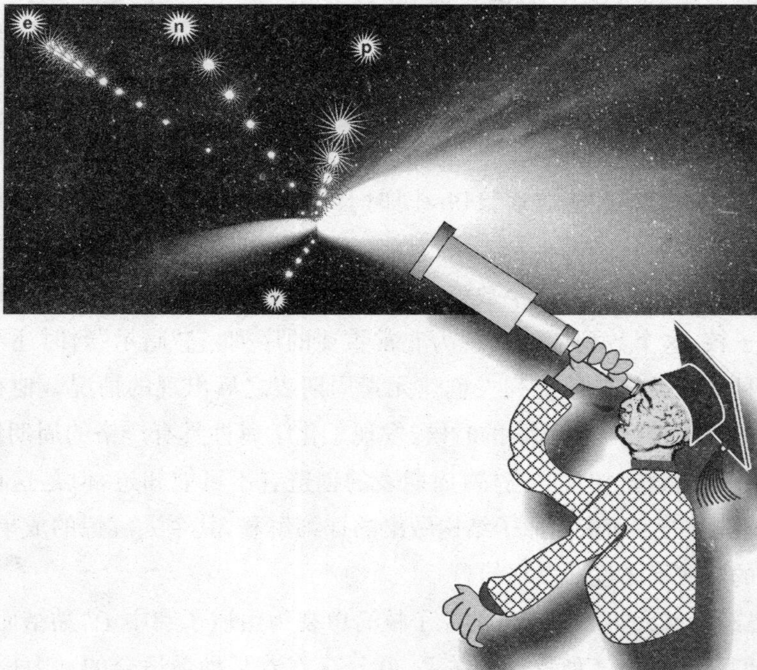

万能的弱化学键

最薄弱的环节最有力，
它能扯断整个链条。
——耶·列茨

几代化学家一直致力于获取到新的化合物，他们采取的方法是通过断裂一些化学键进而形成新的化学键。不过，同时也存在着某种非人工创建的化学键，它们在适当条件下会自动形成，好像生活方式健康的人具有如花的外表一样。

这里将要讲述的是氢键，它覆盖整个化学领域，在全球范围内受到普遍关注。

计算与测量

"氢键"这个概念和术语是拉特默和罗德布什于1920年提出的，用来解释水、乙醇、液态HF和其他一些化合物具有的意想不到的高沸点。

为什么科学家认为，某些物质的沸点温度比"预想的"要高呢？我们来观察一下，含有第六组元素E=O, S, Se, Te的同族化合物，其沸点是怎样变化的。首先，我们来看看不含E—H键的化合物，这是氧、硫、硒、碲的二甲基衍生物。我们通过实验来构建确定物质的沸点与这几种元素属性之间的关系图，横轴等距标上相应的化学元素符号。我们将得到下图显示的关系式"a"，沸点实际上位于一条直线上，也就是说，它们之间的关系接近于直线。

我们用氢原子替换甲基，因而化合物中将出现E—H基团。我们再构建一个下图显示的类似关系式"б"，不过，我们在图上标上对应H_2S, H_2Se, H_2Te的点，水的沸点温度是我们计算出来的，继续延伸所得到的直线(图上的点状线)，也就是说，延长至与对应着氧的竖线交叉点，这样便得到类似"a"的一个图表。但是用这种方法得到的水的沸点接近－100℃，也就是说，比真正的数值低200℃。计算出的数值和真正的数值在图上用虚箭头连接起来。见下页图：

我们用同样方法做出含有第五组元素N, P, As, Sb化合物的关系图。首先构建这些元素的甲基衍生物关系式，也就是不含E—H键的化合物关系式。我们再次得到一条近似直线的线段(下图中"a"线段)。我们将表示H_3P, H_3As, H_3Sb的三

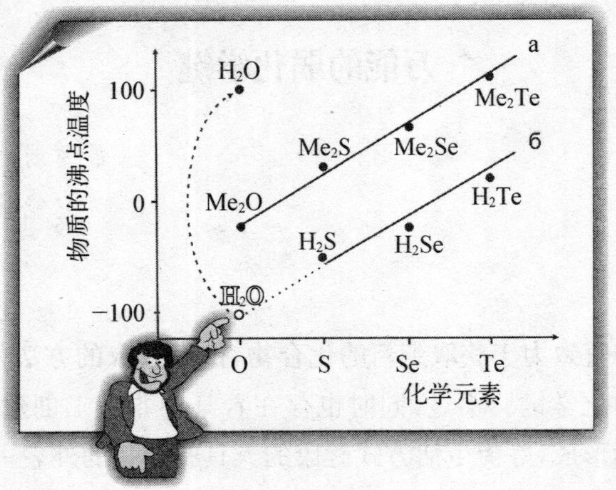

个点标在这些元素的对应氢化物直线中，继续延长直线到与对应着氮的竖线交叉点，以确定氨的理论沸点。我们得出的数值接近－110℃，它比试验得出的结果几乎低 80℃。计算出的数值和真正的数值也用虚箭头连接起来。见下图：

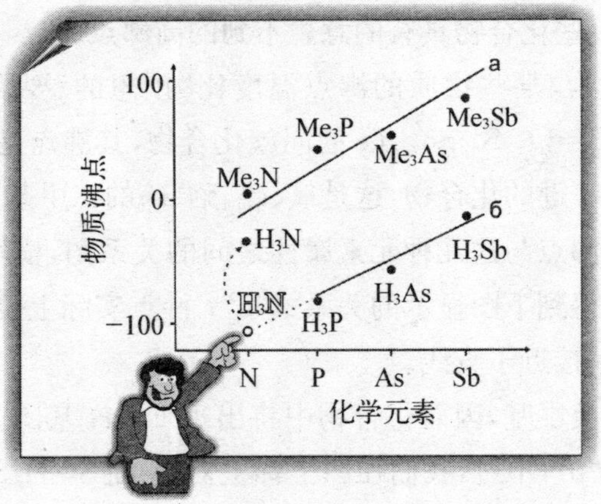

这样，两种化合物——水和氨明显从基本关系式中"消失"了。

液体沸腾时破坏的只是范德华力，它使分子处于液体状态，但如果沸点异常得高，那么，分子之间的连接应该还借助其他某种力。这就是氢键。如果在不存在氢键的情况下来确定水和氨的沸点应该是多少，也就是说，通过计算得出无法测量的数据，并将计算结果与实验结果进行对照，那么科学家可以发现新的作用力。

根据上面图表的显示进行推论，可以确定乙醇还有液态 HF 具有超出预想的高沸点,所有这些都源于氢键。

氢键是什么?氢键何时出现?

氢键具有稳定性较低的特点,其能量几乎低于其化学键一个序列。氢键处于化学键和维持分子固体或液体状态的范德华力的中间位置。上面提到的三种作用力可以与蛛网、麻绳和钢链(下图所示)的稳固性进行比较。

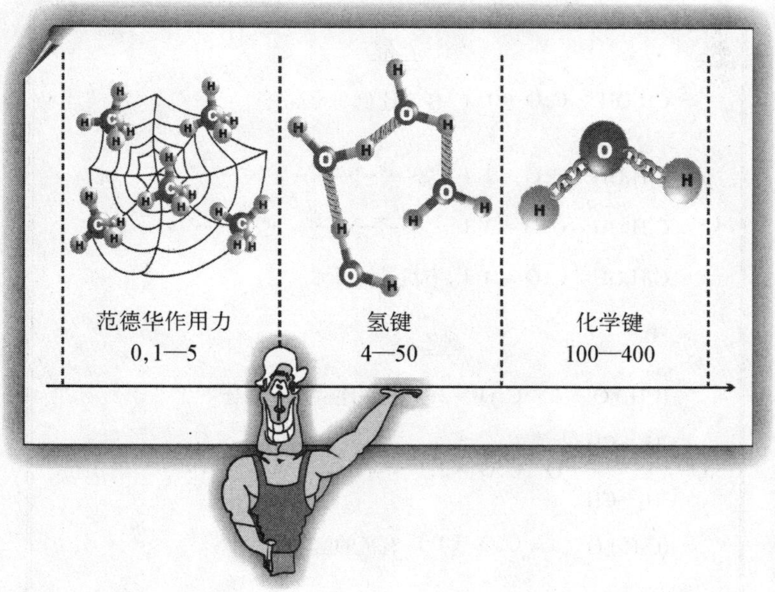

当分子中氢原子与具有高度负电性的元素连接在一起时便形成氢键(H—键),通常这种元素是第二周期元素,如 O、N、F。这时,氢得到部分正电荷 $H^{\delta+}—A^{\delta-}$ (A=O, N, F),这可以使它吸引其他也含有负电性元素的分子。这样,在 H—键的形成中共有三个原子加入,其中两个负电性的(A 和 B)和一个位于它们之间的氢原子: $B{-}{-}{-}H^{\delta+}—A^{\delta-}$ (氢键通常用虚线表示)。A 原子称为质子给体,而 B 称为质子受体,A 为有条件的给体,因为真正的“给予者”可能不存在,通常 H 在化学性上与 A 相连。A 和 B 经常是属性相同的原子,例如,上图显示出的水分子中的氧。

氢键的特征

众所周知,大部分有机物质不溶于水,如果这个规则被破坏,通常是氢键干扰的结果。

氢和氮是典型的质子给体，也就是说，它们具有先前分析的三价物 B---$H^{\delta+}$—$A^{\delta-}$中原子 A 的功能。它们也经常起到受体（原子 B）的作用。因此，某些含有 O 和 N（作为 B 原子）的有机物质可以溶于水。在有机化合物中的水原子 H 和 O 原子（或者 N）之间形成的氢键可以帮助“分解”有机物质的分子，并将其转送到水溶液中。

有一个实验性原则，如果有机物质含有碳原子和氢原子的比例不超过 3∶1，那么它就易在水中溶解。见下图：

乙醇

CH_3OH C:O = 1:1 任意比例与水混合

C_2H_5OH C:O = 2:1 -"--"--"--"--"--"--"--"--"--"--"

C_3H_7OH C:O = 3:1 -"--"--"--"--"--"--"--"--"--"--"

C_4H_9OH C:O = 4:1 有机性溶于水

纯乙醚

$(CH_3)_2O$ C:O = 2:1 任意比例与水混合

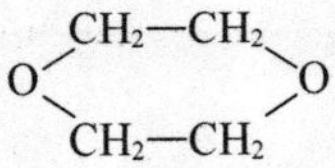

C:O = 2:1 -"--"--"--"--"--"--"--"--"--"--"

$(C_2H_5)_2O$ C:O = 4:1 有机的溶于水

苯极不易溶于水，但如果将一个 CH 基替换成 N，得到的氮苯 C_5H_5N 就能够以任意比例与水融合。

如果含有“好的”受体分子与质子给体放在一起，氢键能够出现在无水溶液中。例如，三氯甲烷可以溶解于油脂酸中，而乙炔可溶于丙酮。见下图：

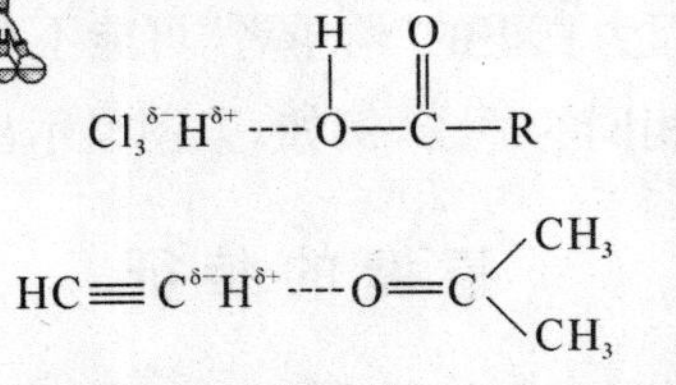

这是一项重要的技术，乙炔在压力下非常脆，轻微的振动就容易断裂，而将其置于丙酮溶液中，即使在运输中仍很安全。

弱小聚多就有力量

氢键积极参与构建物质的晶体结构，特别是当化合物中含有两个或两个以上羟基时，这种作用尤为明显。

硼酸 $B(OH)_3$ 具有分层结晶结构，这时每个分子用氢键与其他三个分子链接。层内分子的表皮就好像由六角形拼成的镶木地板图案。下图中用虚线表示的是氢键。在立体结构中，它们被有意绘成无法分开的样子，也就是说，显示得就像普通化学键。这种图形具有一定的意义，因为在类似的结构中，普通 O—H 键和 O---H 氢键在结构上很难区分，它们的键长和化合价角度相吻合。见下图：

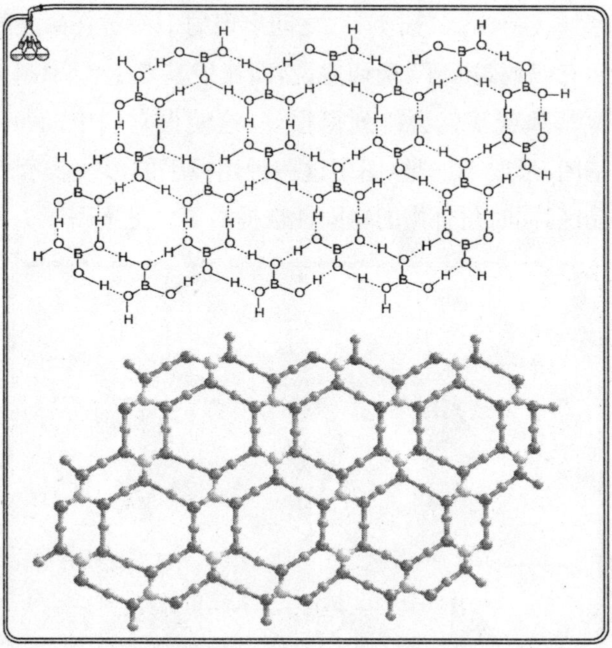

H—键明显提高了结晶物质的熔点。

氢键对聚合分子结构和属性的影响非常大。在纤维素（木材的主要成分）中，羟基是按照聚合分子的整个长度排列（参见“聚合化学的特殊任务”一章）。见下页图：

前面已经说过，氢键相对较弱，但是，如果聚合链中有很多氢键，就会产生强大

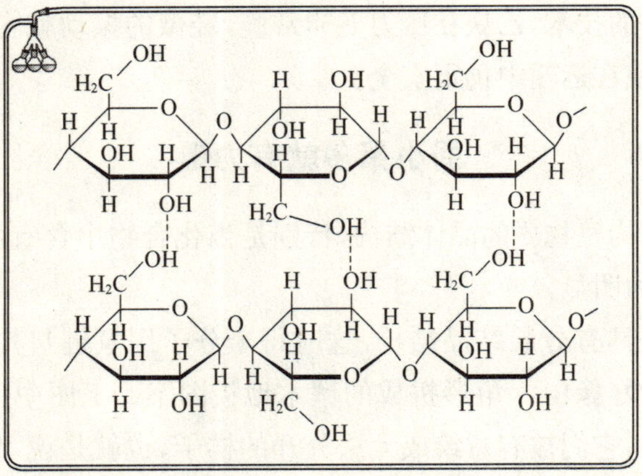

的分子间作用力。只有使用可以破坏氢键的特殊高极性溶解剂——施维泽试剂(氢氧化铜氨络合物),才能溶解纤维素。

在羰基和氨基$>C{=}O{-}{-}{-}H{-}N<$之间出现的 H—键在聚酰胺中形成结晶区。如果两个羰基之间有偶数碳原子,确切地说,即亚甲基 CH_2(下图中有四组亚甲基),那么相邻链上的氨基和羰基就会排列得很好,这使得它们中的每一个都能很容易"触摸到"相邻的基团,形成 H—键(图中这些键用握手的形式表示)。结果便是出现了熔点提高的结晶区,同时化合物的稳固性也提高了。见下图:

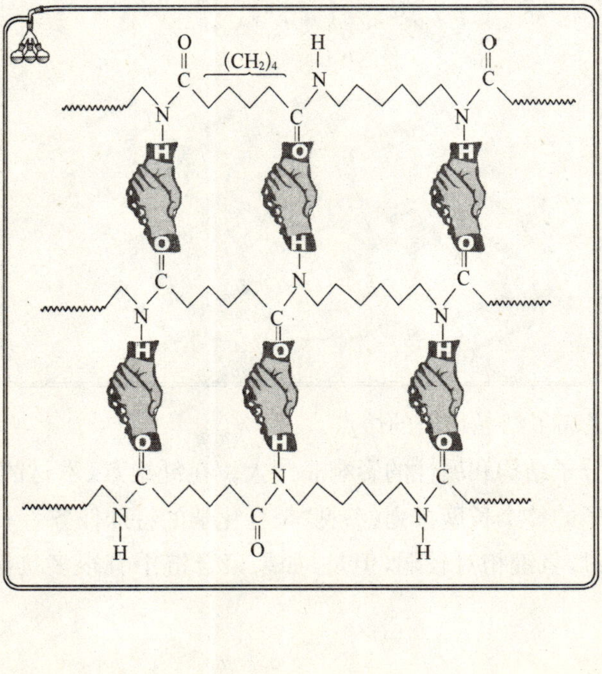

如果在连接羰基的链上再添加一个亚甲基（下图中有五个亚甲基），那么，相邻链条上的羰基和氨基便发生位置互换。两个基团之间形成的氢键其距离在某些情形下将变得更大，结果造成它们中的一部分“无法触摸到相邻的基团”。H—键网明显减少，聚酰胺中结晶区的熔点也明显降低。见下图：

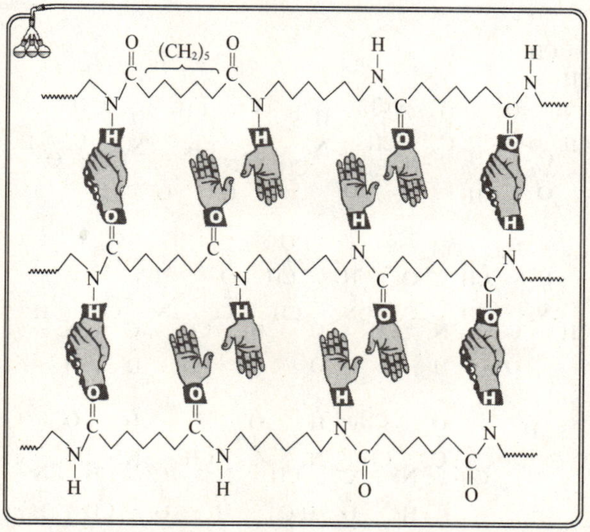

如果再添加一个亚甲基，就会重新出现>C=O基和H—N<基的“理想”位置，熔点也会升高。这一点在下图中清晰地显示出来，聚酰胺结晶区的熔点取决于羰基之间的距离，有偶数亚甲基的化合物具有更高的熔点。见下图：

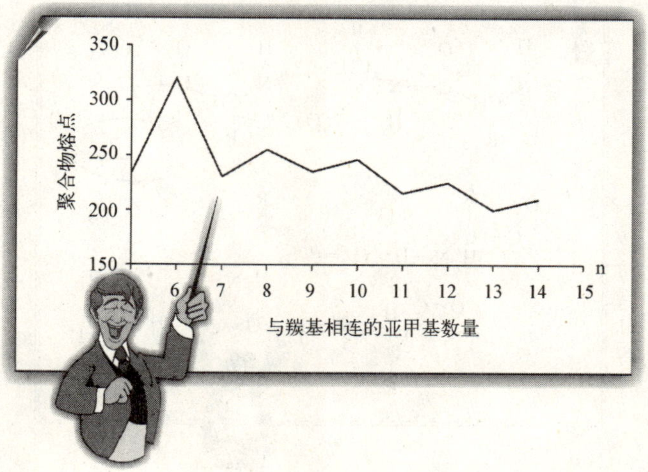

类似的关系也出现在聚氨酯中，由于羰基和氨基$>C{=}O\cdots H{-}N<$的类似相互作用形成了结晶区。

同样的方式，由于氢键$>C{=}O\cdots H{-}N<$，蛋白质分子中发生了平行排列好的聚合链。

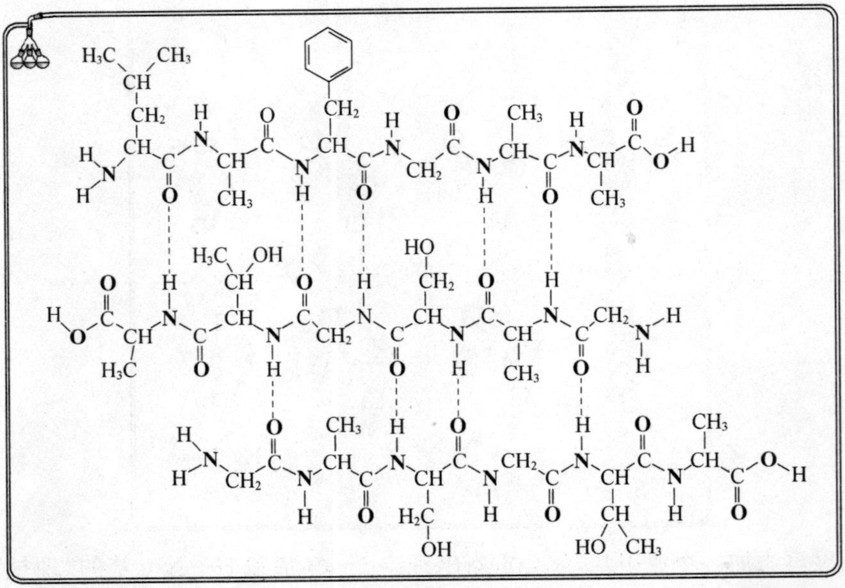

除此之外，H—键还给蛋白质分子提供了另外一种外在形式——螺旋状，这时螺旋圈被羰基和氨基之间出现的氢键固定住。

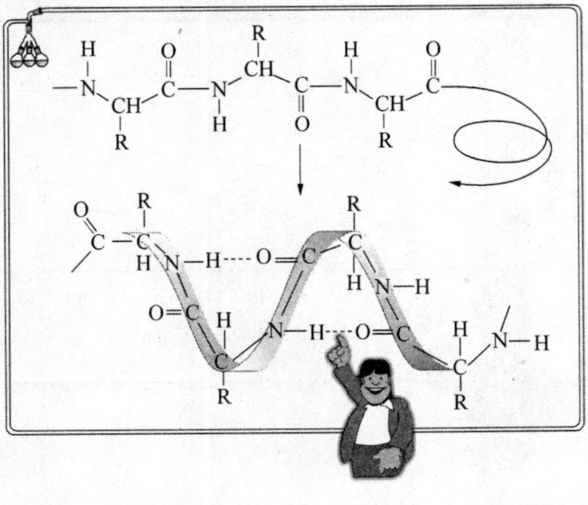

在著名的DNA分子中记录了某个具体的生物机体的全部信息，其形式是交替的含氮杂环，即含有氨基和羰基：腺嘌呤、胸腺嘧啶、胞嘧啶和鸟嘌呤。它们以侧挂的形式沿着DNA的整个聚合分子排列。这些杂环的交替顺序决定了每一个生物物质的特性，这时，杂环中羰基和氨基成对的作用力保持DNA的两个分子形成著名的双螺旋形式。见下图：

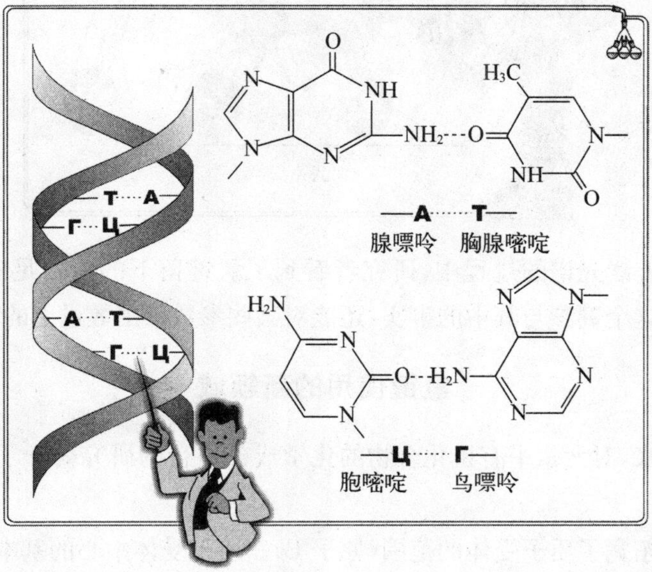

如此看来，H—键真的覆盖了无机化学、有机化学，甚至是生物化学这些领域。

氢键的足迹

随着时间的推移，对氢键进行间接的解释(如提高沸点)已经被其他更清晰、信息量更大的方法所替代，首先就是光谱法。其中最主要的是红外线光谱学。

在比较键能量的示意图中，我们将化学键比作钢链，不过，研究化学键的光谱特性时，应该将其比作弹簧，这样更为准确。每一个原子基团的振动频率取决于原子质量和连接弹簧的弹性，换句话说，就是取决于化学键的性质。这时，研究者可以选择其振动可以给出最清晰信息的基团。下图显示的是三氟乙酸 CF_3COOH，它起着质子给体A及某个受体B的作用，它与三氟乙酸形成氢键。见下页图：

研究者经常关注氢键化合价的振动频率，同时也关注原子——受体B振动频率的变化。

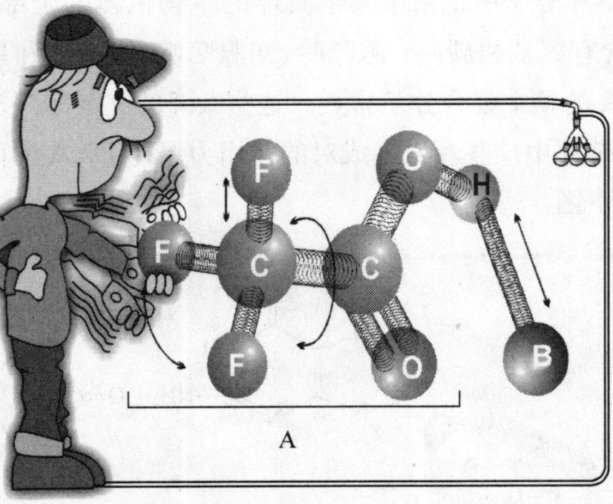

在分析红外线光谱的过程中，研究者看到了氢键留下的清晰足迹，根据其痕迹不仅可以确定这个键参与其中的事实，还能对某些参数做出数量上的评价。

氢键使用的新领域

近几十年来，对元素中有机化合物的化学成分进行的研究揭开了氢键理论的新篇章。

研究明显拓宽了质子受体的范围(原子 B)。质子受体中心的基本特征是存在非共享电子对。这让人们产生一种想法，可以将金属原子吸引到这种键的形成中，首先就是吸引那些在进入化合物成分中时仍然保持非共享电子对的分子。简单思考就可以明白，过渡金属元素的络合物应该倾向于形成 H—键(作为质子受体)。实验表明，6—8 组的金属络合物最容易加入类似的集团中。

下页图显示了氢键与铱的络合物的形成。质子给体就是上面提到过的三氟乙酸。第一阶段，在金属原子(铱)的参与下出现了 H—键，金属扮演着原子 B 的角色。

接下来，在温度降低的情况下，质子靠近金属并出现了普通的 M—H 键。所有的转化都是可逆的，质子好像夹在两个弹簧之间，并且可以左右移动，这取决于温度的变化。

请注意络合物Ⅱ。初看上去，这是一个普通的离子化合物(如同 NaCl)。然而，这时氢又使人们感到了意外，在靠近金属的同时，它依然保持其经常对不同受体的牵引，由于这种受体(阴离子酸)就在旁边，于是便出现了新型的 H—键，它“紧紧缠

住”了离子对。为了强调这种新型键的非标准性,我们在下图用星号代替传统的密纹线进行显示。见下图:

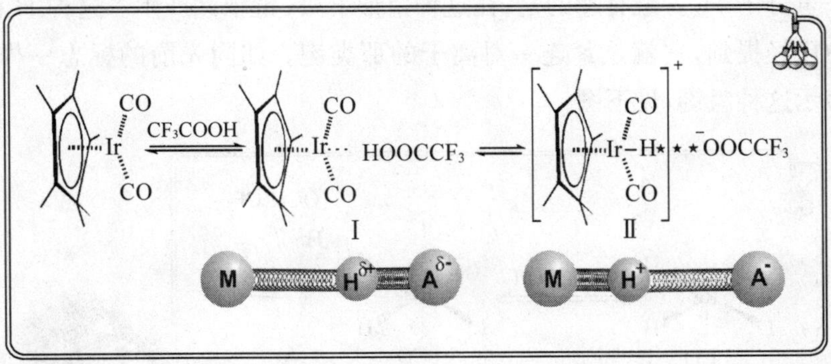

我们或许可以适当地离开这个话题,将注意力转移一下。每个化学家都能够从论文、报告、提纲中了解到化学领域的最新成果,但是他们看到的往往只是最终结果。而过程常常被人们所忽略,其实,过程往往比结果本身更有趣。

我们曾经提过,选择研究用的金属络合物并非偶然之举。同样如此,选择质子给体(分子 $H^{\delta+}—A^{\delta-}$)的时候已经考虑了一系列的因素。普通酒精 ROH 是弱给体,所以,反应往往停留在形成 H 键($M---H^{\delta+}—A^{\delta-}$)的初级阶段。

与此相反,强酸 CF_3COOH 使相当敏捷的载体将质子输送到金属络合物中,这时形成了 M—H 键,但此时还不能固定某些中间阶段,即质子从给予体移动到金属这一阶段。如果取“中等力量”的给予体,如 CF_3CH_2OH 或 $(CF_3)_2CHOH$,则所研究的这个系统就变成了可控模式,在这种情况下,通过改变温度就可以固定所有质子过渡的中间阶段。

所以,在研究者的操控下,有三个杠杆可以控制质子的移动机制:金属络合物的结构、质子给予体的化学属性和温度。

供体与受体集于一身

有一种方法可以使氢本身担当 B 组原子的角色。若使氢成为受体,必须使其产生负电荷。金属氢化物 $M^{\delta+}—H^{\delta-}$ 体现的正是这一点,这类氢称为氢化。

氢化的金属络合物能够形成带有质子供体的 H 键,这便产生特殊的氢桥键。其中二价氢自身组成了 H 键: $M^{\delta+}—H^{\delta-}---H^{\delta+}—A^{\delta-}$ (见下页图),但这只是第一阶段。显然,一对彼此相连的氢原子 $H^{\delta-}---H^{\delta+}$ 是组成中性分子 H_2 的坯料,自然,氢不会放过所提供的机会。

结果便是,分子重新排列,H 键消失,络合物产生,该络合物中的金属含有全新配体——氢分子 H_2。最有趣的是,在这种情形下,H 键依然产生。这种 H 键在前面的例子中已经提到,它就是紧连一对离子的那类键。如同先前的标志一样,下图中用星号表示这种氢键,见下图:

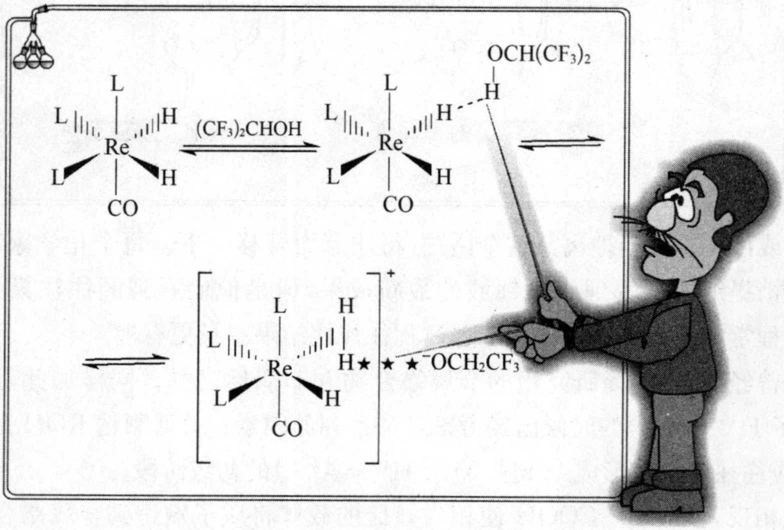

所有变化都是可逆的。在低温条件下,趋向于带氢分子络合物的形成,若温度升高,则趋向于原化合物。根据温度变化,过渡型化合物——两个氢键的络合物或平稳变为原化合物,或变为最终的化合物。

可以说,两个氢键现象是某种奇异的现象。对于金属氢化物而言,它是化学的特殊现象,这种现象在有机化学中难以见到。

由此可见,"氢键"的概念显然拓展了,它应该涵盖多组化学元素参与下所发生的众多形式的化学变化。

上述分子的所有变化,让人联想到万花筒中的景象。让人感兴趣的并非这些变化本身,而是通过它们所得出的重要结论。质子——这是一种独特的化学试剂,作为一种基本粒子，其大小只有原子的几千分之一。质子万能的穿透力使其成为一种精细的研究工具，用来研究众多形式的化学变化。我们要做的仅仅是学会操控它。

分　子　树

他写了 8 本书。
若是他种了 8 棵树，
当然就更好了。
——格奥尔格·利希滕贝格

阅读标题之后，许多人或许认为这里所要讨论的是一项将某种多价金属（铁、铜或铬）晶体盐放入硅酸钠溶液中的化学实验。结果是，由小晶体逐渐变大成长为某种结构，这种结构使人联想到树木的枯萎枝干。有关化学实验的书籍对这种现象有详细描述，所以，我们对此就不做赘述了。

这里，有一个同样有趣的问题，即用“树”的形式来构建分子。然而，不同于先前的形式，这里需要耐心和实验技巧。在构建树状分子时，首先需要在纸上解出算题，然后再着手进行实验。下面所涉及的便是高分子化学中最为引人入胜，并且颇具代表性的难题之一。

巧接分子链

我们先来尝试解决一个很简单的问题，但不是从分子层面，而是针对一个较大的普通物体。下图中显示了五段金属链条。如果要将它们连接成一条完整的链条，必须预先在最少数量的链条上断开一处，然后再将其链接成一条完整的链条。

最简捷的方案（方案 A）是将每一段链条（最后一段除外）的右环断开，然后再将其链接起来。如下页图所示，必须要断开其中的四个链条。见下图：

还有另外一种解决方案（方案 B），就是断开第二个和第四个链条段上的左右两个环。但是，这种做法并不经济，因为同样需要断开四个环。

然而，仍然存在一种可以减少断开链条环数的解决方案，只是需要考虑到一条规律，即需要断开的链条环数，其数量要少于链条的根数，换言之，为了连接这五段

链条，需要断开其中的四个。可见，如果我们能够做到尽量减少断开的链条环数，就完成五根链条的完整连接。这种可能性是存在的。可以将其中一根链条上的三个环断开来连接另外四根链条。下图显示了这种方案的操作方法。

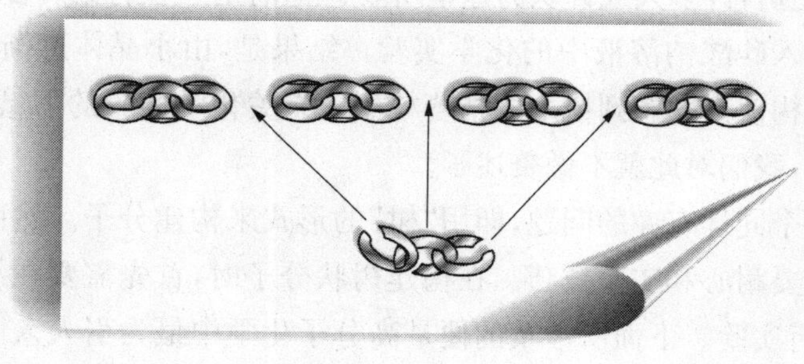

缩聚——这是一种多次聚合

我们以上完成的练习是为解决化学难题进行的热身。首先，我们应该记住缩聚聚合物的获取过程。

我们先从有机化学中一项熟悉的化学反应开始，即乙醇与醋酸发生化学反应，进而得到酯——也就是乙酸乙酯。见下图：

$$C_2H_5OH + CH_3COOH \longrightarrow CH_3COOC_2H_5 + H_2O$$

我们再选取另外一组试剂。我们不用乙醇，而是使用含有两个烃基—OH 的化合物，比如乙二醇。用含两个羧基—COOH，即乙二酸的化合物来置换醋酸根。这组试剂同第一组化合物一样，同样生成了聚酯。见下图：

$$HO(CH_2)_6OH + HOOC(CH_2)_4COOH \longrightarrow HOOC(CH_2)_4COO(CH_2)_6OH + H_2O$$

乙二醇　　乙二酸

然而，此时相互反应并没有停止，所得化合物中分子的一端连接着烃基，而另一端为羧基。因此，该分子继续反应，进而形成两倍长的长分子。见下图：

$$HOOC(CH_2)_4COO(CH_2)_6OH + HOOC(CH_2)_4COO(CH_2)_6OH \longrightarrow$$
$$\longrightarrow HOOC(CH_2)_4COO(CH_2)_6OOC(CH_2)_4COO(CH_2)_6OH + H_2O$$

所获取的加长分子链以同样的模式继续增长，并聚合其原试剂的两端（乙二醇或乙二酸）。最后，形成了长链聚合分子。这种反应被称为缩聚，在我们所举的例子中，借助这种方法生成了聚酯。因此，可以制定一些规则，这些规则无可争议，遵循这些规则就可以达到最终的目的。

第一，采用的每组试剂应至少包含两种反应基团，否则分子链的增长就无法进行。类似的反应基团在高分子化学中称为官能团。

第二，为获得最长分子链，反应体系中的官能团应为等分子比例。否则，一旦其中一种提前耗尽，分子链的增长同样也会停止。

第三，它可以将化学反应向着可以形成含有预定成分聚合物的方向进行。为此，官能团相互作用，但是其中的每个基团自身不应发生反应，否则，缩聚反应就不会按此方向进行。上述官能团可以满足这种要求。应该承认，这条规则完全合乎逻辑。

至此，我们暂时结束有关化学方面问题的分析，在接下来所进行的推论中，将用示意图来替代化学分子式。

选取一种化合物，用字母 A 表示其官能团，单浪线表示功能基团中间的分子部分，双波浪线表示第二母体化合物中的分子，而字母 B 则表示两端的功能基团。发生两种物质结合的地方用©来表示。

借用这种示意图，乙二酸和乙二醇的相互反应呈现如下形态。

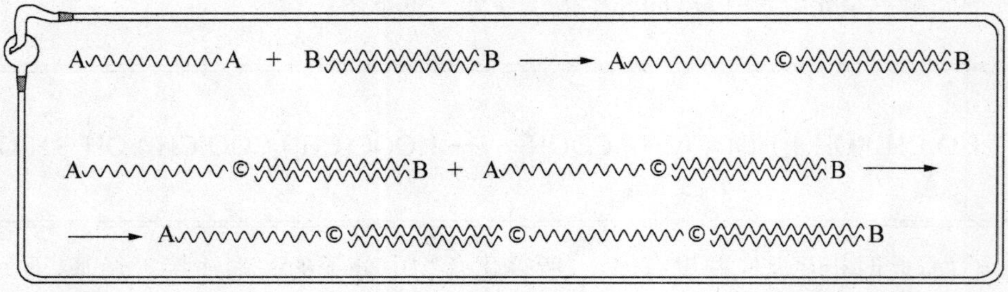

水——便是这种反应的副产品，我们并没有将其显现在示意图中。

三维缩聚产生支链

现在，我们转入下一阶段。如果原有分子组成的官能团不是两个，而是三个，那么，会出现什么情形呢？这个问题的答案化学家们已经很清楚了。这种缩聚称为三维缩聚。我们采用上述第二条规则，选取原试剂的摩尔比，以便反应体系中 A 组和 B 组的分子数量相等（等分子）。A 组和 B 组的相等分子数能够保证三官能团和双官能团的摩尔比正好是 2∶3，下图中则清楚地显示了这一点。第一阶段，支链分子被延长，随后则产生了另外的支链。见下图：

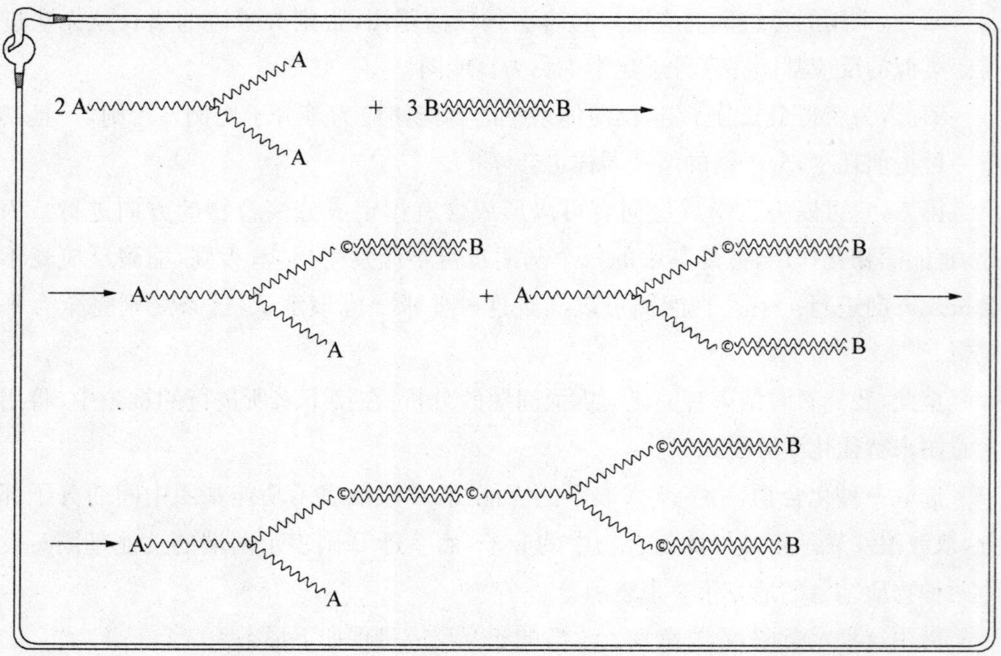

所产生的分支，其支端上包含 A、B 组官能团，它将正在发生反应的分子链接起来，这些分子构成交叉链接并形成网状。反应将朝形成不可溶解的交联聚合物方向发展。见下图：

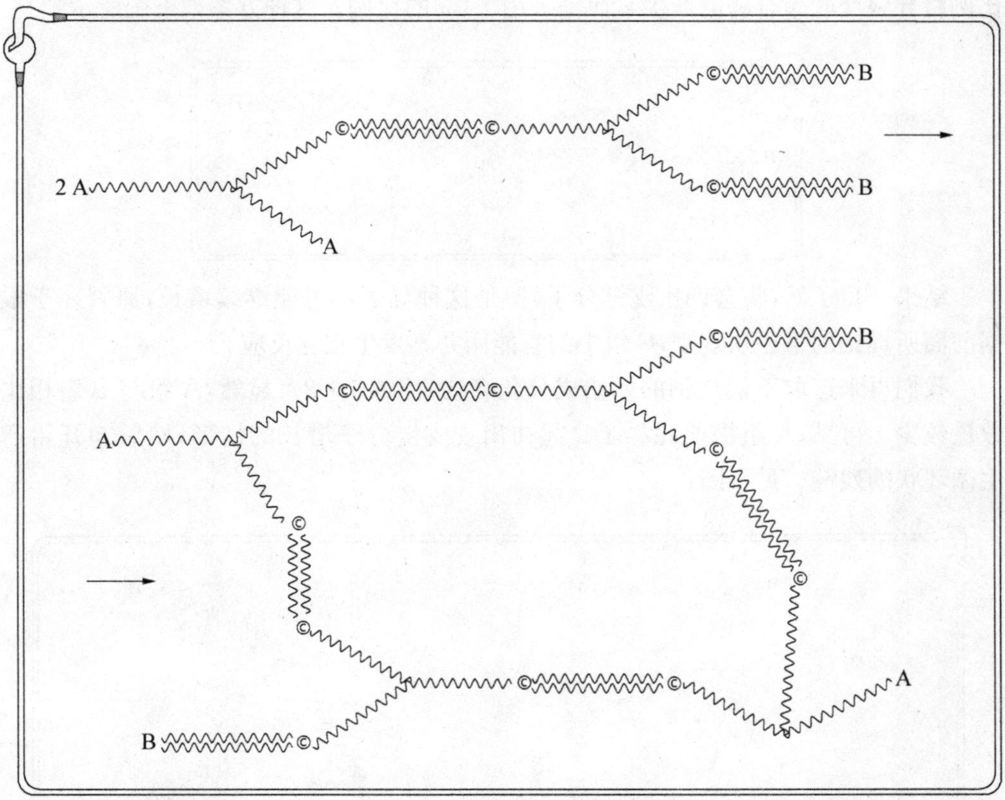

在所有官能团发生相互作用之前很久，正在形成的聚合物由于交联便失去了溶解性，进而可能凝胶化。

解决问题的方法

现在，我们尝试解决本章标题中提出的基本问题。我们必须正确进行缩聚反应，要保持聚合物分子增加以及支链数量的增多，同时还要避免产生凝胶化。换言之，我们想要获得的分子，如同一棵大树，可以不断地生长。当然树的生长与三维缩合并不完全相同，正在生长的树枝根部不可能相互连接，两棵树的树冠也不会相互连接。

接下来，我们尝试运用三维缩合的模型来解决这个问题。不是选取原成分化合物（三官能团和双官能团化合物），也不采用 2∶3 的摩尔比（正如我们已经判明，这个比例将导致交联聚合物的产生），而是采用 1∶3 的比例。这种方案如下图所示：

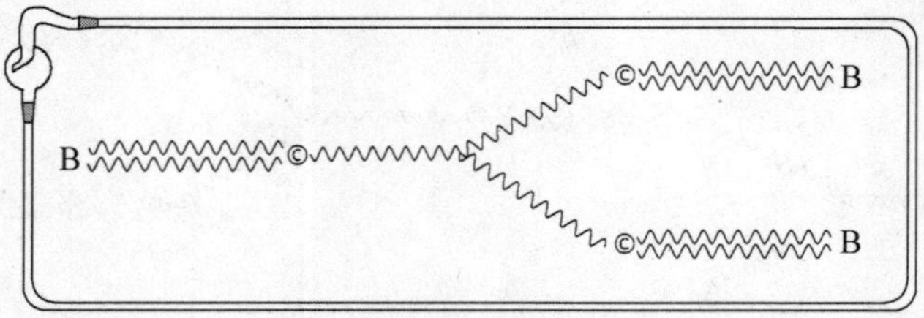

结果一目了然，将会产生支链分子，但是这种分子不可能继续增长，原因在于根据前面所提到的第三项规则，C 组中的官能团并不发生相互反应。

我们再来选取不同比例的原始成分化合物，比如 1∶2。显然，A 组与 B 组相比数量较少。可见，A 组提前耗尽了。起初出现支链分子增长的情形，然后却开始产生循环状的残链。见下图：

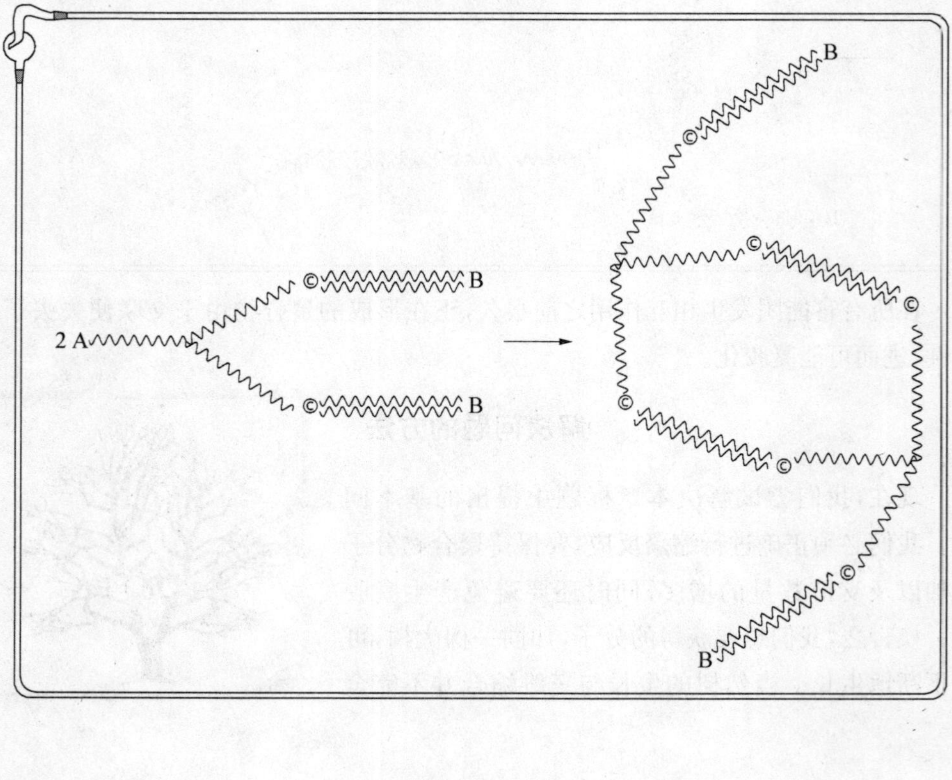

可见，这种分子同样不具备继续增长的能力。我们可以通过改变比例，将 A 组中三官能团试剂的比例增加。这样，就会导致交联聚合物的产生，而且该聚合物中混杂有 A 组中尚未发生反应的分子。

接下来，我们还可以探讨另外一种方法。我们选取先前实验中所得到的 B 组两端的支链分子。这些分子本身并不会增长，但存在着可以使其增长的可能。如果不与含有三个官能团的分子发生反应，而是与 A 组中含有双官能团的分子发生反应。这样，我们就可以避免发生交联而使支链延长，但是并没有扩大支链的数量，这就意味着并没有完全满足所提问题的条件。见下图：

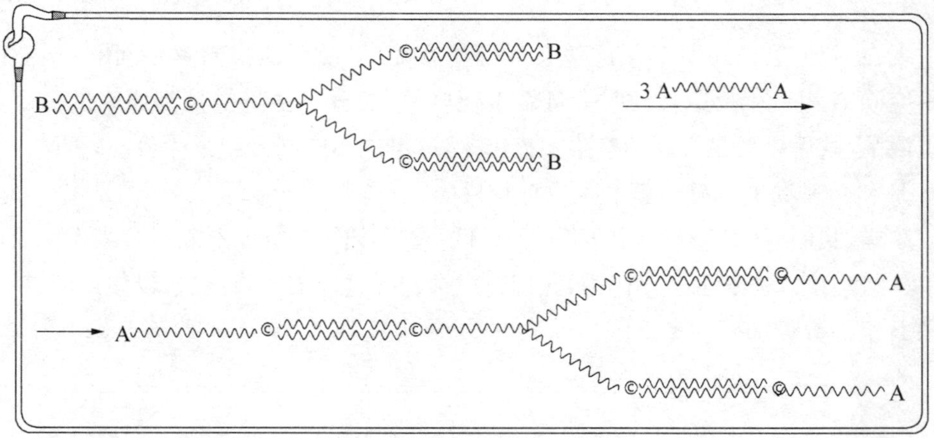

我们可以尝试改变上述物质的比例，不过仍然会导致这样一种结果，即支链之间的链带有较长链条的交联聚合物出现。

或许，应该"允许"A 组（或者 B 组）中的功能分子相互发生反应，其结果会如何呢？第一种情形下，交联反应将很快出现，而在第二种情形下，整个树形结构将形成线性聚合物，如果采用我们使用的符号，则只会有双波浪线。

我们的以上探索说明，如果限于我们所设定的条件内，即使用两个官能团，问题也无法解决。现在问题清楚了，没有第三组官能团的参与绝对不行。那么，应该以何种形式引入第三组官能团呢？它应该与已经存在的两组官能团中的哪一组发生反应呢？已经到了解决这个问题的关键时刻。

第三组官能团的作用

我们以三个 A 组中最初的支链分子为基础，显然，它正"期待"与 B 组发生相互反应。因此，我们应该把B组中某种化合物引入反应中。此时，该化合物应该是支链，因为根据条件，我们应该不断增加支链的数量。为了避免交联的产生，除B组外，还需要包含一组新的官能团(用C表示)。见下图：

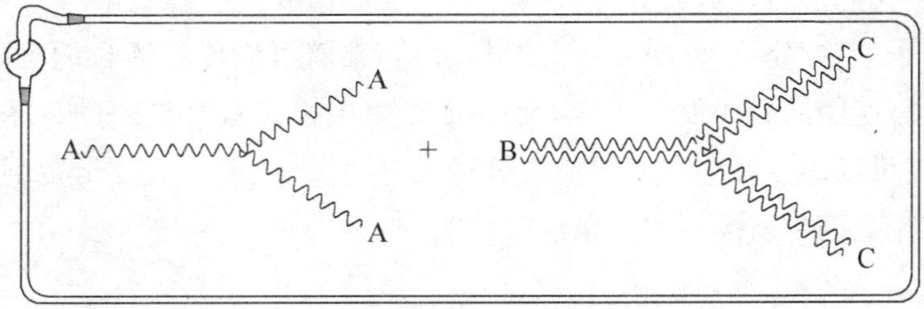

现在，我们尝试说明C组应该具备哪些属性，以便帮助我们解决问题。显然，C组不应同A组发生反应，否则，一旦发生反应，新的分子便将链接到原来的分子，并发生混乱，其后果便是交联的产生。接下来，C组也不应同B组发生反应，否则，同时含有B和C基团的新分子就会发生自身反应。

这样，我们就确定了C组的第一种属性，即不该同A组也不该同B组发生反应。如果让两组化合物发生相互作用，我们自然会选择这样的物质比例，以便反应链中A组和B组的数量相同。见下图：

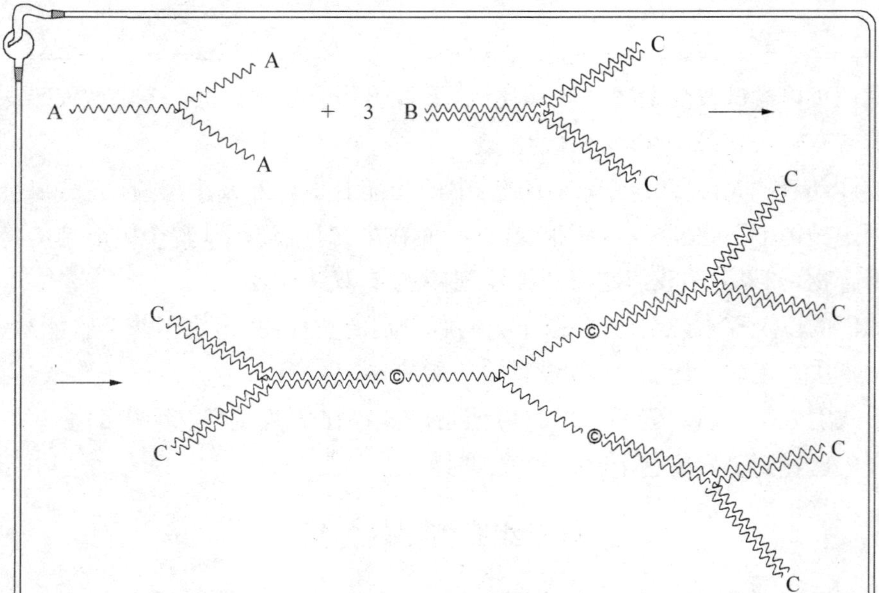

结果是，支链数量明显增加，但尚不清楚是否可以使所获分子进一步增长。这样，必须借助化学反应将末端的C组转换为A组，以便让分子恢复其最初的反应能力。见下图：

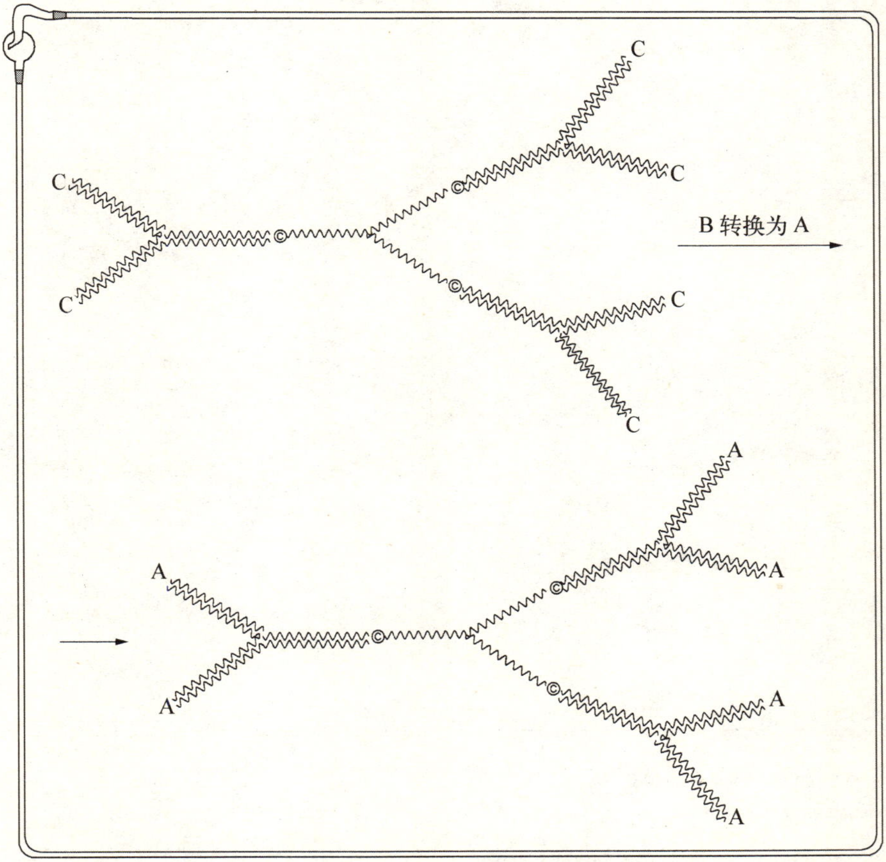

现在，我们可以指出C组所具有的第二种属性。它应该在所需之时能转换成A组。重新获取带有6个A组的化合物，其属性类似带有3个A组的最初化合物，它已准备好与含有B组和C组全新比例的化合物发生反应。见下图：

通过重复第二、第三阶段的实验，我们可以既增加支链的数量，也可以增加分子的总体数量，这样，还可以避免产生凝胶化。现在可以说问题已经基本得到解决。

我们现在归纳一下对三个官能团的要求：

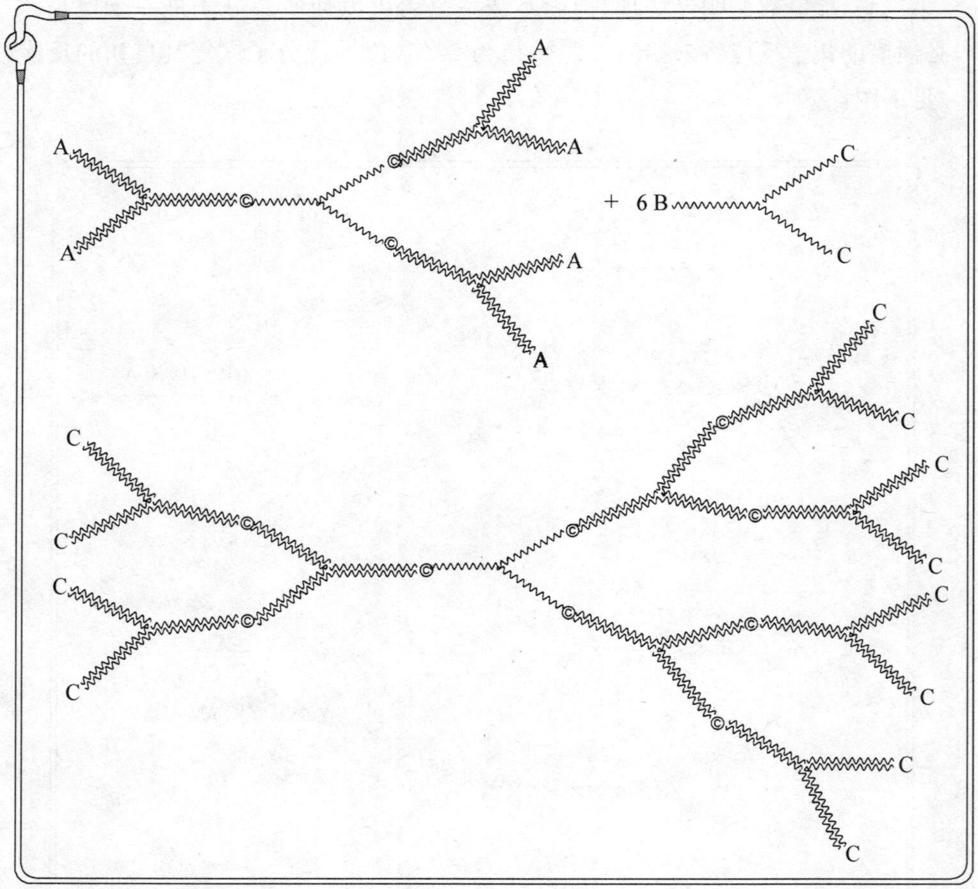

1. A组应该同B组发生反应；
2. C组不应该同A组和B组中任意一组发生反应；
3. C组应该通过某种方式可转换为A组。

方案的实施

上面，我们只是提出三个官能团应当具备的条件，但是要最终解决这个问题绝非一蹴而就。现在需要找到可以满足这些条件的官能团，也就是说，需要实际解决问题了。

这种三价基团已被找到，甚至还有几种不同的方案。最后，终于构建出称为超支链或枝形支链，即树状聚合物。

通过最为严格、同时也是最佳的方法来“构建”树状有机聚合物，见下图：

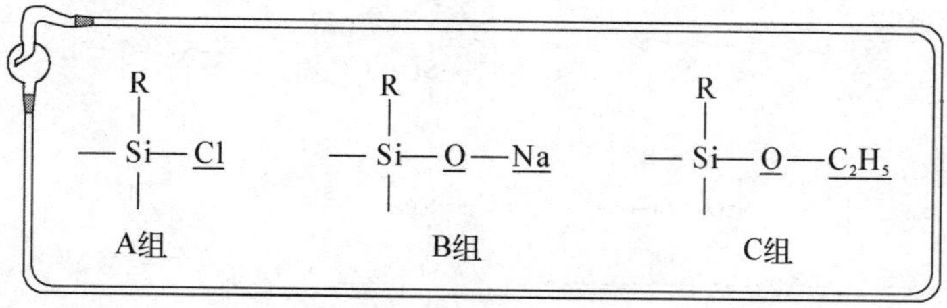

A 组与 B 组的相互作用如下图所示。

$$\mathrm{RSi-Cl + NaO-SiR \longrightarrow RSi-O-SiR + NaCl}$$

C 转换为 A 组的反应情形如下图所示。

$$\mathrm{RSi-OC_2H_5 + S(O)Cl_2 \longrightarrow RSi-Cl + SO_2 + C_2H_5Cl}$$

下图是对所有步骤进行的汇总。

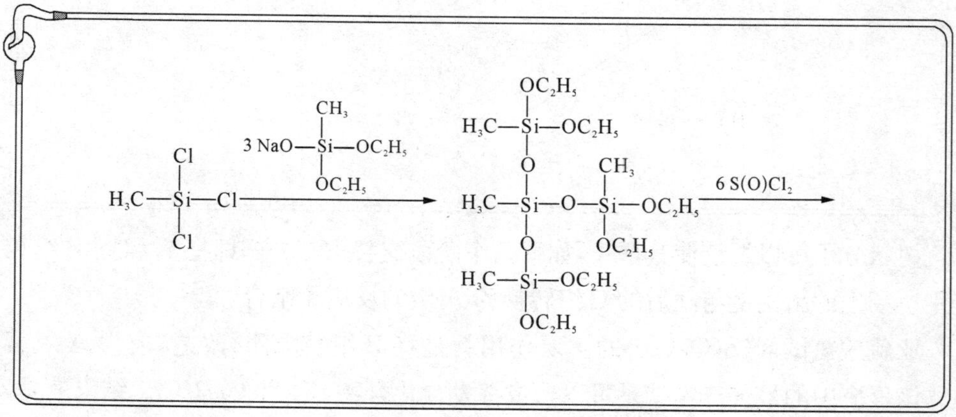

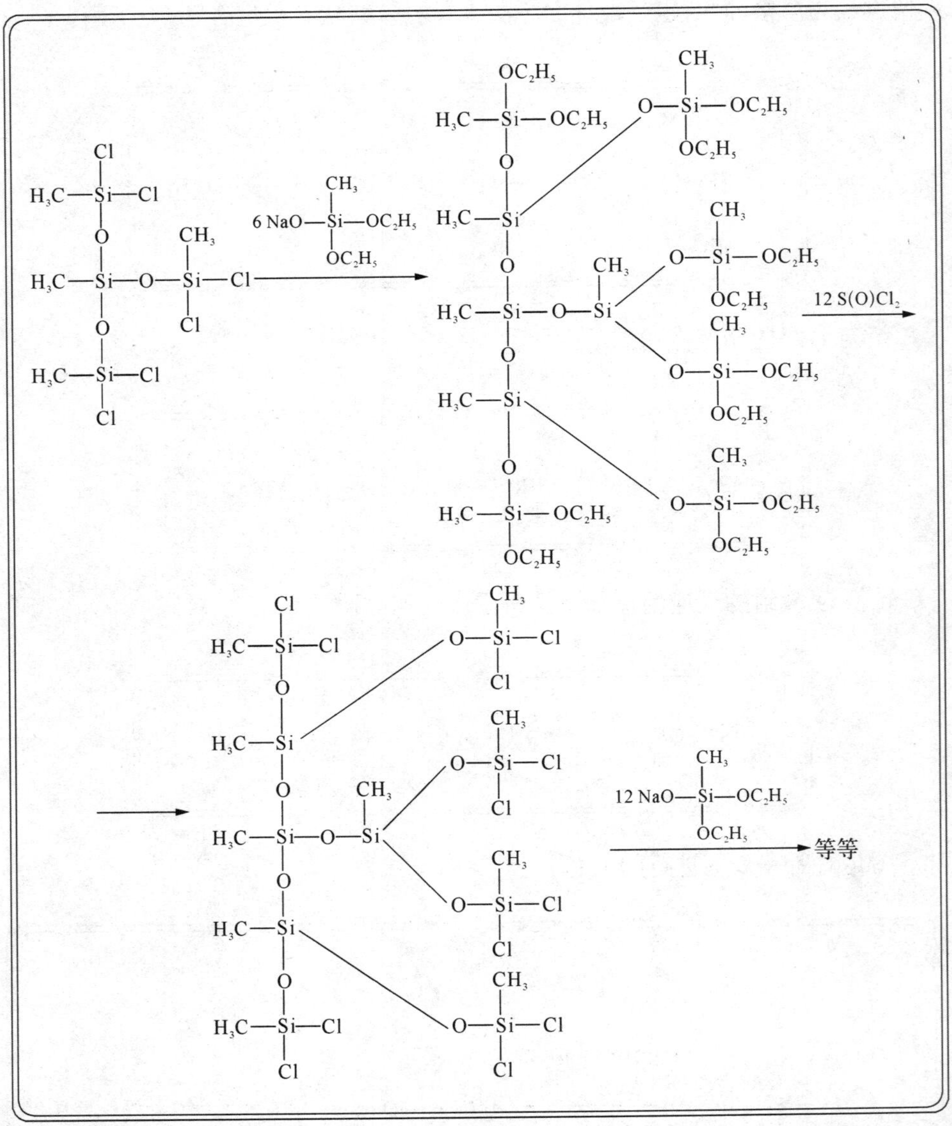

树状分子可以继续使其增长，如果两个阶段交替重复——即把 A 组同 B 组相互作用所产生的新支链与随后的 C 组转换为 A 组的反应相结合。

亚硫酰氯试剂($S(O)Cl_2$)的主要作用就是将 B 组官能团“改造”成为 A 组官能团。该反应中的最佳产物就是可以形成挥发性化合物 SO_2 和 C_2H_5Cl。结果就是，反应链中不产生类似副产品的杂质。

含有B组和C组官能团（此时指的是—ONa和—OC_2H_5）的第二种试剂，就其本质而言，就是可以增加分子的组成材料。分子构架如同树冠般生长，那些用来继续形成分子的官能团位于这种球形分子最外层的表面。上图所展示的生长分子并非球状，而是呈垂直带状，这么做是便于观察它们的相互作用链。下图更为准确地反映了它的真实情形。

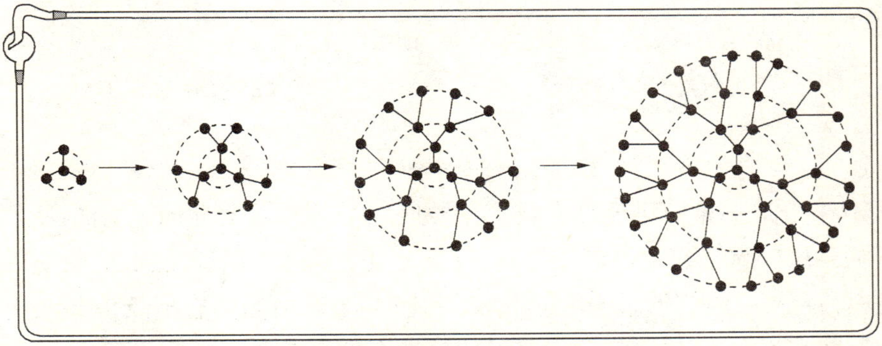

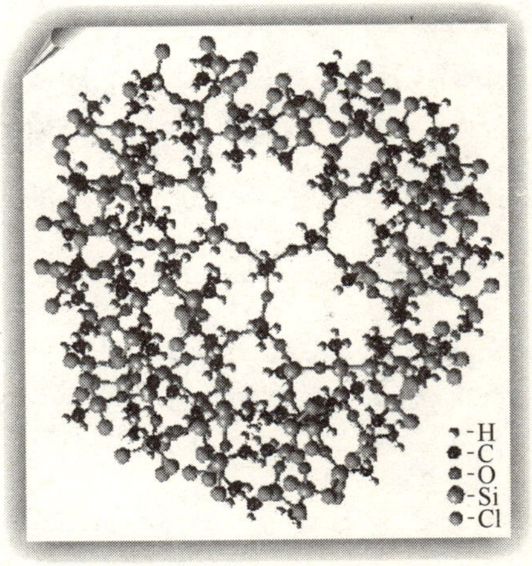

每重复一个交替阶段，这种树的树冠都会增加一层。图中显示了增加四层的树冠。通过实验，已经成功地将这种树状有机分子结构增加到八层。之后，这种增长出现了阻力，由于外部的官能团过于接近球体表面，结果造成了后续反应的困难。左图通过立体模型展示了这种树状的分子结构。总之，新增层分子“树冠”的增长过程始于分子的最外层结构，这就如同一棵正在生长的树。我们把依照这种方式所构建的分子称作末梢生长型分子。加上这种名称很有必要，因为我们发现，可以让树状分子以完全不同的样式来实现其增长。

另一种方案

虽然我们找到了解决问题的方法，并实际进行了验证，但是研究者们的奇思妙想并没有终止。逻辑分析让人们找到了另外一种解决方案。新的方法同样是基于三组官能团的构想，以同样的逻辑关系相链接。但是，树冠的增长形态却是另外的样式。

首先，改变原始试剂的构成比，即第一种原始物质与原先的不同，包含的并非三组官能团，而只有一组（圆圈表示不包含官能团的分子部分）。第二种物质包含的不是一组，而是两个 B 组官能团和一个 C 组的官能团。见下图：

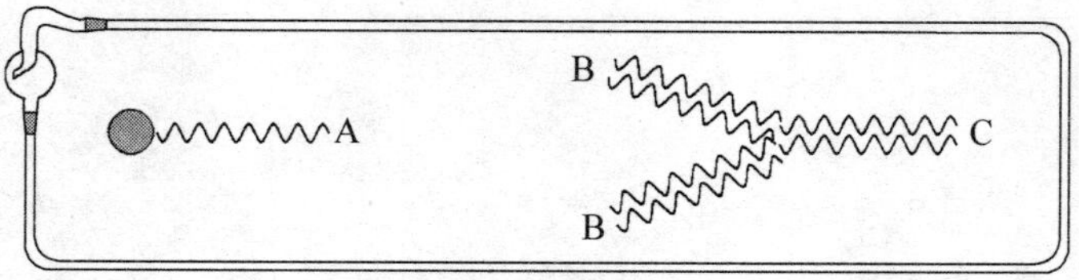

第一种化合物最有可能让人疑惑，因为它只含有一组官能团。前面，我们曾经指出，如果想以缩合方式构建聚合链，那么使用只含有一个官能团的物质并不合适。这种论点是正确的，但只是适用于下述情形，即当参与合成反应的只有两种功能基团，那么，向三种官能团过渡时情形就会发生改变。对此，我们马上可以进行论证。

不妨回忆一下，三组官能团的“游戏规则”我们还记忆犹新：A 组只能与 B 组发生反应。为了使基团组数相同，如同先前一样，我们选取同样比例的试剂进行这种反应实验。然后，按照先前演示的过程将 C 组转换成 A 组。见下图：

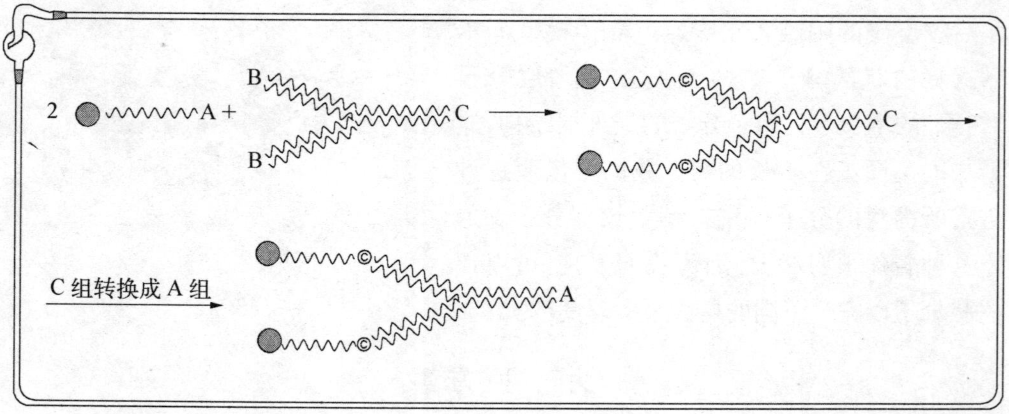

获取的带有一个 A 组支链的分子，其自身反应能力类似于同样带 A 组的第一个原始分子。可见，它可以进行同样的循环转换，见下页图：

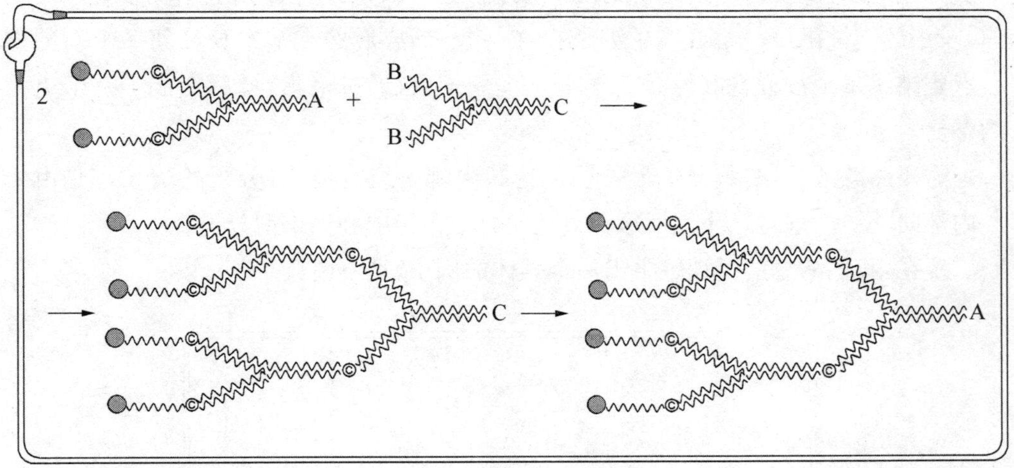

再次重复整个反应过程，见下图：

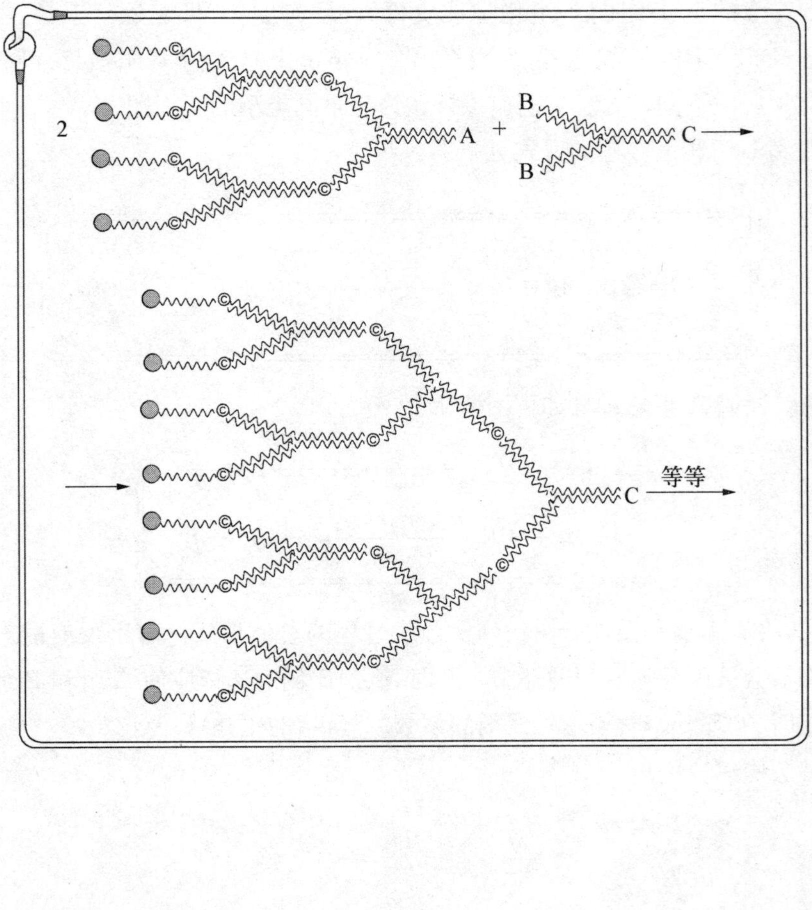

如图所示，反复循环最终得到树状分子。这一反应过程原则上不同于先前的反应，较小的支链围绕一个共同中心链接在一起，形成后的支链本身又朝一个新的中心点集结。整个过程就好像是若干个较小分子束，通过聚集，最后变成了一个更大的整体。

需要注意的是，树状分子最外层无论缺少哪一组官能团，分子的增长都是由中心内部向外扩散进行。我们把这种类型的分子称为中心生长型分子。

现在，我们从总的过程中举出一个具体的例子，见下图：

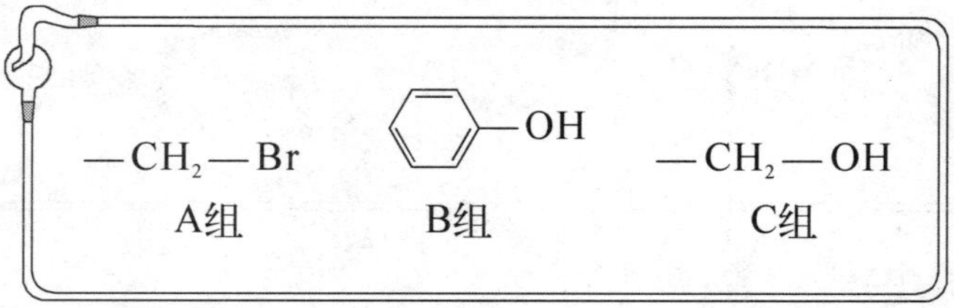

需要注意的是，B组同C组化学性质相似，且均含—OH基团。但是，在第一种情形下，—OH基团与脂肪碳连接，而在第二种情形下，—OH基团则与芳族碳相连。它们的化学属性不同，因此，它们应该被认为是不同类型的官能团。

A组和B组相互作用的方式见下图：

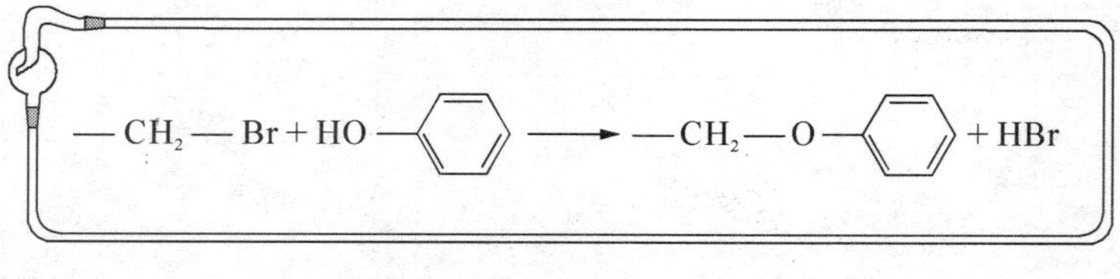

C组转换成A组的过程如下图所示。

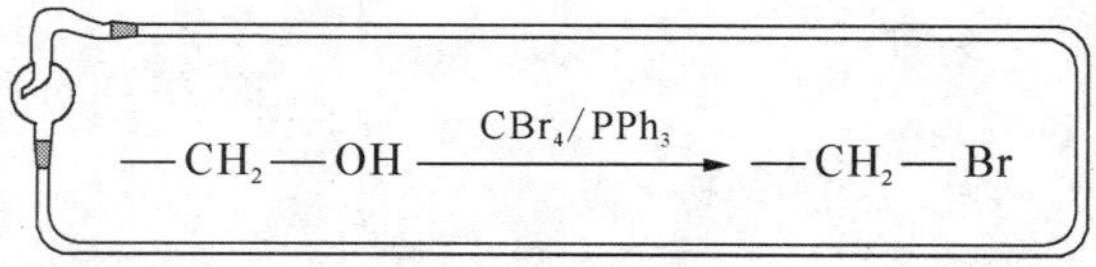

现在，将演示中心生长型树状分子合成过程的总体形式。每个反应链末端获取的化合物都会被用在随后的循环中。此时，试剂比例的选择应使A组和B组中的分子数量相同，循环开始时第一种试剂的系数“2”所指的正是这一点。

第一层构建：

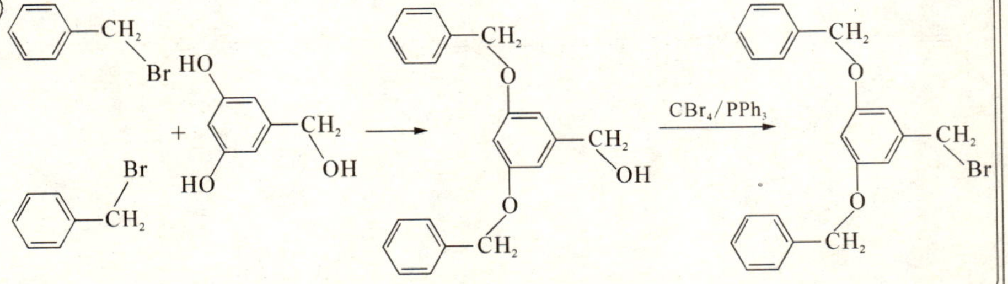

第二层增长：

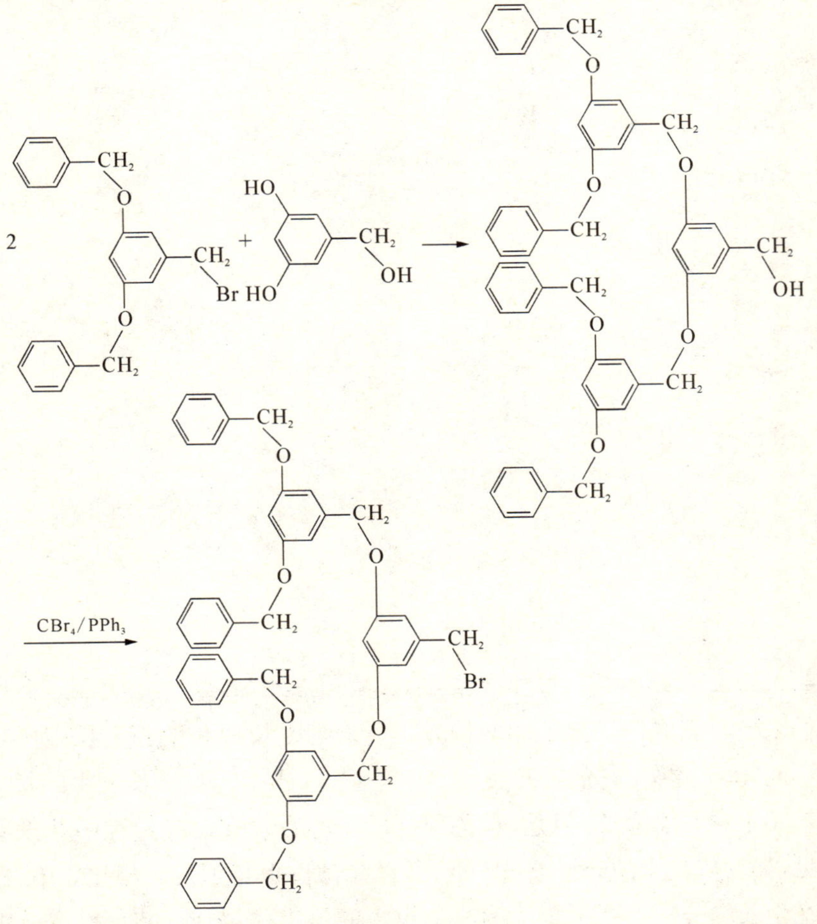

第三层增加：

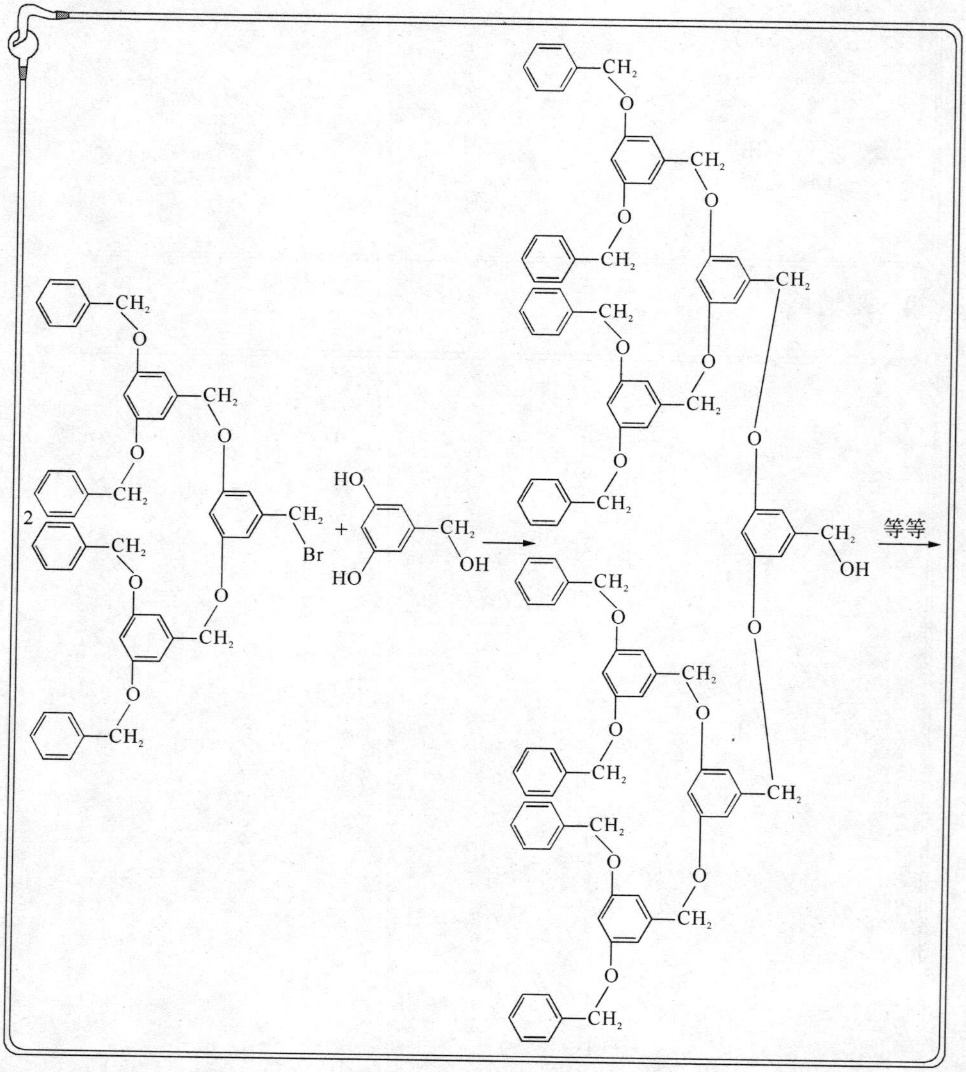

我们来比较获取树状分子的两种方式。末梢生长型和中心生长型树状分子形成方式不同，除此之外，它们之间还有一个有趣的差异：末梢生长型中的每个分子都是围绕着一个中心而增长，但是，这些原始的中心数量在反应过程中并没有发生变化。可见，如反应链中的分子数量不变，其摩尔浓度保持恒定。相比之下，中心生长型中正在生长的分子不断聚集成为一个更大的聚集体，与此同时，反应链中的分子总数则在不断减少。理论上讲，该方法使所有处于反应中的分子聚集成了一个，但反应实验表明，分子的生长在某一时刻停止了，因为发生反应的 A 组官能团（即下图中箭头所指的—OH 基团）由于空间受阻变得难以进入。见下图：

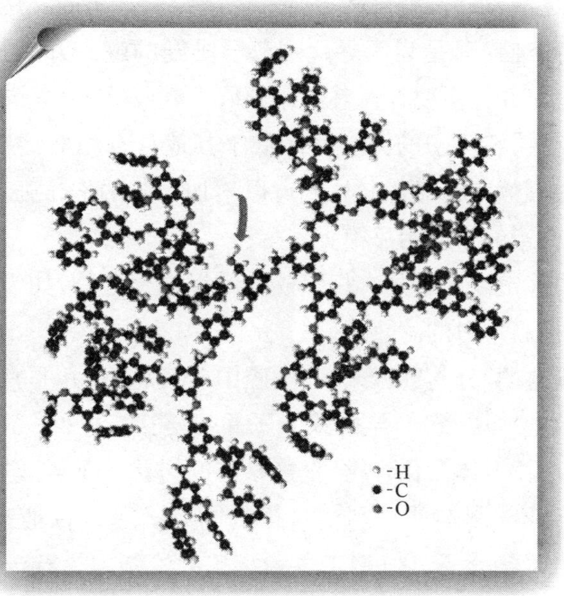

显然，解决问题的化学方法可能多种多样，一切都有赖于化学家们的奇思妙想，在此，我们不禁要问，还有其他的解决方案吗？

如果研究末梢生长型的聚合物，则可以构建出整个反应流程，但并非根据三组官能团，而是四组。这样的话，逻辑关系自然会是另外一种。此外，解决方案中的化学因素将变得更为复杂。

也可以对现有的解决方案进行修改。比如，在支链的每个点上构建三个新的分支，而非两个，这样的话，可以预见，处于树冠表面的官能团，其密度将会迅速增大。其结果是在不用构建另外支链的情形下，必然需要增加一个延长分链的步骤。例如，借助 B 组和 C 组的双官能团试剂。或许，还有其他可能的反应流程。例如，已经成功进行的两种合乎逻辑的反应流程：首先按照末梢生长流程构建聚合物，然后在某个中间阶段将产生聚合物的方式转变成中心生长型。为此，并不需要引入新的官能团，需要的是在特定时刻改变第二种试剂中 B 组和 C 组官能的比例，只要对两个流程中每一个流程的第二种试剂的成分进行比对，结论不言自明。

研究的意图何在?

每当遇到此类问题时,我们经常会产生这样的疑问:什么人需要这些东西呢?面对类似的问题,化学家们首先自然不会考虑这些聚合物的实用价值。他们进行科学研究的主要目的,纯粹只是为了寻找到科学难题的解决方案。通常的情形下,关于树状分子的后续研究才主要针对其应用领域。

研究结果表明,树状分子的力学性能低于其他具有相似结构的聚合物,但树状分子作为改性添加剂效用明显,同时,还可以增加橡胶的抗拉强度。可见,作为一种活性添加剂,树状分子的作用明显很大。

树状分子的热稳定性高于具有相似成分的线性聚合物,如果将其添加到普通聚合物中,可以明显提高材料的耐热性。

由支链分子毗连的“分支”所形成的内腔中,可以置放并非常牢固地保存住较小的分子。从化学角度来说,它们与树状分子并不链接(这种关系为“主体—客体”关系)。很多情形下,有“客体—化合物”直接参与的树状分子合成反应,所引入的物质会显得更为坚固。药物制剂就是利用这样的“客体”可以保证其长期的药用效果。含有放射性物质的树状分子可以用于各种疾病的诊断。含有荧光剂的树状分子通过发挥其独特的包膜作用,可以制造出荧光薄膜材料。

现在，我们面临的是高分子化学的全新领域。或许，读者中有人能够寻找到解决这个难题的方案，新的方案可以帮助我们获取类似的其他聚合物或者找到它全新的应用领域。

神秘之词 ——“机制”

本质反应在存在之中，
本质不会永远神秘莫测，
一切本质都清晰可见，
仿佛镜中映像一般。
——伊本·西拿

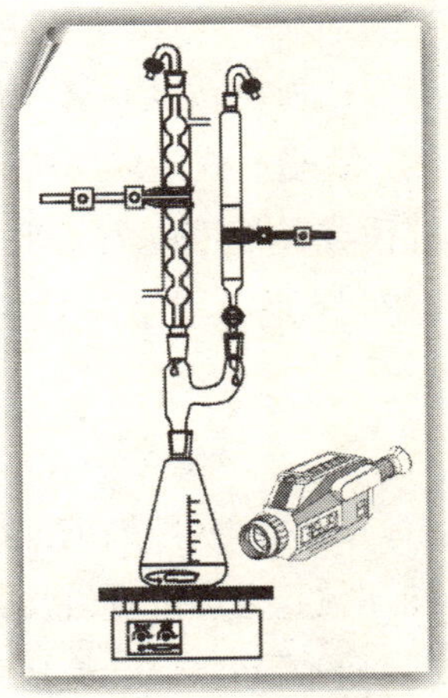

在日常生活中，“机制”一词通常表示由各种活动零件组成的某种装置，在化学领域中，这个词却有其完全特殊的含义。每当谈到反应机制时，化学家们指的是反应分子中特定元素的相互作用，并以此来测定反应结果。换言之，化学家在弄清反应机制的过程中，形象地说，就好像对导致最终结果的中间状态进行分帧拍摄。所进行的这种尝试，并非为了亲眼观察到反应分子，而是意在通过实验弄清其中的奥秘。解决类似问题，需要将实验与逻辑推理紧密联系起来，这是一项十分有趣的工作。现在，我们就尝试进行推理。

观 察 水 位

取一杯水，将一个纸制小船放到杯中的水面上，然后在纸船上逐渐增加硬币，所加硬币的数量应保证杯里的水不没过纸船的船舷。这时，我们在杯壁上标出此时杯中的水位。接下来，我们将纸船上的硬币放入水中，让其沉入杯底。卸掉硬币的纸船重新恢复到原来所处的位置。这时，我们重新在杯壁上标出杯中的水位。新的水位刻度与原先相比是否出现不同呢？如果不同，哪种情形下水位更高？我们可以通过计算来解决这个问题，为此，需要大体确定纸船的自重，确定水的容积，该容积应排除加上硬币前后纸船的容积。此外，还要考虑硬币材质的密度，因为它与硬币的质量和体积相关。

也可以非常简单地解决这个问题，不用计算，只需要将其中的某个条件设定为极致条件。我们设想一下，假如硬币不是由普通材质制成，而是某种超重物质，例如构成所谓白矮星的物质，一小粒这种物质的质量就可能重达数百千克。我们可以取一颗不至于使纸船沉没的微粒放到纸船上。这时，我们观察杯中的水位，然后从纸船上拿走这颗微粒，船体迅速上浮，杯中水位随之下降，因为船体停止挤压杯中的水。接下来根据所提条件，我们将微粒放入水中。微粒自然沉入杯底，但杯中的水位并没有因此发生改变。杯中的水位与取走微粒之前相比，实际上完全一样。答案一目了然：纸船上放微粒时的水位比微粒取走并沉于水中的时候高。如果我们所采用的是硬币或其他密度大于水的物体，这种推论便是正确的。只要我们选用超重物质来进行实验，答案就会一目了然，不需要任何计算。

不用推论不行

乙烷在紫外线的照射下会转换成乙烯，后者是化学工业中不可或缺的重要原材料，例如，它可以提炼出最常见的聚合物——聚乙烯。

下图是乙烷转换成乙烯的基本反应形式。

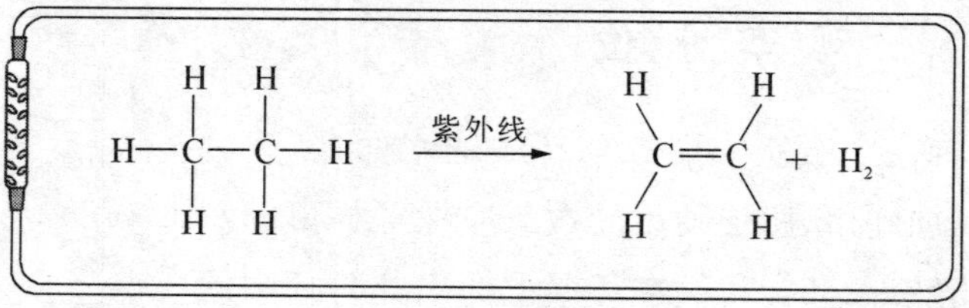

这种转换是如何实现的呢？最简单的方法（称为第一种方法）是两个氢原子（位于下页图中椭圆内）从两个相邻的碳原子中分离出来，见下页图：

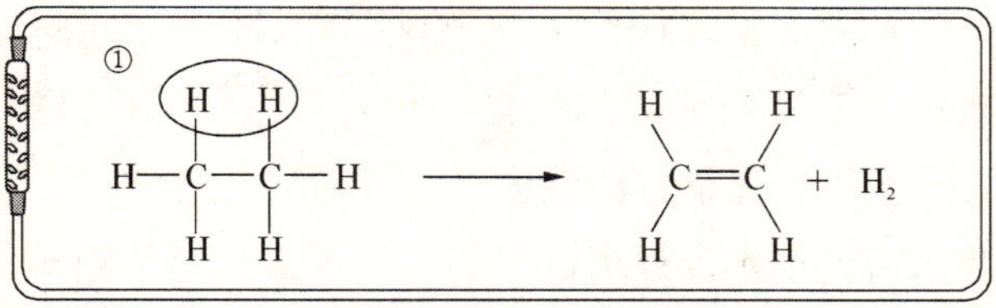

然而，依据类似反应的经验，可以推测同样存在着第二种方案，即两个氢原子脱离于同一个碳原子。这样，便出现了一个分子，该分子中的一个碳原子上带有两个电子(下图中冒号所示)。这种分子称为双自由基分子，因其分子结构不稳定，会将其相邻的碳原子上的氢原子拉到其身边(下图中弯曲箭头所示)。于是乙烷就转换成了乙烯。见下图：

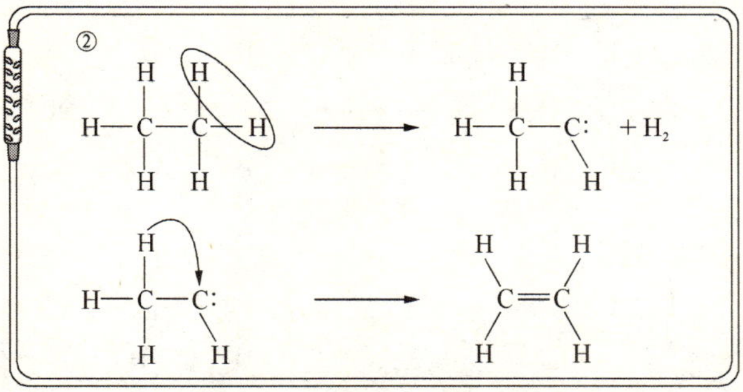

可能还存在第三种方案。首先分裂出一个氢分子，然后形成乙基自由基(非成对的电子在下图中用实心圆点标示)和氢自由基，后者实质上就是氢原子。它通过与另一个乙烷分子发生碰撞，使其转变成为乙基自由基，而该氢原子本身则成了氢分子。这种反应称作链式反应，因为原子基中心由分子移到了氢原子，见下图：

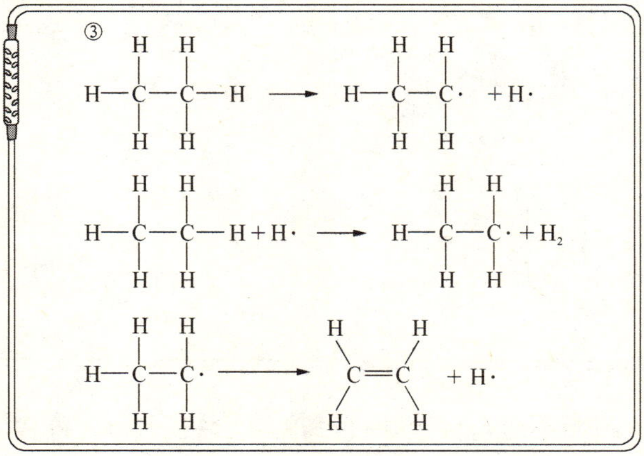

应该选择上述哪种反应机制呢？要回答这个问题，可以使用同位素标记，即将乙烷分子中的所有氢原子转换为氢同位素——氘，氘的化学属性与氢一样，然而质量却是氢的二倍，因此，借助光谱方法就可以观察到这一点。

正是在这个阶段需要预先进行逻辑构建。如果只是简单地用氘取代氢，我们就不会了解更多的新东西。因此，我们将等量的普通乙烷和氘乙烷混合，然后用紫外线对其进行照射。

如果反应过程按照第一种流程进行，其结果便是得到氢分子 H_2 和 氘分子 D_2 混合物。见下图：

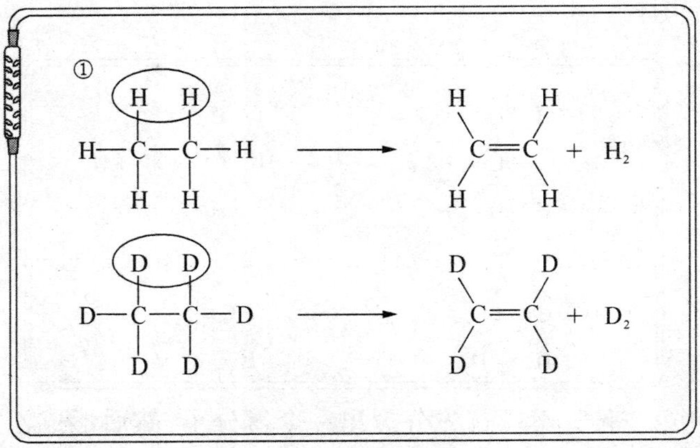

如果按第二种流程实施，同样会得到氢分子 H_2 和氘分子 D_2 的混合物。

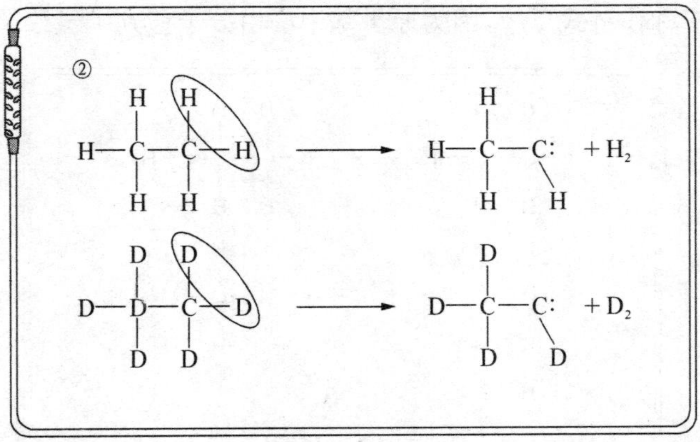

如果按照第三种流程进行反应，所得到的混合物应该是“混合”分子 HD。

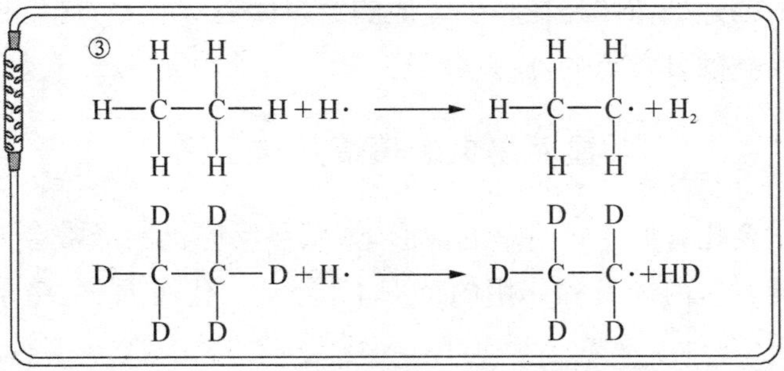

经过这种逻辑链构建之后，就可以转向实验了。实验表明，反应产物中并不存在 HD，可见，第三种反应方案应该排除。现在，必须从流程 1 和流程 2 中作出选择。在这种情形下，对原来的乙烷成分进行适当的改变可以起到一定作用，即不选择两种气体混合物，而是选取一种气体的混合物，但乙烷中只含一半的氘 $H_3C—CD_3$。

如果第一种反应流程得以进行，就应该形成"混合"的氢 HD。见下图：

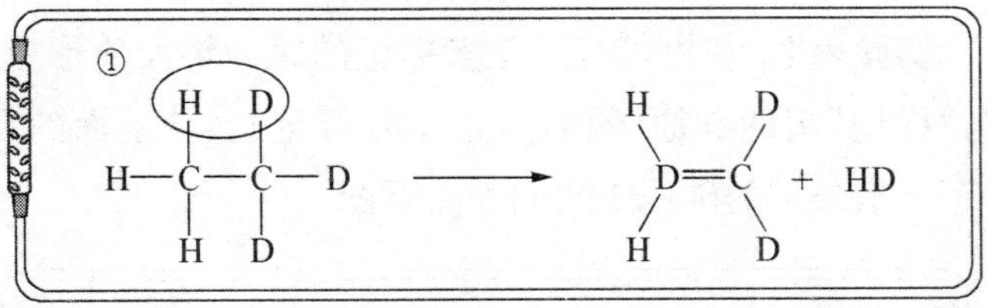

如果转变反应是按照流程 2 进行的，则应该形成 H_2 和 D_2 的混合物，见下图：

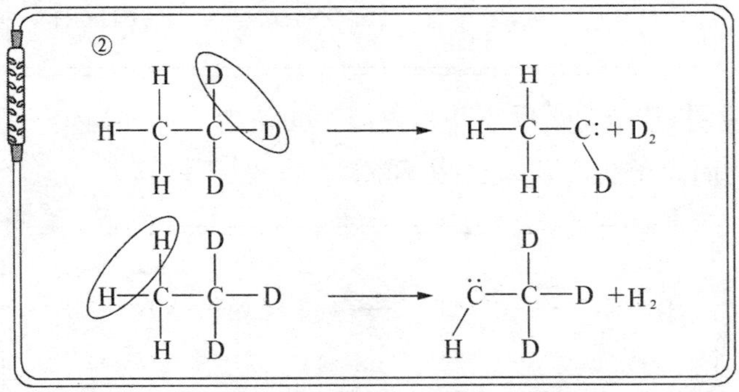

实验表明，反应产物中只有 H_2 和 D_2，而 HD 并没有形成。可见，反应是按照第二种机制进行的。实验数据表明，这种推论不容置疑。

以上所有的描述好像都是在解决普通的逻辑问题。但是，这里选取的研究对象并不是人或者其他的日常事物，而是分子。

显而易见的事情并非正确

甚至在化学变化看似非常简单的情形下，探寻反应机制经常会导致意想不到的结果。在碱溶液对氯丙烯发挥作用的情形下，羟基取代卤原子，结果便形成了丙烯醇。见下图：

$$H_2C{=}CH{-}CH_2Cl \xrightarrow{OH^-} H_2C{=}CH{-}CH_2OH + Cl^-$$

一切都好像十分明显：羟基键接到那个与氯原子毗邻的碳原子上。为了对此进行验证，应当对该碳原子作出标记，即应选取氯丙烯来进行反应，该氯丙烯中含碳同位素，并与氯原子 CI 相连。这里可以很方便地观察到已经标记的碳原子（采用现代光谱方法进行）。实验表明，在由带有同位素标记的氯丙烯反应形成的丙烯醇中，只有半数的羟基与“标记”出的碳原子相连（用星号标记）。从上面的反应过程可以看出，标记平均分布于最外端的碳原子之间。见下图：

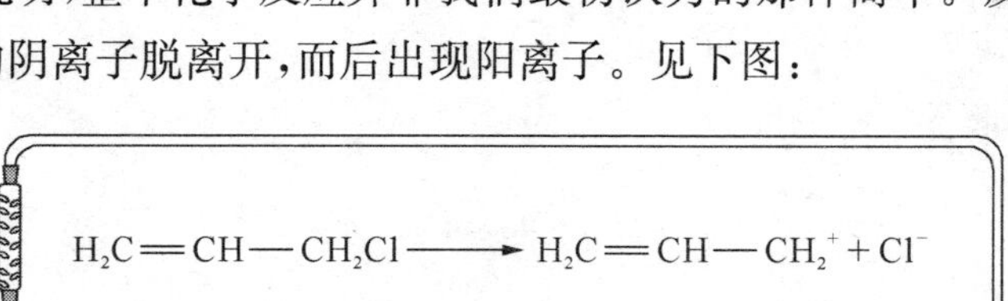

实验结果说明，整个化学反应并非我们最初认为的那样简单。反应经由两个阶段：首先是氯的阴离子脱离开，而后出现阳离子。见下图：

$$H_2C{=}CH{-}CH_2Cl \longrightarrow H_2C{=}CH{-}CH_2^+ + Cl^-$$

分子端上出现的正电荷吸附了双键电子（下页图中用弧形箭头表示），结果是电子密度平均分布。与此相应，正电荷在三个碳原子之间同样呈平均分布，下页图中用虚线表示。

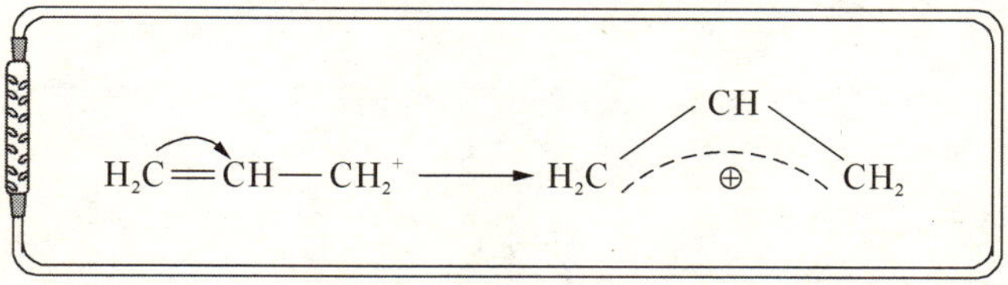

烯丙基-阳离子是一种不稳定但实际存在的粒子，可以通过光谱将其稳定。因为位于最外部的碳原子上聚集着相同的正电荷。在下一阶段，羟基-阴离子可能趋向其中的任何一个。在链接着阴离子负电荷的作用下，烯丙基的电子朝另外方向位移，分子的对应端则出现了一个双键。见下图：

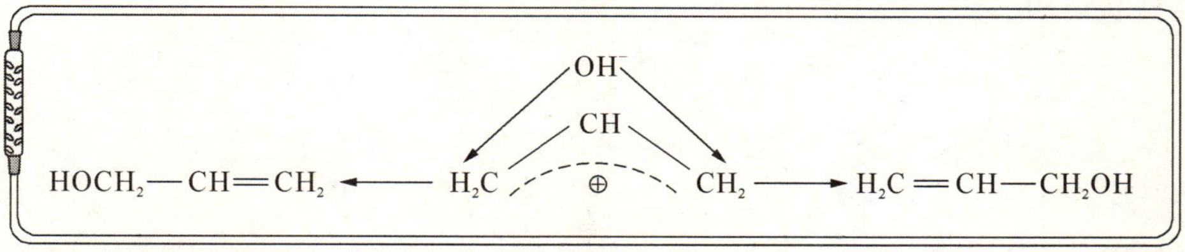

结果，形成了两个几乎相同的丙烯醇分子，只能借助同位素标记才能发现其不同。

这种标记提示化学家们，某些其他反应同样是通过非标准途径进行。

在紫外线照射下，均三甲苯(对称三甲苯)形成了甲基非对称分布的产物。

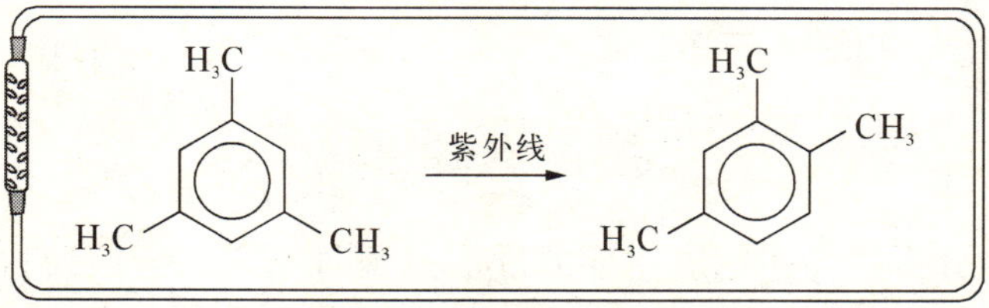

在紫外线作用下，甲基组发生裂变并依附于另一个碳芳香环。利用同位素标记则证明，甲基组并非“单独”位移，而是同苯环原子一起移动。见下图：

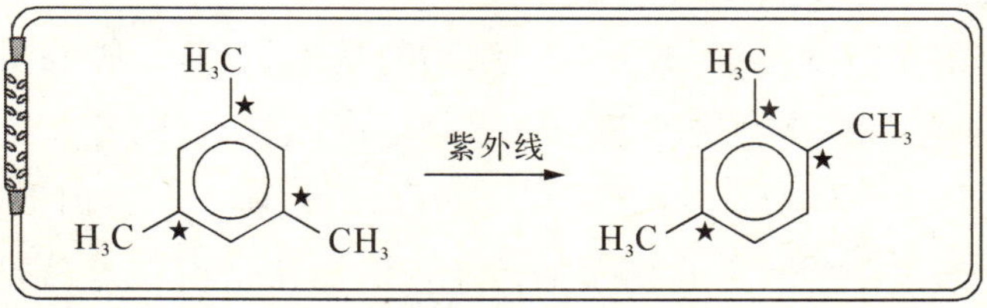

这种逻辑只能在芳香环结构完全重构的情形下才能构建，其方案之一，便是形成柱状结构的中间化合物。见下图：

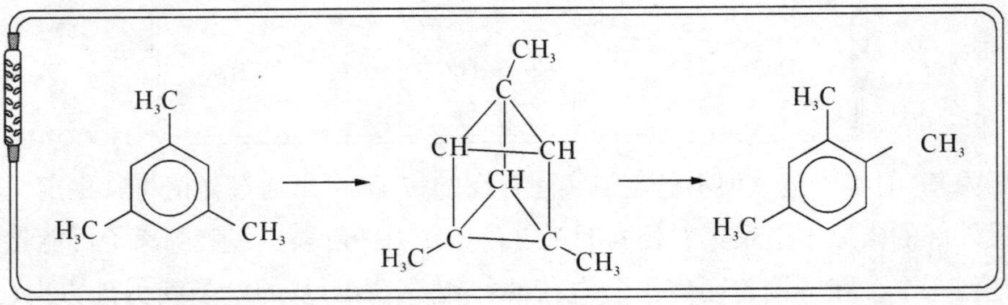

所描述的反应流程完全真实，因为化学家已经成功地获取到了成分接近、具有同样柱状结构的独特化合物。见下图：

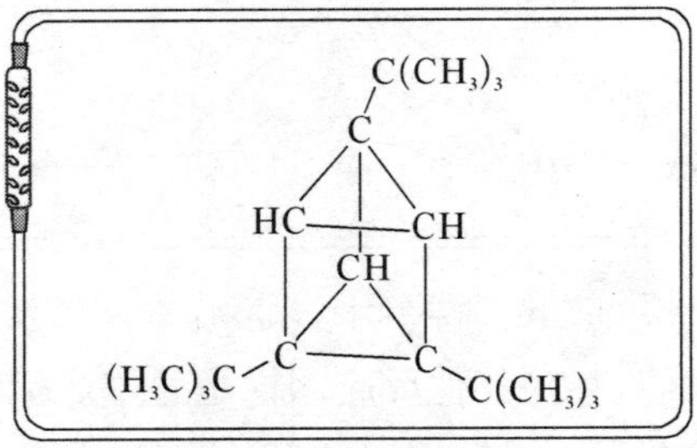

这便是被称为"拉登堡苯"的柱状结构，该结构在本书"不要急于做实验"一章中的"凯库勒与苯化学结构"一节曾经提过。

捕捉自由基

我们前面在分析乙烷转化成乙烯的反应过程时，曾经提及过自由基，即其中一个原子含有未配对电子的化合物。下面，我们来更加详细地探讨关于自由基的问题。

在有机化学发展的某一阶段(19 世纪中期)，德国化学家尤斯图斯·冯·李比希提出的自由基理论已经形成。该理论认为，自由基，即甲基 CH_3 和乙基 C_2H_5 以及某些更为复杂的自由基，它们在不改变分子结构的情形下，从一种有机化合物转变为另外一种，这是所有有机化合物的基础。形象地讲，这些自由基在有机化学中充当着"化学元素"的作用。然而，如果自由基真的存在，也应该在自由形态下被获得，最好可以用这种方式来证明有关自由基的理论。法国化学家盖·吕萨克试图通过实验获取自由基——氰 N≡C，英国化学家弗兰克兰尝试分离出自由基——甲基 CH_3。

虽然他们的实验均告失败,但明确了一点,即对自由基进行分离是不可能的,因为它具有很强的反应性。随后不久便弄清楚了,一切皆有可能,只要是比甲基或乙基更为稳定的自由基即可。第一种这样的自由基——三苯甲基$(C_6H_5)_3C\cdot$是摩西·冈伯格于1900年分离出来了。自由基的基本特征——碳原子的未配对电子,在现代化学分子式中用圆点来表示。随着时间的推移,出现了新的化学研究方向——稳定自由基,其稳定性源于特殊的结构特点,即自由电子并不存在于特定的碳原子周围,而是均匀分布于整个分子(或者某个部分),即位移。

然而,分离或尽量固定类似于甲基和乙基这种不稳定的自由基,这一希望并未失去。化学家们心里清楚,这种自由基可能会在某些不稳定化合物分解之后出现,但却不知道如何才能找到它们。德国学者弗里德里希·帕内特首先借助简单的完美实验,证明了在游离状态下这种自由基存在的可能性。方式如下:首先运用惰性气体向玻璃试管中加入一对具有高挥发性的有机金属化合物——四甲基铅$Pb(CH_3)_4$,然后在适当位置加热试管,由于温度的作用,四甲基铅$Pb(CH_3)_4$开始分解了。见右图:

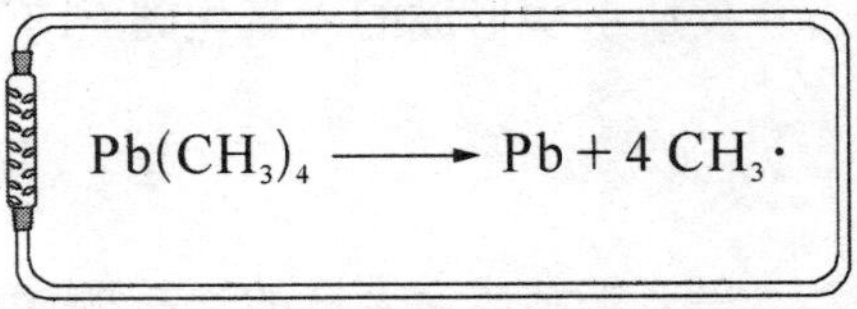

形成的金属Pb以环形金属界面的状态沉淀于试管的加热处,而脱离出来的甲基自由基随惰性气体流则分离出去。最主要的是,试管中距加热处一段距离的地方,沉淀着稍早产生的另一个环形金属界面——金属Zn。见下图:

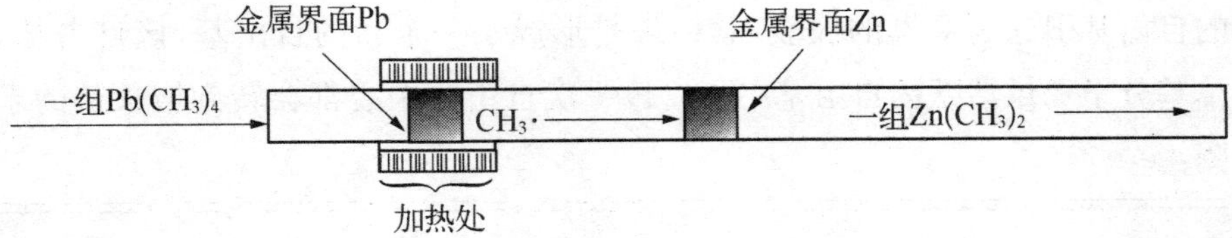

自由基落到了锌的金属界面,结果导致锌的环形金属界面逐渐消失,因为形成了挥发性化合物——二甲基锌,它们聚集在试管管口处。见下图:

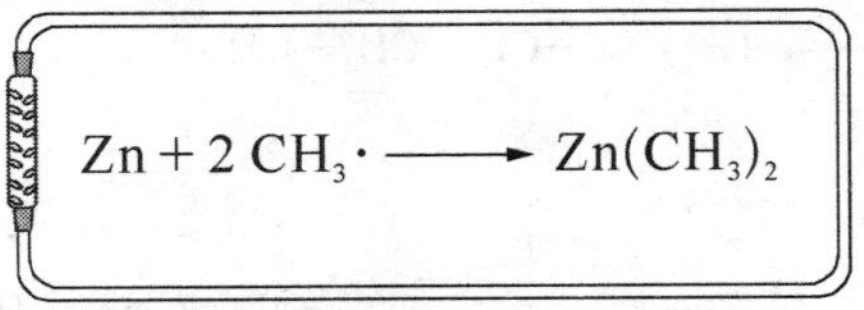

通过改变加热区与锌的环形金属界面之间的距离,帕内特确定出了可以继续观察二甲基锌形成(即锌金属界面的消失)的最大距离。通过已知的气体沿试管流动

的速度以及两个环形金属界面之间的距离，帕内特计算出了自由基的存在寿命，其平均寿命大约为 0.01 秒。

俄罗斯化学家格里高利·阿列克谢耶维奇·拉佐瓦耶夫证明了自由基也可能存在于溶液中。在紫外线的照射下，二甲基汞 $Hg(CH_3)_2$ 生成了两个基团：$CH_3Hg\cdot$ 和 $CH_3\cdot$。如果将所得基团同四氯化碳发生相互反应，则形成了三氯自由基，它继续与一个分子链接（重组）。见下图：

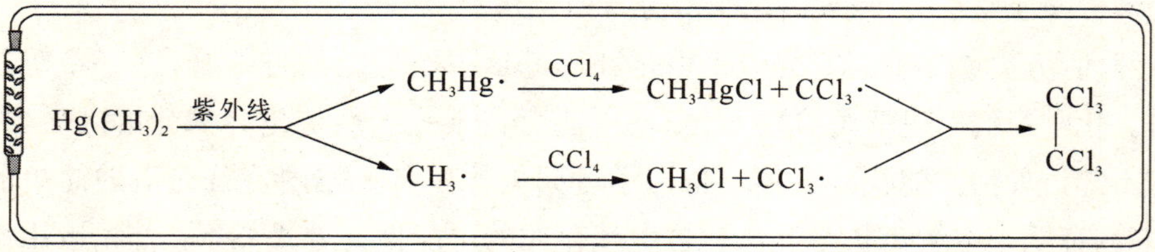

反应链中形成的六氯化碳 $Cl_3C—CCl_3$ 可以证明，溶液中出现了自由基。

聚合链的构建

单基链结成聚合链的连接顺序显然影响着所构成聚合物的性质，因此，弄清楚这种过程一直是化学家们关注的中心。

乙烯单基的自由基聚合反应始于活跃的自由基中心 R·，这里专门将 R·置入反应链中（我们前面已经指出，自由基中的未配对电子用圆点表示）。这个链接单基分子的自由基引起了双键的破裂，其结果是形成了一个新的自由基，该自由基为下一个单基分子提供活跃的自由基中心。每一次自由基中心都会转到增长链的末端。见下图：

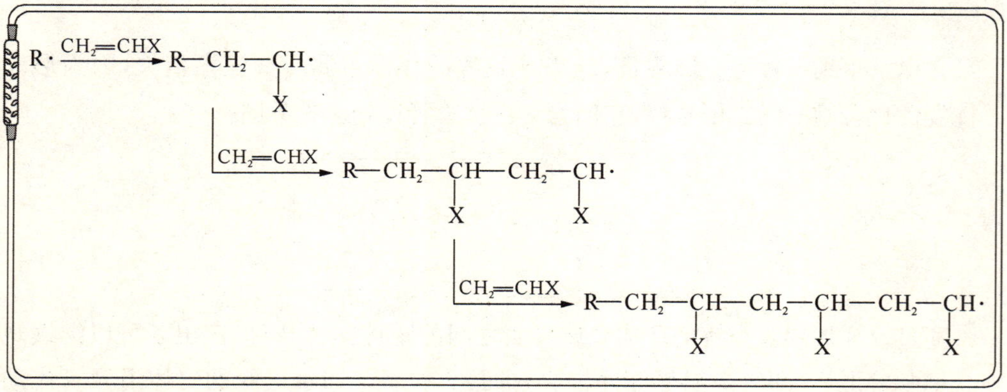

以上过程多次重复，结果便形成了长长的聚合链。示意图中的每个单基分子都链接到自由基中心的一个位置，这是一组 CH_2，但并不存在 H—X 组。因此，所有的 CH—X 残基均被亚甲基组 CH_2 分离。这种链接称为“头尾结构”。

但是，单基分子有可能以“另外一端”与自由基链接，于是便出现了一种结构，其中 CH—X 组配没有被分离，而是相互毗邻。见下图：

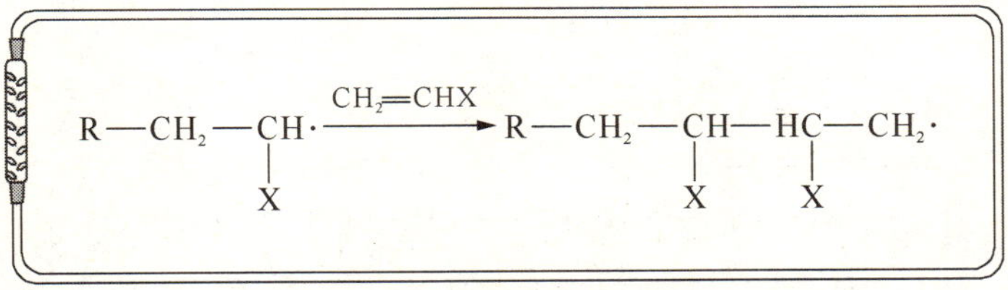

这种类型的链接称为“头对头结构”或者“尾对尾结构”：

为了确定分子间主要以何种方式进行链接，应该进行下一步的聚合物转换。此时，研究人员必须找到下列反应，这种反应能够选择性地与“头与尾结构”的基组发生链接，同时，又不能触及“头与头结构”链接的基组（相反链接可以）。

例如，这种反应只是为了获取分离出的—CH_2残基，在—OH 存在的条件下，聚合甲基乙烯基甲酮中进行了分子内的环化反应，见下图：

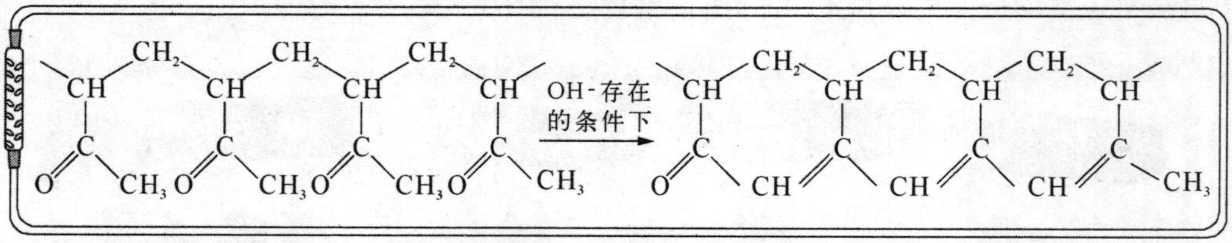

结果，羰基 C═O 的数量有所减少，根据其减少程度能够判断出原始聚合物中“头尾结构”残段的比例。

存在着可以发现“头对头结构”残段的离子。例如，为了弄清楚聚酯酸乙烯的结构，首先要将其皂化（碱水溶液的作用）成聚乙烯醇，这时，羟基—OH 取代了醋酸基—OC(O)CH_3，而且链接顺序并没有发生改变。然后，使用高碘酸盐对所获取的聚乙烯醇进行氧化。乙二醇基 —CH(OH)—CH(OH)— 被氧化，它符合“头对头结构”残段。见下图：

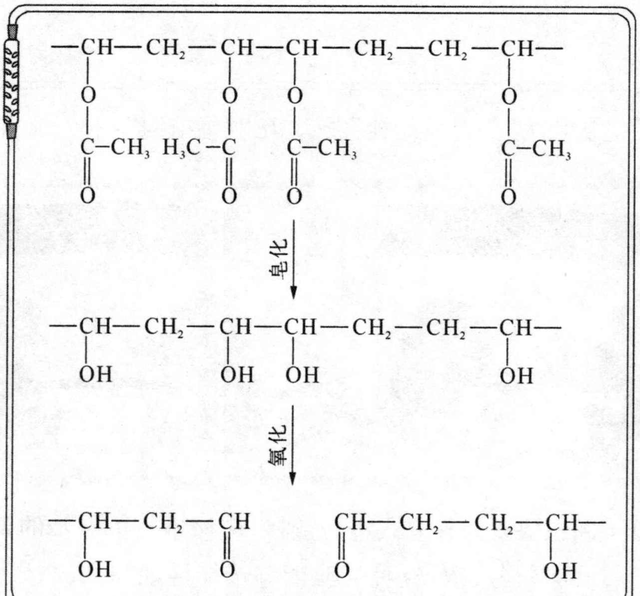

此时，聚合链自然断裂，可是羰基 C＝O 只出现在“头对头结构”的位置。通过形成的羰基数可以判断出相应残段原始聚合物中的成分。

运用现代光谱手段可以更快地解决这类问题，但是，在这种情形下必要的推论不可或缺。通过分析大量聚合物，可以确定原始的单基分子结构和聚合条件如何影响到链接的方式。

上述分析针对的是分子究竟以哪一端进行链接：存在着彼此相向的另外链接方式，如果在链接到增长链之前，分子以某种方式围绕其纵轴（指的是围绕多键）旋转。见下图：

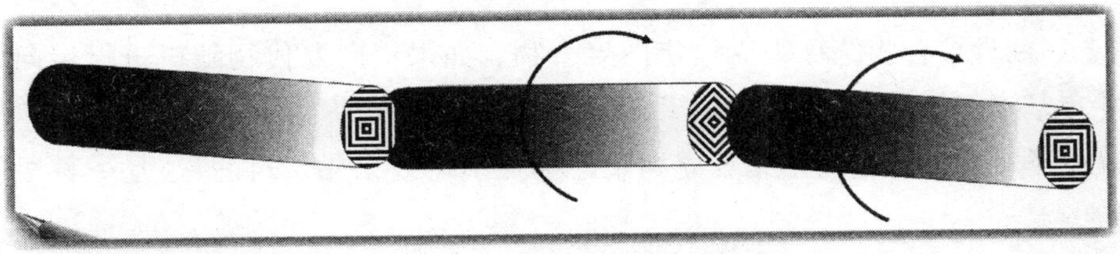

在丙烯聚合的作用下，形成了碳原子聚合链，该聚合物链呈平面曲折状，便于有条件地排列在想象中的平面内。其中，每个第二个碳原子旁边有一个甲基 Me 取代物。结果对于主链平面而言，出现了可以进行不同空间排列的基团。下图中标注出了取代物的位置，粗线表示与观察者相同的方向，虚线表示与观察者相对的方向。所有基团 Me 处于一侧的聚合物称为全同立体异构聚合物。形成该聚合物的条件是，每一个单基预先并不沿着纵轴旋转，而链接到增长链上。见下图：

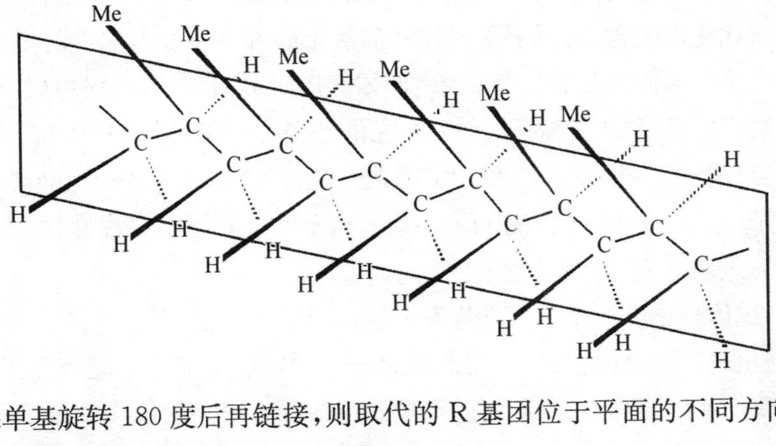

如果单基旋转 180 度后再链接，则取代的 R 基团位于平面的不同方向，这种聚合物称为间同立体异构聚合物。见下页图：

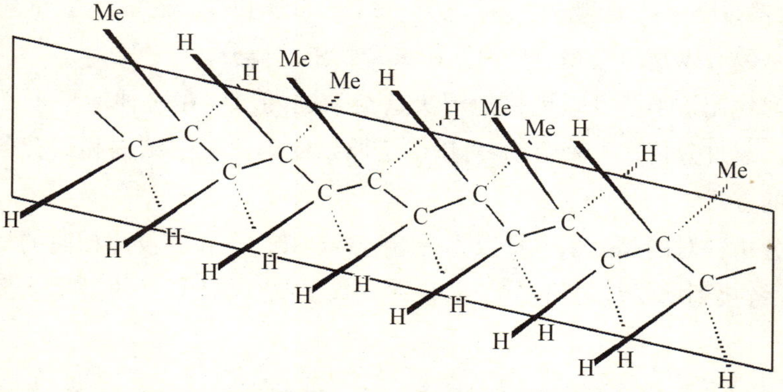

上述两种聚合物统称为立体定向聚合物。如果横向取代物随机进行定向取代(一些单基参与旋转,另外一些并不参与),这类聚合物称为无规立构聚合物,换言之,就是不存在立体定向。无规立构聚丙烯并不适合于化工目的,这是一种柔软的黏性产物。

1954 年,德国化学家 K. 齐格勒发现了新的催化剂——$Al(C_2H_5)_3+TiCl_4$,在较低温度和压力下,这种催化剂可以进行乙烯聚合反应。这个发现的结果导致出现新的工业方向——低压条件下提炼聚乙烯。

这种催化剂的特殊作用并非仅限于此。1955 年,意大利有机化学家 G. 纳塔发现,在该催化剂参与的丙烯聚合反应中,可以获取到等规聚丙烯。

可以想象,在将各个支链连接成聚合链的过程中,催化剂起了"催化"的作用,并且以特定方式将支链定位。现在,我们再来分析在丙烯聚合作用下催化剂的工作原理。依据现代化学概念,钛原子受三烷基铝活化后可以形成六配价的络合物,该络合物呈六配价的多面体形状。为了使六面体的形状更加清晰,下图中用虚线勾勒出其大致轮廓。氯原子 Cl 占据了其中四个配价点(多面体顶点),络合物增长分子占据了其中一点(用~~~ CH_2 表示),图中用圆圈显示的络合物中第六个配价点未被占据。而配体分子——丙烯正在朝该配价点集聚。由于络合物呈不对称性,配体分子丙烯以特定的形式被定位。见下页图:

随之,配体分子沿~~~CH_2- Ti 逐渐稳固,并被构建到增长链之中。在这种情形下,钛重新出现了空余的配价点,朝此集聚而来的可能是下一个配体分子。不同于无规立构聚丙烯,以此方式获取到的等规聚丙烯具有很高的强度和硬度,因此被广泛应用于结构材料。例如,它经常用于制作厨具、玩具、家用电器的零部件。

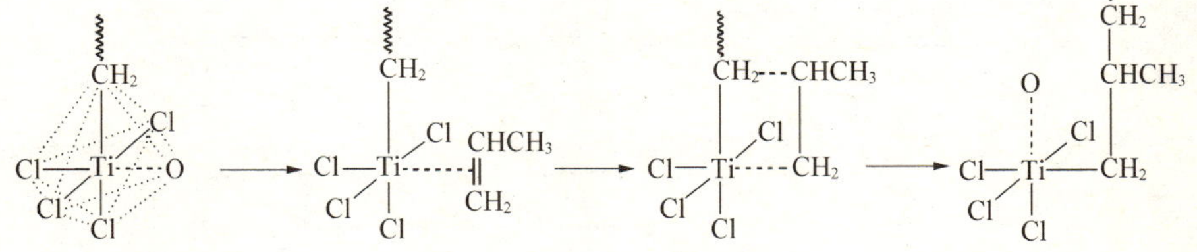

我们并非总是在复制天然物质

很久以来，人工制成的聚合物（例如合成橡胶）在性能上逊色于天然聚合物。如果对天然聚合物（天然橡胶、纤维素等）进行仔细研究，我们不难发现，天然聚合物的结构遵循一个重要原则——立构聚合。

丁二烯 $CH_2{=}CH{-}CH{=}CH_2$ 在聚合作用下可以形成合成橡胶，其中的双键与两个单键交替链接，见下图：

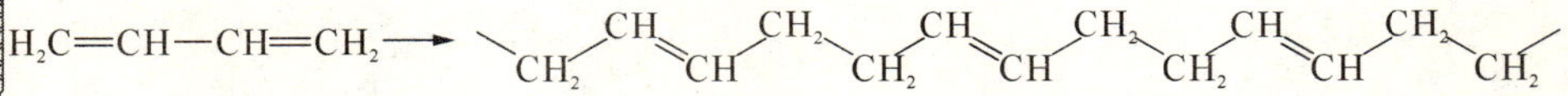

聚合丁二烯同样存在支链间不同的相互定向链接方式，但原因则是另外一种。聚合链中的双键出现了顺反异构，就如同双取代乙烯一样。原因在于双键不允许相邻基团或原子自由旋转。为了强调双键的这种性质，一般是将其置于一个虚构的平面上。相同基团（如 Cl）的顺式异构体位于双键平面的一侧，而反式异构体则分别位于不同的侧面。见下图：

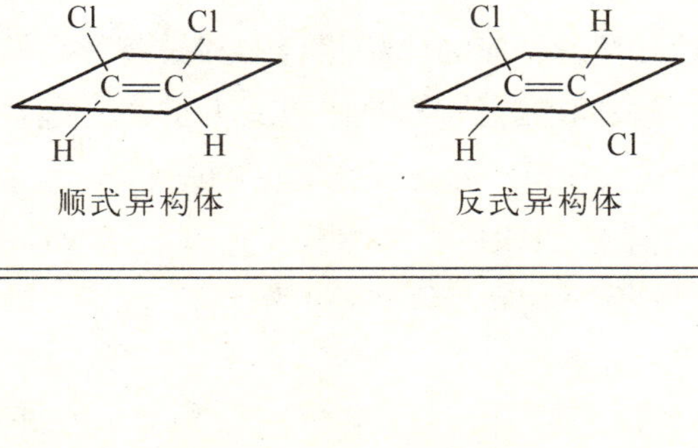

如果聚合链中存在双键，上述现象同样有可能出现。如果聚合支链 CH_2—CH_2 位于双键平面的一侧，就会产生带有顺式异构体的聚合物。见下图：

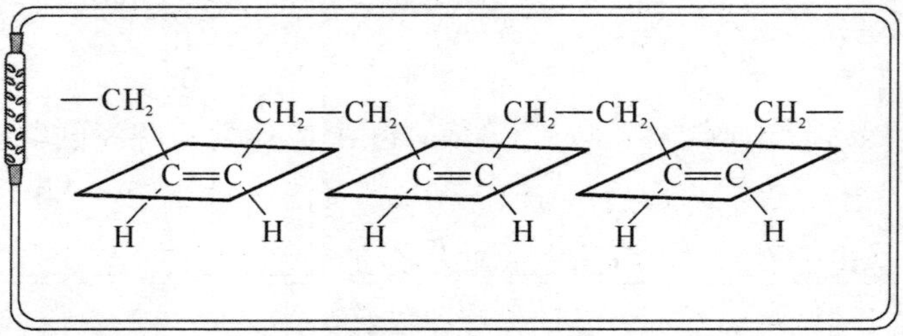

反式异构体结构中的这些支链通过双键分布于虚构平面的各个方向，见下图：

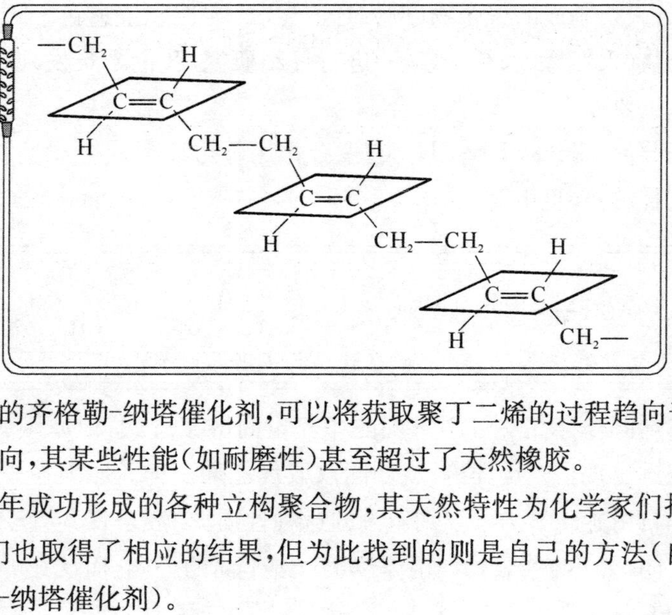

前面提到的齐格勒-纳塔催化剂，可以将获取聚丁二烯的过程趋向于主要形成顺式聚合物的方向，其某些性能（如耐磨性）甚至超过了天然橡胶。

历经千百年成功形成的各种立构聚合物，其天然特性为化学家们指明了探索的方向，化学家们也取得了相应的结果，但为此找到的则是自己的方法（自然物质中并不存在齐格勒-纳塔催化剂）。

探究化学反应的另一种方式

到此为止，通过针对参与反应的原始化合物和最终产物结构的比较和分析，我们探讨了反应机制的有关问题。然而，这种方式并非总在起作用。在某些情形下，为了解反应机制，还应该关注某一化学变化的反应速率。

我们简略地探讨化学家们如何来检测反应速率。反应速率的确定是根据单位时间内的浓度变化（原始化合物和最终产物的浓度）。c_1 为 t_1 浓度比，c_2 为 t_2 浓度比。

假设,我们能够观察到原始物质中的浓度变化,因为反应过程中该浓度逐渐降低(物质消耗),那么 c_1 大于 c_2。因此,反应速度 v 可以根据公式 $v = c_1 - c_2 / t_1 - t_2$ 来计算。这种速率的计算非常接近于物理学中运动物体速度的计算方式:行驶路程长度与所用行驶时间之比。

以上二者之间的相似仅此而已,如果物理学中运动物体的速度取决于其消耗的能量数值及该物体的质量,而化学中速度则取决于反应物 A 和 B 的浓度(物质浓度用方括号内的公式表示)。如果不考虑动力学方面的精细之处(动力学专门研究反应速率),仅仅探讨简单情形,那么,反应速率的公式为:

$$v = k[\mathrm{A}][\mathrm{B}]\ (k\ 为比例系数)$$

如果测算氯乙烷在碱性条件下的水解情况,我们就会得出符合实验结果的下列分子式。

$$H_3C-CH_2-Cl + NaOH \longrightarrow H_3C-CH_2-OH + NaCl$$

这种反应常常用离子形式来表示。

$$H_3C-CH_2-Cl + OH^- \longrightarrow H_3C-CH_2-OH + Cl^-$$

这种反应速率的计算公式为:

$$v = k[H_3C—CH_2—Cl]\,[NaOH]$$

也就是说,随着 $H_3C—CH_2—Cl$ 和 NaOH 的浓度增加,其反应速率呈线性增大。

我们来分析一个同样的反应,在这种反应中只是改变了第一种试剂的成分,用乙基氯取代叔丁基氯。见下图:

$$(H_3C)_3C-Cl + NaOH \longrightarrow (H_3C)_3C-OH + NaCl$$

表面上看，反应流程相同，但实验数据表明，反应速率只取决于$(CH_3)_3C—Cl$的浓度，而非NaOH的浓度。因此，反应速率的计算公式应为：

$$v = k[(CH_3)_3C—Cl]$$

这说明，存在一个只有叔丁基氯参与反应的阶段，该阶段的速率比下一个阶段要慢。可见，正是这个阶段决定着整个反应过程的速率。在这种接力赛跑中，参赛队伍的整体速度往往由其中速度最慢的队员来决定。研究表明，这种情形下的第一阶段中，叔丁基氯分离成了离子。见下图：

$$(H_3C)_3C-Cl \longrightarrow (H_3C)_3C^+ + Cl^-$$

然后就是第二阶段，这时羟基阴离子与阳离子相互作用，从而形成了碱。

$$(H_3C)_3C^+ + OH^- \longrightarrow (H_3C)_3C-OH$$

第二阶段进行得非常快，而且没有影响这一过程的总速率，其主要效应是由于第一阶段进行得较慢，从而抑制了反应的总速率。因此，表面上看，通过观察反应速率，可以确定出不同机制下进行的相似转换。

作为总结，我们明确了认知反应机制的相关知识。今后我们能够合理地设计出预定的反应过程，控制反应过程，并以最佳方式达到实验目的。总之，所有这一切让我们将化学由无规律可循的实验探索转变成为今天的真正科学。

科学写生画

科学之路常常崎岖陡峭，攀登其间异常艰难；
科学之路也常常平坦顺畅，行走其间疾飞如燕。
——马塞尔·普鲁斯特

化学家们描绘的常常是分子结构式和立体模型，还有一些不同科学领域的实验者喜欢使用的图形模式。这里谈的是化学中的各种图表。最简单的情形下,两个常量关系并非通过公式或表格的形式来表现,而是借助于图形。其实用何种形式来体现,无论是公式、数据表格,还是根据这个表格绘制出的图表,都是表达同一个信息的不同方式。在某些情形下,用图表来表达会更加直观。现在,我们用一个具体例子来说明这一点。

图表方法

有位游客准备爬到山顶,他于中午12时从山脚开始上山,18时整到达山顶。爬山过程中,他总是变换速度,时而快,时而慢,有时还停下小憩。已知的准确信息仅仅是上山的出发时间和抵达山顶的时间。之后,他在山顶留宿一夜。次日正午12时按原路返回。

下山途中,他依然变换着速度,并于18时整返回山脚下。现在,我们提出一个问题:是否存在这样一个点,即他上山和下山过程中,在同一时间位于这个点上呢?我们不知道游客在不同路段的行进速度,也不知道其休息地点和休息时间,这几个条件都是未知。所以,要给出的答案同样不确定:路途中或许存在着这个点,或许不存在。怎样才能得知准确的答案呢?

首先,我们绘制一个该游客的登山路线图表:横轴表示时间,纵轴表示其登上的高度。为方便起见,我们设定山的高度为1千米。这样,这个问题所包含条件的四个点我们都有了。其中,纵轴有两个点:0为起点,1千米为终点。同样,横轴也有两个点:12时为起点,18时为终点。因为该游客行进速度快慢交替,因此,所绘图表具有随意性。但重要的是,路程的起点和终点应是条件给定的。下图中(A)所示的自左向右的登山路线为曲线,其中的水平位置表示游客休息的时刻,时间在变化,高度并没有增加。现在,我们再绘制一个下山的图表。图中纵轴和横轴上的标记(称作刻度更为准确)保持不变。这便是该问题的条件。但现在则是一个自左向右的下山曲线(B)。见下页图:

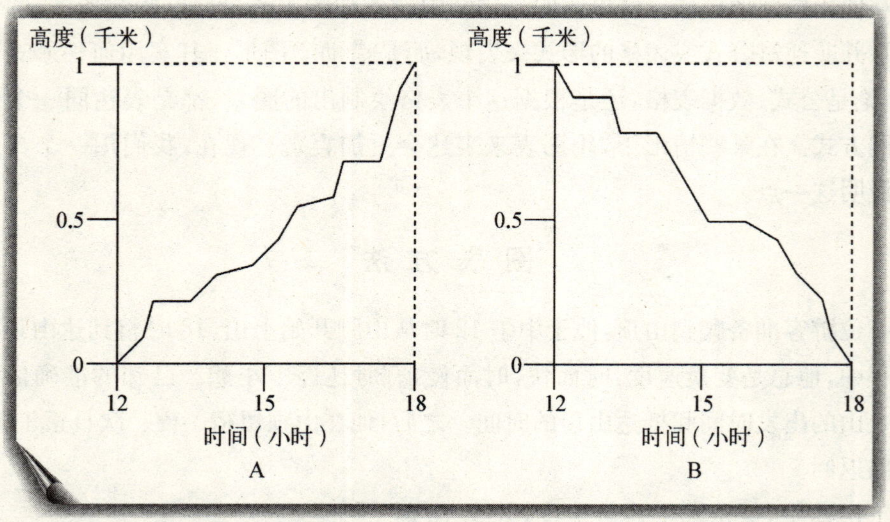

为了解题，我们需要完成一个简单动作，将上面的两个图表进行合并，见下图：

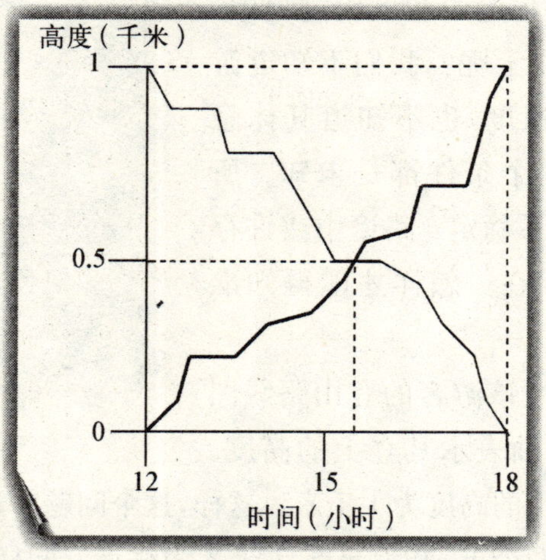

为了观察起来更为清晰，图表中用粗细不同的曲线表示上山和下山路线。图表中轴线上的刻度是相同的，所以，合并之后它们完全重合。没有重合的只是曲线，通过如此方法，我们立刻就能得出答案。在游客的攀爬过程中必然存在着一个点，该点为游客上山和下山过程中的所处位置，即游客上下山路线的交汇点。此点的坐标显示出其所处的高度，同时也显示出游客上下山过程中将要经过此点的时间。而且，我们可以确信地说，这种交汇点只有一个。

也可能出现两个水平面的重合,但坐标轴上的点(依照纵轴)仍然将是一个。唯一不同的是,登山人上下山时将要经过该点的时间不同,即存在某些时间差。见下图:

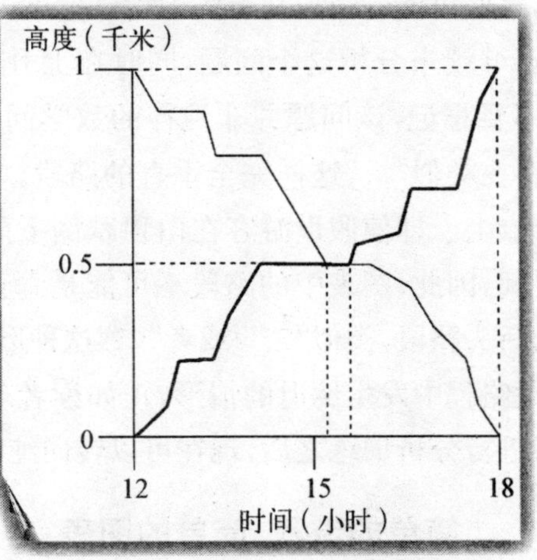

以图表方式解决问题便于我们多方面地分析问题。比如,是否存在两个或更多类似的点(满足问题条件)?我们绘制的图表中两条曲线表示的路段具有"单一性",即或是升或是降,其实,其中还有水平路段。在这种情形下,正如我们确定的那样,路途上这样的点只有一个。然而,如果其中一条曲线上有若干个凸点和凹点(称为最大值或最小值更为准确),或许将出现多个交汇点。见下图:

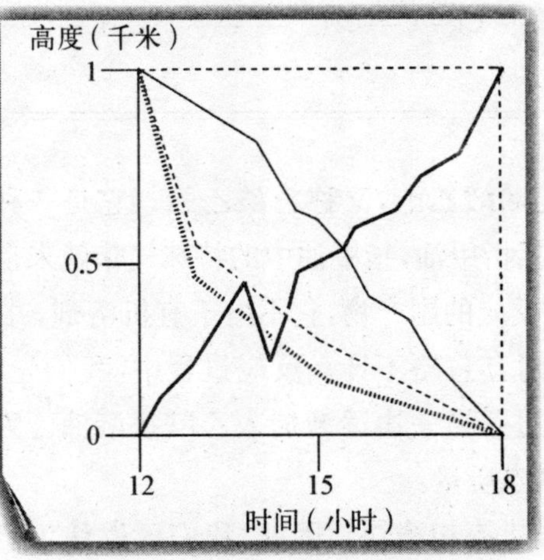

图表中存在的最大值或最小值具有什么物理学上的意义呢？这意味着，该游客改变了其运动方向，而且在某一时刻向下走了一段距离，然后又重新继续向上行进。下降曲线(如果其中没有最大值或最小值)与上升曲线可能有三个点或者两个点交叉，也可能只有一个点，这些可能的情形在上图中均已标出。

现在，读者可以自己继续来分析这个问题，同时在上升和下降的曲线上绘出凸点或者凹点。然而，请不要忘记，该问题并非纯粹的数学问题，而是具有物理意义。因此，该图表中不可能存在类似"｜"这样完全垂直的路段。即游客不可能在同一时间处于不同高度的两个点上。即使假设游客在山顶跌倒下落，从跌倒点至滚落处的高度差也需要一定的时间，因此，图表中的路段不可能是垂直的。同样，也不存在类似"＜"或者"＞"形状的断头路段，类似"⊃"或者"⊂"这种形状的弯曲路段同样不可能存在。这说明，某一段路程中发生倒退的情形，正如读者理解的那样，这是完全不可能的。在对上述图标进行分析训练之后，现在可以转向纯粹化学方面的问题了。

简单的流程，简单的图表

现在，我们来探讨在化学中使用图表的情形。我们以乙醇钠 C_2H_5ONa 和醋酸氯 $C_2H_5C(O)Cl$(乙酰氯)的相互作用为例。这是获取羧酸酯的简单方法之一，"—OC(O)—"基团称为酯。见下图：

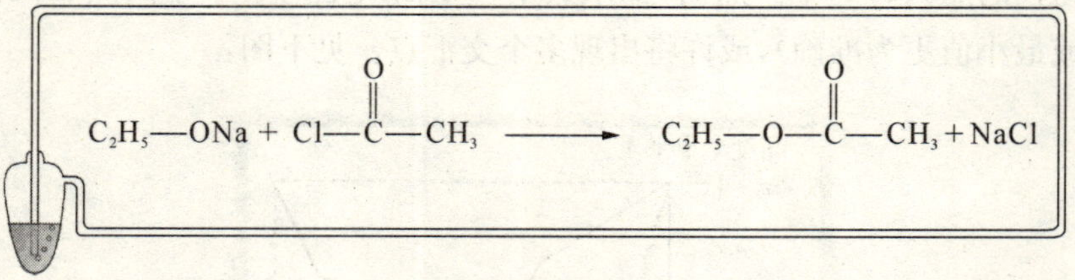

主要的反应产物是醋酸乙酯，又称乙酸乙酯。它是一种很好的溶剂，广泛用于制造各种油漆，其中包括指甲油，指甲油中的特殊气味就来自乙酸乙酯。

形成的 NaCl 是该反应的副产物，它不溶于有机溶剂，并迅速从反应中消失。在接下来的探讨中，我们对其忽略不计。反应过程中，我们先将乙醇钠溶液放入反应瓶中，再用滴液漏斗一边摇晃一边逐渐加入乙酰氯溶液。为了简化随后的推论，我们每种试剂选取一个摩尔质量。

这些化合物的反应速率相当快。因此，我们可以认为，当反应瓶中加入乙酰氯

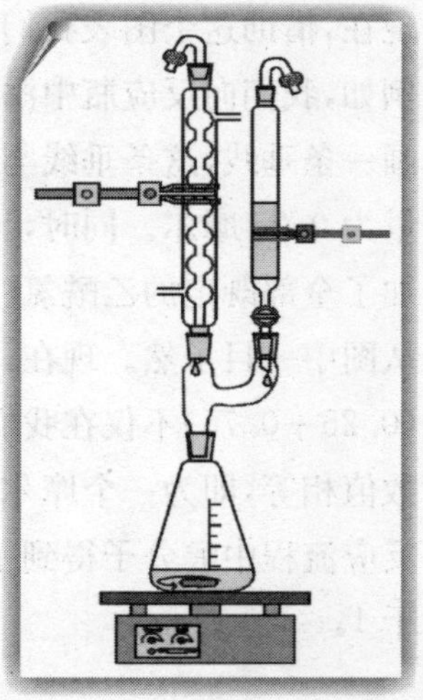

溶液时,之前的溶液已经发生了反应。这说明反应瓶中实际上并没有游离的乙酰氯。那么,烧瓶中究竟是什么呢?随着乙酰氯的添加,原来的醇含量逐渐减少,而乙酸乙酯的含量则逐渐增加。是否可以用图表来表示这两种物质的相互作用过程呢?我们用 M 来表示任何时间内每一种物质的摩尔质量。紧邻的较小字体标注的是相应化合物的分子式。现在,我们继续探讨。因为乙酰氯迅速转化为酯,酯 $\mathbf{M}C_2H_5OC(O)CH_3$ 的摩尔质量在每一时刻都等于参与反应的乙酰氯 $\mathbf{M}ClC(O)CH_3$ 的数量。因此,第一个公式如下:

$$\mathbf{M}C_2H_5OC(O)CH_3 = \mathbf{M}ClC(O)CH_3$$

在任何时刻,反应瓶中剩余醇 $\mathbf{M}C_2H_5ONa$ 的数量都是原始数量醇(我们之前选取的一个摩尔质量)和反应后的醇数量之间的差。那么,此时又有多少数量的醇参与了反应呢?这与之前参与反应的乙酰氯数量相等。这样,我们就得出了第二个公式:

$$\mathbf{M}C_2H_5ONa = 1-\mathbf{M}ClC(O)CH_3$$

结果,我们有了两个公式,它们可以大致写成:$Y_1=x$ 和 $Y_2=1-x$。第一个公式以坐标轴原点为起点,用直线表示。这或许是最为简单的曲线图,所以,读者完全可以看懂。第二个公式同样用直线来表示,但方向不是向上,而是向下。我们将两条直线绘在一个图表中,沿水平坐标轴画出两条直线,并在上面标出反应中所添加乙酰氯的摩尔质量 $\mathbf{M}ClC(O)CH_3$。纵轴表示所形成酯的摩尔质量 $\mathbf{M}C_2H_5OC(O)CH_3$(图中实线表示的第一条直线)和此前未反应醇的摩尔质量 $\mathbf{M}C_2H_5ONa$(图中虚线表示的第二条直线)。见左图:

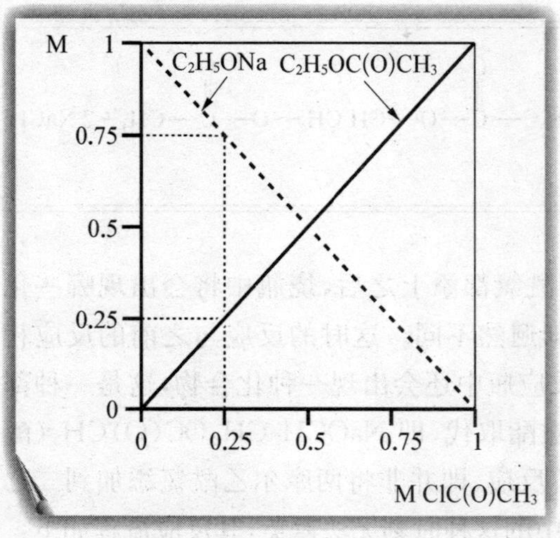

这样,图表中展示了一种试剂慢慢添加到另一种试剂中的整个反应过程。

现在，借助这个图表我们清楚地知道了添加乙酰氯溶液时任何阶段的混合物成分。例如，我们向反应瓶中添加 0.25 摩尔的乙酰氯。我们在坐标横轴上“0.25”这个点上画一条垂线，这条垂线与实线相交，纵轴（即纵轴坐标）交汇点显示了烧瓶中酯的含量为 0.25 摩尔。同时，与虚线的交点显示醇的含量为 0.75 摩尔。我们向烧瓶中添加了全部既定的乙酰氯（1 摩尔）的最后时刻，烧瓶中不再剩余醇，而仅有酯。这一点从图中一目了然。现在，我们再来看看一个有趣的情形。图中显示，酯和醇的总量（0.25＋0.75）不仅在我们探讨过的坐标点上单位数值相等，而且在任意时刻其单位数值相等，即为一个摩尔。为什么会出现这种情况呢？醇的原始数量为一个摩尔。反应流程中醇分子得到了一个酯分子，因此，这两种化合物的摩尔质量总和始终等于 1。

不用图表不行

读者或许觉得，在我们前面的探讨中，并不是非要借助于图表。我们依据原始公式画出两条直线，其实很简单，不用图标完全可以算出成分和成分的含量。这种观点当然正确。但是，列图表不过是让反应流程更加清晰而已。如果反应方程式非常复杂，那就必须使用图表了。现在，我们稍微改变一下前面的反应流程。我们不是将相同的醋酸钠放入乙醇钠中，而是加入有两个醇基团 $NaOCH_2CH_2ONa$ 的化合物（乙二醇）中。我们取一摩尔乙二醇和两摩尔乙酰氯。结果，我们将得到有两个酯基团—OC(O)—的化合物——二酯。见下图：

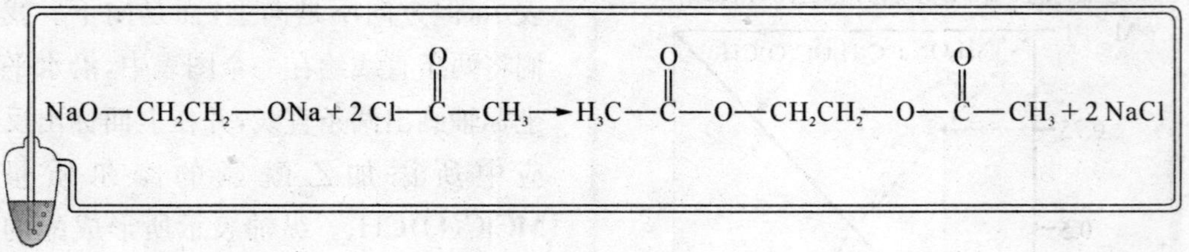

反应流程表明，在所有摩尔质量的乙酰氯都添上之后，烧瓶中将会出现哪些化合物。然而，在添加过程中，一切看上去却迥然不同。这时的反应与之前的反应相比差异很大，在加入乙酰氯的不同阶段，反应瓶中还会出现一种化合物，这是一种部分取代产物。该化合物醇基中只有一个被酯取代，即 $NaOCH_2CH_2OC(O)CH_3$（醇醚）。接下来，开始进行我们设计的“部分”反应，即并非将两摩尔乙酰氯添加到二乙醇化物中，而是添加一摩尔。“假植”过程中的这种时刻无法避免，其反应流程如下：

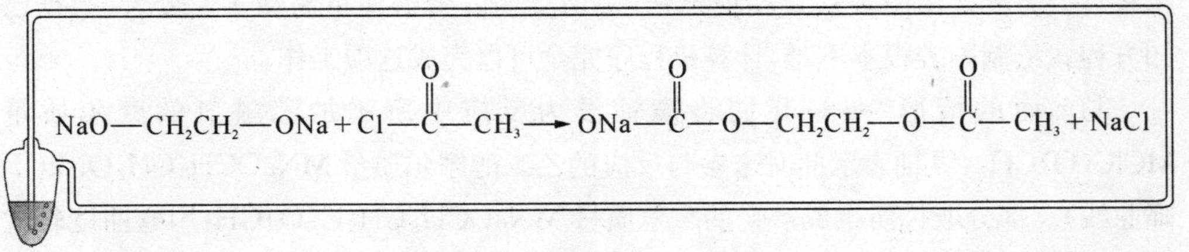

反应在形式上的描述是准确的，但是反应混合物的成分完全不是上面那个公式所体现的那样。事实上，最初反应阶段形成的部分取代物 $NaOCH_2CH_2C(O)CH_3$ 与不断添加的乙酰氯发生的反应与添加二乙醇化物 $NaOCH_2CH_2ONa$ 时发生的反应相同。也就是说，这两种化合物都有“权利”彼此竞争，参与到同新增份额乙酰氯所发生的反应。在这种情形下，部分取代物将供给完全取代物 $CH_3C(O)—OCH_2CH_2O—C(O)CH_3$——即二酯。所以，在加入一半数量的乙酰氯之前，二酯将出现在反应流程中。

我们的推论已被多次实验所证明。我们若想确定在不同阶段添加乙酰氯之后反应混合物的成分，就必须使用图表。首先需要列出绘制图表需要的方程式。尽管该问题的化学内容改变不大(反应其实一样)，然而，其中的数学部分变得极为复杂。描述整个过程只能采用微积分方程。没有必要列出所有方程式，这里只需要指出一点，即经过推算之后，得出了一个总公式 $Y=x\cdot\ln x$。这类方程式或许不适用于我们所分析的这种并不复杂的问题(就化学而言)。如同下面列出的三个分子结构式，读者自己可以判断，反应流程中所有参与物质的成分是如何变化的，其中既包括原始化合物，也包括部分取代物和完全取代物。见下面三个分子结构式：

$$\mathbf{M}NaOCH_2CH_2C(O)CH_3=(-\mathbf{M}NaOCH_2CH_2ONa)(\ln \mathbf{M}NaOCH_2CH_2ONa)$$

$$\mathbf{M}CH_3C(O)OCH_2CH_2OC(O)CH_3=1-\mathbf{M}NaOCH_2CH_2ONa+\\+(-\mathbf{M}NaOCH_2CH_2ONa)(\ln\mathbf{M}NaOCH_2CH_2ONa)$$

$$\mathbf{M}ClC(O)CH_3=2-2\mathbf{M}NaOCH_2CH_2ONa+(\mathbf{M}NaOCH_2CH_2ONa)(\ln\mathbf{M}NaOCH_2CH_2ONa)$$

如前面所提到过的一样，这里的 M 表示相应(即 M 旁边的较小字体)物质的摩尔质量。严格地讲，这里引入的计算法适用于原始化合物和单基取代化合物中“—ONa”基的反应能力相同这种条件(即符合真实情形)。当然，对于这些基团的任何反应能力来说，这类算题同样可以计算。从数学角度来看，这类算题并不困难。可是，化学家们想要根据这类方程式来分析化学方面的问题是不可能的。不过，如果将这类方程式用图表形式展现出来，一切立刻就变得简单易懂了。今天，根据已知方程式绘制图表根本不难，计算机程序完全可以完成这项工作。

与前面的情形一样，我们将横轴设为反应中所添加乙酰氯的摩尔质量 M$ClC(O)CH_3$，纵轴表示此时未参与反应的乙二醇摩尔质量 M$NaOCH_2CH_2ONa$（下降曲线）。部分取代所生成产物的摩尔质量 M$NaOCH_2CH_2C(O)CH_3$ 用弯曲度较大的曲线来表示。最终产物的摩尔质量，也就是完全取代物 M$CH_3C(O)OCH_2CH_2OC(O)CH_3$ 用上升曲线表示。见下图：

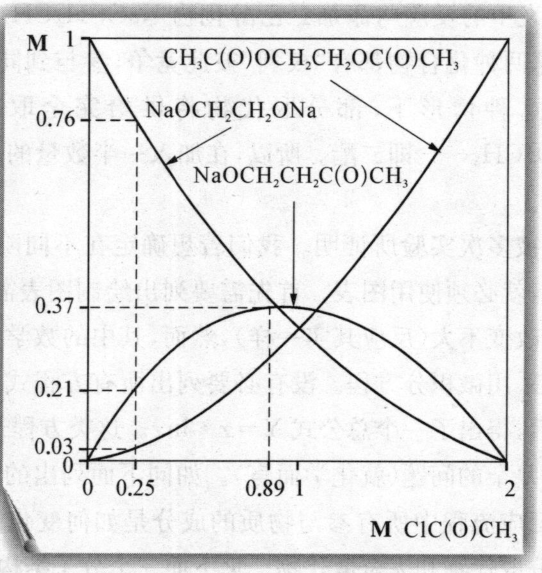

现在，我们来具体分析这个图表。通过该图，我们可以对整个反应过程进行分析。例如，在加入 0.25 摩尔的乙酰氯（曲线与虚线交点）之后，此时混合物溶液中包含了 0.03 摩尔质量的取代化合物 $CH_3C(O)OCH_2CH_2OC(O)CH_3$，0.21 摩尔取代混合物 $NaOCH_2CH_2C(O)CH_3$ 以及 0.76 摩尔原始乙二醇溶液 $NaOCH_2CH_2ONa$。像前面的例子一样，这些物质的总和（0.03＋0.21＋0.76）始终为 1，而且这一规则在取代的任何阶段都将存在。至于原因，我们前面已经分析过了。

曲线图显示，反应的最终产物——完全取代化合物 $CH_3C(O)OCH_2CH_2OC(O)CH_3$ 在加入首批乙酰氯之后，马上就会出现在反应流程中。这种化合物的最大值出现在反应的最后阶段，这在图中清晰可见。而最大质量为 0.37 摩尔（用短虚线表示的曲线中对应的最大值）的取代化合物 $NaOCH_2CH_2C(O)CH_3$ 将出现在烧瓶中加入 0.89

摩尔质量的乙酰氯时。令人感兴趣的是，“0.89”这个数字不同于正常方程式中所得到的数值，该方程式显示，若要得到取代化合物，应加入一摩尔的乙酰氯。见下图：

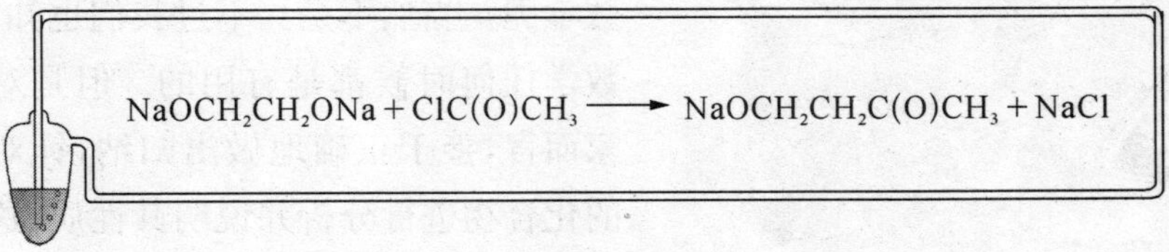

可见，部分取代反应在这种情形下具有特殊性。这种反应借助化学方程式很难奏效，必须使用数学运算。数学部分的问题之前已经解决（即考虑所有变量参数），因此，我们现在可以应对各种各样的问题了。比如说，如果取代化合物中—ON基的反应能力低于原来乙二醇溶液近一倍，那么，整个反应流程在图表上该如何显示呢？很清楚，参与到所添加的乙酰氯份额的反应中，这种竞争现在将以不同的样式表现出来。所有这些在下列图中都清晰地予以显现。见下图：

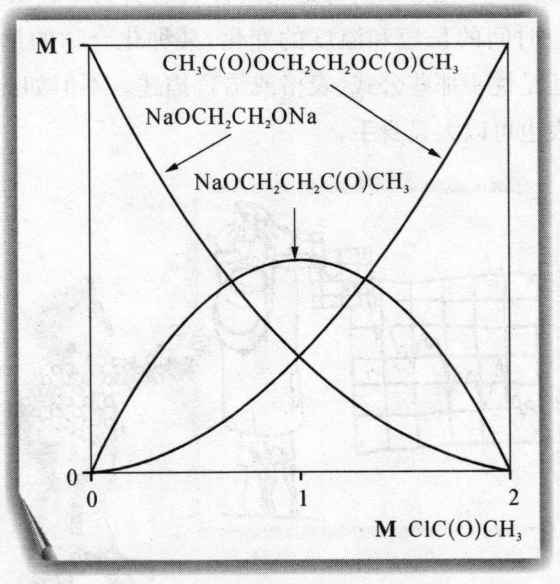

与之前的情形不同，取代化合物由于其较低的反应能力将以更多的数量参与反应。取代化合物呈数量累积趋势，即图中相应曲线的最大值位置明显升高。

分析类似图表给人一种感觉，似乎我们删除了这个反应中分子层面的画面。

您或许已经注意到，关于这个反应流程的数学处理及其运算方法，我们解释得

过于简练。原因是与微积分方程有关的问题相当复杂。这是否意味着我们应当学习数学呢？当然不是。不过我们也知道，学好数学任何时候都是有用的。但是对于化学家而言，善于正确地做出归纳，针对所获取的化合物进行分析并说明其性质，这些更为重要。还有一点也非常重要，即数学在很多情形下可以为我们提供帮助。为此，应该将化学问题梳理成数学家能够理解的形式。最为有趣的是，一个真正的数学家应该对化学感兴趣，并欣然接受化学家们提出的问题。经验表明，一些涉及抽象问题的数学难题恰恰是数学家所要面临的，他们也更乐于解决某些实际问题。因此，我们应当与数学家交朋友。

我们分析了借用图表解决复杂化学问题的例子，然而，并非总能进行类似的理论计算。绝大部分情形下，化学家们都是利用普通的实验图表来显示数值间的关系的。比如，根据反应时间的长短和温度的变化，某种化合物的形成过程一目了然。这种情形下，图表还是优于那些公式、表格或语言描述。不但如此，在对整个反应流程进行分析时，图表也可以大显身手。

就其实质来说，图表——这是科学写生画，对图表的“欣赏”常常带给人们美的愉悦，因为有些规律只能依靠直观来了解。

化学元素和分子的命运

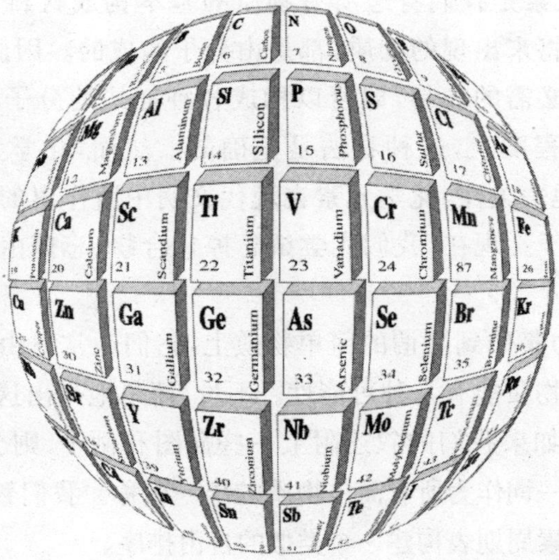

新物质的获取是一个经常伴随着成功与失败的探索过程。有时候，在机缘巧合下能够立刻取得需要的结果。在发现新化合物的有用属性之前，往往历经复杂之路。

经常出现这样一种非常特殊的情况，在对某一特定领域进行研究时，研究结果却对另外一个领域（有时甚至是相距甚远的领域）具有意义。例如，研究偶氮染料导致了知名药物磺胺的问世。合成的二甲基和邻苯二甲酸二丁酯，起初是聚氯乙烯的增塑剂，然而，它们却成为能够影响昆虫嗅觉器官末梢神经的驱虫剂的基础配料。化学聚合物专家对聚丙烯腈溶剂的全力探究导致了二甲基酰胺 $(CH_3)_2NC(O)H$ 的发现。结果是，二甲基酰胺作为新型高效溶剂的“领袖”广泛应用于实验和工业生产。

我们不仅可以在本章节的标题中提到“元素”和“分子”，其实还有“化学反应”和“化学现象”。以上这些与化学息息相关的事物，其命运自然而然地同研究者们的创造力紧密联系到了一起。

宇宙中的有益“砖石”

砖石永远不会无缘无故地从天而降。

——米哈伊尔·布尔加科夫

本质上，化学元素是我们身边所有物质的基本构成材料，更准确地说，我们目前已知以及那些将来出现的物质，都是由分子构成的。因此，大部分化学家将化学元素仅仅视为必需的坯料，即可以构成各种样式的分子以及形成既有趣又有用的物质。一定程度上，这种看法是正确的。然而，化学元素本身就非常有趣，完全值得更多地去关注，化学元素在现代文明中所作出的贡献并不亚于由它们组成的不同的分子。现在，我们先尝试忘掉化合物，忘掉由不同性质原子组成的分子。

我们先将注意力集中到所谓的简单物质上，它们通常只由一种类型的原子构成，我们来看看这类物质能有几种可能性。不过，简单地列出这些物质及其使用范围，未免有些枯燥。如果我们的叙述附上一些插图和例子，则会显得更具趣味性。下面，我们将“元素”一词作为所有简单物质的统一名称。我们暂时将传统的元素分类放置一边，依照元素周期表构建一个类似的自由排序。

“单纯形式”的化学元素可以做些什么？

我们先来分析自然界中所存在的元素，这里并非指化学化合物中的成分，而是指以简单物质形态存在的元素。在对它们进行命名之前，我们尝试先来确定它们的属性。简单的判断就可以使我们确信，它们应该具有较低的化学活性，因此，可以让它们以游离的状态存在于自然界。首先，这类元素是惰性气体和氮气，氮气在化学上同样属于惰性类，但并不属于惰性气体。

此外，化学中具有惰性的贵金属有：金、银、铂、铱、锇、钯、铑和钌。由于其高强的化学稳定性和美观的外表，使得它们获得了这些好听的名称。自然界中以简单化合物形式存在的元素中，还有五个化学性很活跃的元素：氧、碳、硫、硒和汞。当然，自然界中这些元素的身影经常是在一些结构复杂的化学物质中见到。自然界中以简单物质形态存在的所有元素列表如下：

惰性气体和氮气	He Ne Ar Kr Xe Rn N_2
贵金属	Au Ag Pt Ir Os Pd Rh Ru
化学性活跃的元素	O_2 C S Se Hg

自然界中其他元素只存在于复杂物质的组成中。现在，我们来详细观察这些化学元素的“工作能力”。

由于气态氮的化学惰性，它经常用来形成一个惰性的环境以压送可燃性液体。此外，液态氮是一种通用的制冷剂，也就是说，是一种用来为不同材料（$T_{кип.}=-196$℃）进行强降温的物质，可以用专门的绝缘容器对其进行保存和运输。

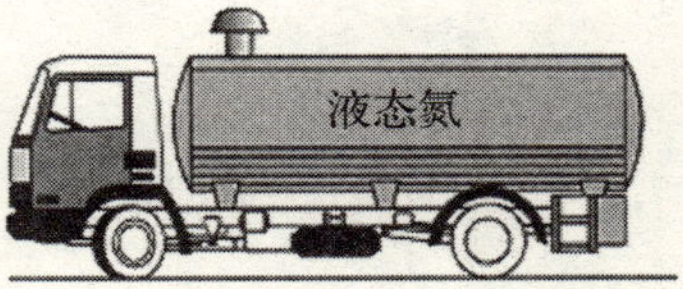

N_2

氧气在其氧化过程中被消耗，但依靠植物的光合作用又会源源不断地生成。氧气有众多的用途，如用于气焊工艺；作为火箭的液体燃料（液氧能作为氧化剂）等，同时，医疗氧气能够维持人的身体机能。

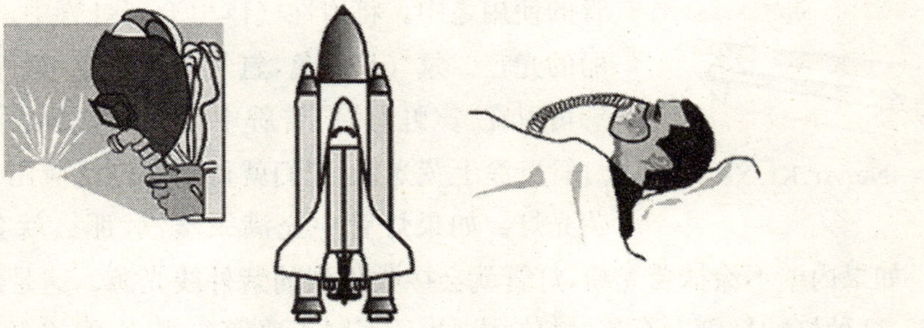
O_2

作为燃烧物质的乙炔用于气焊，可以使气焊的温度升至很高（最高温度可达3000℃以上）。然而，切割和焊接钨（单位体积下的焊接温度要求3410℃以上）时，这样的温度仍然不够。这时就需要使用原子态的氢。通过电弧喷射产生氢气流，氢分子分裂成氢原子：$H_2 \rightarrow 2H$。接下来，金属表面的氢原子重新转换为分子态 $2H \rightarrow H_2 + Q$。这时所释放出的热度可使局部温度达到4000℃ 以上。这种装置称为“朗缪尔火焰”。在这种情形下，氢气层能使金属在熔化过程中避免氧化。

在所有气体中，只有氦气和氢气轻于氧气，因此，这两种气体被用于飞艇。氢气易爆，属于危险气体。如果将其与氦气混合，则较为安全。氦气比氢气昂贵得多，通常只能将尽量少的氦气（20%）混合到氢气中，以此确保安全，防止飞艇爆炸。氦与氧混合形成的气体可供潜水员呼吸使用，因为它与普通空气完全不同，不会造成减压病。所以氦气被成功地用于空中和水下领域。

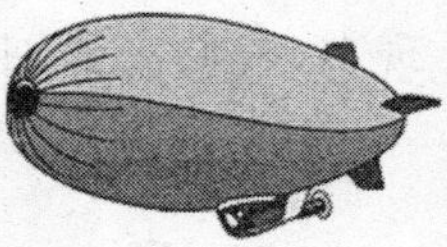
H_2, He

O_2, He

Ar

Ne

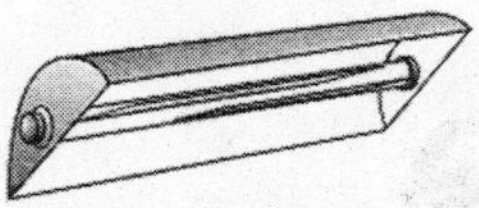
Ne, Ar, Kr, Xe

除氦气外，还有五种惰性气体。它们被用于另外的用途。例如，使用氩气能够形成一个惰性层，便于某些金属进行电弧焊接，铝的焊接就离不开氩气，因为在焊接过程中，氩气能够瞬间覆盖氧化面。铝的表面一旦出现氧化面，就会阻碍焊缝的熔合。不过，惰性气体主要应用于灯管的使用之中。将惰性气体填充到灯管中，会使其发出绚丽的光芒。氖气呈红色，氩气呈天蓝色，氪气则呈纯白光。您可以在“霓虹灯”广告牌中见到所有颜色的光。如果将灯管壁涂上荧光粉，我们就得到了广泛应用于日常生活的荧光灯。如果灯管中充满汞蒸汽，那么就会产生光的辐射。如果内壁不涂抹荧光粉，灯管就会接收强烈的紫外线光源。这是用于照射皮肤的灯，这种灯的灯管由石英材料制成，并且不同于普通玻璃，它能够更好地传送紫外线光，因此，这种灯称为石英灯。

与其他惰性气体不同，氡气具有放射性。这种属性被用于治疗某些关节以及周围神经系统的疾病（一些疗养区开设氡泉浴，因为其温泉水含有氡的矿物质）。氡能用来帮助地质学家探测含有氡的放射性元素的矿床。在现代辐射探测仪的帮助下，放射性气体很容易被发现。

Rn

在高温状态下，天然硫容易氧化，所以它常常以化学中游离的形式存在于大自然中。硒与硫一样，在自然界中也是以天然的形态存在，不过，硒元素非常稀少。硫和硒用于橡胶的硫化，因而，获取的橡胶在有机溶剂中丧失溶解能力，在加热时可以变软。合成橡胶中与硫相伴的还有一种元素——碳。碳元素以碳墨的形式作为大多数合成橡胶的主要填料，所以，很多种类的橡胶制品都呈黑色。硒元素同样具有特殊的应用领域，它被用来作为现代复印设备中的感光材料(美国施乐公司率先制造出这种仪器)。

S, Se, C

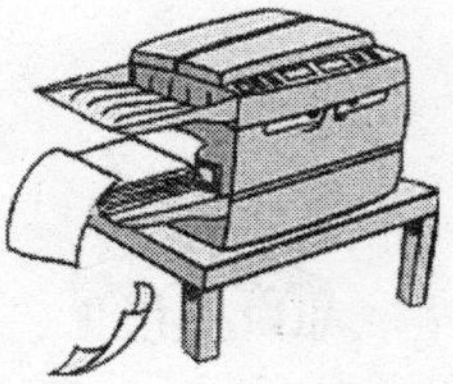
Se

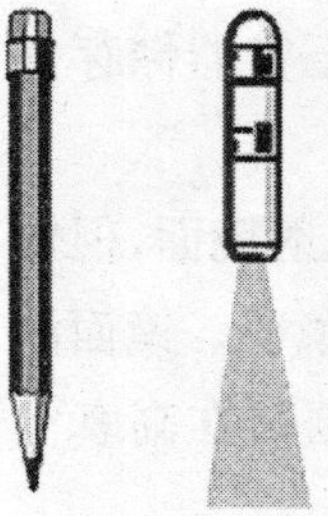
C

碳在自然界中的两种同素异形体广为人知，这就是金刚石和石墨。金刚石被认为是自然界最为坚硬的物质，因此人们利用它来切割，而金刚石颗粒用于钻孔和切磨特殊坚硬的材料。比如我们经常使用的切割玻璃的玻璃刀。碳的第二种同素异形体是石墨，它被用来制作铅笔。除此之外，石墨是一种极耐热的材料(耐热温度可达3 700℃)，因此，它被用于制造火箭的燃烧室和喷嘴。由于具有导电性，石墨还用于电炉生产，两个石墨电极间产生的电弧高温区可以熔炼某些耐高温金属。

C, Au, Ag, Cu

金是一种不易氧化的超导体，因此，一些非常重要的电子电路的接点都是镀金的。有趣的是，前面表中提到过的两种简单元素，我们常常可以在某种形式的化合产品中见到，例如钻石金戒指。年轻的化学家们最喜欢向其亲属提出这样一个问题：“你经常随身携带着哪两种纯元素?”这里需要提及的是，制作首饰所选用的金(金通常硬度较低)并非纯金，而是同银或铜的合金。

贵金属(首饰除外)还有一个极为广泛的用途，就是制作牙冠(金、钯、铂)。很少有人知道，高档钢笔的笔尖上涂有少量的锇或铑。这样的笔尖结实耐用，写起字来也非常流畅。铑和铱是制造航空内燃发动机的两种必不可少的材料，例如直升机内燃发动机的火花塞。采用铑和铱制造的火花塞便不会积炭。此外，铱还是制造医用针头的首选材料。

最近发现，如果我们在钛、铁和铬为基础的合金中加入微量的贵金属钯、钌和铂，可使这些合金的耐腐蚀性增加数千倍。

Au, Pd, Pt

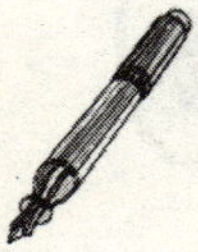

Os, Ru

Rh, Ir

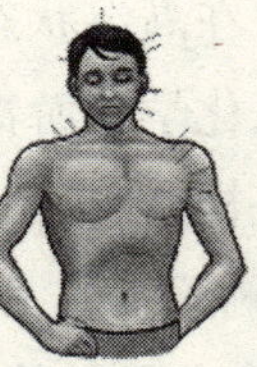

Ir

近几年来，开始使用钯铂合金制造燃烧汽车尾气的催化剂，这种催化剂可以改善城市的生态环境。此外，钯元素还具有一种普通属性，即在室温条件下，它自身每个单位体积能吸收 900 个单位的氢气量，这为今后生产汽车用的氢气燃料铺平了道路。在这种情形下，可以使用高压容器储存燃料，不用再使用瓶壁较厚的高压气瓶。

Ag, Al

过去，人们经常用银来制作镜子的反射镜面，但银的成本过高，因此，现在都改用铝来生产镜子。镜面涂银的传统生产方法已被取代，现代工艺则是在高真空的环境下用铝来进行镜面喷涂。

化学物质的形态与颜色

现在，我们提出另外一个问题，即普通条件下的简单物质是怎样的？也就是说，处于室温和常压下的物质是什么样的形态？我们将要分析的元素只是成功获取到的元素，并且应具有一定的数量。超铀元素不在此列，因为超铀元素是人工获取的，它只确定了原子的数量。我们来看看下面这幅图表，该图非常有特点，其中 11 种物质为气态，两种物质为液态，剩下的物质则处于固态。

物质											存在状态
H_2氢	He 氦	N_2 氮	O_2氧	F_2氟	Ne 氖	Cl_2氯	Ar 氩	Kr 氪	Xe 氙	Rn 氡	气态
Br_2溴					Hg 汞						液态
其余的											固态

与上表中的两种液态物质(溴和汞)非常“接近”的是金属镓,它甚至将汞从其传统应用领域里排挤出去。镓的熔点仅仅略高于室内温度(+29.8℃)。因此,通常用它来填充温度计。这种温度计的初始温度是30℃,而镓的沸点非常高(2230℃),它可以应用于更广的温度范围内。这种性质使得我们可以制造出制作温度计的材料(耐热硅玻璃在1300℃开始发生软化)。水银(汞)基于其较低的熔点(-39℃)和沸点(357℃)而成为制作温度计的首选。

Ga,Hg

科技的发展促使人们始终在寻找一种能代替汞的金属,这种金属在常温下应处于液态。但随着时间的推移,最终找到了几种符合条件的合金物质,熔点较低的镓帮助我们解决了这个难题。铟镓合金(按一定比例构成)的沸点为+16℃,将锡添加到这种合金后的沸点则降到5℃。也可以不使用镓,例如,钾钠合金的熔点为7℃。关于这种合金的情形,我们后面再谈。

现在,我们再来看看这些简单物质的颜色。遗憾的是,它们的色彩非常单调,只有少数物质的色彩较为鲜艳。其中,只有两种气态的简单物质有颜色:氟气为淡黄色,氯气为黄绿色,其余的都是无色气体。

硫和金都为黄色,铜为浅红色,溴为红棕色,碘晶体则为深紫色。三种磷同素异形体的颜色分别为白色、红色和黑色。余下的固体物质都为银灰色的“金属色”,有时也偏蓝色调(铟)或者煤黑色(石墨)。所有这些丰富多样的色彩都形成于化合物的转换过程中。这里,我们探讨的只是那些纯态(包括合金和混合物)的简单物质。

“元素调色盘”的作用

在元素周期表中,磷和硫这两种元素比邻而居,它们的相应物质经常用于日常生活中。硫(同氧化剂的混合物)可见于火柴头上,其表面覆有一层红色的磷粉,点燃火柴时就在其头上“蹭一下”。对火柴头的摩擦使少量的红磷转化成白磷,后者在空气中立刻燃烧。硫为一种可燃物质,火焰遇到硫就会迅速燃烧。

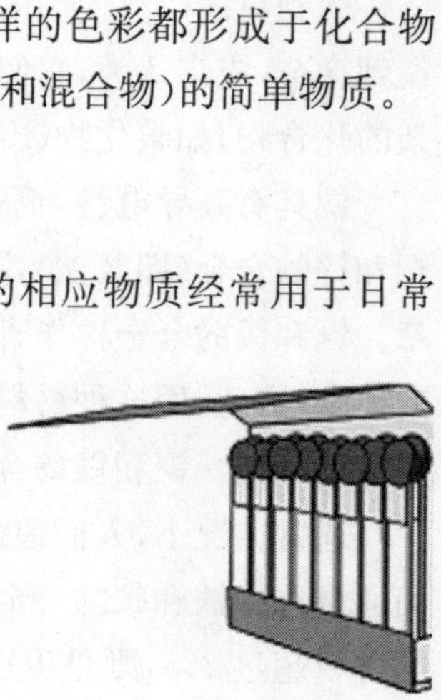

P,S

当我们考察其余简单物质的应用范围时,首先会将目光集中在新科技的应用上，比如电子、航空、空间技术和核电。硅和锗是所有现代半导体元器件的基础材料。

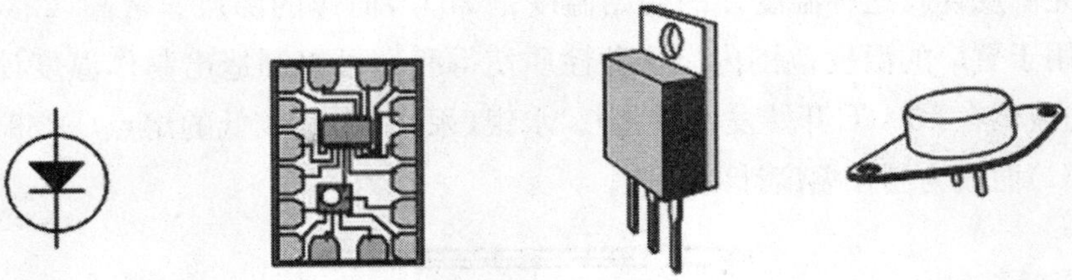

Si, Ge

此外，硅还能用于“太阳能”电池中，太阳能电池将阳光转化为电能。通过太阳能光板收集阳光而转化来的电能可以安装在汽车的发动机上。如同玻璃对可见光能进行传输一样，锗所具有的不同寻常的特点就是可以传输红外光线，因此，锗被用于光学夜视设备的制造。借助这种设备能够看到周围环境中不同温度的物体，比如人和交通工具。

Ge

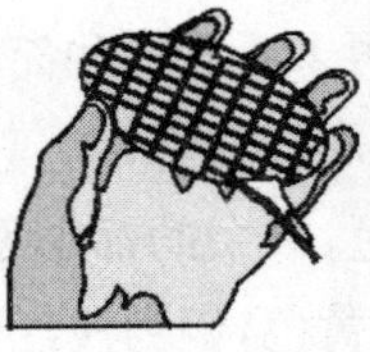

Si

谈到目前广泛使用的金属材料就会发现，我们已经置身于合金的“王国”之中。说到合金，应当认为，它们并非总代表一种简单的混合物，有时也会形成某些成分复杂的化合物，如碳化物（Fe_3C）或硅化物（Mg_2Si）。

铜具有高导电性，而且可塑性强，因而铜（以及铝）经常用来制造电线和电缆。铜和锌的合金（即黄铜），是一种很好的金仿造品，因此常常用黄铜来制作奖章和徽章。铜和锡的合金称作青铜，在铸造过程中，青铜可以非常准确地重塑出需要浇铸的模型，因此，用这种材料可以铸造出最好的青铜雕塑，同时还可以制作能产生悦耳声音的铃铛。铜和镍的合金称为镍金，它可以用来制作各式餐具。

通常情况下，人们很少将纯铁作为原材料，因为它硬度较软，而且易被腐蚀，因而通常选择铁和碳的合金形式。如果合金中碳的含量不超过2%，这便是钢，如果碳的含量超过2%，则是生铁了。尽管上述两种材料的强度和硬度都比纯铁要高，但它们都不抗腐蚀。通过添加各种金属成分（合金炼制），可以显著改变铁合金的属性，

Cu, Al

Cu, Zn

Cu, Sn

Cu, Ni

使它更具耐腐蚀性，强度增加、耐磨度和耐热度均得到明显提高。含有铬元素的高碳钢是球轴承的制造原料，而含有铬元素的低碳钢则可以用于制造手术刀和弹簧。另外，具有耐磨性的材料被用于制造拖拉机链带（所谓履带）和土方机械的切削工具（挖掘机斗齿和推土机推铲）。用来制造这些机械的是加入大量金属锰的各种钢材料。

Fe, C, Cr

Fe, C, Mn

铬镍钢和铬锰钢适于制造强负荷的重型齿轮，而钨钢和铬硅钢则用来制造钻头和铣刀。

Fe, C, Cr, Ni

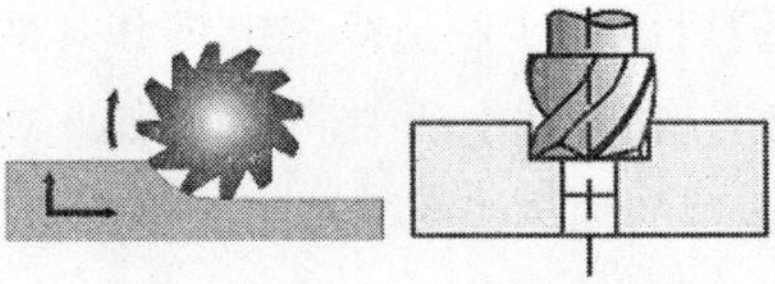

Fe, C, W(Fe, C, Cr, Si)

铬钨锰钢用于制作切螺纹工具（板牙、丝锥）和测量仪器，这些东西要求材质不易变形。有些钢添加四种以上不同的金属，例如添加铬镍钨钼的钢极其耐热（工作温度700℃—800℃），它适合生产燃气涡轮机的涡轮叶片。镍钴钢具有较强的磁化能力。

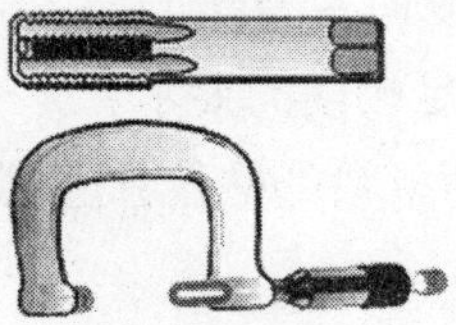

Fe, C, Cr, Mn, W

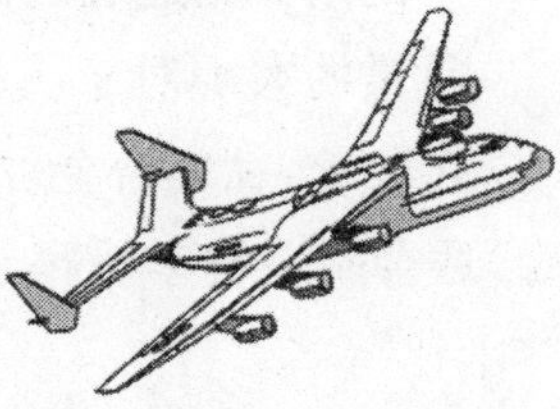

Fe, C, Cr, Ni, W, Mo

Fe, C, Ni, Co

普通白炽灯的生产就结合了不同的简单物质。其中，灯丝是用耐热的钨制成，螺旋钨丝还有一个优点，即钨的热膨胀系数与某些玻璃的属性基本吻合。在钨丝的作用下，这种玻璃制成的灯泡不易破碎。如果灯泡中充满氖气、氪气和氩气，就会增加灯泡的使用寿命。如果在灯泡里加入少量的碘，就会延长螺旋钨丝的使用寿命(卤素灯)。

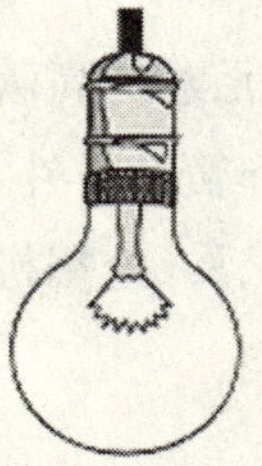
W, Ar, Kr, (I_2)

问题解决得相当完美。部分金属由于炙热的螺旋钨丝而蒸发。碘与形成挥发性化合物的金属发生反应，随后二碘化钨由于接触了炙热的钨丝而被分解。这时，形成的金属钨沉淀在钨丝表面，而碘重新返回这一循环之中(更加详细内容参见前面“化学美学”一章)。

钨具有极高的密度(19.3 g/cm^3)，其密度高于汞和铅，几乎与金的密度相同，这种密度可以用于生产带有钨转子的陀螺仪。陀螺仪是独立悬挂并能高速运转的大型陀螺。在任意转动的情形下，它依然可以稳定地绕轴旋转，因此，陀螺仪用来作为航海、航空以及火箭中的导航装置。现在自然会产生这样一个问题：能否采用更高密度的金属来制造这些产品呢？根据金属的密度排名，锇(密度为 22.59)和铱(密度为 22.42)处于首位，然而与钨相比，它们的强度低得多，离心力可能会毁坏转子。

钼和钨具有很高的熔点(分别为 2620℃、3410℃)，因而它们可以用于制造高温电炉和其他类似装置的加热线圈。在日常生活中，不会有如此高的温度，因此，家用电器的加热线圈都是用镍铬合金(镍铬合金材料)制成，其工作温度可达 1000℃。

W

Ni, Cr

Mg, Al, Ti

在氧化剂的作用下，纯镁会燃烧并发出一种非常明亮的蓝光，因此，它可以用于制造照明弹和燃烧弹。镁(与铝一起)是超轻合金的基础材料，飞机制造业中广泛用其制造飞机机身和某些发动机零件，因为零件重量的大小对于飞机制造而言意义重大。与镁铝合金相比，钛铝合金也能满足相同的要求。

铝和硅的合金(铝硅合金)适合制造轿车活塞。这种材料的热膨胀系数较低，因此活塞工作时不会在气缸中“卡住”。

钛由于重量轻、强度大和较好的化学稳定性，经常被用于骨科修补手术中。同样，钽由于能与机体组织“和谐共处”，因此常常被用来加固骨骼以及用作手术刀口的缝合线。

Al, Si

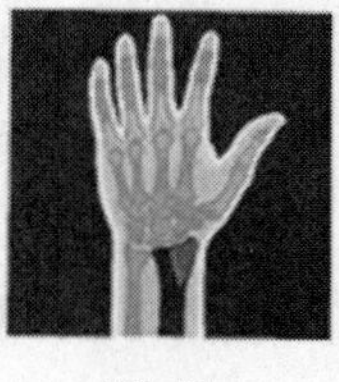
Ti, Ta

稀土元素（又称镧系元素）用于制作具有特殊性能的磁性材料。钆镨合金能用来制作一种特殊的高磁化磁铁，一块橡皮大小的钆镨合金可以吸附10千克重量的钢盘。钕合金被用于制造计算机光驱中的磁铁。铽镝合金是生产磁光盘的基础材料，这种光盘的优势在于将传统磁盘同激光磁盘的特点相互结合。铽一般用于磁致伸缩仪中（超声源）的定位，如潜水艇就是使用这种特性进行水下定位的。

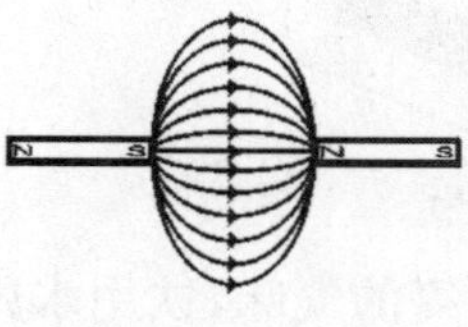
Gd

Nd

Tb, Dy

Tb

Sn

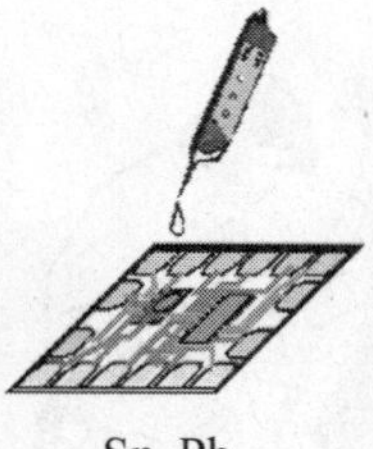
Sn, Pb

锡（熔体形态）很容易与铁相熔，并牢固吸附其上，因而使铁抗腐蚀。同时，锡与食物接触完全无毒。根据这种特性，“白铁”可以用来作为罐头盒的制作材料。锡铅合金是最为常见的焊接材料，由于其熔点较低（180℃—200℃），而且这种融合物的力学强度不高，因而它用于不耐高温、强度比较特殊的零件焊接，如无线电设备。

各种机械设备中经常有这样的结构，位于其中的轴承依靠一个固定支架作为支撑。这种情形下，通常会使用滚珠轴承，因为这种轴承借助内部的球体进行转动，因而称之为滚动轴承。由于不同的工艺特点要求（如便于安装等），通常使用侧滑轴承，即轴面摩擦支架的内面。与滚珠轴承不同，这种轴承结构紧凑且易于安装，同时，它可以承受负荷冲击（不同于球轴承）。例如，汽车的万向轴就是以这种方式固定在支架上。这个方向轴与活塞上的连杆相连，连杆上使用的同样是侧滑轴承。产生摩擦的地方使用特殊轴套，这种轴套由弹性较小，容易“磨合”的称为“巴比特”的材料制成。这是一种摩擦系数较低，而且润滑性良好的研磨合金。锡与锑构

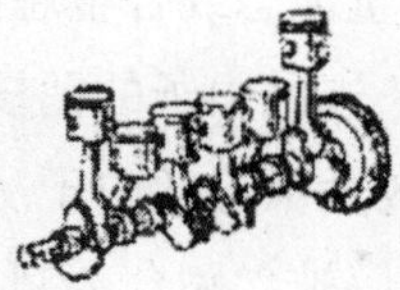
Sn, Sb, Cu

Pb, Sb, Sn

成的合金铸造出了印刷用的字体模具，能准确地通过油墨“润色”出每一个细微的笔画，现在已改用电脑排版和胶印法进行印刷，这种铅印方式已经很少使用了。

锂是一种现代常用的化学性电流源，这种电源（电池）具有体积小、电量大的特点，被广泛用于诸如电子表等产品中。各种电子设备中使用的充电电池（蓄电池）中含有锂、铬和镍；汽车蓄电池使用的则是铅。

Li，Cd，Ni

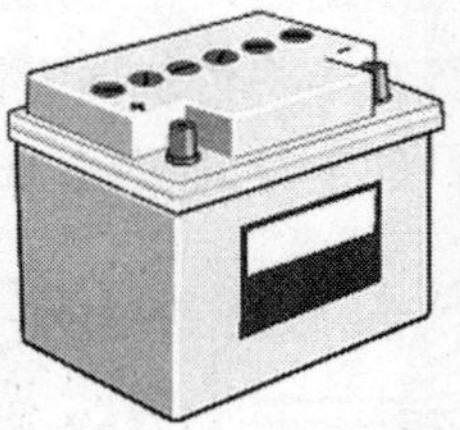

Pb

氯可以对水进行有效消毒，游泳池中有时可以明显闻到氯的气味，饮用水则经常使用臭氧进行消毒，碘在医疗中作为消毒液广泛使用。

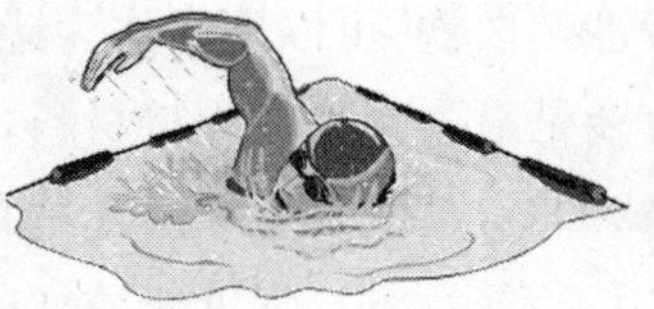

Cl_2

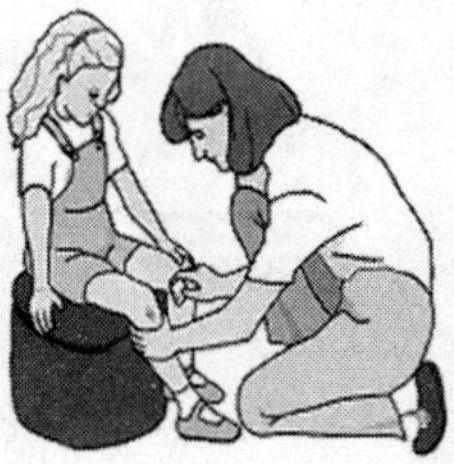

I_2

简单物质的陈列

或许，最大数量纯态或合金态的简单物质存在于核反应结构中。用于获取能量的基本核反应——这是中子的铀核裂变。裂变过程产生新的中子，继而引起连续的裂变反应。如果较大部分的中子从反应中“逃逸”，那么反应可能会中止。为了防止发生这种情形，反应被含硼合金制成的反射层包围。如果裂变过程中子的数量不断增加，反应如雪崩般增长，就可能引起爆炸。因此，反应区中含有铀元素的燃料中应加入抑制剂，即中子吸收剂铍、镉、铪、石墨。正是通过这种方法才可以控制核反应，并使其处于稳定状态。核燃料本身不一定就是铀。经常使用烧结二氧化铀，这在技术上更为方便。

核反应过程中，反应堆受会到剧烈加热。因此，制造核反应堆装置的材质是钒、钨和锆的合金。这种合金材料还能使反应堆周围的工作人员免受辐射。

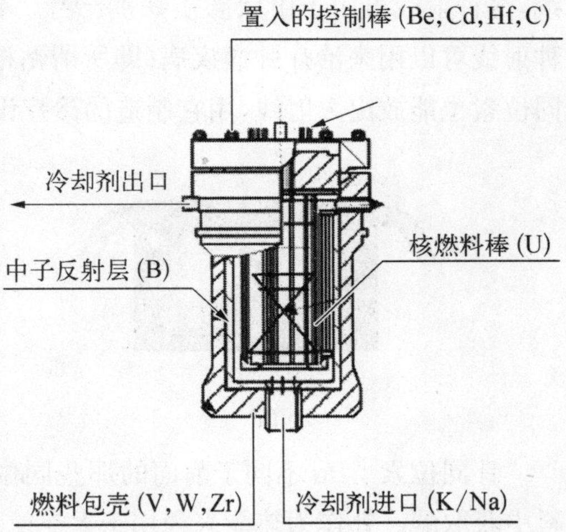

热能是能源的一种主要形式，由核反应所取得，核电站和核动力船所使用的能源都属于热能。同普通火力发电站一样，核反应产生的热能需要随后以某种方式转换成电能。在两种能量的转化中，热能的提取需借助专门的载热剂。为此要使用金属锂以及钾钠合金。与水这种传统的载热剂相比，它们具有如下优点。首先，它们具有高沸点(700℃以上)。其次，传热系数高，消耗足够多的热量。在高温下，它们不会同那些构成反应堆的材料相互作用。这一点非常重要，不会捕捉中子，也就不会破坏对核反应进程的控制。

当然，核反应堆中使用许多不同种类的化合物和材料。我们这里要谈的还是简单物质，诸如核反应堆中所包含的复杂物质我们不过多描述。

人造元素的应用

一些元素由于所具有的某一项特点，与其他元素不同。这即是大自然中不存在的元素，它们是通过核反应而人工获取的。这些元素在元素周期表中的序列自 93 开始(镎、钚以及其他超铀元素)。但也有两种元素距离超铀元素位置较远，其中钷元素(第 61)位于镧系元素之间，另一个是锝元素(第 43)，它令人惊讶地位于元素周期表的正中间。这两种元素并不存在于大自然中，其原子核的结构特点使得它们不能形成存在时间很长的同位素。最有趣的是，钷和锝这两种“人造”元素也同样找到了各自的应用范围。在铀原子核裂变时，钷大量产生于反应堆中。以钷的同位素^{147}Pm 为基础原料制造出耐用的微型电池组，其内部 β 射线转化成为电能。当需要长时间自供电源时，这种电池组是不可替代的，例如，它能够为处于山区、沙漠和冰川的大气侦测探空仪或气象传感器提供可靠的电源。至于锝，最近的研究表明，这种元素在大自然中还是存在的，它以极微量的杂质状态存在于铀矿石中。不过，借助核反应已经首次提取出了钷元素。钷作为β射线器在临床上用于诊断大脑疾病。除了钷元素以外,临床上还用到了其他元素的放射性同位素。例如,碘同位素^{131}I发出β射线,这种射线可用于甲状腺疾病的治疗。钴的放射性同位素^{60}Co发出的λ射线,这种射线可以用来治疗肿瘤疾病(即所谓钴枪)。同样,其他元素(如铥和镱)的放射性同位素也能放出λ射线,用它制造的诊疗设备称为便携式X光机。

^{147}Pm

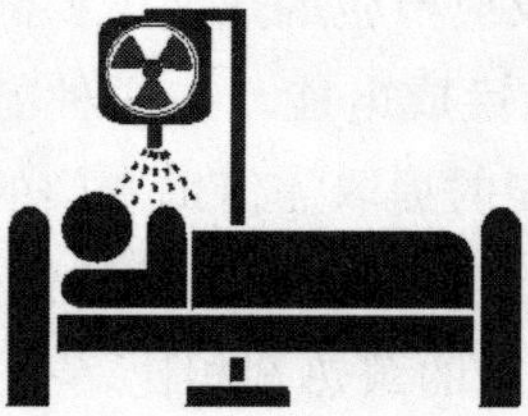

^{99}Tc, ^{170}Tm, ^{175}Yb, $^{131}I_2$, ^{60}Co

钋同位素^{210}Po不同于前面的那些同位素,它存在于自然界中,是从铀矿石的废料中获取的。钋作为热能来源用于太空航天器。钋元素本身就是α的粒子源,它与硼或铍所构成的物质是一种方便和小巧的中子源。

一些元素的发现和应用过程既惊奇又颇具戏剧性。例如,铝粗暴地“排挤掉”银,广泛用于镜子的生产,又成功战胜了铜(制作电线),同时,在飞机制造业中,它又与镁和钛完美地“结合”在一起。在现代电力生产中,硅渐渐开始同铀进行竞争(指的是太阳能电池),而惰性气体则与钨展开了一场竞争发光权的“争斗”。

毫无疑问,简单物质的能力并未用尽,随着科学的进步,人们未来将会发现其新的有趣属性和应用领域。

哪种化学元素最重要?

亟待解决问题的重要性与官员脸上的表情恰巧成反比。

——米哈伊尔·马米奇

在尊重科学术语的同时,我们注意到,化学元素——这是元素周期表中的拉丁符号或具体原子,而获取的和用来进行不同研究的,可以不是化学元素,而只是由原子构成的简单物质。在英语文献中比较简单,无论是元素还是简单物质用“element”一个单词就可以表达。在接下来的叙述中,我们也把它们统称为元素。

新元素的命运

19 世纪末,门捷列夫元素周期表已经有了 65 种元素。20 世纪初发现了惰性气体(威廉·拉姆齐,1904 年诺贝尔化学奖获得者)。令人惊讶的是,惰性气体并非发现于某些奇异的矿石里,而是在普通的空气中,原来,这位科学家对空气做了许多深入的研究。

天然放射性的发现引起了不小的轰动(安东尼·贝克勒尔,1903 年获诺贝尔物理学奖)。原子核的衰变让化学家们大为震惊,所以最初门捷列夫并不认可这项新的发现,这并不奇怪。从今天的知识水平来看,我们知道,原子核的衰变过程并不会动摇传统化学的基础,但当时人们对这一点尚不清楚。

新元素的发现总是被冠以开创性成果,就如同天文学家和地理学家发现新天体和新大陆一样。发现新元素的科学家,其名字自动被载入科学史册。在诺贝尔奖的颁奖史上,曾两次印证了这一点,它们分别是惰性气体以及镭元素和钋元素的发现(玛丽亚·斯克沃多夫斯卡·居里,1903 年获诺贝尔物理学奖,1911 年获诺贝尔化学奖)。

元素周期表中的空格指明了新元素的探索方向。人们投入许多精力来寻找第 75 号元素。但是最初发布的关于这个新元素的消息有误,只是人们不知道这个信息是错误的,有人还提议为这个元素起个名字叫伊里缅和戴维。直到 1925 年,在进行第二次探索之后,诺达克夫妇最终获取了这个隐藏起来的元素,它被称为铼。这是探寻新元素的历史上一个特殊的阶段,因为铼是自然界中寻找到的最后一个化学元素。接下来的一切就相当复杂了,因为后面所有元素只能通过核反应来获得。当然,化学家们并没有马上意识到这一点,也因此,他们不可避免地付出许多无效的努力。

首先,应该找到门捷列夫早前预言的 43 号元素类锰和 85 号元素类碘(这种名称是门捷列夫命名的),此外,71 号稀土元素和 87 号碱金属元素同样尚未取得。

43 号元素(类锰)比较狡猾,因为它并不存在于自然中(很晚才在铀矿石中发现微少数量),因此,它被发现的消息颇具戏剧性。它先被称为尼波尼,后又被称为玛。该元素真正被发现是在 1937 年,谢格尔和皮里埃两位科学家通过长时间的中子辐照,才从钼元素中获取了它。该元素的最后名称叫锝元素。

1939 年,在元素锕的放射性衰变产物中,发现了第 87 号元素——钫。

第85号元素类碘的命运同样充满了戏剧性。开始时，人们误以为发现了这个难以捕捉的元素，并为它起了很多名字，如“达金”、“砹”、“海尔维第”等。但是，所有这些信息都是错误的。被称为“砹”的这种元素是由西格雷、科里森和麦肯齐三位化学家于1940年利用回旋加速器加速氦原子核来轰击金属铋而获得的。

谁也没有料到，在元素周期表中高于大多数放射性元素的61号元素（钕与钐之间）竟然如此的不稳定。人们用了长达20年的时间来寻找这个元素。“伊林诺伊”、“佛罗伦萨”、“气旋”是人们为这个元素而起的名字。1945年，马林斯基、格伦丹宁和科里尔从原子能反应堆用过的铀燃料中成功地分离出这个新元素，并将其命名为钷。

至此，门捷列夫元素周期表中所有的空格部分都已填满，之后发现的新元素都应该排在元素周期表的末尾。

寻找新元素的艰难之路

借助核聚变反应，化学家们逐步开始补充元素周期表中铀之后的第七组元素序列。第104号和第105号元素几乎同时被俄罗斯和美国科学家所发现。因为争夺这两种元素的发现权，当时这两个元素分别被冠以两个名字。104号和105号元素分别被称作Rf（为纪念英国物理学家卢瑟福）和Hn（为纪念德国核化学家哈恩），而在俄罗斯它们分别称为Ku（纪念苏联化学家库尔恰托夫）和Ns（纪念丹麦物理学家玻尔）。目前，IUPAC委员会（国际理论化学与应用化学联合会）确定将104号元素命名为𬬻（Rf），105号元素命名为𬭊（Db），以纪念杜布纳科学城（之前的两种命名方案均未被采纳）。最后一个被命名的是第109号元素鿏。所有后来获得的新元素暂时只用序列号表示（显然，它们在期待合适的名称）。

1988年12月，杜布纳的科学家们获取了114号元素，他们是在用钙离子$^{48}_{20}Ca$和钚的同位素$^{244}_{94}Pu$进行轰击时得到的该元素（符号左侧上部分的数字表示原子核质量，下部分的数字表示原子核中的质子数）。如果将两个相互作用的钚和钙所含有的原子核质子数相加，总和为94＋20＝114。这个数正好就是该元素的第114位序号。然而，质量为244＋48＝292（初始原子核的质量总和）的所得原子核并不稳定。它放出了三个中子并形成稳定的同位素，该同位素则作为一种新元素被确定下来。

经初步测算表明，114号元素以及暂时未捕捉到的126号、164号元素应该在所谓的稳定元素岛中。至于114号元素，它的存在时间达到了半分钟之多，对于这种超重原子来说，这是相当大的数值。

1999 年，美国伯克利实验室在用氪离子$^{86}_{36}Kr$轰击铅$^{208}_{82}Pb$的时候获取了 118 号元素($^{293}_{118}El$)，它的存在时间只有 1 毫秒。在衰变过程中，它先是构成了新的第 116 号不稳定元素，而后者又迅速转变成稳定性更强的第 114 号元素。至此，元素周期表的结尾是 118 号元素。该元素结束了元素周期表中第七组序列，接下来要开始的是新的第八组序列。

新元素的合成实验都非常耗时费力。问题在于，在穿过原子的电子层时，用以轰击重原子核的弹核会停滞并失去能量。此外，聚合作用下形成的原子核往往分裂成两个质量较轻的原子核，只在极少的情形下它放出几个中子(如获取 114 号元素时的情形)，最后，形成所需的重原子核。尽管困难重重，旨在合成新元素的实验仍然在继续。

元素竞赛

我们可以尝试在已知的所有化学元素之间进行一场特殊的竞赛，以确定这些元素中哪些是目前最为重要的元素。我们只关注那些更能促进社会文明的形成与进步发展的元素(化合物不在考虑之列)。

根据我们所设定的条件，显然总共只有两种元素符合标准。第一种就是元素铀，它创造了一个全新的学科——核物理，并且为人类提供了巨大的能源储备。也许，许多人会对它的这种领先地位未置可否。铀元素同样会给人类造成一系列严重的后果，诸如使用核武器的悲惨后果、核电站(NPP)泄漏以及核废料利用的问题。

所有这些担心完全合乎情理，但是我们也要仔细分析。关于核武器的威胁，这涉及全面禁止生产和使用核武器的问题，将来肯定要去解决。更为复杂和引起争议的是关于核能用于和平目的的问题。切尔诺贝利核泄漏事件导致全世界对使用核能发生怀疑。是否应该彻底放弃核电站？当人们对所发生的一切进行清醒而冷静的分析之后，逐渐得出了另外的结论。事实上，在所有能产生大量电力的当代能源中，核电站发生的事故频率实际上最低。即使考虑到切尔诺贝利灾难的后果，这种状况也并未改变。核电站安全控制系统已经得到了大幅改进。反应堆的控制既能有效地避免致命的失误，也能抵御恐怖分子的蓄意破坏。人类文明发展的结论证明，我们从未因为危险的存在而停止前进的脚步。蒸气锅炉的爆炸，铁路事故和空难、车祸和触电等等，这些事故并没有让人们禁止使用这些技术手段。结果只是寻找更加周全的设计方案，以确保其使用的安全性。遭到禁止的只是各种核武器。

现在，又出现另外一个问题，即如何应对废弃的核燃料。目前，核废料的处理方式之一就是建造可以产生再生燃料的反应堆。铀的同位素^{238}U不适合用于核反应堆，它的主要反应是在同位素^{235}U参与之下进行的，顺便说一句，该同位素在天然铀中的含量很少（小于1%），这就是为什么要用同位素对铀原料进行浓缩（借助离心机）。如果向核反应堆中置入一定数量的低活性^{238}U，它就开始捕捉一部分分裂出的中子，最终形成钚^{239}Pu（即核燃料），其效值并不低于^{235}U。这样，集聚在铀核中的能量就可以得到更充分的利用。

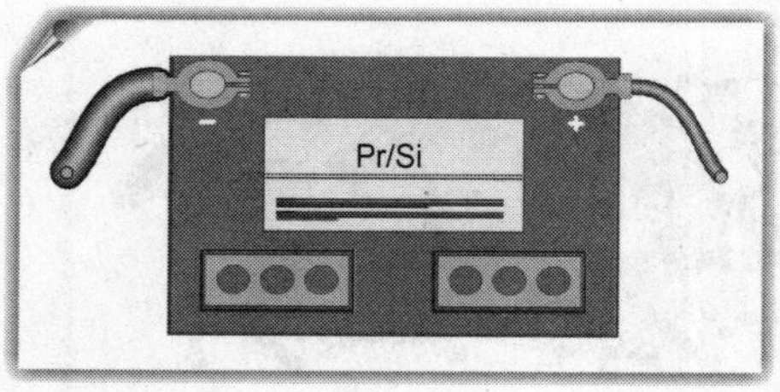

除此之外，反应堆运转时，发生的铀原子核裂变形成很小质量的同元素的放射性同位素。基本上这是钷同位素^{147}Pr、锝同位素^{99}Tc以及某些其他元素的同位素。这些同位素发出β射线（即电子流），如果将其放在半导体（硅或锗）旁边，半导体中就会出现电势差，也就是出现了电流源。以放射性同位素和半导体为基础产生的长期电流源，能在不充电的情况下工作数年。

所以，放射性废料中包含着数量可观且尚未耗尽的能源，其提取方式将会得到完善。

在正常运行的情形下，核电站无疑比火力发电站更具优势，因为火力发电站会争夺了交通和工业所需的碳氢燃料，而且火力发电过程中燃烧的煤和石油所产生的气体会对大气造成污染。水电站则把森林和耕地变成了沼泽化土地，严重影响了这片广袤土地上的所有生物，对它们的自然生物节律造成了破坏。核电站的运行具有无可比拟的方便性。它们可以建在远离煤矿和水源匮乏的地方，通常是每半年更换一次核燃料。可以估算一下燃料的消耗情况，1 克铀同位素相当于 2 800 千克碳氢燃料所产生的能量，换句话说，1 千克铀原料可以取代一整列火车的煤。

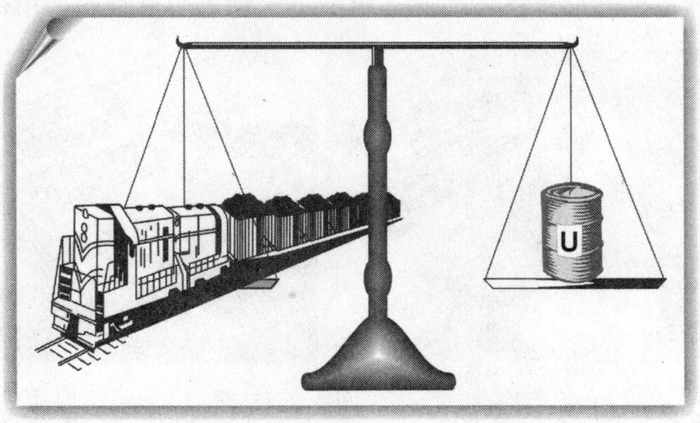

总之，在所有元素中，铀有着杰出的地位。它开辟出了新的科学方向——核物理，并且开发出新的能源。

元素中的另一位“领导者”

在人类文明史上起到特别作用的第二种元素是硅。证明硅的价值并不难，因为它不同于铀元素，人们不会将硅与各种各样的可怕后果联系在一起。20 世纪下半叶，笨重的阴极管电子计算机被小型计算机所取代。计算机的“大脑”——处理器开始由超高纯硅来生产。硅所具有的半导体属性使其成为微型超高速计算设备的基础材料，这种设备也成为所有现代电脑的基础。

当然，现在电脑生产中人们使用了大量的最新技术工艺和多种材料，因为我们在这里只谈化学元素，所以，硅元素作用突出。不言而喻，电脑的迅猛发展几乎涵盖了人类活动的所有领域，我们正处于这一过程的初始阶段，人们看到的结果要比铀元素给人带来的冲击更为震撼。不仅新技术得到了发展，人们的生活方式和思维方式也发生了改变。电脑迅速走进千家万户。它征服了每一个家庭成员，特别是年轻的一代。总而言之，现在大多数人对于电脑的眷恋并不亚于对宠物的喜爱。

我们还要提到硅所具有的半导体属性这一优势。优势之一就是它能将 β 射线转化为电能。硅元素具有的第二种宝贵属性，就是能将普通光转换为电能，即用它来制造所谓的太阳能电池。起初，这种电池被用于低能耗的设备，比如计算器，同时也将其作为航天器中的能源供应。太阳能电池的使用范围在逐步扩大，在较大区域安置大面积的太阳能电池板，在阳光明媚的日子里，这些电池板就相当于一个发电站，而位于田野上的这种电池可以为灌溉农田的水泵提供源源不断的电能。见下图：

利用这种电池性能，人们发明了第一台太阳能电动汽车，甚至还发明了一种太阳能飞机，这种飞机的机翼上安装了 6 万块太阳能板，其飞行高度达到 3 万米。在无云的天气里，可以进行长时间的飞行。

人们还发明一款小型充电灯，充电之后，这种灯能在夜间持续照明 4 个小时。如果牧民们将太阳能电池放在骆驼的背上，就能在行走途中继续使用手机、冰箱，甚至还可以观看电视节目。

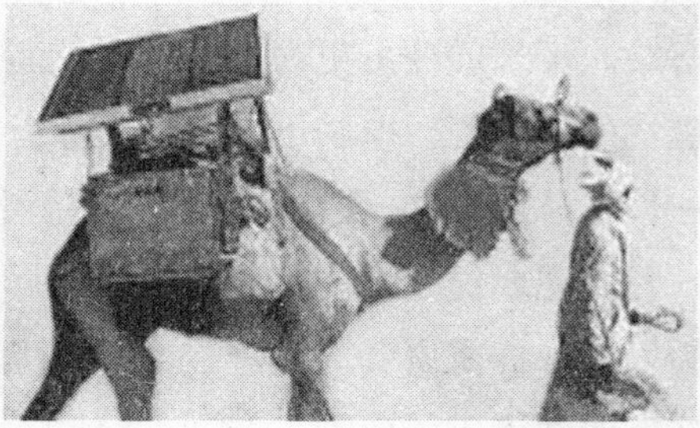

可见，硅元素甚至占据了一部分由铀占据统治地位的能源领域。总之，在我们举行的这场竞赛中，第二个获胜者就是硅。它不仅开启了半导体的新纪元，还开创了计算机技术的崭新时代。

最急需的化学元素

化学元素之间的竞赛还可以根据其他参数来进行。这一次，我们提出一个不同的问题：哪一个化学元素（不考虑化合物）是人类最需要的？答案很明显，当然是使用最多的元素了！如果我们以吨位来比较生产量，这不太公平。对于某一特定用途而言，质量较轻的氢原子，其重要性并不小于质量较重的铀原子，所以，我们将不考虑元素原子质量上的差异，并要对元素进行点数，形象地说，就是要逐个地数，也就是看看摩尔数表示的生产量。

如下图所示，我们将某些经常所需元素的年均生产量，按照摩尔数进行了升序排列（根据 20 世纪 90 年代的生产水平）。为了显示不同元素之间生产量的差异（数百倍或数千倍），我们在下列图表中显示所有的数值，其中，纵轴表示的是对数刻度。见下表：

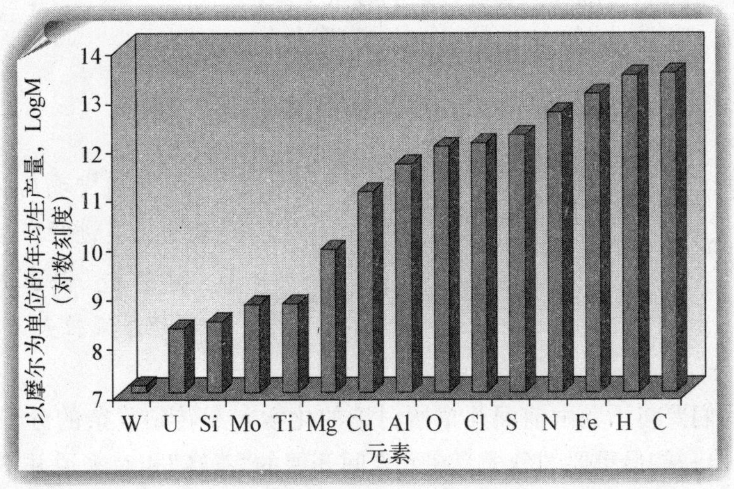

首先由于冶金工业中需要煤炭和石油焦炭的原因，碳元素处在领先位置（金刚石和石墨只占碳生产总量的一小部分）。

氢元素完全有理由占据第二位，它的应用范围包括冶金工业、炼油、化工生产和火箭技术。需要注意的是，作为现代文明中的“领导者”，铀和硅比邻而居，可以预测，人类继续的进步将把它们推到接近氢和碳元素附近的位置。

比较上表中在地壳中分布较广的元素的排列顺序，还是很有趣的。这里有八个最为常见的元素(按摩尔质量的升序排列)：H，O，Mg，Al，Si，Cl，Fe，Cu。显然，这里存在着另外一个规律。大自然无法将“游戏规则”强加给我们，我们需要的并不是那些大量存在的元素，而是人类真正需要的元素。

在我们举行的竞赛中，铁荣获第三名。请注意，我们比较的是以摩尔为单位的元素生产量，假如我们比较的是质量，铁元素则无可争议地排在第一位。人类自远古就知道了铁，在人类文明的发展进程中，铁的作用自古以来都在逐步提高，今天，铁也在整个现代工业中处于核心位置。如果将前面提到的铀和硅这两种元素比做熠熠发光的聚光灯，为我们指明了新的进步之路，那么，铁就好比自然之光，在数千年里一直照亮着人类的文明进程。

看来，对化学元素可以进行多角度的广泛研究，远离化学的人们对这些元素同样很熟悉，在每一个填字游戏中，几乎都会发现它们的身影。然而，毋庸置疑的是，其中大多数元素的潜能尚未得到彻底的挖掘。当然，化学元素将会参与到新的充满挑战的课题之中，它激励我们去寻找新的技术工艺。

三个杰出的分子

不仅能发现几种疾病，
还能阻止其进行广泛传播，
这样的医生才能称为杰出的医生。
——斯坦尼斯拉夫·艾吉·列茨

现在，我们要将话题由前面几章所讨论的化学元素转到复杂的分子结构上，并尝试从中选出一些最重要的分子。在元素间开展的“竞赛”相对来说并不复杂，因为参与者只有百余个化学元素。可是，一旦我们转向多原子的分子，问题马上就变得复杂了，因为现今所存在的化合物数量超过了 2500 万个。所以，必须要制定出特殊的选择标准，这样才能在这片“海洋”中捕捞到最为“珍贵的鱼类”。现在，我们尝试只去寻找那些对化学科学的发展产生重要影响的化合物。

我们还要确定一下年代界限。因为我们想要观察各个阶段所获得的所有化学化合物是几乎不可能的。因此，我们讨论从 20 世纪初到现在的实验结果。

认识一下竞争对手

我们在请出竞赛获胜者之前，先简单认识一下其他参赛者，并简要介绍那些令人印象深刻的分子在化合中的最为突出的成就。

现在，我们来看看那些带有碳架结构的特殊碳氢化合物，很长时间里这类化合物似乎都无法获取，例如正四面体(G. 迈耶 1978 年发现)，正棱柱体(G. 瓦克斯 1964 年发现)，正方体(P. 伊顿，T. 科里 1964 年发现)，正十二面体(L. 帕克特 1983 年发现)。在“化学美学”一章中曾提及部分内容。下图中，最后一个化合物结构为正十二面体的饱和烃，它属于正五边形的球形分子。这种化合物的获取经过了 20 个步骤的合成，因此它理所当然被认为是最具标志性的成果。见下图：

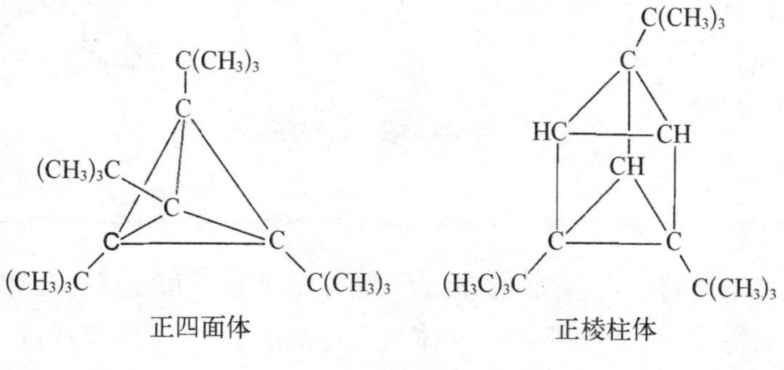

正四面体　　正棱柱体

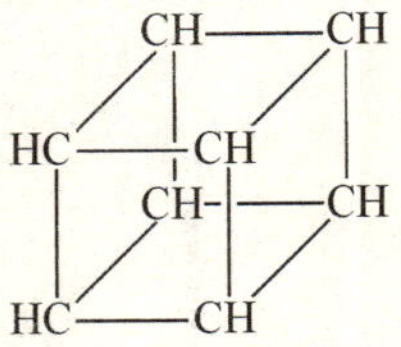

正方体

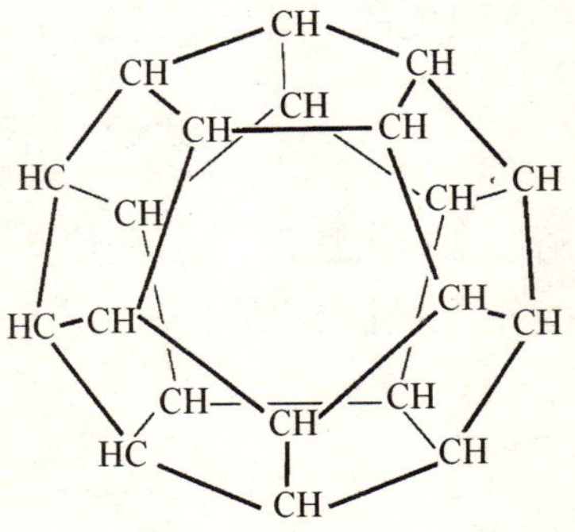

正十二面体

20 世纪中叶，化学成分的合成技术日益提高，这让化学家们可以完成以前无法完成的任务。化合键就是其中环形分子相互链接的化合物，因此，化合键作为链环是金属链条中的锁链。见下图：

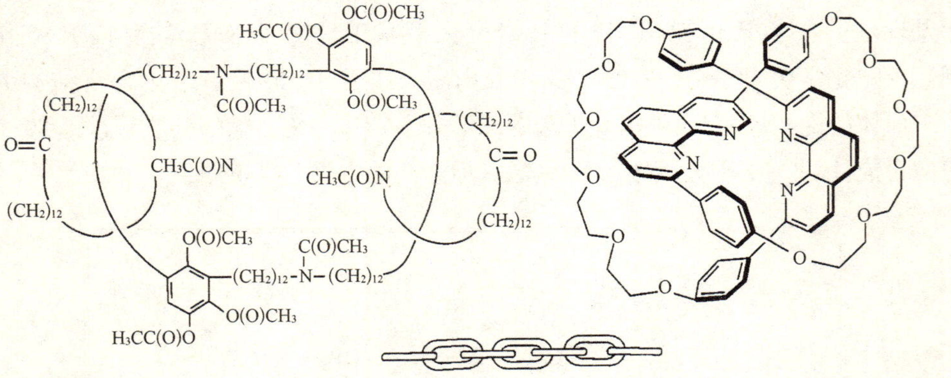

化合键

环起着一种链接的作用，它将起轴心作用的环状分子和线状分子组合起来。为了防止环从轴上滑落，轴的两端都有立体封头（G. 施尔 1964 年发现；J. 萨瓦士 1992 年发现）。见下页图：

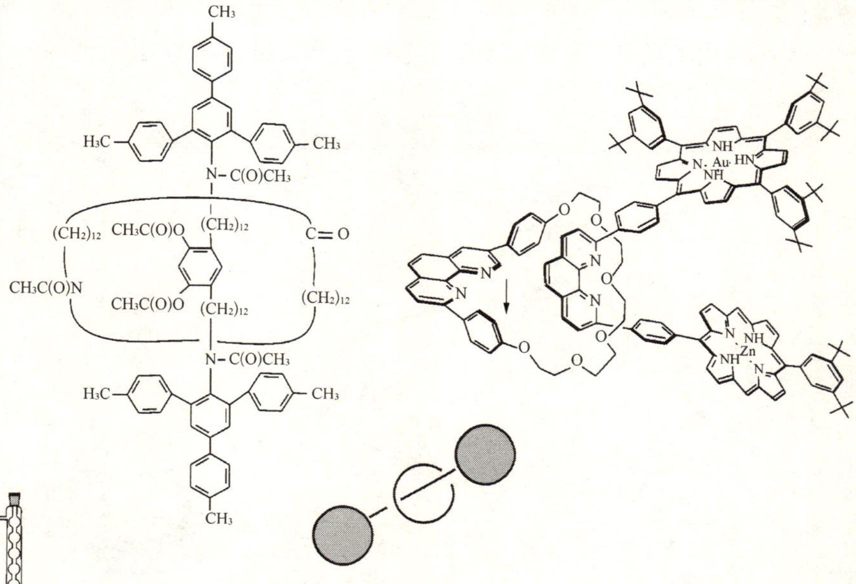

环－线化合物

奇特的是，结状分子系成一个结(J. 萨瓦士 1997 年发现)，带状分子扭曲成莫比乌斯带(D. 瓦里巴 1982 年发现)。见下图：

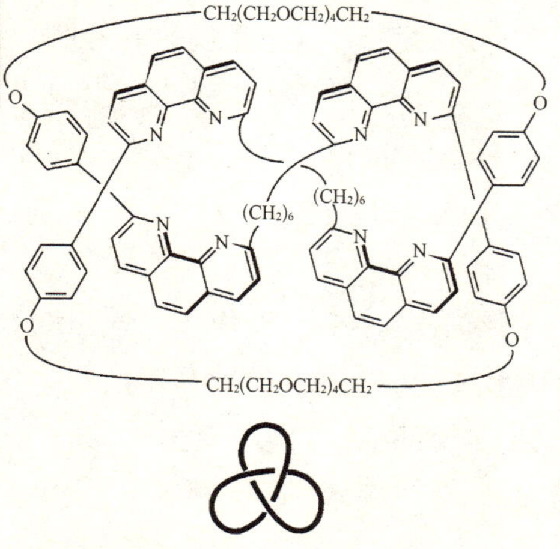

结状分子

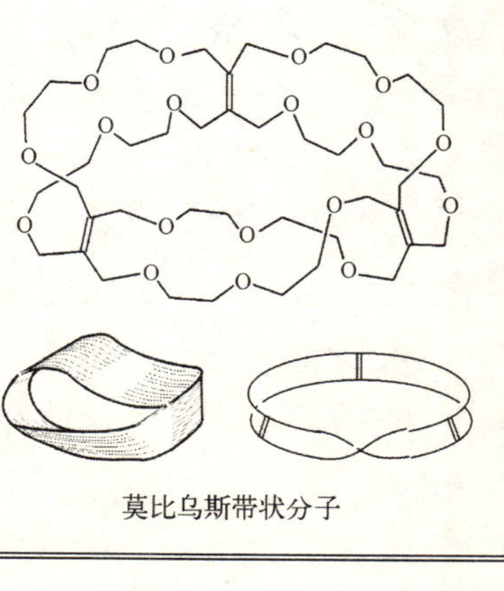

莫比乌斯带状分子

囚状分子(D. 克拉姆,1958 年)为内部包含较小分子的中空球体(如下图所示的苯分子)。这种结构被称为"笼中之鸟"。这种分子的另外一种结构请参看"化学美学"。

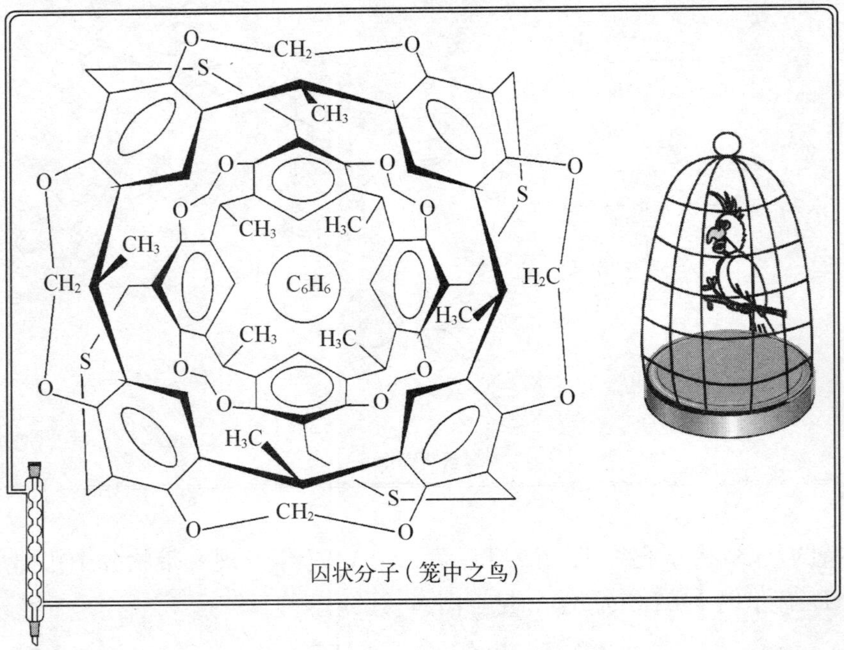

囚状分子(笼中之鸟)

上图显示的每一个化合物的获取,都成为化学史上引人注目的事件。

将意外获取到的化合物划分为一个特殊的基组,这也是偶然的发现。例如,先前无法得到的自由基($Ph_3C\cdot$)(M. 冈伯格,1900 年发现)半个世纪以来一直被认为不具有反应能力的惰性气体化合物(KrF_2,$XeOF_4$, $RnF_2\cdot 2SbF_5$)(N. 巴特利特,1962 年发现)以及高温超导体 $YBa_2Cu_3O_{6-7}$(J. 贝德诺尔茨和 K. 米勒,1986 年发现)。

这里,还可以提一下在 20 世纪 80 年代创造的一种化合物——金属蜂窝,这种化合物是许多化学家在他们的实验结果中发现的。这种化合物分子的一个基组是由不同原子或基(配体)包围的金属原子彼此链接的基组。见下页图:

所有这些我们探讨的化合物都可以称为化学领域的重大成就,但是仍然不能用"杰出"一词来定义它们。我们先要规定出这种化合物应该符合的要求。从众多我们所获取的化合物中选出杰出的化合物,需要满足下面五个条件:

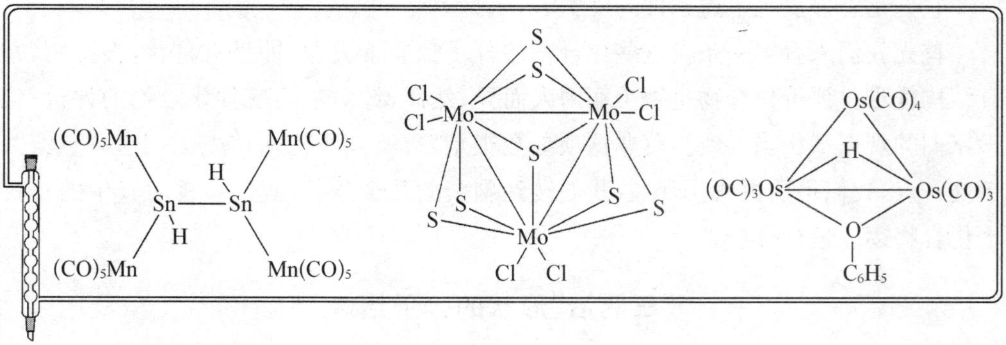

1. 这些化合物的分子形式必须美观；
2. 这些化合物的出现可以明显扩大关于化学键和分子结构的传统定义；
3. 获取这些化合物的方法较为简单；
4. 这些化合物中的每一种化合物都要成为大量相似化合物的“鼻祖”；
5. 这些化合物的出现可以激发科学工作者的极大热情。

我们提出的上述要求并未涉及它们的使用价值。这样做自然是有其目的的。我们旨在选择出这样的化合物，它们不但能对化学的观念产生较大影响，还能促进基础科学的进一步发展。

结果发现，符合这五项条件的只有三种化合物：二茂铁、卡硼烷和富勒烯。

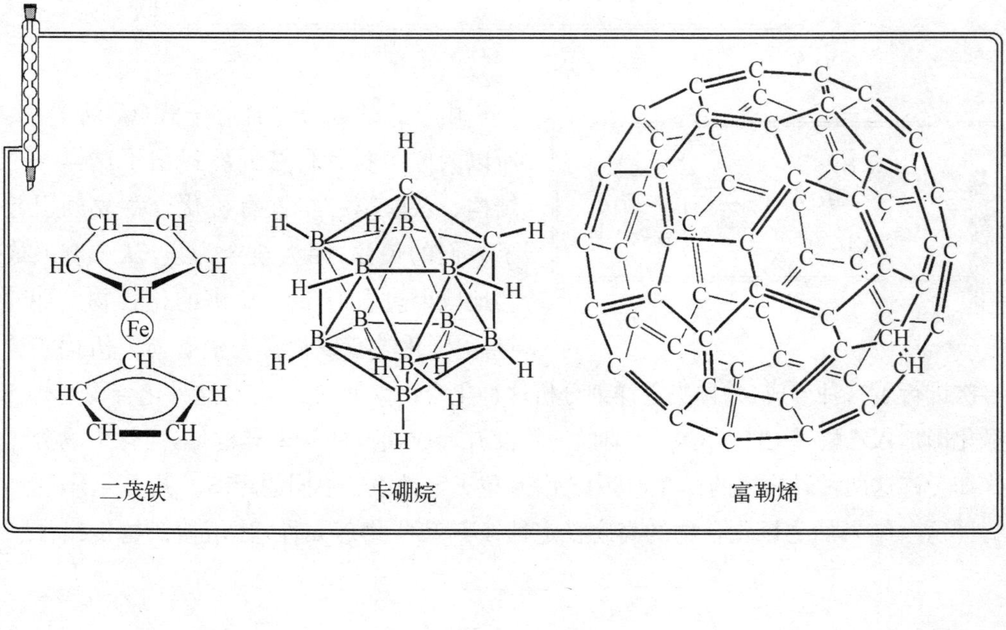

二茂铁　　卡硼烷　　富勒烯

它们是怎样满足上述条件的呢?

首先我们来看第一条。这些化合物的分子都非常美丽,即呈对称状,很特别,并且结构优雅。评价化合物是否美丽因人而异,然而,针对上述三种化合物的评价,化学家们的观点却相当一致。莫非这项参数很重要,所以我们才首先提到这一点?关于这一点,我们稍后再谈。现在,我们转到剩余的几个条件,我们将针对其中的每一个化合物逐一进行分析。

“三明治”形状的分子结构

现在,我们要介绍的是二茂铁。首先,我们简略地讲述一下它的发现过程。1951 年,T. 基里和 P. 波索诺姆意外获取了这种化合物,因为他们的化合实验目的并不在此。他们本来打算通过环戊二烯基溴化镁 C_5H_5MgBr 同氯化铁 $FeCl_3$ 反应,进而得到二烯氧化偶联的产物——富瓦烯 $C_5H_5—C_5H_5$。化合反应并非如预期那样进行。在反应物中完全出乎意料地发现了一种黄色结晶体(下面反应方程式中的最终合成物)。见下图:

$$6C_5H_5MgBr + 2FeCl_3 =$$
$$= C_5H_5 - C_5H_5 + 3MgCl_2 + 3MgBr_2 + 2(C_5H_5)_2Fe$$

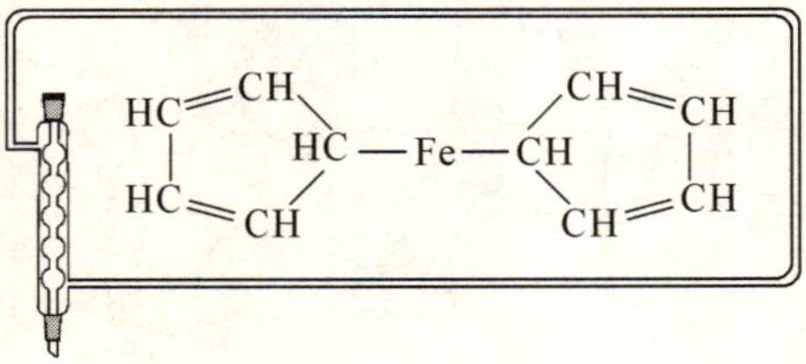

由于它的成分符合分子式$(C_5H_5)_2Fe$,所以两位实验者自然而然提出了这样一个结构。获取第一个铁有机化合物立刻引起了人们的关注,因为至今为止,从未有人成功地取得过含有 Fe—C 键的化合物。1952 年,美国化学家罗伯特·伯恩斯·伍德沃德再次进行了这种合成,并且决定详细分析这种化合物。他确定,在对这种化合物进行乙酰化即加入乙酰基 $CH_3C(O)$—的时候,并没有形成期待的两个异构体,而化合物分子式却允许这两种异构体的存在,其中乙酰基位于距铁原子不同的距离。见下页图:

这一结果加之该化合物的高度稳定性及其某些物理属性,让伍德沃德提出了一

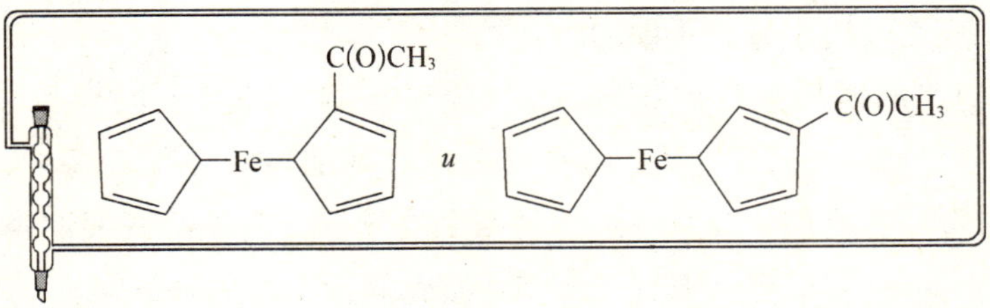

个极不寻常的结构，其中铁原子位于两个环戊二烯基环之间，而两个环的平面呈平行状。整个结构就像是一个三明治。见下图：

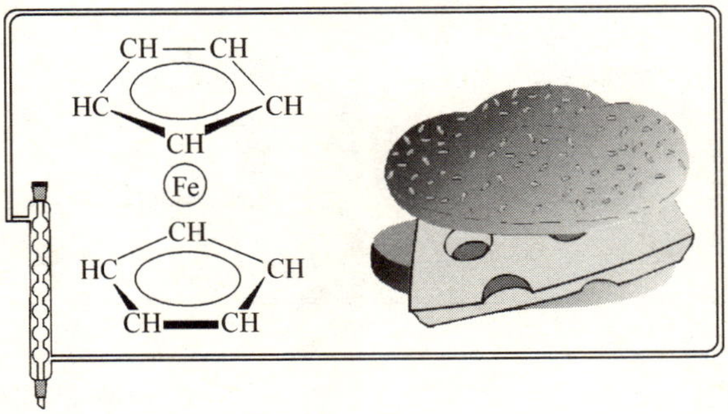

提出这种结构是需要一定勇气的，因为迄今为止化学领域中类似的结构从未见过。就在第二年，通过X射线的衍射分析，伍德沃德的成功猜测被完全证实。这个被伍德沃德称为二茂铁的化合物，实际上在化学领域中翻开了有机金属化合物的新篇章。

如此特殊化合物的出现立刻引起化学家们的关注。从那时起，二茂铁的化学成分便开始了其节日般的狂欢。

二茂铁是怎样构建的呢？二茂铁结构的最特殊之处在于，金属原子并非与一个具体的碳原子相互作用，而是与整个有机分子（更准确地说，是马上与两个有机分子）发生相互作用。这是化学键的一个特殊类型，含有这种化学键的化合物被称为π-络合物。正是这一点使我们认为，二茂铁对于现代分子结构定义的发展具有特殊的意义。二茂铁中的所有碳原子在结构上和化学成分上是等价的。有机环中的多键和单键数量均等，而且一样。

在二茂铁的分子式中，铁原子和有机环之间没有任何的化学键符号，金属原子悬在两个环之间的空间。有机环的内部标记了环形符号，就如同苯结构一样，这些并不是偶然的，因为它在化学属性上同苯非常接近。取代碳原子的化合反应进行得相当容易（参见前面二茂铁乙酰化示意图），而要将某基团链接在二茂铁上却十分困难。所以，二茂铁开启了芳族系中的新种类。

不要忘记我们所提条件的第三条，二茂铁在露天环境下同样保持其稳定性，250℃之下不会分解，并且它还可以承受浓盐酸和碱加热后的温度（$T_{单位面积}$174℃）。

现在，来看一看我们先前所确定的第四个要求。二茂铁给我们的生活带来了许多同源化合物。目前，已经获取到了大多数富瓦烯衍生金属合成物。

过渡金属的环戊二烯衍生物具有和二茂铁同样的结构和环状金属键性质。它们都被称为三明治型化合物。见下图：

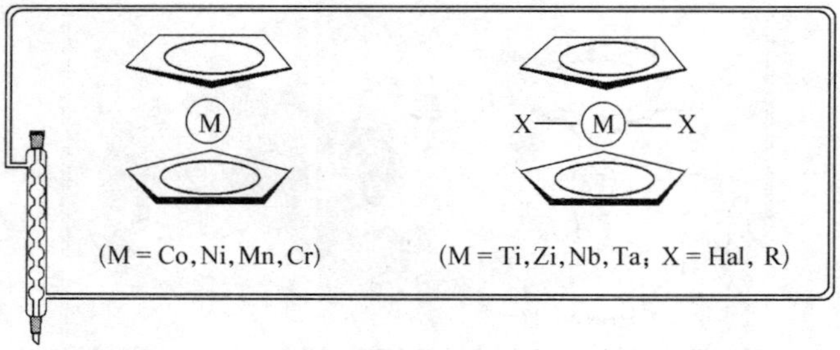

二茂铁的发现让人们明白了先前所得到的某些化合物是如何构建的，以前，这些化合物的结构或者让人看不懂，或者确定得不正确。

1921 年，通过苯基溴化与卤化铬的反应实验，F. 海恩获取到了一种成分上符合三苯基的化合物——四苯基铬，使用的正是这种结构。过渡金属 π-络合物的化学成分使人们产生一种想法，认为这些化合物的结构类似二茂铁，这一点很快便得到了证实。见下图：

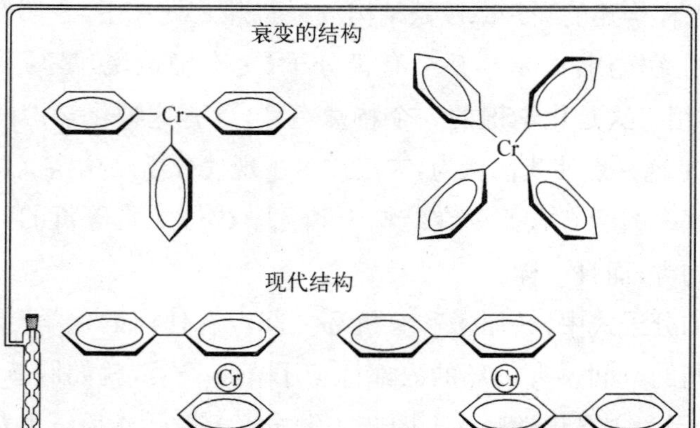

很快，紧随二茂铁之后，类似前面显示的一种化合物被发现了，这次发现并非偶然，而是具有明确目标的。甚至这个化合物本身的名称——二苯铬（而不是二苯基铬），让化学家刚一听上去就感到刺耳（金属和两个中性分子）。现在，这个名称已经被化学家所接受。二苯铬和二茂铁的结构一样。这种化合物的热稳定性达到了300℃。继二茂铁之后，二苯铬成为所谓过渡金属芳烃π-络合物这一大类化合物的“鼻祖”，例如二苯钼和二苯钒。

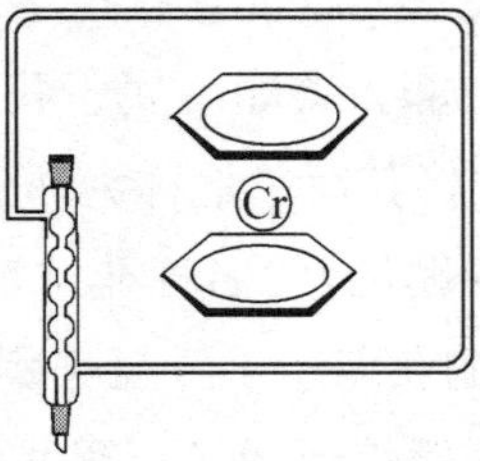

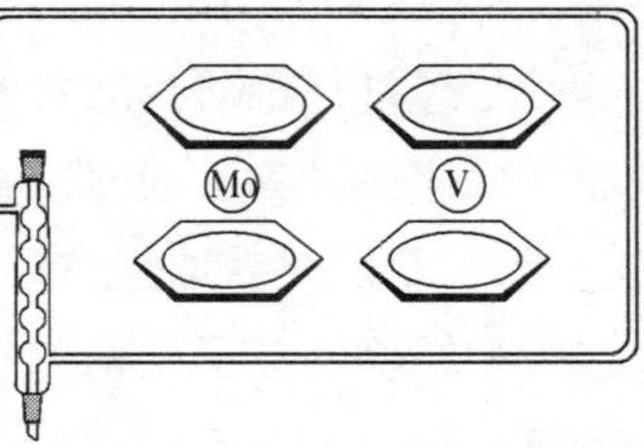

具有特殊的多层次结构的分子构成了一个特殊组群，这个组群有些类似二茂铁。这种多层次结构的分子中，有机（或无机）环段串在了由金属原子组成的轴上。这极易让人想起一种常见的烹调方式——串烧，即用金属铁钎将蔬菜和肉类食物一块块串起来。见下图：

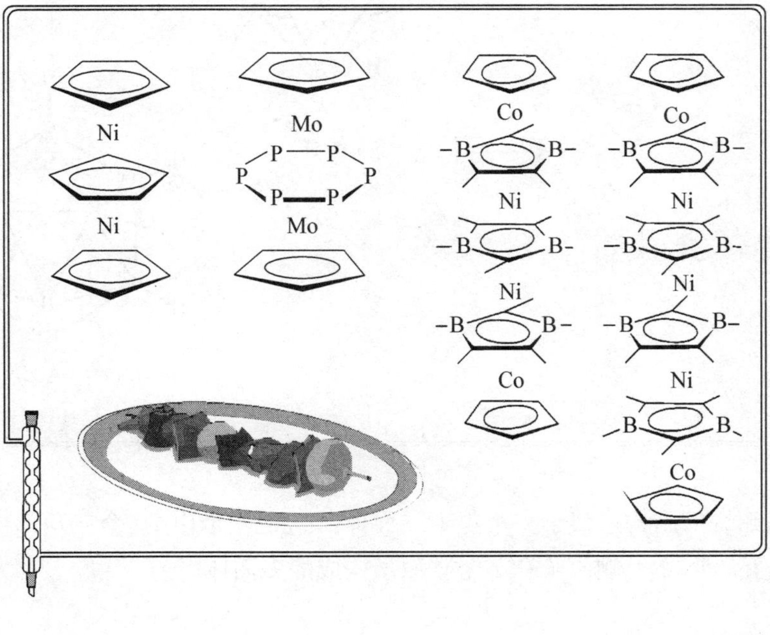

总之，二茂铁的发现具有重要的意义，它极大地丰富了化学结构理论。这一发现确定了化学键的特殊类型，并形成了一个新的科学分支——化学成分中过渡金属π-络合物。

精雕细琢的分子结构

碳硼烷的发现成为20世纪化学领域中最令人瞩目的事件之一，它的发现过程与二茂铁有所不同。二茂铁是不经意间发现的意外之喜，似乎它就产生在"平地上"，而碳硼烷则"成熟"于经过仔细研究的化学成分的内部。碳硼烷属于我们所说的"杰出分子"(其专业名称应该是二乙碳-脱十硼烷，通常将其简单地称为邻-硼烷)。1963年，不同的实验小组几乎同时获取到这种物质。"碳硼烷"的名称非常准确地显示出其碳原子和硼原子相结合的分子结构。邻-碳硼烷的获取始于三氯化硼氢化，后者在氢化时形成了硼氢化物 B_2H_6(乙硼烷)。然后，由乙硼烷形成了十硼烷 $B_{10}H_{14}$，它是在第三阶段形成碳硼烷分子的坯料。见下图：

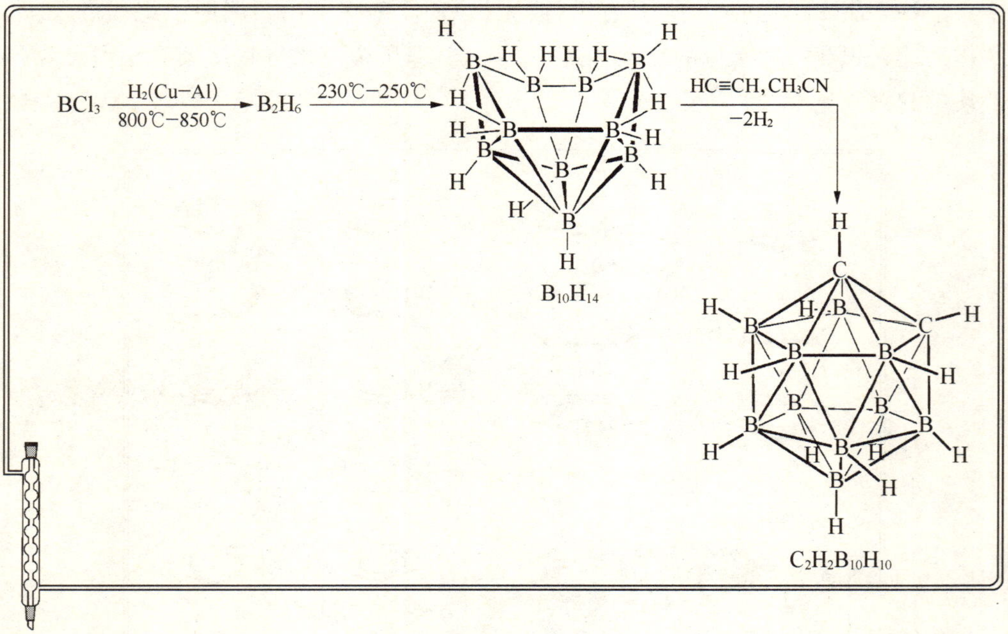

邻-碳硼烷的结构近似于一个正十二面体。这是一个由20个三角形构成，其中有12个棱角，即12个硼原子和2个碳原子构成的多面体。

碳硼烷的结构无法用传统的价态系统图进行描述。而且，直到碳硼烷发现，这个问题也仍然存在，人们不清楚最简单的硼氢化物是如何构建的。硼原子中一共含有三个价电子，最简单的硼氢化合物 BH_3 分子中的硼原子中不含有形成补充键的电子。然而，所存在的乙硼烷 B_2H_6，其成分构成近似乙烷或者类似丁烷的丁硼烷 B_4H_{10}。表面上看，它们的结构与饱和烃一样，不过此时不清楚其中的硼原子是如何连接的，因为与碳原子不同，硼原子应该是三价原子。

人们开始逐渐明白，两个原子应该与一对电子相连这一传统概念在这里并不适用。20 世纪 50 年代，有关三中心键的概念已经明确下来。乙硼烷 B_2H_6 中的硼原子彼此并非直接相连，而是借助于氢原子。氢原子的球面 S 型轨道同时与两个硼原子延长的 L 型轨道相交。于是，就形成了两条三中心键（BH_2 段处于虚构平面的上方和下方）。见下图：

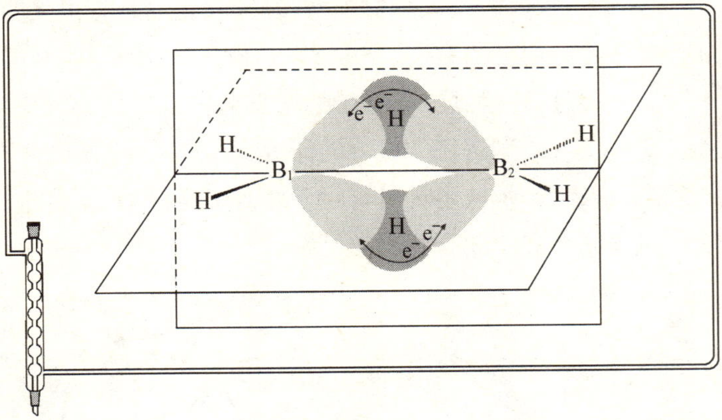

B_1—H 键位于由一个传统电子对形成的平面上方，它同时还吸引一个硼原子进来，此时，这个硼原子不能提供形成键的电子，而是将空闲轨道拉拽向这对电子。这样，就形成了一条带有三个原子的化合键，其中包括总共由两个电子链接的两个硼原子和一个氢原子（位于平面上方）。这个化合键称为三中心两电子化合键，其名称完全名副其实。原子 B_2 的电子与另一个原子 H（位于平面下方）一同参与到该化合键的形成之中。

三中心键不仅可以形成于由两个 B 原子和一个 H 原子构成的三角形中，而且还能形成于三个 B 原子之间，就如同在碳硼烷中一样。在我们称为“杰出分子”的邻碳硼烷中还有两个碳原子，它们同样参与到三中心键的形成之中，并且构成了分子骨架不可分割的一部分。

在传统的价态示意图中,符号“—”表示链接两个原子的电子线。但碳硼烷的情况完全不同。分子骨架中用于连接B原子和C原子的线不应该视为价线,它们只是用来表明分子骨架结构中B原子和C原子所处的顶点。邻碳硼烷的主要性质表现在,由于非局域价电子的存在,整个结构非常稳定。闭合式的电子结构体系恰恰是高强度化学稳定性的原因。

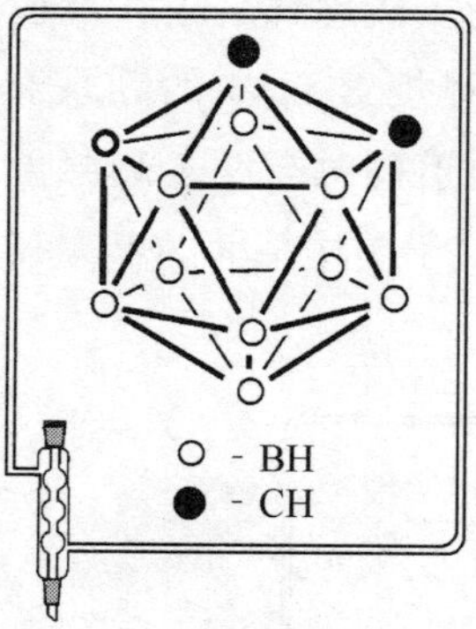

同时,这也是芳香族的主要特征。迄今为止,所有知名的芳香族化合物都具有平面结构(苯、萘、二茂铁的戊二环)。不同之处在于芳香族具有完整的立体结构。接下来,我们将使用邻-碳硼烷和其他没有化学符号的硼烷的分子简写形式。

邻-碳硼烷对强酸、碱和氧化剂具有很强的稳定性,其溶解温度为287℃—293℃。硼烷能承受450℃的高温,一旦超过这一温度,其分子架构就会发生重组。

硼烷化学成分的研究导致大量同源化合物的出现。硼原子和碳原子能够进行组合,形成各种各样的美丽结构。下面显示的是这个大家族的一小部分,其中包含闭合和不闭合的框架结构。

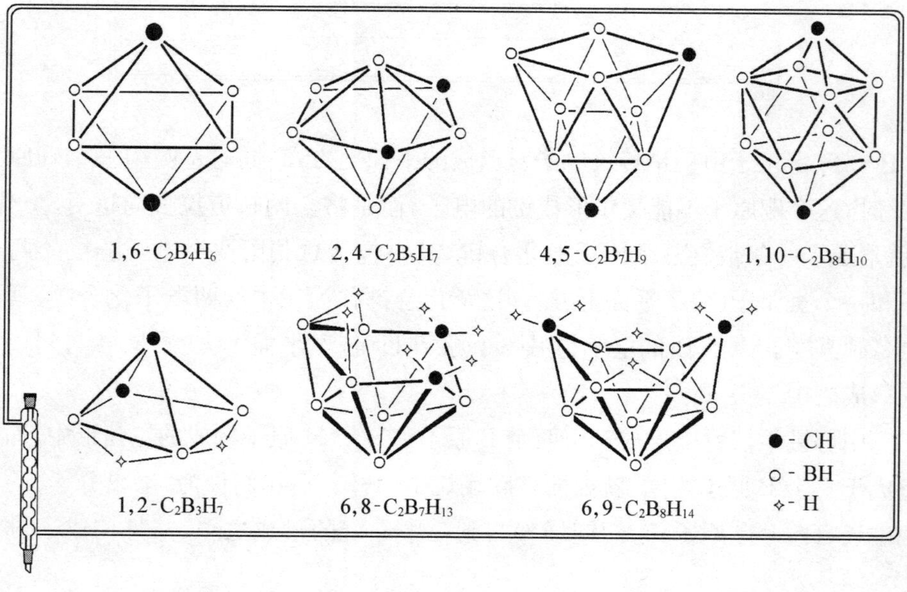

现在,我们来谈谈邻-碳硼烷化学成分最让人印象深刻一面。人们找到了一种方法,采用这种方法可以去除硼烷分子结构中的一个棱角,结果便形成了一个开放状的棱面,上面有五个原子(三个硼原子和两个碳原子)。见下图:

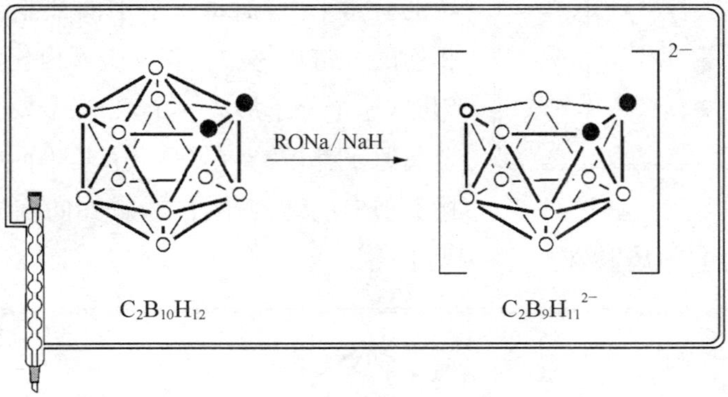

这种分子形态很像环戊二烯阴离子,它在二茂铁的化学成分中是一位主要的“演员”。这个分子能够形成过渡金属络合物。当然,第一个被确定可以构成金属络合物π的金属元素就是铁原子。于是得到了类似二茂铁三明治状的特殊结构,它将前两种杰出化合物组合成自身的化学成分。见下图:

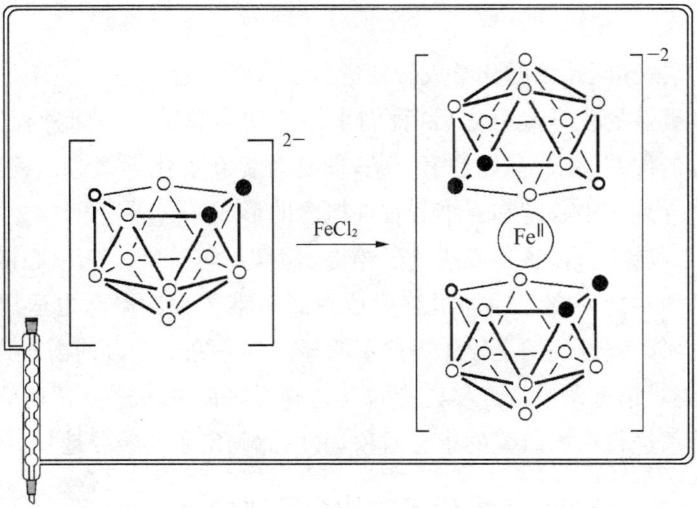

差别仅仅在于,这不是中性化合物,而是双电荷阴离子。化合物具有热稳定性(高达300℃),而且耐酸耐碱。以极类似的方法获取到了钴和含镍化合物。

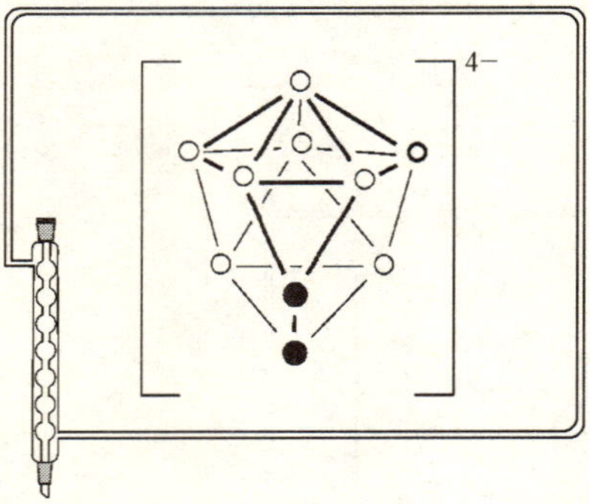

不过，作为配体的邻-碳硼烷，其功能并非仅限于此。在强碱性环境中，另一个棱角也会发生裂解(BH段)。所形成的化合物已经有两个开放状的五角平面，而每一个平面都能够进入与金属相连的π链接体中。在同金属卤化物发生相互作用时，这个分子形成一个双-三金属化合物。每个金属原子都被“夹在”两个五角平面中间。整个结构类似多层结构化合物，就如同在二茂铁化学成分一节中提到的“串烧”结构一样。见下图：

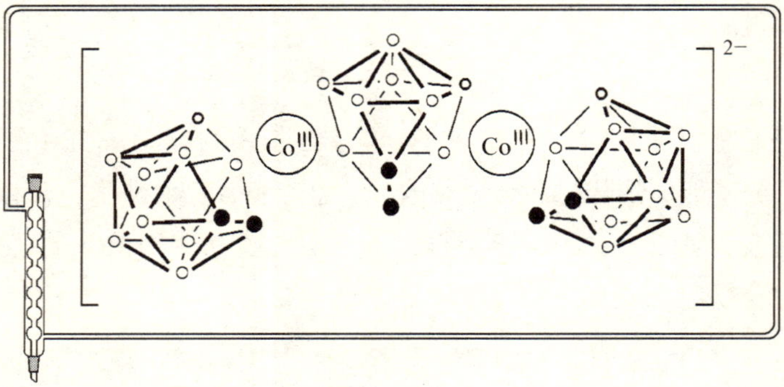

这样，二茂铁和碳硼烷的化学成分便进行了自然组合。

讨论了碳硼烷的化学成分之后，我们来做个初步总结。在何种程度上，碳硼烷符合前面列出的那些要求，首先是第二条，即是否更新了化学概念。答案一目了然，碳硼烷的出现导致三中心键和三维芳香性概念的形成。

不过，就二茂铁而言，这一说法过于绝对，而且不够清晰。三中心键理论是在对硼烷和碳硼烷的共同研究之后才最终形成。而三维芳香性概念也适用于两类化合物。初看上去，邻-碳硼烷的主导作用并不明显。但它完全符合前面所列出的其他几条要求(下面将对第五条进行详尽讨论)，这是毫无疑问的。这一切使硼烷成为我们对新一类化合物进行深入研究的中心对象，并以此确定了其领导地位。

类似足球的分子结构

发现富勒烯的过程可能是我们这里探讨的最为特别的事情。1973年，俄罗斯学者博奇瓦尔和加里佩恩公布了他们进行的量子化学的计算结果，确实存在一种碳的稳定

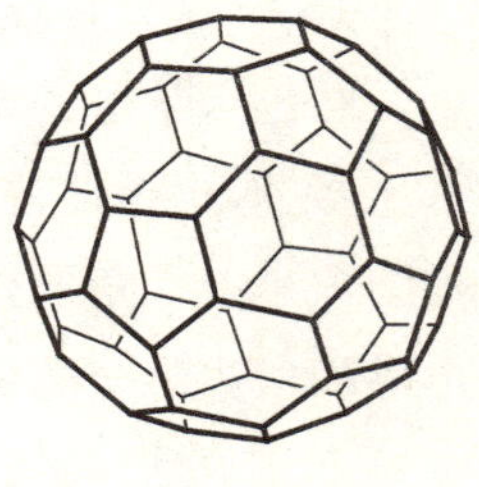

形式，其分子中含有 60 个碳原子，而且不存在任何替代物。发表的研究结果中还给出了假定的分子形式。该实验结论在当时感觉完全是一种想象。没有人可以想象出这种分子的存在，况且也不清楚如何才能获取到这种分子。这项理论成果的问世有些恰不逢时，就像经常发生的情形一样，很快便被人们遗忘了。

随后发生的事件最好冠名为“由宇宙研究到实验室试验”。这句话让人不由自主地想倒过来读，因为实验室试验一般要早于大规模研究。不过，也有一些例子，说明有些时候，事态的发展有悖常理。所以，氦就在日晷光谱中首次发现，并且为其确定了名称（helios——太阳神）。这一事件发生在 1868 年，而在地球上找到这种物质已经是 27 年之后了。

类似的情形在百年之后重新复现，宇宙为研究者们指明了方向。20 世纪 80 年代，天体物理学家 L. 科尔在对一些称为“红矮星”的恒星进行光谱研究时，发现存有大量纯碳分子的带状物。

1985 年，美国学者 G. 克罗托和 L. 斯莫利决定要在“地球”条件下进行试验来研究这种现象。他们在对激光束作用下得到的石墨蒸气进行质谱研究时，发现质谱中有两个较强的信号。因为在原始石墨中除了碳原子不存在其他原子，他们（根据质谱数据）确定了两种物质的总分子式——C_{60} 和 C_{70}。

通过质谱只能确定粒子的分子质量，不过这足以激发两位科学家的想象。于是，他们提出了一个骨架分子的特殊结构，该结构含有 60 个碳原子，即一个三十二面棱状体，由 12 个五边形和 20 个六边形组成。每一个棱角都有一个碳原子，其四价被精确填满。在现今的出版物中，人们常常用该结构的简图替代原来繁琐的碳原子图，简图中显示着单键和双键的交叉架构，但这常常描述的是单键架构，而多重键和碳原子的所有三种结构形式，只能凭想象去描绘。见下图：

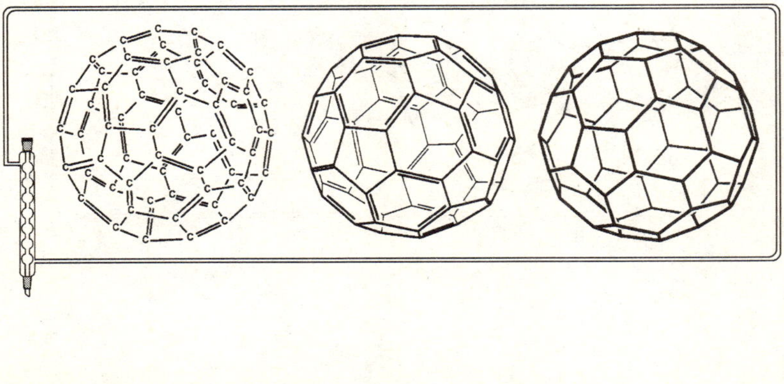

其实，这只是准确地复制了12年前博奇瓦尔所提出的、现已被遗忘了的结构而已。两位科学家为该化合物命名为“富勒烯”，以此来纪念美国著名建筑师巴克明斯特·富勒，正是他首次用五边形和六边形来建造镂空结构的圆顶。乍一看，感觉这种圆顶是由三角形拼接而成，但如果仔细观察，不难发现，这种圆顶其实是用许多五边形和六边形交替黏结在一起的。这种圆顶设计完全符合富勒烯结构。富勒烯还有一个不常见的名称——足球烯，是因为它的结构酷似一个足球。

为什么这两位科学家没有使用能立即确定该特殊分子结构的X射线衍射技术，而仅仅使用质谱来进行研究呢？当时的X射线衍射技术已经相当完善和先进，能够立刻准确地确定出分子的结构。问题在于，进行这种分析需要选取极微小的晶体（小于1毫米），而且要结构有序并且内部无缺陷。正是这方面显示出了富勒烯的独有特性，即高度无序的晶体球状分子结构，也因此这种结构不适合采用这种分析方法。在发现这一特点之后过了6年才成功实现了“用自己的眼睛观察到富勒烯分子”。见下图：

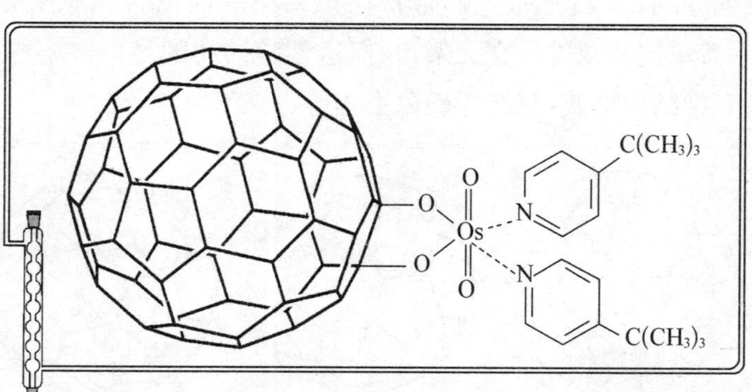

应该提及的是，化学家们在没有等到任何确实论证的情况下便开始了新化合物的积极研究，出现了“富勒烯热潮”。1996年，由于发现了富勒烯，G. 克罗托、L. 斯莫利和L. 科尔获得了诺贝尔化学奖。

富勒烯的发现震惊了国际化学界。化学家们曾觉得似乎已经对碳元素了如指掌，因为已经清楚了碳的所有稳定异形体构造，即已经详尽研究了三种碳的同素异形体：金刚石、石墨和线型碳化物(乙炔凝结获得)。见下图：

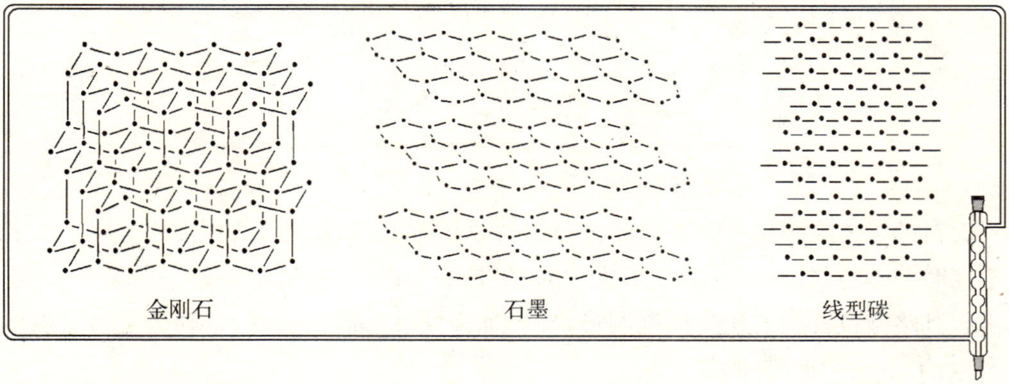

碳的新同位异形体——富勒烯，其特点首先在于，这是具有闭合形式的单个末端分子，所以，富勒烯自然能够溶于有机溶剂(苯、正己烷、二硫化碳)。

富勒烯立即给化学家们带来了惊喜。它含有20个类似苯而且凝聚的碳六元环。然而，它们不属于芳香族。X射线衍射分析清晰地证明了这一点，每个六角形环中都存在三个固定的多重键(长1.386 Å)和3个单键(长1.434 Å)。应该强调的是，苯环中的所有键其长度都是相等的，确定的两键之间的中间值为1.397 Å。

富勒烯是一种相当稳定的化合物。在结晶形式下，它不与空气中的氧发生反应，耐酸碱，熔点达360℃。富勒烯的化学成分有哪些特点呢？它的化学属性与其结构完全吻合。它不具有芳香族参与反应时的特点，它的化学成分十分独特。首先，它不可能发生取代反应，因为碳原子不存在任何的侧向取代物。富勒烯是一个带有大量独立多键的聚烯烃构造形式。

发生在碳架构外部环境的转换已经得到很好的研究，但富勒烯还有一个独特的结构特点。它的分子中有一个直径为5埃的内腔，该空间足够容纳一个金属原子或者小型分子。这开辟了一条新的研究道路，即可以获取到原子被牢牢锁在内部封闭孔中的化合物。将金属原子置入富勒烯内腔的方法实际上与获取富勒烯的方法并无二致。石墨在蒸发之前浸渍了金属盐。在反应产物中发现了由 $C_{60}La$，$C_{60}Y$ 和 $C_{60}U$ 组成的化合物。通过对富勒烯进行气相氦离子轰击，一个小型氦原子穿过腔壁进入早前形成的腔体内部。见下图：

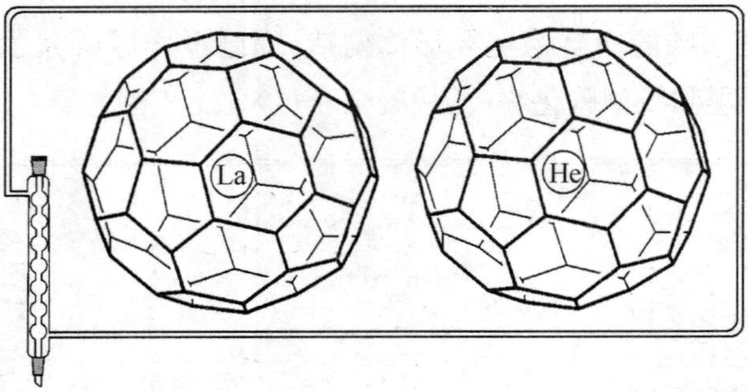

富勒烯的同源化合物和类似化合物数量暂时不多，最常见的类似物是与 C_{60} 几乎同时获得的 C_{70}。获取单纯形式下的 C_{70} 是非常困难的，所以对于它的研究很少。由于其略微拉长的形状类似椭圆形，又被称为"椭圆烯"。这样，富勒烯又有了新的名称：C_{60}——"橄榄球烯"。

将石墨蒸气产生的富勒烯混合物进行分解时，发现了分子 C_{78} 和 C_{84}，同时还发现了达到 C_{200} 的更大聚集体。它们在反应混合物中的总数不超过 1%。

化学家们认为，随着时间的推移将会发现其他更大的化合物。这方面不存在理论上的限制。计算结果表明，为了得到一个封闭的多面体，采用 12 个五边形和任意数量的六边形就足够了。下面是这种期待的富勒烯 C_{540} 示意图。

在将石墨与氮化硼进行混合汽化的情形下，其质谱显示为含有少数的 $C_{60-x}B_x$ 和 $C_{59}N$ 粒子。在这些化合物中，B 原子和 N 原子不是处于球形内部，而是进入框架结

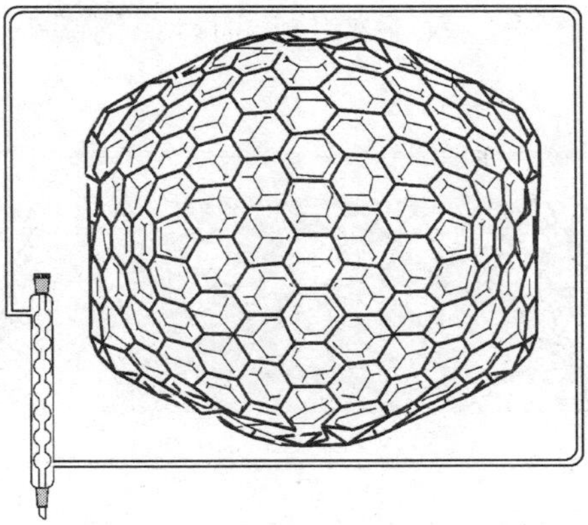

构中取代 C 原子。

下面是所获得的 16 个金原子构成的富勒烯相似分子示意图。

还合成了一种巨大的含金属富勒烯，这种富勒烯由 90 个原子组成，其中含有 Cu、Fe、Cl、P、C、N、H 等金属原子。下图显示的是这种化合物同传统富勒烯 C_{60} 在尺寸上的比较。

近些年，人们更倾向于由球状富勒烯分子的研究转向它的“近亲”——富勒烯管

状分子。富勒烯管状分子由碳六面体组成，而且照例端头具有包括五角棱的球形盖。见下图：

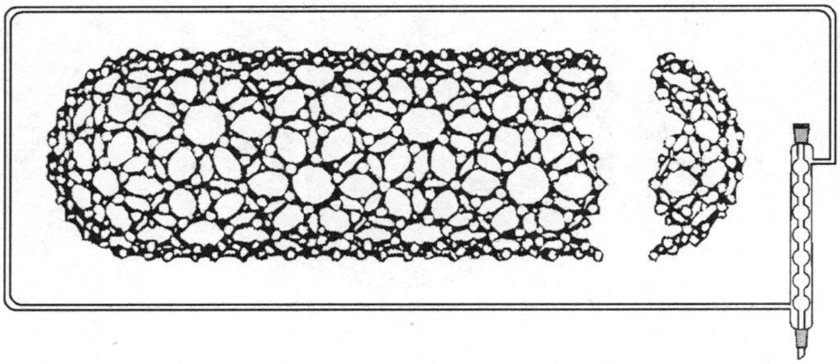

这种管状化合物是通过石墨蒸气冷凝在石墨基板表面而形成的。这种管状化合物的直径为10—30埃，而长度达数百埃。有时，这种管状化合物就像是套娃似的套在一起。还存在着一种多层形状，其样式接近球形，就好似一个洋葱。原来，这类管状化合物要比球状分子更具发展前途。

综上所述，我们可以得出结论，富勒烯的发现标志着具有碳元素的新的特殊形式的化合物的出现。这是富勒烯圆柱或多层结构的封闭架构，它能够在外表面，也可以在内腔进行化学转换。除此之外，富勒烯还带来了一种由不同原子构成的新型球形分子。

哪些化合物最吸引化学家？

如果一种新的化合物很容易被获取，而且性质稳定，也就是说可以放心地进行处理，不用担心其分解，结构又美丽，那么，每一位化学家自然都想通过自己的努力，利用积累的实验结果以求获取这种新的化合物。正是这些导致了大量论文的发表，而这就是我们前面提出的要求中的第五点。不过，获取化合物过于容易或者新化合物的性质过于稳定，这些都不足以引发大批论文的发表。同时还要具备一个条件，即这种化合物的化学成分非常有趣，并且还要与众不同。下页图显示的是每一种化合物出现之后几年间论文发表的数量变化情况。

前两种化合物发现之后，论文的数量快速增长，在2—4年间处于较高的水平（每年200篇）。其中每一种都渐渐到达高峰期：有关二茂铁的论文近900篇，而有关碳硼烷的论文近400篇。有关富勒烯的论文数量最多。高峰期的数量，即横线的区域很清楚，不可能所有的化学家只是研究这三种化合物。许多人都尝试去研究，没有

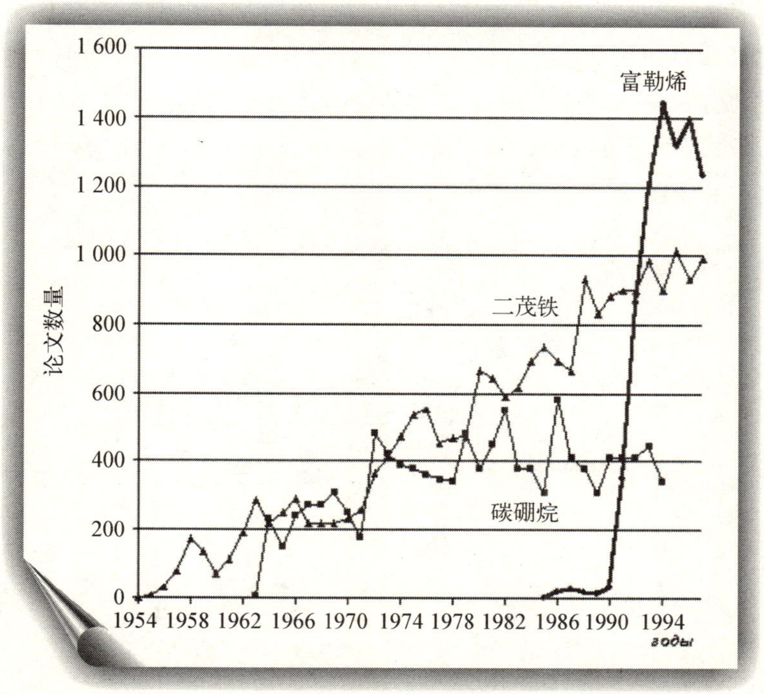

发现有趣的东西，于是就转向研究其他化合物了。

尽管在前面提出的针对“杰出分子”的各项要求中，我们并没有列出实用性这种要求，但是我们还是有必要提及这方面的内容。

通过对三种化合物的详细分析，我们很快可以发现它们具有的有趣的实用功能。我们现在就简略列举一下。

二茂铁及其衍生物可以作为发动机润滑油的添加剂，用以增强工作零件的耐磨性，同时也可以起到抗氧化的作用。此外，二茂铁还可以用作火箭燃料的燃烧催化剂。二茂铁的衍生物作为催化剂用于一系列的工业化合成之中（醇脱水、异构烯烃）。在药理学中，二茂铁制剂可以用于治疗一些机体缺铁性疾病。

碳硼烷及其衍生物可以用作固体火箭燃料的添加剂，还可以用作耐热聚合材料的黏合剂，形成碳材料时硼还能用于制作太阳能电池和中子吸收材料，同时作为内科使用的中子俘获药物用来治疗恶性肿瘤（参见“对症的药物”一章）。

富勒烯的研究结果指明了其广泛的应用前景：它可以用于制作超导材料和新型蓄电池，它同时还是一种跨生物细胞膜的药物运输物质。

人们对管状富勒烯寄予很大希望，认为它近期内就会改变整个现代电子业——可以担当记忆载体和计算元的角色，同时，还能用于制作监视器的显示屏。

这三种化合物并非在相同程度上满足前面的五点要求。至于在竞赛中哪种元素处于什么位次，我们可以进行粗略的评估。不考虑细节，我们可以对这三个化合物进行排名。见下图：

现在，我们再回到开始时的话题。在所列的要求中，为什么第一条是化合物结构的美丽呢？著名物理学家费曼有这样一句名言："周围世界的规律必须要用美丽的方程式来描述。"也许，化学家在接受这一思想时，可以对其略加改动，即"大自然赐予我们了解新秘密的机会一定是以美丽的化合物的形式展现出来的"。

总之，我们可以说，三种化合物中的每一种都标志着化学领域中一个时代的到来。

也许，读者们仍然存有疑惑。难道用这么长的时间总共才获得三种化合物，它们配得上这种令人心动的名称吗？问题是，对于这些化合物的选择，我们遵循了上述五点要求。这是一个相当严格的选择标准。删除其中一条或者两条要求，则整个评价尺度就会发生改变。例如，如果我们去掉针对化合物合成的简易性和稳定性这条要求，那么，自由基就有可能排到首位。如果我们将实用性列入要求之中，抗生素或高温超导体就会取胜。总而言之，在任何领域中，每个人都能提出自己的选择标准并进行相应的研究。

无 烟 火 药

人为探索而生。

——罗伯特·瓦尔泽

下面讲述的并非枪械使用者的故事，而是关于火药的发明者以及将火药应用于新领域的探索者身上所发生的奇闻逸闻。

最古老的发明

首先，我们应当给予无烟火药的前身——有烟火药应有的评价。有烟火药（也称黑火药）是由硝酸钾、木炭和硫黄组成的混合物。有烟火药的主要特点是在氧气的存在下硝酸钾、木炭和硫黄能剧烈燃烧，并在燃烧时产生大量的气体。黑火药燃烧时发生如下化学反应。

$$2KNO_3 + S + 3C \longrightarrow K_2S + 3CO_2 + N_2$$

世界上最早记载火药配方的文献在中国，时间是在公元前1世纪。文献记载道：火药的制作方法主要是硫黄、硝石、皂角(取自于竹屑)一起燃烧，这种方法也称硫黄伏火法。那时火药主要用于生产烟花爆竹。13世纪末，欧洲开始将黑火药广泛用于军事目的。黑火药的主要成分——木炭和硫黄随处可见，但是硝酸钾却是稀缺物品，因为钾硝酸盐的唯一来源是所谓的印度硝酸钾。在欧洲没有硝酸钾这种原料，它必须从印度进口，并且只用于火药制造。由于火药的需求日趋旺盛，而进口硝酸钾既价格昂贵，又供不应求，于是科学家们发现了另一种能生产硝酸钾的物质——鸟粪，通过自然方式产生的鸟类和蝙蝠粪便的腐烂物，这是磷酸、硝酸和其他一些有机酸及钙盐、钠盐、铵盐的混合物。用这种材料制造火药的主要缺点是，鸟粪所含的不是硝酸钾而是硝酸钠，它不能用于火药制造，原因是它吸收水分，会使火药迅速变潮。为了将硝酸钠转化为硝酸钾，可以用一个简单的化学反应式。

$$NaNO_3 + KCl \longrightarrow NaCl + KNO_3$$

上述四种化合物中的每一种化合物都易溶于水，并且混合后不生成沉淀物。然而，如果我们将温度升高，再使用硝酸钠和氯化钾两种热饱和溶液，那么降低温度后，仍然可以进行提纯。氯化钠在水中的溶解度并不高，而且随着温度的改变，其溶解度变化不是太大，但是硝酸钾在沸水中的溶解度比在冷水中的溶解度高出近20倍。因此，将硝酸钠和氯化钾热饱和后与水溶液混合，然后将混合物冷却，析出硝酸钾晶体，析出的沉淀物中便蕴含了纯度较高的硝酸钾。

但是，这并不意味着所有问题都得到了解决。鸟粪的大部分成分都易溶于水，因此它很容易被雨水冲走。

在欧洲，只能在山洞中鸟类或者蝙蝠曾经筑巢的地方找到累积的鸟粪。这样的洞穴终于被发现，比如在克里米亚山麓。1854—1855年的英法俄战争期间，在塞尔斯托波尔城里利用“洞穴原料”建起一个规模不大的火药工厂。当时的欧洲火药储

备很少，这些火药工厂迅速壮大起来。但是制造火药的原料出现短缺，于是人们开始利用南美洲太平洋沿岸储量巨大的鸟粪。数以百万的食鱼鸟类——海鸥、鸬鹚、燕鸥和信天翁在岩石林立的岸上，在秘鲁、智利附近的岛屿上栖息、筑巢。由于这个地区几乎没有降雨，因此在沿岸堆积了许多世纪以来累积的鸟粪，有的地方的鸟粪甚至厚达几十米，长度超过 100 千米。鸟粪不仅是硝酸盐的来源，也是一种宝贵的肥料，其需求量不断增加。因此，美国在 1856 年甚至通过了一个特殊法令——《鸟粪岛屿法》(有时也称《鸟粪法》)，该法令认可美国对这些鸟粪岛的所有权，以便促进对这些岛屿的快速开发，同时对这种宝贵资源的使用进行监控。对鸟粪的需求急剧增加，到了 20 世纪初，其出口量已达数百万吨，鸟粪储存正在迅速减少。每当出现类似的问题，化学总是“知道”如何解决，发明了一种完全不同的火药，对于这种火药的制造来说，根本不需要硝酸钾。

一切都源于聚合分子化合物

人类早已学会使用天然的聚合分子化合物(如棉花、羊毛、丝绸、兽皮等)，而且原材料决定了制品的应用范围——纤维用来生产纺织品，皮革用来生产服装和鞋子。为了从根本上改变制品性质，必须用一些化学手段来改变原材料的结构。纤维素恰好能够实现这种转化，最终形成了高分子化学。棉絮、木材、亚麻线、大麻纤维都是用纤维素制成，纸也源于纤维素，因为它的原材料是木材。

纤维素的聚合分子链由一系列单键构成，单键与单键的链接物是—CH—O—CH—，这个聚合分子链看起来像一条项链：

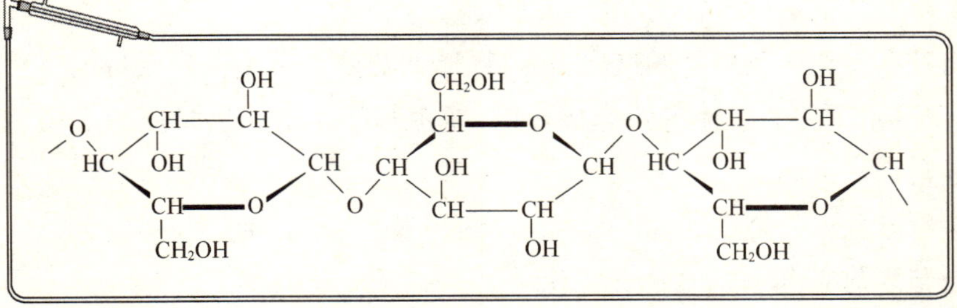

纤维素里含有大量羟基，而且这些羟基可被转化，最初成功的尝试之一便是硝化，即用硝基取代羟基：

$$-CH_2-OH+HNO_3=-CH_2-O-NO_2+H_2O$$

为了分离出生成的水，从而加快这一反应过程，人们将浓硫酸加入到反应流程中。如果用这种工艺处理棉花，然后分离出酸的痕迹并干燥，那么这种棉花的外表看起来和原来完全一样，但是与天然棉花不同的是，这种棉花易溶于醚等有机溶剂。这种属性很快被用于生产硝基漆；它们能够形成特别明亮的光滑表面，这种表面很容易被抛光。很长一段时间它们被用于汽车车身的涂漆，现在这种材料被丙烯酸涂料所取代。其实，指甲油也是由硝酸纤维素制成。

同样有趣的是，在高分子化学历史上，第一块塑料也是用硝酸纤维素制成。19世纪70年代，由樟脑融合增塑剂形成了硝酸纤维素，在此基础上首次制造出热塑塑料，这是一种在高温、高压条件下才能塑型的物质，当这种物质被冷却时，塑型便被保留下来。塑料被称为赛璐珞，用它开始制作胶卷和电影胶片、台球（用塑料取代昂贵的象牙）以及各种家居用品（梳子、玩具、镜框、眼镜框）。赛璐珞的缺点是易燃，并且燃烧速度非常快，若想停止燃烧几乎没有可能，因此它逐渐被非易燃的聚合分子化合物所取代。也是出于这个原因，人们很快放弃用硝酸纤维素来制造人造丝绸。

曾经流行的赛璐珞并没有被人们所遗忘，俄罗斯著名摇滚乐队“龙舌兰”发行过一个专辑，名字就叫“赛璐珞”，专辑中有些是专为电影所做的配乐，而单词“赛璐珞”即指早期制作电影胶片的材料。如果想给专辑取一个更现代的名字，它应该被称为“醋酸纤维素”，因为它不易燃烧，所以取代赛璐珞，最现代的名字应该是“聚酯”，它开始在电影胶片的制作方面与醋酸纤维素展开竞争。

也有些产品至今仍用赛璐珞作为原料，比如赛璐珞是制造乒乓球的不可替代的原料，用赛璐珞制作的吉他音箱效果最好，魔术师使用赛璐珞材质的小棍展现出明亮又迅速消散的火焰。

硝酸纤维素的易燃性葬送了其在聚合分子材料中的“前程”，但同时又为它铺就了另一条与之前完全不同的宽阔之路。

无烟火药

早在19世纪40年代，研究人员就发现，把一系列碳水化合物如棉花、淀粉、木纤维等溶于浓硝酸中会得到一种易燃物，然而获得硝化棉最成功的方式却是偶然发现的。1846年，瑞士化学家K.绍本在做试验时不小心将盛满硝酸和硫酸混合液的瓶子碰倒了，溶液在桌子上到处流淌，他赶紧拿一块棉质抹布将溶液擦干，并把抹布挂起来晾晒。

晾干后的抹布在靠近火苗时瞬间被烧掉，绍本开始仔细研究这个过程中发生的化学反应，正是他最先决定在棉布的硝化反应中加入浓硫酸。硝化棉燃烧效果非常明显：如果在手上放一块“硝化”的棉花并且点燃，它会迅速燃烧，燃烧速度之快，甚至手都感觉不到灼伤。

1884年，法国工程师维埃里在这种易燃物质的基础上制成了火药。维埃里将硝化纤维溶解在乙醚和酒精里，得到了一种黏稠的物质，经过研磨和干燥产生一种奇特的粉末。由于这种粉末的功效远远大于黑火药，并且燃烧时没有烟，因此被称为无烟火药。无烟火药的优势在战场上大显身手，使用无烟火药，战场上没有烟雾笼罩，便于炮兵进行准确射击，而有烟火药产生的烟雾会被敌方发现目标。到了19世纪末，所有发达国家都开始生产无烟火药。

传说与现实

每种化工产品从实验室到工业生产都经过了一个复杂的过程。需要制造各种不同品种的火药，有的种类应该适合于炮兵使用，有的则应该适合于步枪射击。火药的质量应该稳定，能够安全存储，此外，其生产方式应该保证安全。结果，很快便出现了许多种生产无烟火药的方式。

德米特里·门捷列夫在俄罗斯的火药生产中起到了突出的作用。他在俄罗斯化学工业发展方面的贡献并不亚于其在科学发展方面的贡献。1890年，他游历了德国和英国，游历期间他了解了火药的生产方式。甚至有这样一个传说，此行之前，门

德米特里·门捷列夫
(1834—1907)

捷列夫利用每星期运到火药工厂原料数量这一信息，确定出了无烟火药的构成成分。对于一位高水平的化学家来说，根据所得信息来了解大致生产流程，并不存在任何困难。

门捷列夫旅游结束返回彼得堡之后，便开始详细地研究硝化纤维素。在此之前许多人认为，硝化纤维素越多，其爆炸力越强。门捷列夫则证明了事实并非如此，原来存在着一种最优的硝化程度，在这种硝化过程中，存在于火药中的碳并非氧化成二氧化碳，而是一氧化碳，后者给予每单位质量最大容量的气体，即一氧化碳拥有最大的气化能力。

在生产硝化棉的过程中，可以用水洗净硫酸和硝酸的残留物，之后再去掉水的残留物。以前操作这个过程需借助热气流，但这种干燥过程效果并不明显而且容易引起爆炸。门捷列夫建议用酒精清洗的方式来干燥，这一过程中硝化棉并不溶解，而水则被有效去除。这种方法后来应用于世界各地，并且成为制造无烟火药的经典工艺技术。

最后，门捷列夫研制成功了一种化学成分均匀，搬运非常安全的威力强大的无烟火药，这种火药被其命名为“焦珂锣酊”，即火胶棉。1893 年，这种新型火药在远程舰炮上进行了射击试验后，门捷列夫收到了著名海洋学家和杰出的海军中将斯捷潘·马卡洛夫的贺电。

斯捷潘·马卡洛夫海军中将
(1849—1904)

遗憾的是，尽管这种无烟火药优势明显，但其生产并没有在俄罗斯进行。原因是俄罗斯的炮兵指挥官们崇洋媚外，因此对俄罗斯本国的研究成果并不信任，所以工厂所有火药的生产都是在聘请的法国专家门萨的监督下进行的。法国专家甚至不赞同门捷列夫对生产中存在的缺陷所提出的意见，并严格按照原有的规程照章办事。然而，门捷列夫发明的火胶棉火药被美国军队所采用，第一次世界大战期间，美国的工厂进行了大量生产。在门捷列夫发明出这种火药 5 年之后，美国竟然取得了生产这种火药的专利。然而这个事实并没有引起盲目相信法国火药技术的俄罗斯国防部的丝毫不安。

20 世纪初期，全世界已经出现生产出了好几种无烟火药，其中最为普及的是门捷列夫发明的无烟（火胶棉）火药，此外，一种与其成分接近，但采用不同技术并且存储保质期较短的维埃利所发明的火药（前面已经讲述过），还有一种称为无烟线状火药的火药混合物。关于无烟线状火药的生产，还有不同寻常的故事，后面将对此进行讲述。

总统化学家

20 世纪初，英国的军事工业开始集中生产由硝化棉和硝化甘油所组成的柯达火药，在成型阶段加入丙酮以增加混合物的可塑性，混合物成型之后丙酮再蒸发。麻烦的是，第一次世界大战开始之初，英国的丙酮大部分通过海上运输从美国进口，但此时制海权已完全被德军潜艇所掌控。就在英国迫切需要单独生产丙酮之时，不久前刚从摩托尔村（白俄罗斯平斯克市附近）移民英国的鲜为人知的化学家哈伊姆·魏茨曼伸出了援手。他在英国曼彻斯特大学化学系工作时曾发表了一篇文章，里面描述了碳水化合物酶的分解获得了含有丙酮、乙醇和丁醇的混合物。英国国防部请哈伊姆·魏茨曼前去说明，其所发现的反应过程是否可以生产出大量的国防工业所必需的丙酮。根据哈伊姆·魏茨曼的意见，如果能解决一些化学方面的小问题，这种生产可以进行。由于化合物中沸点温度差异明显，通过蒸馏的方法分离丙酮很简单，然而实施这种生产却出现了麻烦。根据魏茨曼的方法，粮食是碳水化合物的源泉，但英国本国的粮食生产完全供应食品行业，额外需求的粮食必须通过海上运输从美国进口，德国潜艇在拦阻英国丙酮进口的同时也阻碍了粮食的进口。然而，困境之下英国人还是找到一个方法——用马栗子替代粮食，获取碳水化合物。于是，英国举全国之力收集马栗子。

哈伊姆·魏茨曼
(1874—1952)

鉴于魏茨曼在巩固英国军事力量上所付出的努力，第一次世界大战期间的英国首相劳埃德·乔治派外交部长亚瑟·贝尔福代表他本人表达了对魏茨曼的感谢。外交部长亚瑟·贝尔福征求魏茨曼的意见：想得到什么样的奖励，魏茨曼表达的愿望则完全出乎人们的意料：他建议在巴勒斯坦的领土上建立一个犹太国家，这个地方是犹太人历史上的家园，在此之前已经被英国统治多年。结果，1917年形成了一个可以载入史册的重要声明，在这个声明中，英国提议划分出土地建立未来的犹太国家。这项声明起到了一定作用，但并没有立竿见影，而是时隔31年之后，即第二次世界大战期间全世界都吸取了纳粹暴行的教训之后达成共识，建立这样的国家已经显得很有必要。最终在1948年创建了以色列国家，哈伊姆·魏茨曼理所当然地成为第一任总统。作为首次向国际社会提出这个想法的人，以色列雷霍沃特研究院现在依然以他的名字命名——而这一切都始于无烟火药的制造！

古老“职业”的回归

很长一段时间，军事上的火药使用存在两个局限性：第一，如何使枪炮管中的子弹或炮弹发射出去；第二，位于弹头的弹药应该在射中目标时发生爆炸并产生破坏作用。无烟火药能够唤起被人们遗忘的另外一种功能，其实它是由中国古代发明的燃放烟花发展而来。军事工业渐渐将无烟火药作为燃料，依靠从喷嘴发射出的气体作为动力来推动火箭。首次进行这种试验是在19世纪上半叶，无烟火药的出现则将其带入一个全新的水平——产生了火箭技术。最初，在装填火药的基础上开始制造固体火箭，然后出现了液体燃料火箭——含氧化剂的烃类混合物。

这时，火药的成分发生了某些改变。俄罗斯开始添加三硝基甲苯，新型的硝酸纤维素-三硝基甲苯火药燃烧时没有硝烟，汽化性强而且稳定。它开始使用那些类似冰球的被压缩的药块。有趣的是，首批这种压缩药块是在门捷列夫当时研究火药时所用的压力机制造的。

由硝酸纤维素-三硝基甲苯火药制造的固体燃料火箭，首次使用于20世纪30年代——作为飞机的加速剂。在地面，它可以大大缩短飞机起飞时的滑行距离，在空中，飞机追赶敌机或避免与敌机相遇时可以增加急转的速度。当驾驶舱的一侧喷出火炬般的烈焰，可以想象首批试飞员当时的感觉。

20世纪30年代，专门成立的推进发动机研究所，由苏联火箭技术专家伊万·基连奇耶维奇·科列伊缅诺夫、瓦连京·彼得洛维奇·格鲁什科、格奥利·爱利好维奇·兰格马克、谢尔盖·帕夫洛维奇·科罗廖夫领导参加苏联首批液体火箭发动机的研制工作。

伊万·基连奇耶维奇·科列伊缅诺夫（1899—1938）

瓦连京·彼得洛维奇·格鲁什科（1908—1989）

格奥利·爱利好维奇·兰格马克（1898—1938）

谢尔盖·帕夫洛维奇·科罗廖夫（1907—1966）

这个研究所按照格鲁什科和兰格马克的想法，首次设计出可以齐射火箭弹的连发火炮，后来这种火炮以其具有传奇色彩的名字"喀秋莎"而闻名遐迩。

新型火箭炮的性能在战争初期就得到了展现。上左图显示的"喀秋莎"是拥有16个发射管的火箭炮，在5—7秒钟的时间内可以发射出所有的火箭弹。1941年7月14日，5门"喀秋莎"的第一次发射便重创了奥尔什火车站附近的大量德国军队，之后，"喀秋莎"又出现在列宁格勒前线，到伟大的卫国战争末期，有1万余门"喀秋莎"在战场上大显威力，总共发射了约1 200万发不同口径的火箭炮弹。

火药用于和平事业

火药不仅可以在保卫祖国、抵抗外来侵略的战争中被用作武器拯救生命，而且还可以在完全"和平"利用时挽救人的生命。

汽车行业的迅猛发展导致出现了一系列的问题，首先就是司机和乘客的安全问

题。由于道路上会发生各种突发事件，作为汽车在紧急刹车时保护驾乘人员免遭伤害的防护装置，最为广泛使用的便是安全带。然而，安全带并不能防止头部撞击方向盘、仪表板或挡风玻璃，也不能在身体猛然后倾的剧烈动作中保护后脑壳。最现代化的保护方法是安全气囊，它是用带橡胶衬里的特殊尼龙制成，发生碰撞时，可以瞬间充进压缩气体而膨胀起来。图片上显示的是人体模型的安全气囊试验情形。气囊上有一些小的排气口，当安全气囊“包裹”乘客之后，通过气囊表面的这些气孔开始排气。安全气囊充气大约需要 0.05 秒，可是，当汽车以 120 千米/小时的时速行驶发生碰撞时，这种充气时间仍然不够。这样，可以借助无烟火药的帮助。瞬时燃烧的少量火药可以使安全气囊充气速度比压缩空气快 10 倍。因为安全气囊膨胀之后会慢慢地排出气体，所以开发出一种特殊成分的火药，燃烧时不会产生例如一氧化氮和一氧化碳的有害气体。

另外一种“和平”使用无烟火药的方式也被发现，而且是在很多人的意料之外——用于救火。灭火器中加入少量火药可以让其朝火焰蔓延方向瞬间“喷射出”抑制火焰燃烧的混合物。不要忘记一点，迄今为止火药最古老的“角色”——这是节日燃放烟花时其带给我们的愉快心情。

碳的命运

任何事物都有其变化无穷的表现形式。

——科兹马·普鲁特科夫

迄今为止，在化学文献中介绍了约 2500 万种化合物，其中大部分都是有机化合物。化合物的种类万千，为什么化学家如此锲而不舍地研究有机化合物中的一种元素——碳呢？其中有几个原因。首先，任何数量的碳原子（几乎总是有氢原子）在一个熟练的合成化学家手中实际上都能够互相连接，借助简单或复杂的连接，可以形成一种令人完全难以置信的线状、环状、多环芳烃状和框架状结构。此外，我们身边的有机分子生物世界为化学家们提供了如此巨大的物质来源来进行研究，以至于它们周围的矿物质世界中的化合物品种看起来要简单多了。

是否存在这样一种元素，它能够与碳竞争，或者能够轻易地占据碳元素的领导地位。为了寻找这样一个名副其实的竞争对手，我们应该关注那些化学属性与碳元素最为接近的元素。这就是硅，硅在元素周期表的元素中位列碳之下的第四主族。

如果按另一种标准来衡量，硅在某种意义上同样是无可争议的领袖，它是继氧之后在地壳中分布最为丰富的元素之一。那么，为什么在合成化学中硅将领导地位拱手让给了碳呢？

它们并非如此相似

起初，化学家们认为，硅原子也可以构成不同结构的分子，其多样化并不逊色于有机化合物。且与碳元素相似，硅原子同样被氢原子包围，进而可以形成一种类似碳氢化合物的硅石。

硅原子甚至被认为可以互相结合形成链式和环状。然而，化学家只能获取具有极少数目的硅原子的分子，又不能获取多样性结构的分子。例如，—SiH_2—可以构成仅包含不超过 10 个硅原子的短链，相反，—CH_2—则可以构成含有成千上万这种基因的链。见下图：

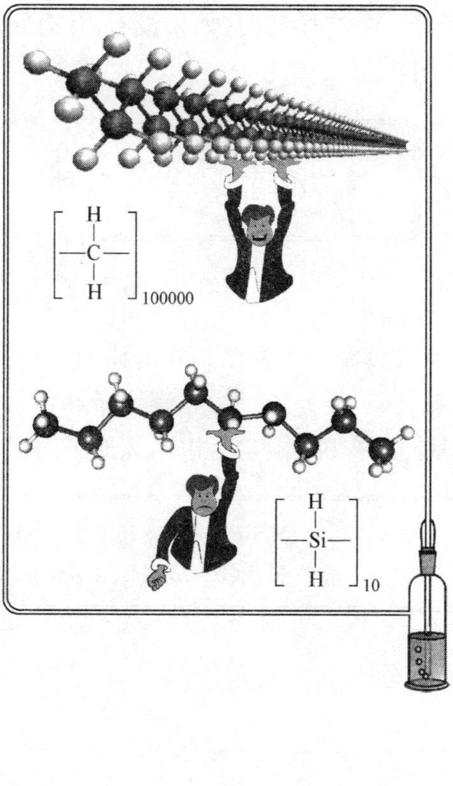

有机化学实验积累的经验可以运用到硅的研究工作中，研究人员决定（自然而然）将硅原子和碳原子连接到一起，换句话说，利用有机基来链接硅原子。于是，便奠定了有机硅化学的开端。人们逐渐开始明白，硅原子的化学成分与碳原子明显不同。硅不像碳那样能够轻易地进行复制，盲目地复制不可能成功。英国化学家弗拉基米尔·基平(1863—1949)经过数十年对有机硅化合物化学成分进行研究，最后得出结论，硅本身没有什么特殊的性质。弗拉基米尔·基平的研究工作并非毫无价值，他所做的工作为有机硅化合物化学成分的研究奠定了基础，其后的发展则走过一条特殊之路。

大自然的第一个暗示

众所周知，教育青少年需要采用有针对性的方法。教育者应该了解每一个受教育者的喜好和能力，以便找到将来最适合其一展身手的领域。同样，化学家需要猜测出，某种元素在何种形式下才能表现出自己最为优秀的属性。大自然本身恰好给予了暗示，因为在矿物界作为硅酸盐的硅和氧是一对好伙伴。

只要在有机硅化合物中加入氧，情形立刻变化，就会形成一种迅速发展的新物质——有机硅氧烷（有机硅的商业名称）。有机硅氧烷的基本结构包括硅—氧—硅链，这时硅原子周围至少有一个有机基因（如果没有，化合物就会成为无机硅酸盐，其性质完全不同）。见下图：

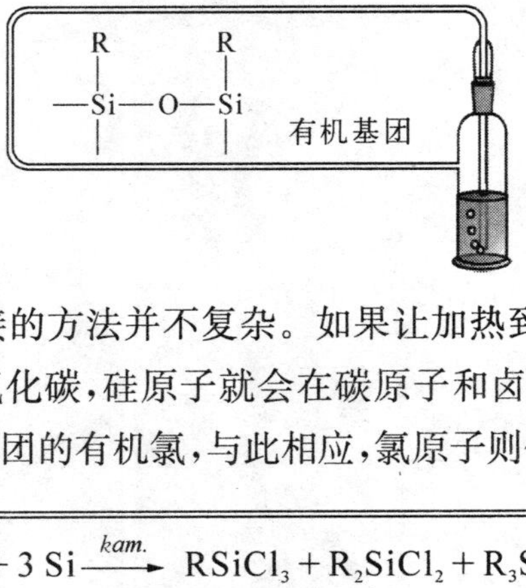

将有机基团与硅连接的方法并不复杂。如果让加热到300℃—350℃的硅元素（借助铜催化剂）通过四氯化碳，硅原子就会在碳原子和卤素之间“安营扎寨”，结果便形成含有各种有机物基团的有机氯，与此相应，氯原子则位于硅元素旁。见下图：

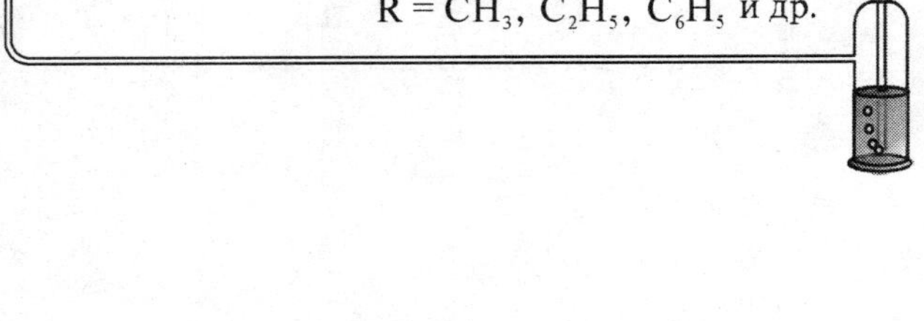

与硅元素连接的氯原子获得了之前与碳元素相邻时完全不同的属性。这样的氯原子极易水解，形成所谓的硅醇基。见下图：

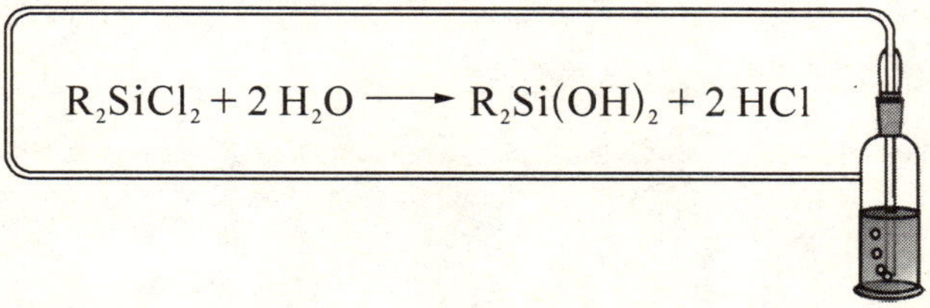

硅元素的羟基性质与醇羟基明显不同，在酸性环境中，硅羟基间极易脱水缩合成 Si—O—Si。这时，足够长的硅氧烷链不再增长，因为 Si—O—Si 非常灵活，它们很容易形成环状。见下图：

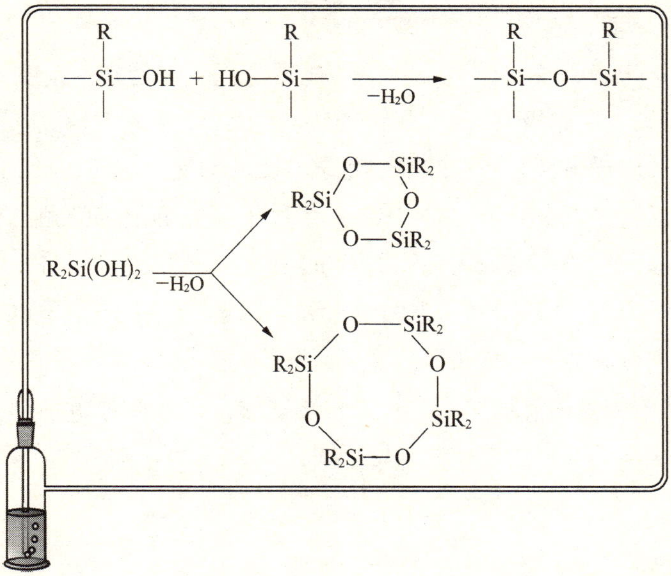

上图所示表明，如果借助易水解的有机氯氧烷以及随后的硅醇基水解物，我们的目标产物——有机硅氧烷可以非常容易制取，这种缩合通常是自然进行的。

可以转化为柔韧性的一种旋转

前面提到的硅氧烷链的柔韧性是一种非常重要的属性。然而，化学中的柔韧性不是我们一般概念上的柔韧性，它是一种变形的链。化学价又称价态，是一种刚性形态。如果将柔韧性视为链式形式，那么现在所说的柔韧性则具有完全不同的性质。事实上，由两个键形成的键角（当然是连接三个原子），如果没有位阻，其围绕价键的热运动具有一定的旋转趋势。在这种旋转中，键角 α 的数值不变，同时原子具有按假想的圆锥体移动的能力。如下图所示，原子的两个柱状位置用两个小球表示，两个小球背景图案相同，但旋转强度不同。

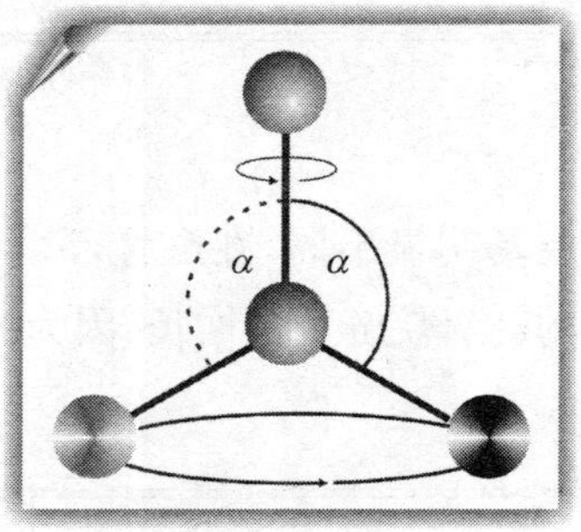

该图并非意味着原子如行星一样持续地围绕化学键旋转。箭头指出的运动方向表明，做热运动的原子极有可能占用指定轨道中的任何地方，并能轻松改变方向。每一个被连接的原子也具有同样的围绕化学键旋转的能力。

我们现在就链接五个原子团，并让每一个原子都能够围绕键角自由旋转。为了更方便地观察原子在整个结构旋转的不同阶段的移动情况，我们将每个原子用特殊的背景图案标示出来。由于旋转，下图中由五个原子团构成的分子可以采用图中的任何一种形态进行旋转——从几乎是笔直折线形（虚线表示）到弯曲的半环形（点状线表示）。最终的结果则清晰呈现了分子的柔韧性。这使一种由钢轴和球头连接组成的机械结构获得了一定的柔韧性。见下图：

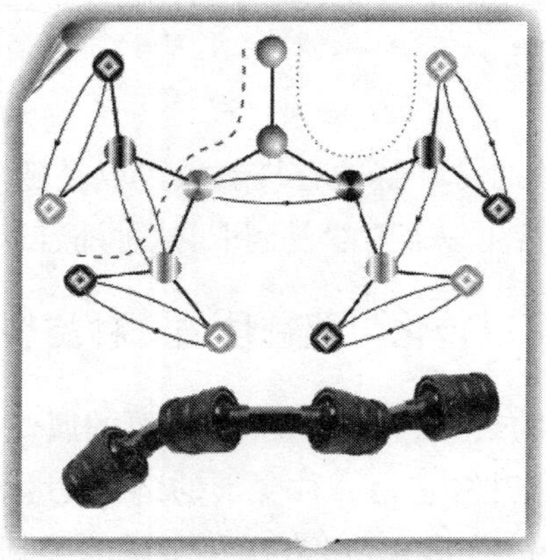

上述这种性质尤其明显地表现在长的聚合分子中，这种分子由于发生旋转最有可能构成线圈形状。链的柔韧性是所有线状聚合物的显著特点，但柔韧“程度”可能不同，这首先取决于是否可以灵活地旋转每一个环节。已经确定，为了进行这种旋转，聚硅氧烷所需的能量比普通的有机化合物低3—4倍。因此，聚硅氧烷便获得了一些特殊的性质（我们稍后对此将进行探讨）。

形状与性能

如上所述，硅氧烷链的柔韧性导致其极易形成链状，不过，如果母体化合物不是聚硅氧烷，而是单体的硅氧烷，也就是说，仅仅是硅的一个有机基团，那么，就有可能获取到多环骨架型结构。见下图：

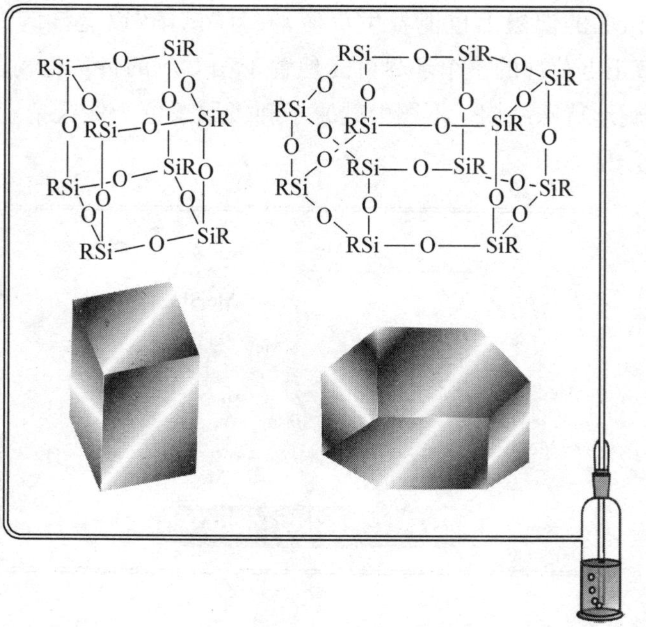

这种漂亮的分子构成真的是发生在1—2个阶段，需要的只是符合一定的条件（温度、催化剂）。与此不同，要想获取碳原子构成的类似结构则要相当困难。如前所述，利用硅醇基缩合并不能获得长的聚合分子（原因还是柔韧性以及封闭环状结构的形成存在一定问题）。需要另辟蹊径，即在聚合过程中断开环状链接。见下页图：

通过这种方式可以获取高达100万个分子量的硅氧烷聚合分子。硅与氧的连接是非常弱的 $Si^{\delta+}—O^{\delta-}$（硅带有部分正电荷 δ，氧带有负电荷），不过，非常柔韧的硅氧

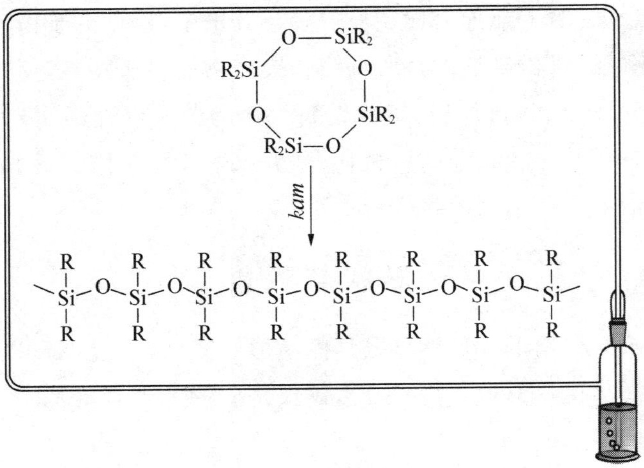

烷链即使在极微弱的偶极上也能发生反应，并且“试图”以这样的方式排列硅氧烷链，目的是将带正电荷硅的一个环尽可能地置于相对应的带负电荷的氧环上。结果便形成一种螺旋形特殊结构。下图中硅原子和氧原子位于偶极指定的相对位置上，用双箭头连接。见下图：

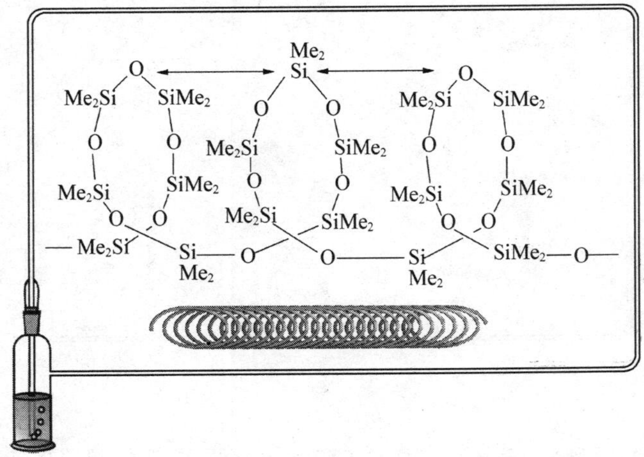

这里，可以引用俄罗斯著名地球化学家维·伊·维尔纳德斯基院士早在20世纪初就提出的一个观点，他认为，硅酸盐在矿物界扮演的角色与蛋白质在有机界扮演的角色一样。这种大胆的猜想与我们今天关于蛋白质的螺旋结构和聚硅氧烷的类似分子结构的认识十分相似。这种相似性使得我们不由自主地产生这样的想法，即尽管硅和碳的世界存在着明显的差异，但是在未来却可能找到意想不到的结合点，一个大胆的设想是，在硅的基础之上创造出有机体。

我们一定会将设想变成现实。聚硅氧烷是聚合物类的杰出代表，而聚合物有着主要的无机分子链。当然，完全可以推测，与有机聚合物相比，无机分子链应该具有更高的热稳定性。这种推测完全有依据。硅和氧的链接能量为 374 kJ /mol，这比碳与碳之间的能量连接高出一倍半。与此同时，硅和碳的连接能量保证了硅原子与特定有机组别的连接，这种能量几乎与碳和碳之间的连接能量一样，因此，“弱点”就是链的有机环境。在烃分子基组发生部分热分离的情形下，分子键会形成横向聚合，而且，聚合链自身具有很强的热稳定性，不会遭到破坏。

含有超过 30 万分子量的聚硅氧烷便是橡胶，利用它可以制作出硅橡胶。这种材料在 300℃高温下可以持续工作 500 小时，而利用最常见的异戊二烯橡胶制成的硅橡胶则会分解。有趣的是，当温度下降时，有机硅氧烷甚至可以“排挤”其他有机物。异戊橡胶的抗冻性(橡胶变得脆弱时的温度)不低于－45℃，而硅氧烷橡胶的工作温度可达－80℃。

环状链段的催化断开，这种情况随着接下来发生的聚合，并且在骨架分子存在的情形下是可能发生的。例如，硅氧烷分子如上图所显示的那样可能会显露出来，在聚合过程中变成延长的条状。其结果便是形成了一种不同寻常的聚合结构，该结构由两条相互连接的线性链组成。这种类型的聚合物在文献中称作梯形。见下图：

这种聚合物的分子量可达300万—400万个，在合成聚合物中这是最高纪录。这种聚合物在凝聚状态下能够形成韧性很强的薄膜，这种薄膜在明火中可以慢慢软化，但不会燃烧。此前，即使化学家再大胆想象，也不可能想到会存在这种特殊结构的聚合物，还有这些特殊的属性。

硅氧烷趋向环化这一特点已成功地用于其他特殊链式结构的设计中。已经获取到这样的分子，是在其环状段与线状段相互交替的过程中获取的，同时，环链的长短和线状链接带的数值可以变化。整个结构类似于用线穿成的珠子链。见下图：

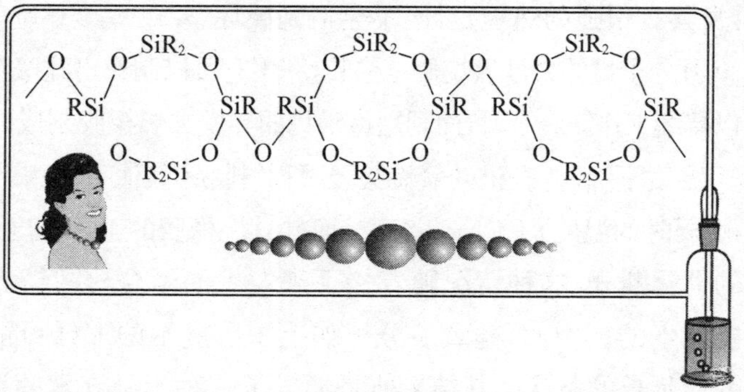

螺旋状链代表另外一种类型（将具有一个共同原子的环称作螺旋状）。从下图中可以看出，要构建这种环状链，必须加入无机基的硅原子，这些基仅具有氧环境。在这种情形下，还可以构造出大小不同的环状链段。分子的外形类似拼花图案。见下图：

也可能对已经探讨过的结构进行改造,可以将其变成链状梯形、环状梯形、环状线形以及许多其他类型。

期待着硅氧烷出现的固化剂

聚合物大量的基组是以固化的形态应用于实践。化学的固化过程(有时称其为拼接,而就橡胶而言,称为硫化),其目的是使线状或分支状聚合物具有网状空间结构。要形成网状,通常必需一个额外的成分——固化剂。这样,就可以形成一种不溶性材料,这种材料在加热时趋于固化,力学性质得到改善。

很多时候,固化过程是在高温下进行的,同时伴有产物形成(如压缩物),这之后,获取到的产物具有稳定性,在随后加热中其形状不会再改变。采用这样方法经常可以获取酚醛树脂产品或橡胶产品(交联剂——硫黄)。众所周知的冷固合成物,如环氧树脂就是与定量的固化剂(通常是一个单位的多乙烯多胺)混合之后,在常温下变成固状,加热时既不融化也不软化的一种材料。然而,这种合成物不能储存,必须在使用前进行合成,并且要一次用完所有合成物。

单一成分的冷固合成物最具吸引力,其中不需要添加交联剂(因此,没有必要严格控制剂量),这种冷固合成物可以提前准备而且可以大量使用。

人类在其进化过程中很早便找到这样的合成物,但是这时用所谓"单一成分"这种概念并不准确。第二种成分,即固化剂是存在的,它来自空气。例如,熟石灰(与水混合的预先焙烧过的氢氧化钙)在添加粉状填料后逐渐在空气中变硬,形成我们熟知的石膏。这一过程的化学机理显而易见,氢氧化钙由于从空气中吸收了二氧化碳从而转化为碳酸钙,后者在结晶过程中形成稠密物质。严格地讲,这个例子与高分子化学无关,但有趣的是,参与反应的成分"汲取于"空气。

空气中第二种具有反应能力的成分同样早就被作为固化剂而使用。这便是氧气,氧气可以导致某些植物油发生氧化反应,如亚麻、大麻、桐油。利用这个自然原理来制造干油——油性涂料的主要成分。上述提到的几种油的成分中含有不饱和脂肪酸(含双键),进行交联聚合时需要这类键的参与。干性油一般储存在密封容器中。在空气中氧的作用下,干性油逐渐变干,进而形成有弹性的氧化膜,这种氧化膜不溶于水,也不溶于有机溶剂。

空气里的第三种具有反应能力的成分是水蒸气,很长时间未能找到将其作为交联剂的使用方法。这个问题能够最终得到解决源于聚硅氧烷的化学成分得到了详尽的研究。前面已经说过，碳化硅基组中的氯原子极易水解，与硅链接的乙酰氧基硅也具有同样的属性。硅醇基如同氯硅烷一样，借助水解形成了硅-氢氧根和游离酸，这便是醋酸。在酸的参与下，硅醇基很容易与硅氧烷凝结（前面已经提及）。

了解了这一切之后，化学家们构建了一个特殊的合成物，它由有机硅低聚物（与氢氧根-基组的尾端链接）和丙酮 $Si[OC(O)CH_3]_4$ 构成。见下图：

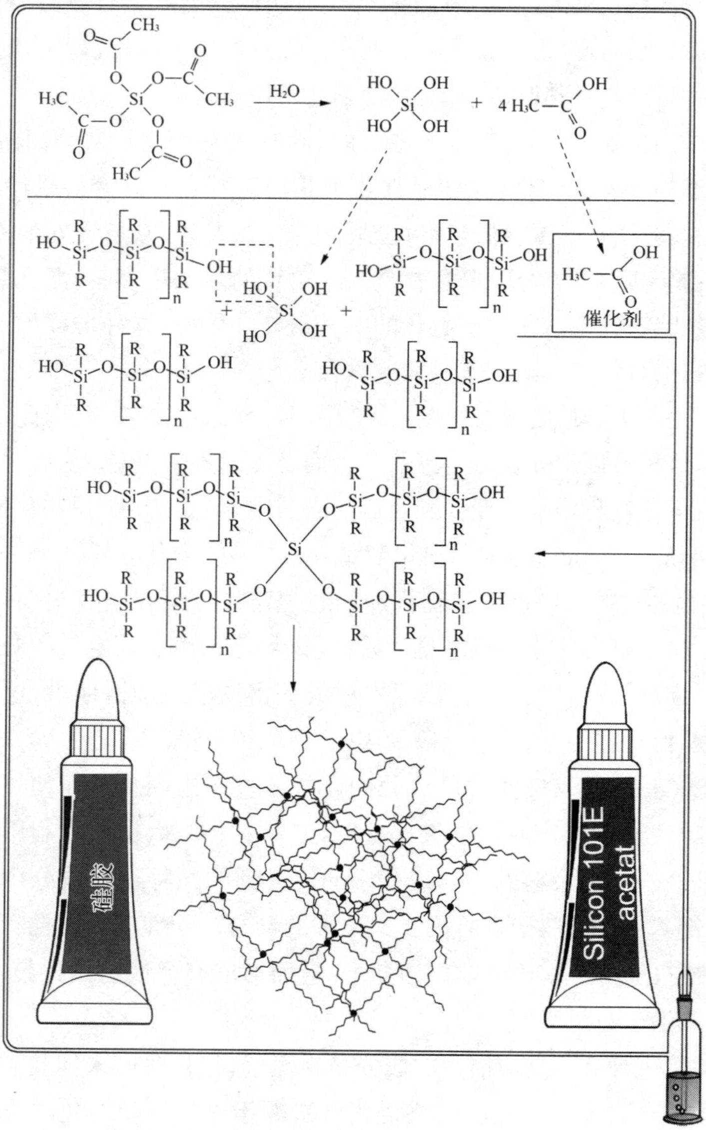

在密封容器里这种合成物不会变化。使用过程中，在潮湿空气的作用下乙酰发生水解并形成硅醇基和醋酸。酸催化硅醇基发生相互作用：—Si—OH＋HO—Si＝Si—O—Si＋H_2O。形成了氢氧根-基组尾端上的十字交叉硅氧烷分子。接下来，这些基组按照同样的流程进行相互作用，结果形成具有空间网状交联聚合物的胶状材料。

在硅醇基团凝结的情形下分离出水，然后，这些水可以水解那些位于物质最深层的分子，这些分子不会受到潮湿空气的影响。在这种情况下，出现两种交联剂——丙酮和水。

这一套完整的化学机理是在硅酮密封胶中实现的，并且广泛用于日常生活。由于丙酮是在空气中发生水解的，因而，其中大部分具有强烈的醋酸味。不过，也有不带这种气味的化合物，这些化合物中使用的是烷氧基和其他一些容易水解的有机硅化合物的交联剂，但基本的固化流程几乎相同。

大自然的第二个暗示

从 20 世纪 50 年代开始，化学界开始了对有机硅化合物的积极研究，仿佛为了弥补花费在碳研究上的时间。尝试过许多不同的研究方法，如在硅氧烷链上用氧原子取代碳原子、氮原子、硫原子及其他一些元素，最后成功地获取到与某些元素进行不同交叉链接的化合物，如硅-氧-硅-氮。

在化学家们重新思考硅究竟“喜欢”什么以及它愿意与什么样的元素“为邻”之后，一种成效显著的新的方法出现了。地壳中的成分再次给出了答案。此前我们提到，75％的地壳都是由硅酸盐构成，而硅酸盐中 2/3 是金属硅酸盐。于是，化学家们开始寻找将金属原子置入有机硅链中的方法，这些工作致使产生一大类称为“有机金属硅”的化合物。置入金属硅的最常用方法是在强碱的作用下切断有机硅链，所以，有机硅化学家总是用以前合成的浓缩碱水溶液来清洗玻璃器皿。这种情形下，形成了有机硅化合物，其中含有硅-氧钠或硅和钾。

获取有机金属硅氧烷的方法分为两个阶段。首先，在将定量的碱作为有机硅氧烷的情形下获取碱的金属有机硅烷，然后，借助有机硅烷与多价金属卤化物的交换反应形成金属硅氧烷的链段硅-氧-碱-氧-硅，因此金属便“嵌入”硅氧烷链中。见下页图：

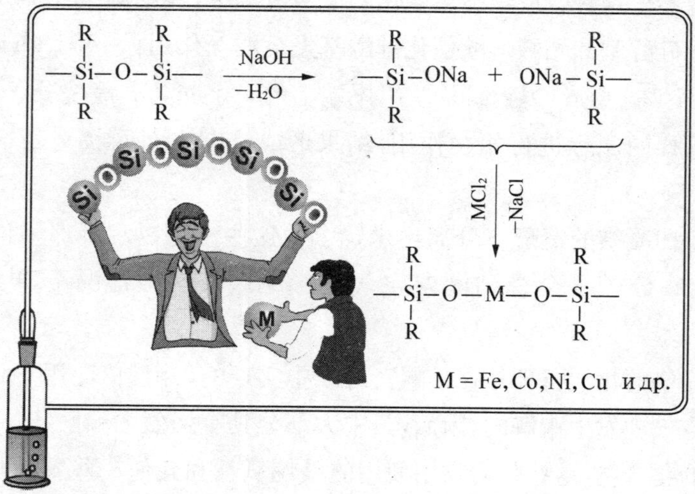

金属的变化

迄今为止获取的有机金属硅氧烷，其中包含的大部分都是已知金属的原子。

金属有机硅氧烷的结构具有多样性，其复杂性远远超出有机硅氧烷。将多价金属置入硅氧烷链中可以形成更多复杂的框架结构，其结构形状很多类似于建筑样式。下面便是两个这类化合物的结构。见下图：

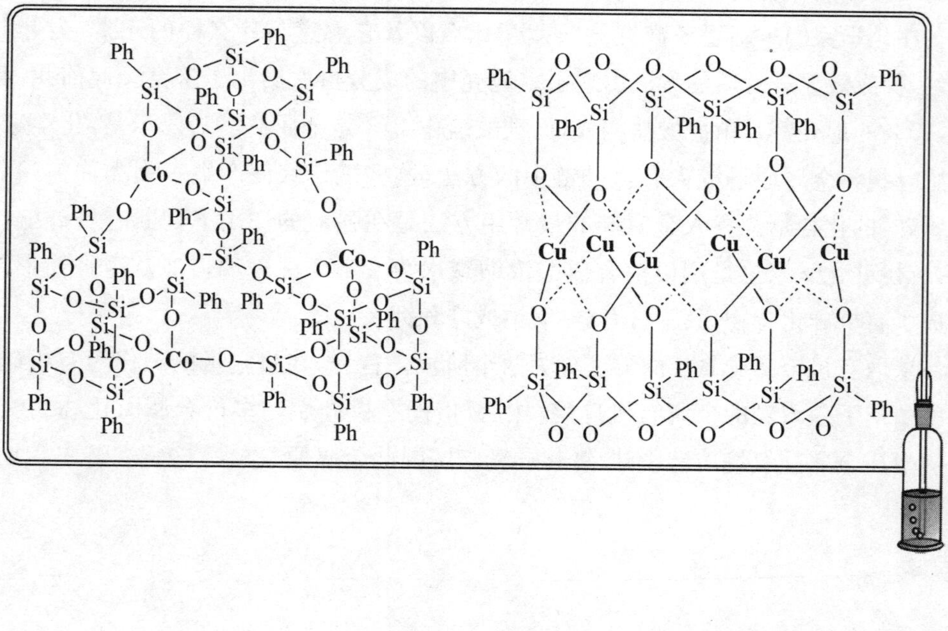

这些化合物不仅结构复杂多样，而且看起来非常迷人，因为它们具有金属离子的多彩颜色，其中一氧化碳呈紫色，铜呈蓝色，镍呈绿色，铁呈深棕色。

金属硅氧烷聚合物以有机硅化合物为基础，其中硅原子只含有一个有机基团，如苯基三氯硅烷 $PhSiCi_3$，金属硅氧烷聚合物一般具有类似前面说过的梯形结构，不过它们的分子量相对较少（5000—8000 个）。见下图：

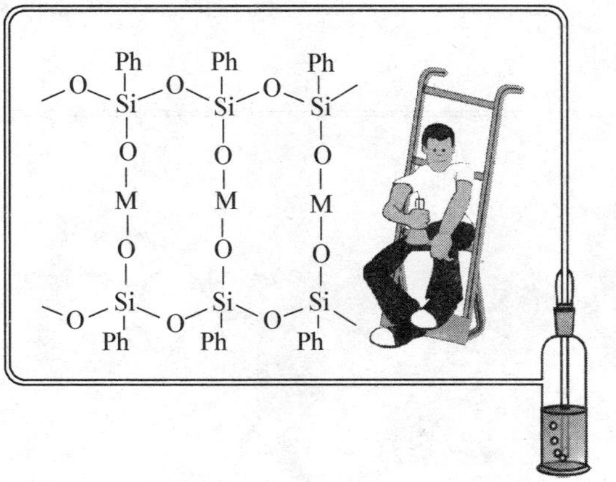

这类化合物能够形成较脆的彩色薄膜，作为结构性金属，它们不能用来制造产品。聚合物金属硅氧烷的优势表现在其他方面，在那里它们具有无可匹敌的竞争优势。

改变的同时在构建

化学家在构建复杂分子时，一直希望它们会显现出其特殊的性质。化学家决定改变千辛万苦获取的产品，目的在于借此弄清化合物的结构。而且也有这样一些例子，构建完的结构进行部分改变之后，马上就显现出某些有趣的性质。

如上图所示，金属苯基硅氧烷如果加热，在约 400℃时便开始丧失有机基团。结果获取到的化合物中剩下有硅原子、氧原子和金属原子，这样，有机硅化合物消失，形成一种无机物质。如果最终获取的是普通金属硅酸盐，那有机硅化学成分为何还如此吸引人呢？原因是，这种化合物保存了原金属硅氧烷的特殊结构，其属性明显不同于通过无机化学方法获取的普通金属硅酸盐。

这些差异在对这类化合物的催化性能进行研究时表现得最为明显。催化剂是加速化学反应的物质，大多数工业生产过程都有催化剂的参与。化学工业的最大规模的生产过程之一便是裂化。进行裂化时，高沸点的石油馏分部分开始分解，形成具有较短的碳氢化合物链。这时便获取到了汽车燃料，如汽油。传统的裂化催化剂是硅酸铝，石油产品的馏分正是在此基础上进行的。然而，这种催化剂的效能相对较差，原因是其表面结构不规则。正是在这个领域，金属硅氧烷，准确地说是铝硅氧烷彻底击败了硅酸铝。这两种化合物的成分几乎相同，但硅酸铝的结构不同，它是通过元素有机化学的方法形成，并在去除有机基团之后依然保留。这种催化剂具有更高的效能。见下图：

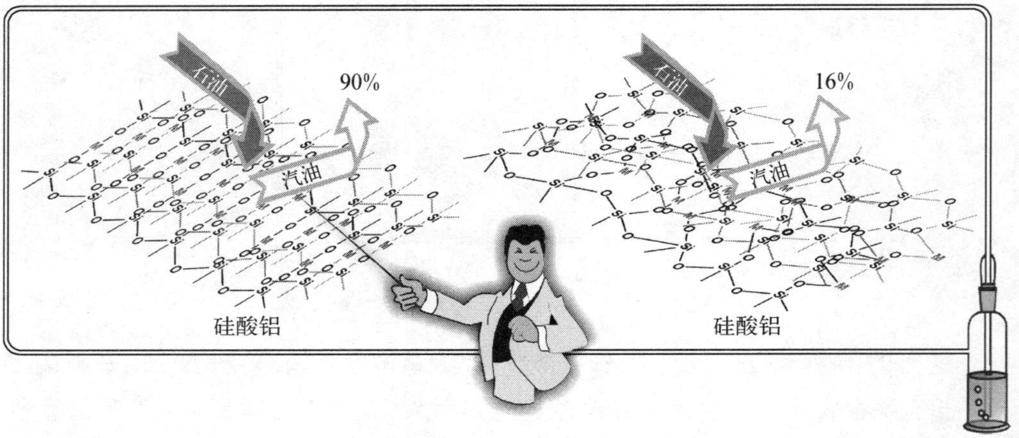

如果硅酸铝中的部分铝原子被铬原子取代，我们则会获取到另外的催化剂，最终形成乙烯，这是获取聚乙烯的母体化合物。

金属硅氧烷经过催化脱水后，明显优于自己的无机“兄弟”，其催化活性比传统催化剂的活性高出近 6 倍。见下图：

$$C_2H_5OH \xrightarrow[\text{催化剂: } -RSi-O-Al-O-RSi-O-Cr-O-]{} H_2C=CH_2+H_2O$$

从上面的分析可见，金属有机硅氧烷似乎在与金属硅酸盐竞争，但实际上这是一种催化过程，其中根本不存在所谓的竞争。

无需改变也可构建

实际上，金属有机硅氧烷是被有机基团所覆盖的无机化合物。这使得它们具有溶于有机溶剂的属性，也使它们能够作为同类催化剂参与化学反应。重要的是，反应过程的温度不应导致有机基团的分离。这时，会出现一些普通硅酸盐从未被应用过的领域。例如，含有铁原子的金属硅氧烷可以催化甲烷氧化，这是获取甲醇的方法之一。这种催化剂由于无机框架的高稳定性可以使用数十次，同时可以保持其催化剂的活性。见下图：

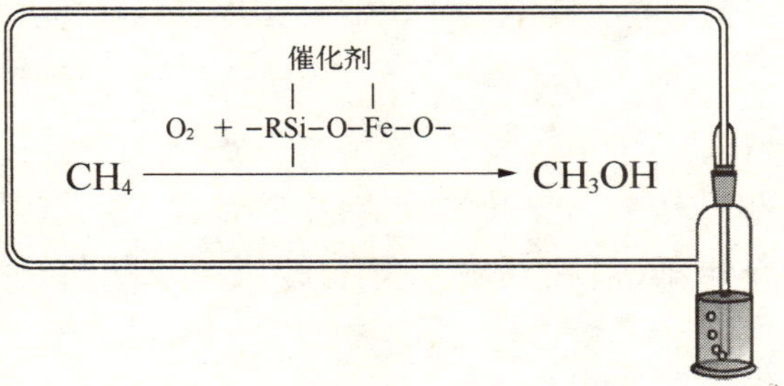

将不同的金属以成对或三元组合的形式置入硅氧烷链中，可以扩大金属硅氧烷的催化能力。毫无疑问，这些化合物能够继续显现其特殊结构的巨大能力。

对症的药物

药物不能治疗的，可以用铁，
铁不能治疗的，可以用火。
——希波克拉底

现代科学的典型特点之一，就是联合不同的学科来解决一些复杂问题。下面将要讲述的，便是汇集了化学、医学和放射生物学领域的知识而共同解决的一个重要问题。

1898 年，居里夫妇发现了镭，这是一种具有极强大放射性的化学元素。一年之后，他们开始研究辐射对生物组织的影响，然后将镭放射应用于临床来治疗肿瘤细胞，出现了一个医学新领域——放射治疗。能够促使科学界建立专门的机构来研究

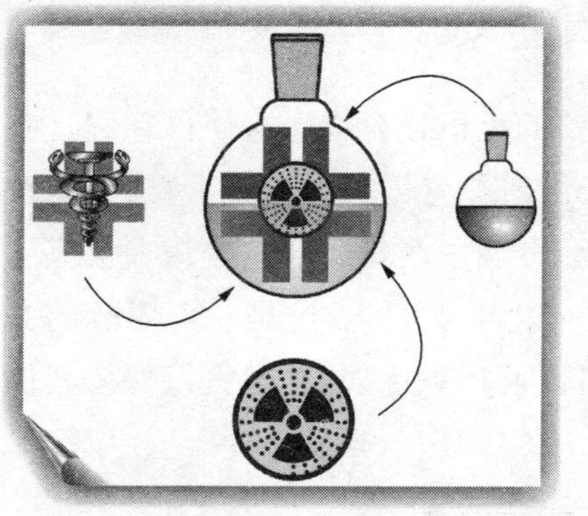

某一种元素的，这就是镭，这种情况在化学史上也是绝无仅有的。1914 年，巴黎成立了第一家镭研究所，随后在华沙和维也纳也成立了类似的研究所。1922 年初，俄罗斯镭研究所在彼得格勒成立，研究所的第一任所长是维·伊·维尔纳德斯基院士。这个研究所同时从事肿瘤病的相关研究工作。

镭同时产生的三种类型的放射性射线（α，β 和 γ 射线）不仅可以破坏肿瘤，还可以破坏健康细胞，因此镭用于医疗时需要经过临床试验算出准确剂量，因为当时没有其他方法。按照当时人们的说法，一切都是摸索着进行。

目前采用的放射性辐射治疗肿瘤方法（俗称放疗）也引起了患者和医生的极大不安，因为他们深知，放射性辐射会影响健康组织，最终可能会导致患上放射病。

从笨拙到精细

解决肿瘤治疗的科学方法是逐步形成的，其基本方向的确立得益于核物理的深入研究。1934 年，发现了用核子捕捉中子这一过程，在捕捉的过程中放射出量子 γ。随后开展的对这一过程的研究涉及不同的原子核及其接续变化，这促使哥·罗切于 1936 年形成了用放射线治疗肿瘤的独特想法。首先应该将含有非放射性同位素硼 ^{10}B 加入到治疗癌细胞的药物中，然后用低能量（所谓的热中子）的中子流来对其进行处理。这时，硼原子在捕获一个中子时变成放射性同位素，后者与形成的锂（完全无害）发生分裂，同时弃掉一个量子 γ 和粒子 α（含有两个质子和两个中子的氦原子核）。

从下页图可以看出，粒子的总数（质子和中子）保持不变。化学元素符号旁的指数表示质量数，即原子核中质子和中子的总和。图的下部显示的是这种反应过程的简要形式。见下页图：

分离出的量子 γ 能量不大，它既不能用于治疗，对健康细胞也没有损害。主要的“治疗工具”是 α 粒子，它的优势在于具有最短的跃动距离，该距离堪比细胞体积，所以，在肿瘤细胞的核反应中产生的 α 粒子，没有超出细胞范围，因而不会影响到健

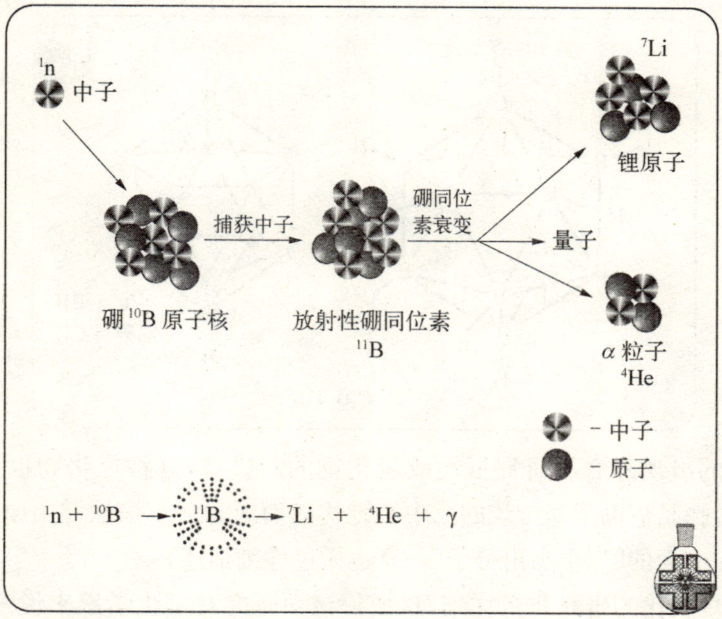

康组织。

另一方面的问题也很重要，形成硼同位素所必需的中子辐射是否也会影响健康细胞呢？在这种情况下，利用硼作为α粒子的潜在来源并非偶然。事实上，硼原子捕获中子的能力为4—7级，超过了其他具有类似属性的构成健康组织的原子（碳、氢、氧、氮），这样，中子辐射不会对健康组织产生损害。实际上，参与反应的中子都能被硼捕获。

硼的巨大作用

不言而喻，针对有机体组织的药物应该是无毒并溶于水的。因此，20世纪50年代初，研究人员开始关注硼酸及其衍生物的研制。临床试验表明，这类药物的疗效并不理想，首先，它们不能在组织中获得高浓度的硼原子。此外，它们不具备选择能力来优先聚集在肿瘤细胞上。

所以，出现了一个难题，即如何获取一种没有上述缺点的化合物。寻找分子中带有大量硼原子的化合物，这就不可避免地要进入到硼的氢化物框架中，其中最著名的是邻碳硼烷，在“三个杰出的分子”一章中对其曾做过详细描述。下页图显示的是硼烷分子结构式及其简化结构图：

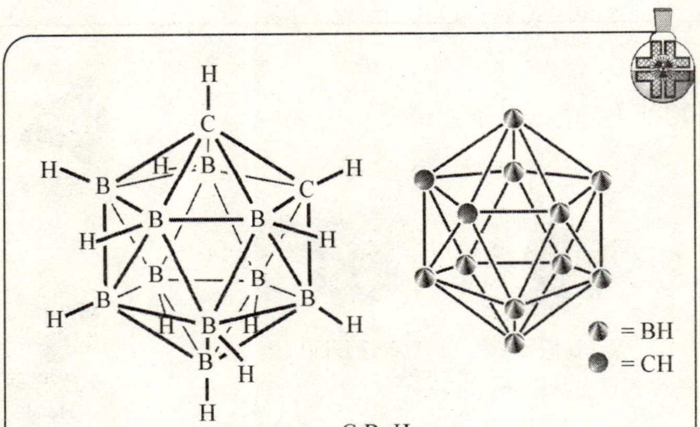

$C_2B_{10}H_{12}$

碳硼烷的出现开启了研究框键硼氢化物的新篇章，这种氢化物也是一种化合物，这种化合物是借助于非传统的三中心键构建而成。关于该框键中原子间的键接方式，我们在前面的“三个杰出分子”一章也做过详细描述。

关于硼烷变化的研究非常详细，这使得该项研究对于化学家来说极具吸引力，因此，对于这个问题的其他方法的探索并没有耗费过多的时间。

寻找最佳方案

研究表明，邻碳硼烷存在一系列缺陷。首先，化合物的疏水性（不溶水）很难将其置入有机体的组织中，必须再置入其他的亲水基团，这样可以帮助我们最终得到一种水溶性药物。

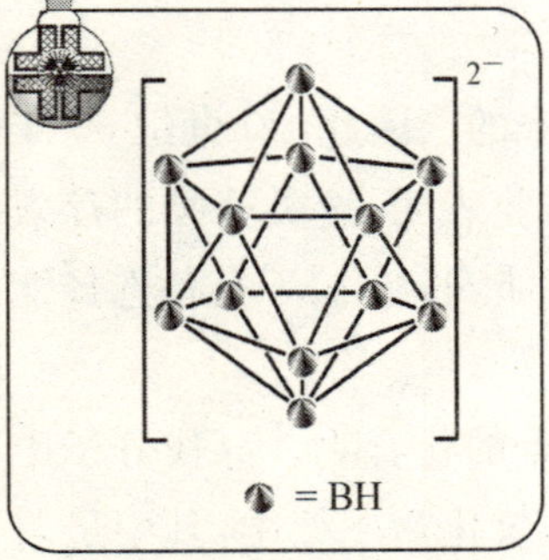

硼氢化合物没有这个缺陷，该化合物包含 12 个硼原子——十二边形阴离子。这种化合物的分子是具有多面体的一种结构，这种结构与二硼乙烷的结构相同。不同之处在于并非两个碳原子，而是两个硼原子。对于解决这个问题来说，十二边形阴离子具有一定优势。首先，它比碳硼烷含有更多的硼原子，获取它的方法很多，这就可以轻易得到所需数量。此外，阴离子$[B_{12}H_{12}]^{2-}$具有易溶水和毒性低的特点。

接下来，硼氢化合物中必须加入一些功能基组以保证它在肿瘤细胞中的累积。在这个阶段，生物化学家们积累的经验可以提供帮助。最优先考虑的解决方法便是加入氨基(NH_2)、氰氧根离子(NCO)、羧基(COOH)和硫氰基团(SCN)。

此外,还应该考虑到,针对硼构架所加入的功能基组应该如何排列。对于用来保证与生物分子进行连接的活性基来说,大框架造成了空间上的阻碍,因此,功能基团必须离开框架一段距离,可以通过几个原子构成的链保持这一距离。

根据构思,捕获肿瘤细胞的结构类似带鱼漂的钓竿(硼架)和有一段距离钩子——活性官能基团。见上图。

从计划到实施

实验表明,上述提到的所有活性基组中异疏氰酸盐基团 NCS 对于在肿瘤细胞中供应硼原子最为有效。

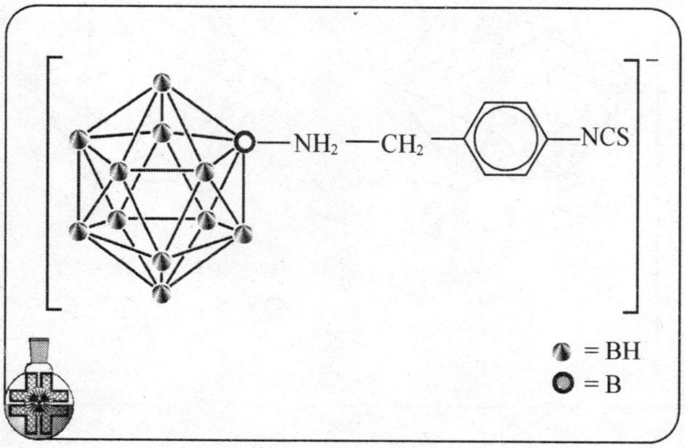

研究一种有效的治疗方法仅靠化学家的努力还远远不够，必须要有生物学家、肿瘤学家以及核物理学家（中子辐射阶段）的共同参与。尽管上述治疗方法历史悠久，但是真正应用到活体实验中的时间并不长。下面两张照片中，左幅照片是一条上唇长有肿瘤的狗的照片，右幅则是这条狗治愈的情形。

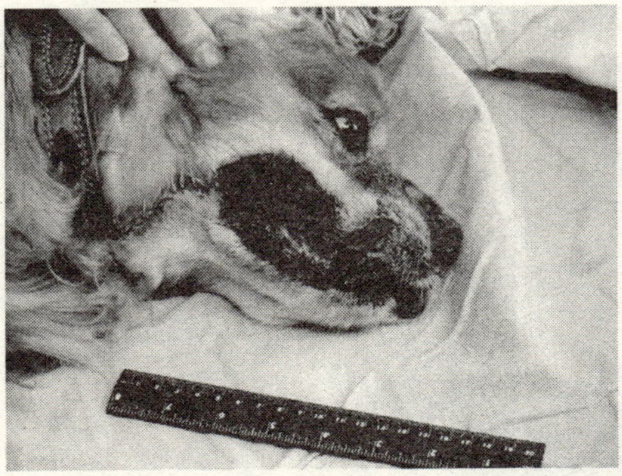

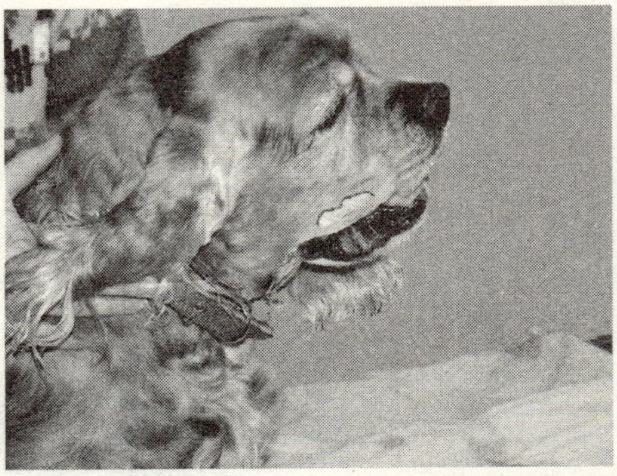

对于参与试验的科学家来说，这条狗的知名度并不亚于多次上了广告的克隆羊多利。

今天，并非所有合成药物都得到了充分的检验，然而，研究人员正在打算逐步对所研制药物进行进一步的测试。正如前面提到的，由于治疗是否成功在很大程度上取决于分子中硼原子的数量，因此下一代的合成药物中应含有更多的硼。

我们成功地将前面提到的两个分子骨架——十二面体的硼原子核和邻碳硼烷连接起来，使其连接到一个含有 22 个硼原子（几乎是最高纪录）的整体结构中。见下图：

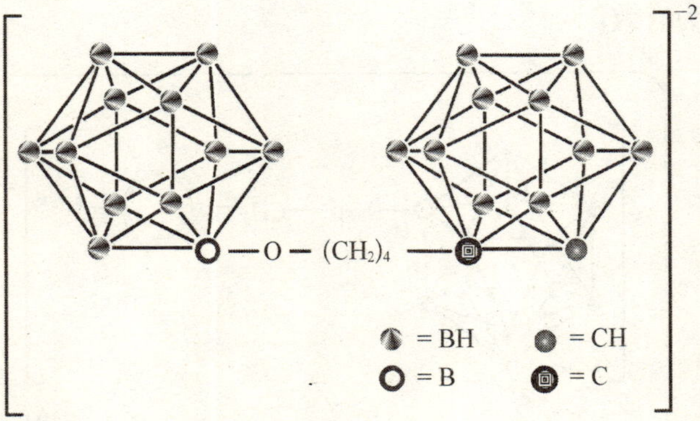

当然，为了解决面临的问题，这个化合物中必须要考虑加入活性功能基团。在这种方案中，问题得到解决的可能性明显增大，因为加入基团既可以利用硼原子，也可以利用邻碳硼烷中暂时不起作用的第二个碳原子。

合成这种类型的化合物非常费力，但是如果随后的实验结果能够表明，它们具有更高的治疗效果，那么就会对这种化合物的生产充满希望。

硼氢化物的另一个属性

除了利用硼中子捕获癌细胞这种治疗方法以外，还有治疗癌症的重要方法，那就是药物治疗，这种疗法更为普遍。目前，治疗癌症一般使用各种药物，如顺铂（铂络合物）和 5-氟尿嘧啶。最新的研究表明，有机锡衍生物能特别有效地杀死癌细胞，但是这种衍生物与上述提到的化合物不同，这种衍生物毒性很大。

硼氢化物多面体还有一个显著的属性，即它们能够大幅降低锡化合物的毒性，同时保持其抗癌活性。如果将碳硼烷多面体引入含锡分子的框架中，就会获取到一种化合物，这种化合物的疗效比顺铂和氟尿嘧啶高出 30—40 倍（取决于肿瘤细胞的类型），而后者目前被广泛用于黑色素恶性肿瘤、乳腺癌和肠癌的治疗当中。见下图：

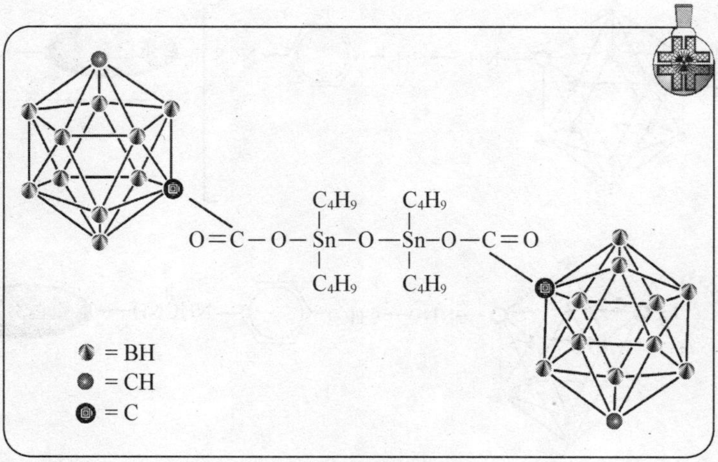

除了临床治疗，诊断也非常重要，特别是患有肿瘤的情况下。在 X 射线诊断中健康细胞和患病细胞实际上并无差别，因此向机体中加入 X 射线添加剂，这通常是含有碘同位素 125 的物质。这种物质应该具备在病变组织内集聚的能力。在大多数

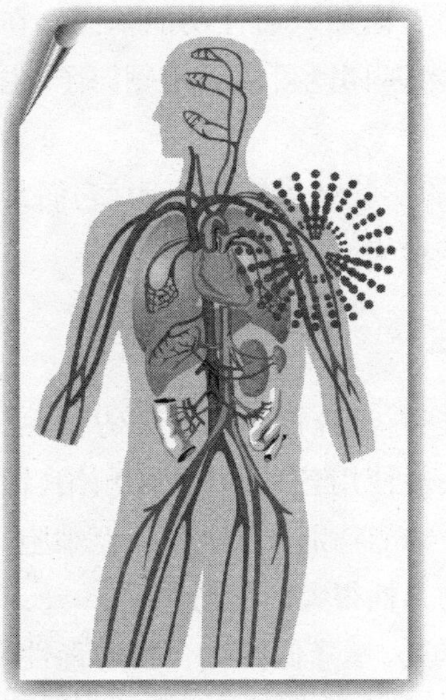

情况下，这是含有碘同位素125的固定氨基酸。但是遗憾的是，C—I键在生物体内并不稳定，其标记很快会从诊断中消失。

硼氢化物框架也可以帮助解决这个问题。与C—I键相比，B—I键更加稳定，它能够获取带有稳定标记的化合物。可以保证产生与肿瘤细胞蛋白质分子更好进行链接的功能基组，即异硫氰酸盐基组，这种基组具有最大的诊断功效。

科学家们计划通过硼中子捕获疗法，使用硼氢化物框架治疗类风湿关节炎，这种治疗方法完全可以同现代外科手术方法进行竞争，甚至有可能取代手术方法。

我们希望科学家尽快找到硼氢化物框架治疗疾病的新方法，造福人类。

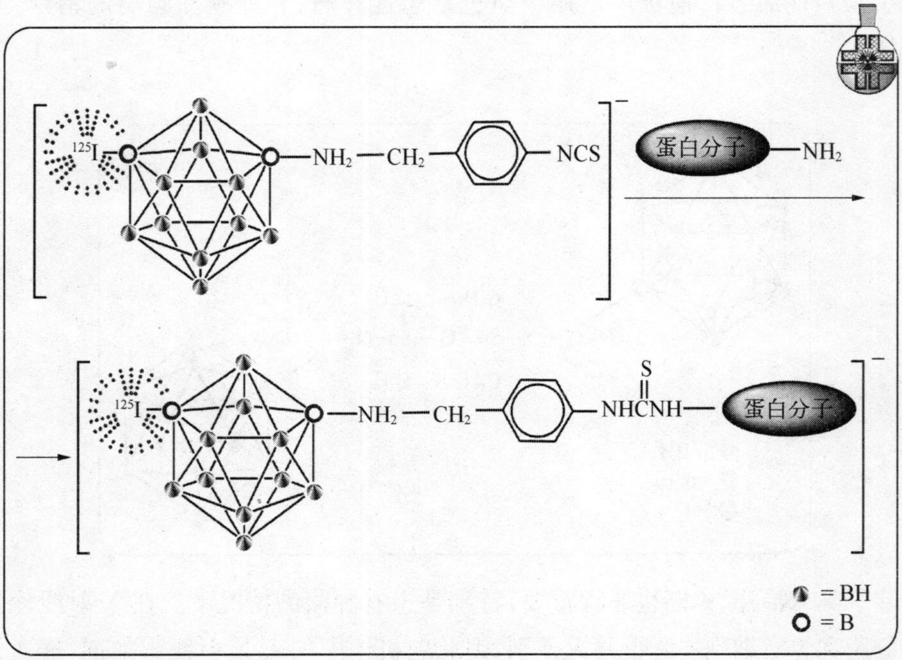

沉睡一个半世纪的发现

发现只归属于那些
准备理解这种发现的人。
——路易·巴斯德

在自然科学中，只有那些揭示出科学基本真理的事件，才被认为是发现。更多的情形是，虽然发现了某种事物或某种现象，但是这种发现并非是有人为了解决某个实际问题去寻求答案，而是由于人类在本质上需要了解某种新的东西。而为解决一个具体问题而有意为之的不是发现，而是发明。

这里举一个令人惊奇的例子，科学家发现了一个重要的物理现象，这个物理现象似乎并没有被忘记，非但没有被忘记，相反却变得家喻户晓，写入所有手册和教科书中，但是，很长时间以来它一直是一种纯粹的科学兴趣，只是在一个半世纪之后，它才最终找到自己的用武之地。

物质的第四种聚集形态

物质聚集的三种主要形态——固态、液态和气态，人们对此早在古代就已经熟知。科学的发展确定，在温度或压力变化的情形下，这三种形态可以互相转变。例如，加热时固体可以变成液体，而温度升高或压力降低，液体可以变为气体。所有这些转变通常是可逆的。

我们来做一个简单的实验，将水放入一个密封的金属容器中并开始加热。显然，容器爆裂之前压力将持续增加，最后压力会使容器爆裂，水以蒸气形式释放出来。可是，爆裂之前容器内的东西究竟是什么呢？由于容器是不透明的，我们只能假设，高温下的容器中有液体也有一定数量的蒸气。

假设从来不能让真正的实验者满意。法国著名的自然科学家卡尼亚·德·图尔试图弄清这个问题。

他的名字已被载入史册，首先是因为他发明了一种以其名字命名的设计巧妙的报警器，该报警器由两个带孔磁盘构成。在相对较小的机械压力下，其中一个磁盘围绕另一个旋转，这样，报警器就会发出很大的声音。

生物化学家们知道，1836 年卡尼亚·德·图尔就已经发现了一个重要现象，即酒精发酵与酵母的繁殖相关。遗憾的是，今天几乎没有人将他的名字与这个最重要的物理现象相联系。

卡尼亚尔·德·图尔决定弄清楚密闭的金属球（选择球形容器是因为其可以承受较大的压力）中加热的液体发生了什么反应。作为一个真正的自然科学家，他决定将一种最为简单的传感器放入金属球中。金属球内除了液体之外，他还放进了一块不大的卵石。加热过程中球体出现了振动，他确定，这是卵石与球壁发生碰撞而发出的声响，这种声响在某一时刻出现了明显的变化——变得低沉而且明显减弱。在严格规定的温度下，每一种液体都会发生这种现象，这个温度点被称为卡尼亚尔·德·图尔点。液体在这一温度点上究竟发生了什么变化，这在一段时间内尚不清楚，但是有一点不容置疑——随着温度的升高压力在增加，而什么是达到这一压力点的特定时刻，没有人进行过测量。

只是在 1869 年，安德鲁斯进行实验之后，才产生了对这种新现象的兴趣。他通过在厚壁玻璃试管中进行实验来研究二氧化碳的性质，在压力增加的情形下，二氧化碳很容易被液化。最后他确定，在 31℃ 和 73 个大气压下，弯液面，即划分液体和充满气体的空间临界点开始消失，整个容器均匀地充满乳白色的液体。在继续提高温度的情形下，容器内的全部物质很快变得透明，流动加快，就如同表面受到加热的热空气流。见下图：

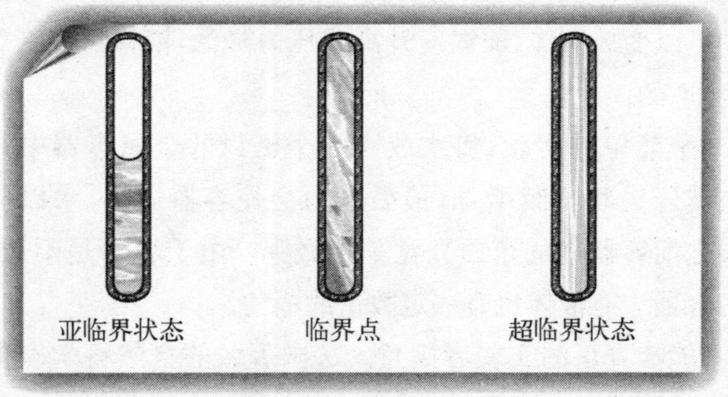

继续增加温度和压力并没有造成明显的变化。发生这种转化的点称作临界点，高于这个点称作超临界点。其实，这是物质的第四种聚集形态。尽管它外表类似液体，但是科学家还是建议将其称为超临界流体。科学资料中甚至出现了表示超临界流体这个词的简化形式——SKF。

下面图表中显示的是固体—液体—气体相互转化的基本样式，物质的三种形态由三条线(图中的粗线)划分。其中每一种物质都被置于这条分割线的区域内。见下图：

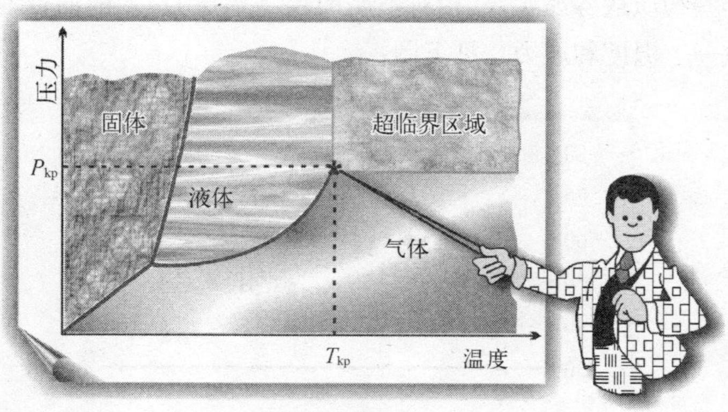

超临界区域始于临界点(＊)，该点并非一个参数，例如熔点，而必须是两个，即温度(T_{kp})和压力(P_{kp})。顺便说一句，沸点同样取决于两个参数——温度和压力。

超临界区域向温度升高和压力增加的方向延伸。温度降低或者压力低于临界点都会导致物质脱离超临界流体状态。

存在着一个临界点这一事实让研究人员终于明白，为什么某些气体，如氢、氮和氧即使压力加大，在很长时间内仍然不能获取其液态形式。这类气体一直被称为永久性气体。

从上图中我们可以清晰地看见，液相存在的区域处于临界温度线的左侧。所以，若要压缩气体，必须先降低其温度，温度要低于临界值。二氧化碳或氯气的临界温度高于室温(分别为 31℃和 144℃)。因此，只要增加压力，它们就可以在常温下液化。氢、氧和氮的临界温度远远低于室温(分别为－239.9℃，－118.4℃，－147℃)。因此，在将它们液化之前，必须先把温度降到低于临界温度，然后才开始增加压力。这不过是举例说明，若想达到目的，即压缩某些气体，就必须避开临界点。

这样，从临界点向较低温度移动可以解决一系列重要问题，但是很长时间以来，针对临界状态的研究却处于科学家的视野之外。

针对这种状态的有计划的研究使我们得以确定，流体是介于液体和气体之间的某种物质，它们可以被压缩成气体(普通液体实际上未被压缩)，同时还能够溶解固体物质，而这是气体所不具备的。

从 19 世纪 80 年代中期开始，临界点作为物质的重要物理参数得到所有人的承认，如熔点或沸点。人们终于知道，对于大多数液态和气态物质来说，都有可能存在超临界状态，重要的只是让物质在临界温度下不会分解。下图显示的是，这种超临界状态对于哪些物质最容易实现(相对不高的温度和压力)。前面曾经提到，临界点具有两个参数——温度和压力。见下图：

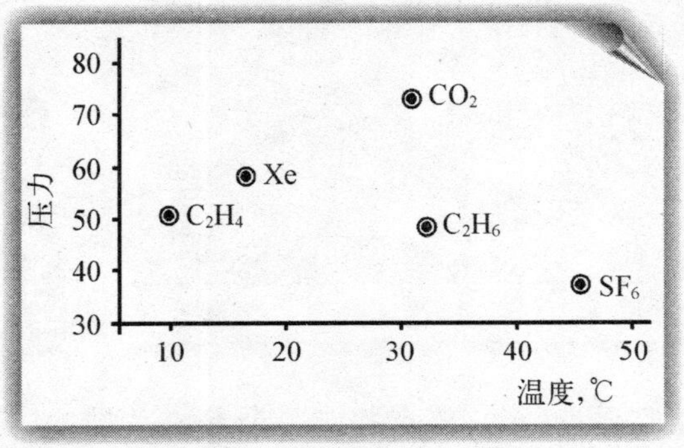

比较图中所标示出的物质，水的临界点并非轻易达到，因为 TCR＝374.20℃和 PCR＝218.3 ATM 个大气压。

20 世纪 80 年代中期，相关专业书籍中标出了几百种无机和有机物质的临界点参数。同时还标明相关的密度数据，相关密度一般情形下都非常低。也标出了超临界状态下的黏度，不过仍然不清楚，这些奇异的物质可以应用在什么领域。

另外一个重要属性

在某些时候，研究人员也会将目光转向那些很早之前就已经完成，但是一直未能引起人们足够注意的研究成果。1879 年，汉尼和霍格特研究某些无机盐(氯化钴、溴化铁、碘化钾)在超临界乙醇中的溶解问题。这时，他们观察到，在温度高于 234℃时盐发生了充分的溶解，可是一旦温度低于该数值，盐又重新从溶液中分解出来。这些实验补充了已有的关于超临界状态的理论，表明超临界流体也具有明显的溶解能力。

利用以前完成的研究成果，研究人员逐渐将注意力集中在超临界流体的能力上。19 世纪末，威拉德和其他一些研究人员指出，二氧化碳、氮氧化物、乙烯和某些其他气体在超临界流体状态中获得可以溶解许多有机物质的能力，例如樟脑、硬脂酸、石蜡和萘。此外，超临界的二氧化碳作为溶剂，其性质可以调控，压力增加时，它的溶解能力明显提高。下图显示，在超临界二氧化碳溶剂中，萘的溶解力（45℃时）取决于压力。压力开始超过50个大气压时，萘的溶解力急剧增加。见下图：

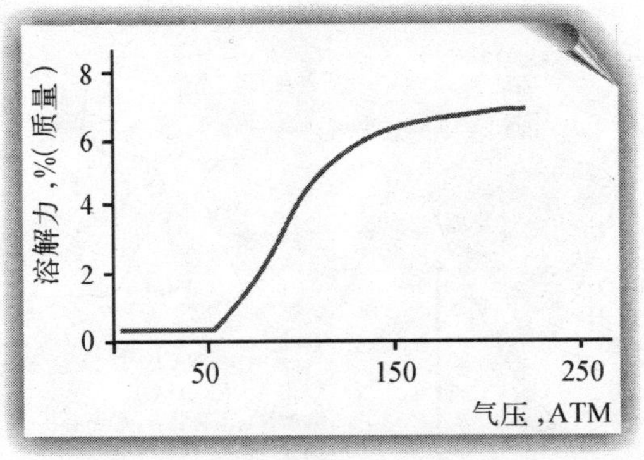

超临界流体的研究需要特殊设备和特殊的实验物质，用肉眼观察超临界状态很危险，例如，前面提到的在超临界乙醇中进行无机化合物的溶解实验。可以想象，有多少实验人员不得不冒着巨大危险，用肉眼观察那么多次的爆炸过程。在63个大气压下乙醇可以变成超临界状态，然而并非每个实验用的玻璃瓶都能承受住这样的压力，危险随时发生。

后来，为了确定物质变成流体的临界点，不再用肉眼直接观察玻璃管，而是重新转向卡尼亚尔·德·图尔曾经使用过的方法，即借助专门仪器测定声音在所研究环境中的传播速度，在到达临界点时，声音的传播速度急剧下降。

化学家怎样提取所需物质？

为了评估超临界流体的变化规模，我们先来分析一种化学家们从不同产物的混合物中提取所需物质的方法。

"提取"一词准确的说法应当是"萃取"，萃取一词经常使用。萃取大概是最古老的技术之一，例如从植物中榨取汁液或者冲洗沙子来淘取金子。在化学实验中，提取一般是借助不同的溶剂来进行。这时，需要淘选出那种只能溶解所需成分的溶剂。从混合物中提取某种成分，一般应遵循一个简单的原则，即让特定物质溶进其易溶的溶剂里。例如，从水溶液中提取碘可以借助四氯化碳，四氧化碳不与水混溶，它能比水更好地溶解出碘。想从任意比例的混合液中分离出乙醇和乙醚，需用浓氯化钠水溶液进行处理。酒精与盐水的溶液形成混合液，醚在上层，并不与下层混合。经过沉淀之后，混合液被分离。见下图：

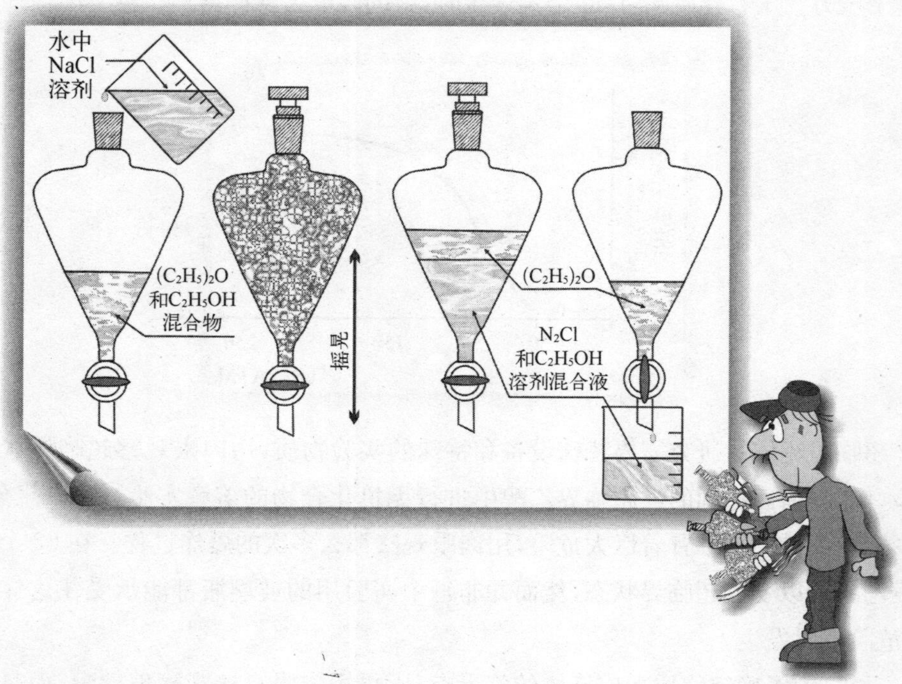

成功地选择出所需溶剂是不够的。为了更安全地提取所需物质，必须摇晃试瓶或者剧烈搅拌溶液。而要从固体物质中提取某种成分，预先要将其小心捣碎，有时还需要使用超声波。想要深度提取所需物质，还需要采取增加温度的方法，最常见的是采用沸煮方法，重要的是不能在这种高温下导致所需产物的分解。接下来应该进行的就是分离所提取的物质，通常使用分馏提取溶剂。这一切让提取过程变得异常艰难，既花费时间，又需要付出一定的体力，还要消耗能源。

突破传统方法

超临界流体的通用性能在20世纪80年代广泛应用，当时工业发展的整体水平使我们能够采用相关技术制造出获取超临界流体的装置。从这个时候开始，超临界技术工艺开始迅速发展起来。在传统方法的基础上利用超临界流体，这给人留下极其深刻的印象。

原来，超临界流体不仅是良好的溶剂，而且是具有极强扩散能力的物质，这使得它们能够很容易地渗透到提取材料的深层。超临界二氧化碳使用得最为广泛，它是用途广泛的有机化合物溶剂。

我们来考察从咖啡豆中提取咖啡因的过程。将咖啡豆放在高压灭菌器中，这种容器能承受很高的压力，向里面充入气态二氧化碳，经过搅拌之后，将超临界流体与溶解的咖啡因一起倒入未封口的容器中。置于大气压下的二氧化碳将转变为气体消失在大气中，而提取出的纯咖啡因则留在敞口的容器中。见下图：

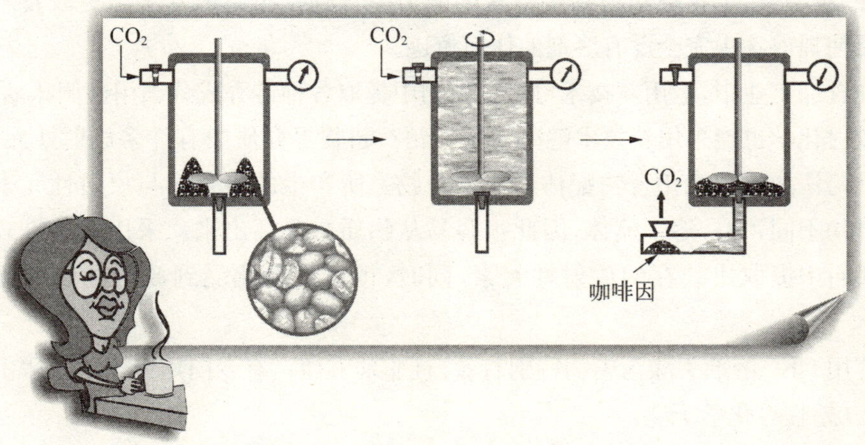

不需要磨碎咖啡豆和进行额外的加热，也不需要分馏溶剂和进一步净化得到的物质。前面已经提到，随着压力的增加，流体的溶解能力明显变强（例如萘的溶解）。从咖啡豆中提取咖啡因，如果压力增加到120个大气压，那么就无需进行搅拌，可以把咖啡豆装入高压灭菌袋（当然，如果它们是纯净的），在这种情况下，咖啡因更容易被提取。这种提取方法才是化学家所期望的！

二氧化碳真正成为超临界工艺技术中的领导者，因为它具有一系列优势。可以很容易把它变为超临界状态（TCR—31℃，聚合酶链反应－73.8 ATM），此外，它无毒，不易燃烧，不易爆炸，而且既便宜又方便使用。从任何角度来看，它都是提取过程中的理想成分。二氧化碳还有一个极大的优势，即它能够稳定在空气中，因此不会污染环境。据此完全有理由认为，超临界二氧化碳是一种环保型的清洁溶剂。

超临界流体还能做什么?

制药行业是最先采用新技术的行业之一,因为新的技术工艺能够最大限度地从植物原料中提取活性生物物质,并保持其成分构成不发生改变。现代药品生产的卫生标准十分严格,但是新技术完全符合这些要求。此外,分馏所提取的溶剂以及随后的净化循环都不需要。已经出现使用安全的新技术来专门生产维生素、类固醇和其他药物的制药公司。

化妆品和香水生产的迅速发展证明了新工艺的优势所在。从植物和动物中提取精油、维生素、生物碱和植物杀菌素的能力提升到一个新的水平。提取技术的先进性可使提取物中完全没有溶剂的任何痕迹。

在食品工业中,运用新技术可以从植物中提取各种芳香成分来用做调味品。

放射化学也能采用新技术解决某些问题。超临界介质中有许多放射性元素,它很容易与添加的有机化合物配体形成络合物。所产生的络合物与放射性元素的母体化合物不同,它易溶于流体,因此很容易从物质中分离出来。采用这种方式可以从废矿石中提取出残存的放射性元素,同时,也可以净化受到放射性废物污染的土壤。

使用 CK -溶剂去除污染物特别有效,且非常方便。有专门用来清洗衣服上污渍的方法(超临界化学干洗)。

除了上述这些优点之外,还应该提及的是,在大多数情况下,新技术比传统工艺更加节省费用。

就有机合成化学而言,前面分析的所有超临界二氧化碳的运用,其实都是不同的提取方法而已,这涉及物理化学的演变过程。

在这种提取方法引起人们浓厚兴趣的情形下,化学家们并未忘记自己的兴趣所在,他们将超临界流体作为反应介质。

首先,引起研究人员注意的是,超临界流体具有溶解气体的特殊能力,例如,它能够达到比普通溶剂高 10—20 倍的 H_2 和 N_2 的浓度。在超临界二氧化碳中进行的有机化合物加氢成为超临界流体——介质中的首次合成。首次得到的结果(见下页图中的流程 A 和 B)表明新方法具有特别高的效率,即在流程反应中温度明显降低,反应速率急剧增加,而在某些情形下(流程 B)明显看出具有选择性——仅触及特定的双键。同时也研究出高效的催化加氢(CK—CO)流程,导致甲酸的形成,在这种情况下，二氧化碳同时也充当了试剂(流程 C)。

除了实现加氢流程并在工业中进行应用，还有其他一些流程，例如超临界状态下将水与丁烷结合起来获取正丁醇(图 D)。见下图：

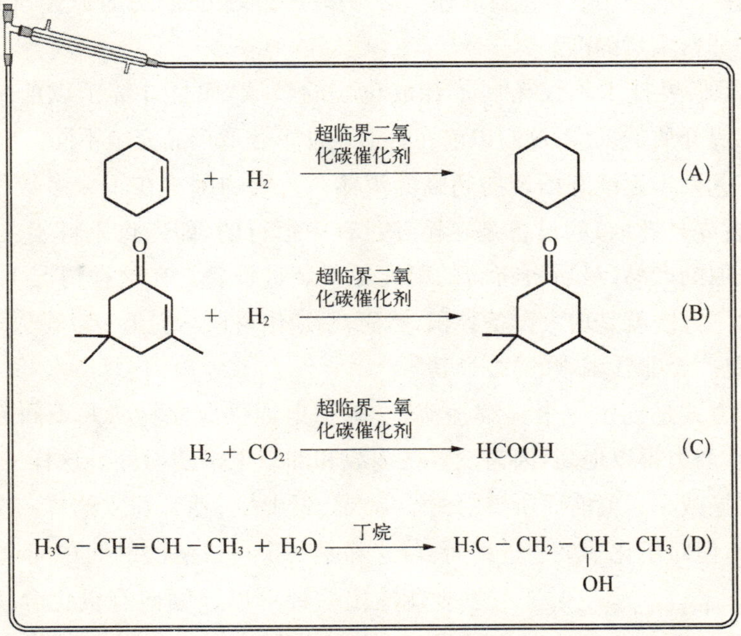

超临界流体中的许多反应并不像在普通有机溶剂中进行的那样，反应流程完全超出了实验者的想象，所获取的产物独特异常，往往出乎化学家的事先预料。例如芳香族胺中的氨基并非像预想的那样氧化为硝基，而是转化为异氰酸酯基团，这完全出乎意料。见下图：

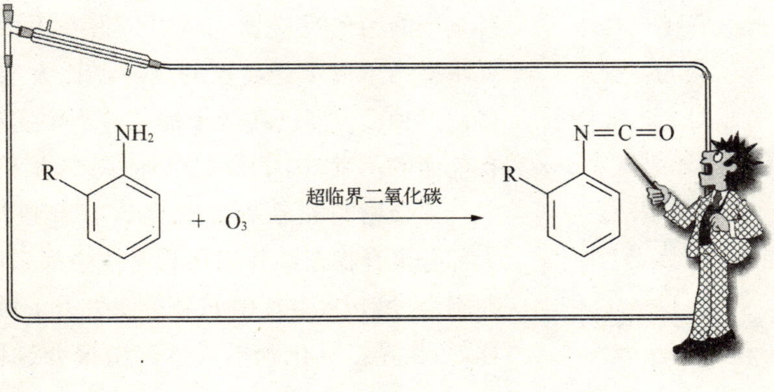

反应的独特性在于超临界二氧化碳参与到相互作用中，它是铜基团的来源。

这个流程极具吸引力，它开辟了一条之前无人知晓的获取芳香族异氰酸酯的途径，而且还是在非常安全的条件下（传统方法通过芳香族的光气来获取，生态上不安全，而且需在170℃—180℃高温下进行）。另外一个好处是，芳香族异氰酸酯是现代化学工业中非常宝贵的产品。

因此，超临界技术不仅拓展了合成化学的领域，而且开辟了以前未知的新途径——超临界介质的反应，这与以前在普通条件下获取产品完全不同。

化学工艺同样逐渐开始转向超临界流体。主要的困难在于大多数用于超临界流体技术（首先是提取）的设备是在循环过程中运行的，即先将原料装入设备中，然后取出所获取的产品，最后再将新的配比原料装进设备。在这种情况下，提高生产效力的最简单方法就是增大设备容积，然而，制造出可以承受近100个大气压的大容量容器，这是一个非常困难的技术问题。

第二种方式是创建一个连续性流程，即稳定地供应原材料并不间断地析出产品。这样，生产力得以提高，因为没有在装载和卸载上浪费时间。这样的话，设备的体积可以明显减小。就前面所举的例子（食品或制药行业），建立这样一个连续性流程非常复杂，但对于化学工艺过程而言，这却是一个可以解决的简单问题。例如，成功地制造出一种可以连续向有机化合物加氢的反应器。向加氢的催化剂反应器中不断添加试剂（有机物和氢气）和流体。通过一个特殊的阀门输出产品，这时产生一种简单的蒸发流体，它可以重新返回到反应器中。以这种方式可以在两分钟之内氢化出约1千克的母体化合物。最有趣的是，具有这种生产能力的反应器完全可以握在手中。制造这样小型的可以承受高压的反应器比大型的容易得多。这种反应器已在两个加氢流程中实验成功，这在前面的示意图中已作过描述（图中A和B）。

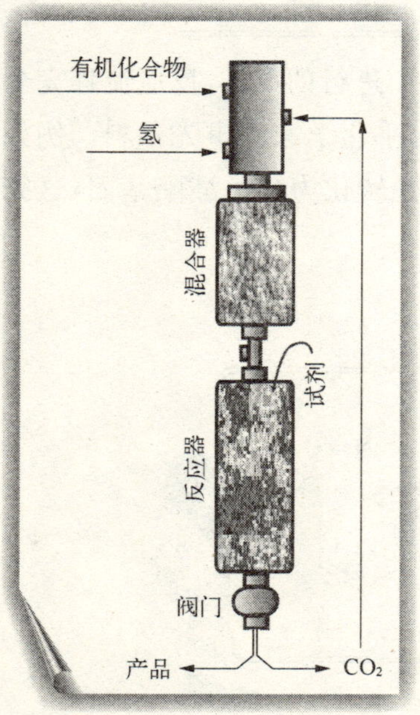

聚合物与超临界二氧化碳有着独特的关系。大部分聚合物在这种超临界流体中都是可溶的，但在聚合过程中，生长中的分子便失去了可溶性。这样，超临界二氧化碳不太适合做聚合过程的媒介。

不过，这个缺点却变成了一种优势。在一般情况下获得的聚合物可以有效地清除未反应的聚合物以及聚合中产生的杂质。由于具有极高的扩散属性，流体可以很容易地渗透到聚合物中。清洗的速度非常快，而清洗过程本身极具技术性——无需使用大量的有机溶剂，况且这些溶剂很难从聚合物中清除掉。

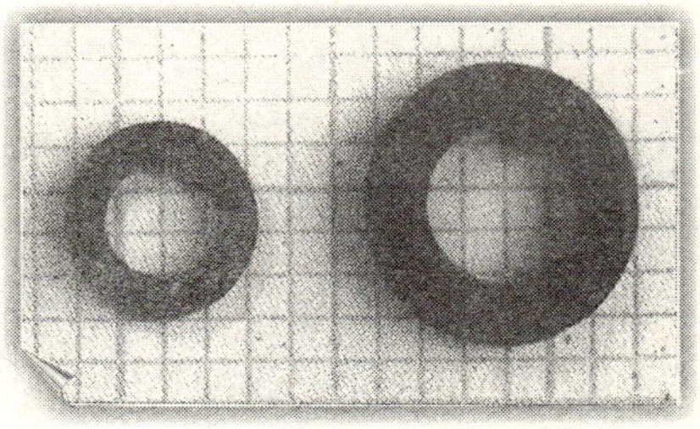

有一种办法可以让聚合物在超临界二氧化碳中的溶解度降低。聚合物浸泡在液体中很容易膨胀，其体积约可膨胀近 30%。膨胀之后的橡胶圈的厚度几乎增加一倍。见右图：

在压力逐渐降低的情形下，橡胶圈又恢复到原来的尺寸。如果不使用弹性材料，而是选择硬性材料，那么膨胀后可以迅速释放出压力，二氧化碳会被迅速排出，聚合物则变成微孔材料。这便是获取多孔塑料的新工艺技术。

对于着色剂、稳定剂以及各种改性剂而言，聚合物中加入流体必不可少。例如，将聚芳酯加入铜的聚合物中，在随后的还原过程中便形成了金属铜，结果便形成了由聚合物和具有高耐久性金属构成的结构。

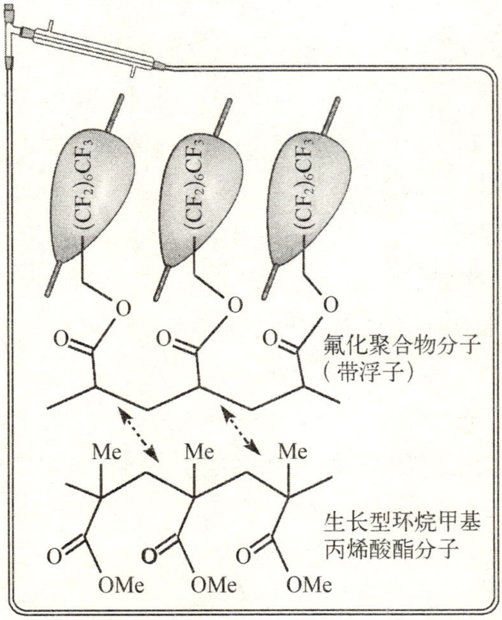

详细的研究表明，某些聚合物（聚硅氧烷和全氟烃）仍然能溶于超临界的二氧化碳，但必须将温度提高到 100℃，压力也要高达 300 个大气压。这些同样成功地达到了。将可溶性全氟烃添加进聚合丙烯酸盐中，结果发现生长分子和“添加剂”彼此具有极化相互作用，而所添加聚合物的氟化基则起着浮子的作用，使整个流程都能维持在溶液中进行。这样，丙烯酸盐的生长分子不会沉淀，而且得以持续生长。见左图：

这一切表明，超临界流体可以作为聚合的媒介，当然需要采用某种迂回的方法。

化学家们没有忘记利用前面提到的流体的性质，即随着压力的增加溶解力会变化。将聚合物的样品置入流体介质中，然后逐渐增加压力，选择溶解比例。这样，便可以精确地将聚合物划分成馏分的组成部分，即可以将分子按数值进行分类。

并非只是二氧化碳

除了二氧化碳，还有其他流体也正逐渐用于实验中。超临界氙气（TCR—16.6℃，PCR—58 ATM）是一种绝对的惰性溶剂，因此，化学家们将其作为反应介质来获取挥发性化合物（多为金属性有机物），对此二氧化碳可以作为潜在试剂。氙气这种流体不可能被广泛使用，因为它非常昂贵。

要想从天然原料中提取动物脂肪和植物油，更适合使用超临界丙烷（TCR—96.8，PCR—42 大气压），因为它与二氧化碳相比，可以更好地溶解所提到的化合物。

一种最为普遍而且对生态环境无害的物质，这就是水。但是将其转化为超临界状态却相当困难，它的临界点参数非常高：TCR—374℃，PCR—220 个大气压。现代技术能够制造出满足这些要求的装置，不过，在这个温度和压力范围内工作依然困难重重。然而，超临界水几乎能溶解所有在高温下不易分解的有机合成物，如果其中添加氧气，可以成为最强大的氧化介质，它在几分钟内可以将任何有机化合物转变为水和二氧化碳。目前，化学家们正在研究，是否可以用这种方式将日常生活中的废弃物重新利用起来，首先就是塑料容器——碳酸饮料瓶等等。焚烧这类容器则会造成毒性物质的挥发。未来，计划研制出利用超临界水来销毁化学武器的专用装置。

在本章的最后应该指出，超临界二氧化碳暂时仍是一枝独秀。成功地将前面所讨论的各种优点结合起来导致超过 90%的超临界流体技术都集中在它们的实际应用中。

化学的主要财富是所获取到的、经过充分研究的数百万种化合物。在这些化合物中有一些化合物完全有可能被遗忘，但它们却有可能在超临界状态中显现出超过现在已知流体的性质。也许，这将是一种目前无人知晓的全新化合物。

欢庆胜利的华尔兹

诺贝尔奖——
这是游泳者游到对岸时
别人抛给他的救生圈。
——萧伯纳

早就听说，诺贝尔奖评奖委员会的工作非常“悠闲”，它所表彰的优异成果往往都是这项研究完成几十年之后的事情，获得诺贝尔奖对于获奖者来说几乎总是相当意外。焦急等待这个奖项的并不是获奖者，而往往是遍布全世界的有机化学家“大军”。原因在于，近年来有机化学被笼罩在生物化学的阴影下，后者几乎垄断了诺贝尔奖。也许，有机化学已经做出了其力所能及的一切，为什么却长久不能取得这项令人瞩目的成就呢？经过漫长的等待，胜利终于来临了。

2005 年，诺贝尔化学奖授予了法国科学家伊夫·肖文以及美国科学家罗伯特·格拉布斯和理查德·施罗克，他们获得这个奖项是由于发现并研制成功有机合成中的复分解反应。这种复分解反应完全有必要进行详细的分析。

复分解反应意味着交换

复分解反应也称交换反应。这种反应的基本流程简单而清晰：在两个烯烃分子（含有双键的碳氢化合物）相互作用的情况下，它们位于双键两边的有机基团便会进行交换（位于下图左上角的特殊结构）。见下图：

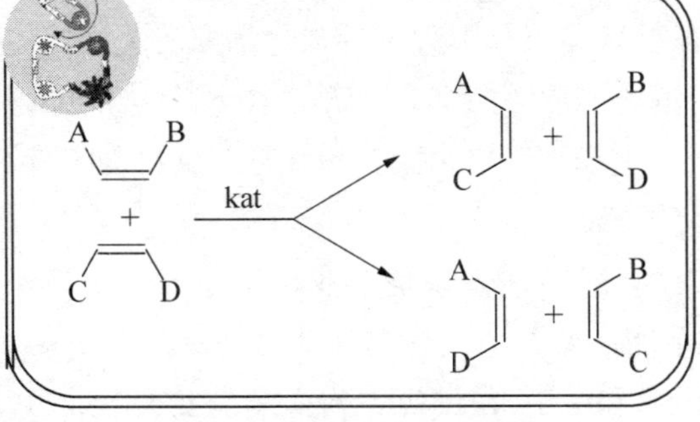

20 世纪 50 年代，在某些国家进行工业化的过程中，这种反应已被人们观察到。后来，菲利普斯石油公司完成了这个著名的菲利普斯反应流程，即在带有氧化铝的钼羰基参与下将丙烯转化为乙烯和丁烯（参与反应流程的有三个烯烃，该反应过程的名称正来源于此）。见下图：

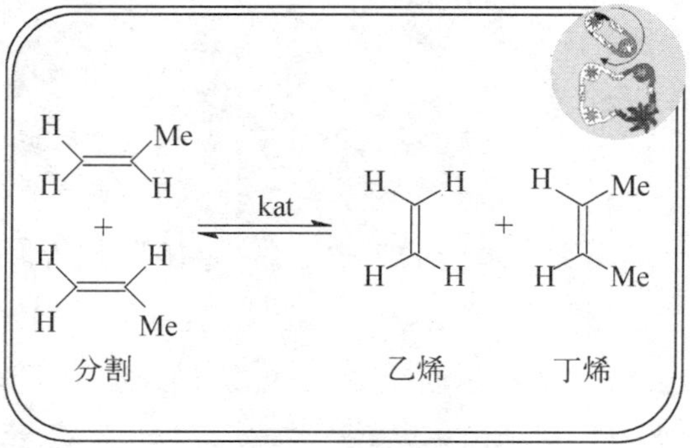

伊夫·肖文
(1930—)

从 20 世纪 60 年代开始，许多化学家试图通过建立不同的循环过渡络合物的形式弄清这个流程。真正的复分解机理是法国科学家伊夫·肖文在 1971 年首次提出的（三位诺贝尔化学奖获得者之一）。伊夫·肖文认为，反应系统中的关键角色归属于金属碳，这是一种化合物，在这种化合物中一个金属原子与碳进行双键链接：M＝C。

据伊夫·肖文所说，有三件与这种反应机制毫不相关的事情使他产生了这种想法。第一件是恩斯特·奥托·菲舍尔（1973 年诺贝尔化学奖得主）撰写的文章，在这篇文章中，菲舍尔声称在钨化合物中发现了一种新型的碳金属 $(CO)_5W{=}C(CH_3)(OCH_3)$。第一次获取了碳原子与金属之间双键链接的化合物，这项工作引起了许多化学家的关注。

第二件事情是居里奥·纳塔（1963 年诺贝尔化学奖得主）著作中的暗示。居里奥·纳塔在自己的著作中描述，在三乙基铝和钨六氯参与下完成的聚合过程中，环戊烷出现了不同寻常的断裂。

引起伊夫·肖文注意的第三件事是工业化生产过程的成果，在这个过程中，从丁烯中形成了乙烯和丙烯（见上图三烯烃流程）。总结以上这些，可以说，两位诺贝尔化学奖获得者（菲舍尔和纳塔）帮助伊夫·肖文登上这个最高领奖台。

乍一看，上述三件事情彼此间并没有任何关联，可是，伊夫·肖文在对它们进行比较之后认为，环戊烷的聚合和丙烯的重组其实是同一个过程，而对其催化的是在反应体系中形成的钨烯。因此，伊夫·肖文提出一种新的反应流程，在这种流程中烯烃起着关键性作用。该流程包括形成过渡络合物的阶段，在这个络合物中烯烃和金属烷烯催化剂结合在一起。络合物在分裂时，催化剂获得另外一种有机基团，该基团在随后阶段被转移到烯烃的另一个分子上。见下图：

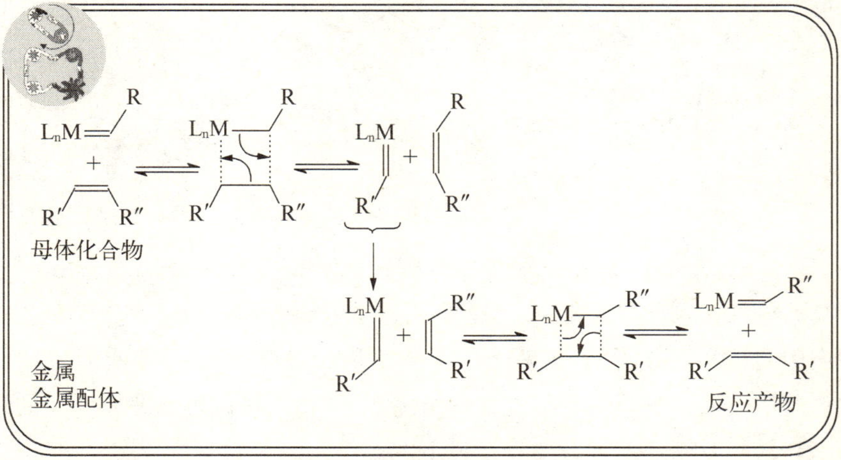

从上图可以看出，母体化合物含有不同的有机基团 R′和 R″，而反应物则包含同样的基团 R′，这符合丁烯产生于丙烯的机理。

伊夫·肖文成功地证明了所提出的机理。实验表明，伊夫·肖文提出的这个机理是正确的，随后，这个机理开始被称为伊夫·肖文机理。最令人惊奇的是，研究完这个反应过程之后，伊夫·肖文转到了与石化合成相关的工作中，再也没有重拾复分解的研究工作。

接力棒继续传递

伊夫·肖文的工作为其他科学家指明了进一步研究的方向，并非为了使引入反应流程中的金属卤化物形成金属碳烯，而是应该更早地获取它，然后将其引入到反应流程中。另外两位诺贝尔化学奖获得者施罗克和格拉布斯非常出色地完成了这项工作。这两位目前已经非常著名的科学家，他们后来的研究就像是一场竞赛，他们从来没有合作发表过文章，他们也从未在一个接力赛中真正在赛跑，但是，他们毫无疑问在你追我赶，奋勇争先。

沿着伊夫·肖文指引的方向前行，施罗克开始寻找复分解钽铌碳烯络合物的有效催化剂，然后又转到铌、钨、钼、铼等络合物。施罗克采用大体积的环绕基团，他想使催化剂具有更强的稳定性。见下图：

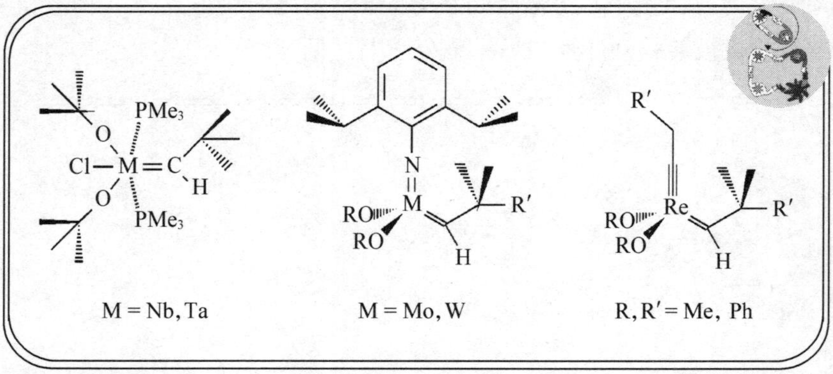

所有这些催化剂都异常活跃，例如，一个含钼化合物的分子一分钟之内就可以催化转换 1000 多个烯烃分子。另外一个优点是在改变 R 基团性质的时候，可以控制催化剂的反应能力。当 R=叔丁基的情况下，催化剂可以进行非常完美的复分解，即分解出与其同时循环的聚合烯烃。见下图：

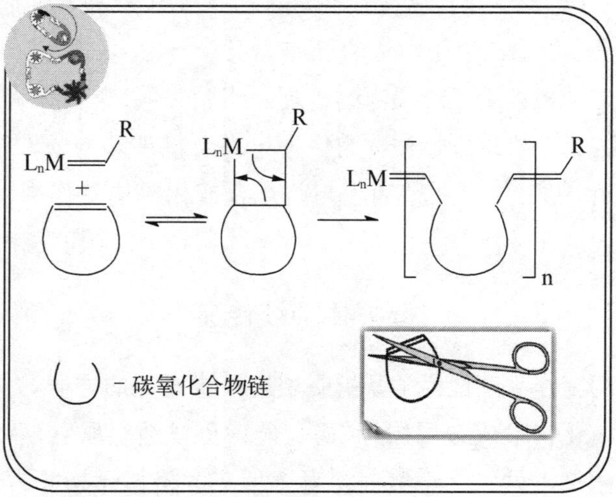

以前，类似的反应流程并没有获得成功，如在烯烃（苯乙烯、甲基丙烯酸甲酯）附近进行的双键原子基聚合和在离子聚合（如乙内酰胺）情形下拆开循环，施罗克却成

功地同时将双键破拆，循环中断，这是化学史上的第一次。根据朱利奥·纳特的形象表达，这就好像用剪刀剪断了循环中的双键。

理查德·施罗克
(1945—)

其实，这是一种新型的聚合流程，这种流程以前无论采用任何方法都无法进行。对于这种流程而言，最为适合的便是紧凑的循环，之后的第二阶段是不可逆转的。况且获取到的聚合物事实上是单分散状，即具有几乎相同的链长。值得注意的是，存留在聚合链尾端上的催化剂仍然保持着“活力”。采用这种方式可以向所获取到的聚合物添加另外一个聚合物，然后是第三个，这样便获取到了结构形状明显的双嵌段和三嵌段聚合物。见下图：

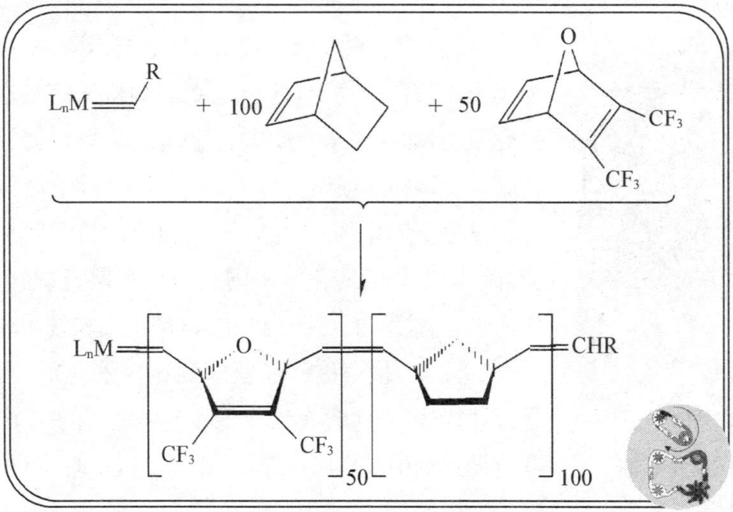

如果必须停止进一步的聚合，那么，采用特殊的方法将使挂在链末端的催化剂“尾巴”减缓聚合。

借助催化剂钼的帮助，可以进行另一个反应，这种反应用别的方法无法进行，这就是将二烯(含有两个双键的碳氢化合物)变成环烯烃。见下页图：

施罗克专门研究的一系列催化剂可以获取某些有机化合物的光学同分异构体，这一点在合成药品时尤其重要。

不过，施罗克研制的催化剂也存在某些缺点，例如，它们对氧化和湿度非常敏感。

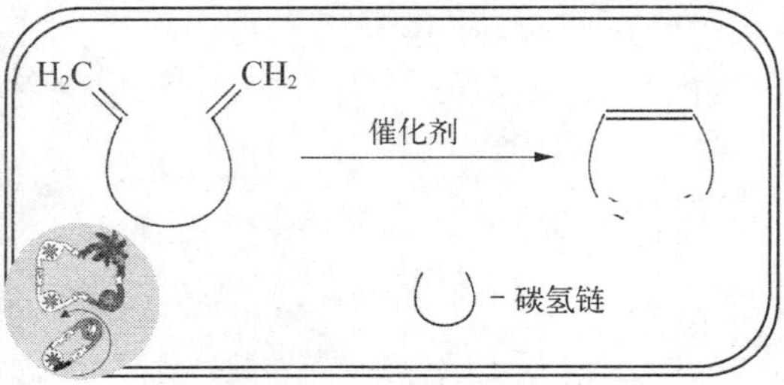

不同的人,不同的路

催化剂的上述缺点被罗伯特・格拉布斯成功地消除了。从20世纪80年代中期开始,格拉布斯开始寻找用于复分解反应的催化剂。在此之前,他已经了解了伊夫・肖文所提出的反应机理,他也清楚地知道催化剂应该是金属碳烯,也就是说,是双键链接的碳——金属M=C。

罗伯特・格拉布斯
(1942—)

与施罗克研制的钼、钨、铼催化剂不同,格拉布斯将注意力集中在钌化合物上,他也是受到纳特研究的启发。纳特的研究表明,即使在水介质中钌金属卤化物也能够催化烯烃进行聚合。格拉布斯认为,在钌化合物基础上可以创造一个稳定的复分解催化剂,这与施罗克创建的长时间在潮湿环境中能够稳定工作的催化剂不同。格拉布斯意识到,这对于工业生产十分重要,在工业生产中,试剂预干燥技术非常复杂。

1992年,他声称已经获取到这种催化剂,两种化合物就是金属烯烃,它包含有碳原子和金属之间的一个双键,就像施罗克催化剂中包含有机基团(苯基、环乙基)一样。见下图:

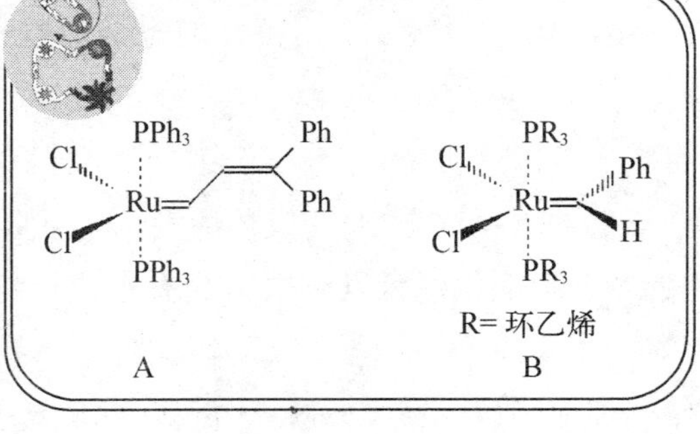

化合物 B 尤其成功，它与施罗克的钼催化剂一样，可以按照复分解法进行以前从未进行的紧凑聚合环烯烃循环，并获取到特殊结构的聚合物，其中的聚合物链中嵌入了循环片段。见下图：

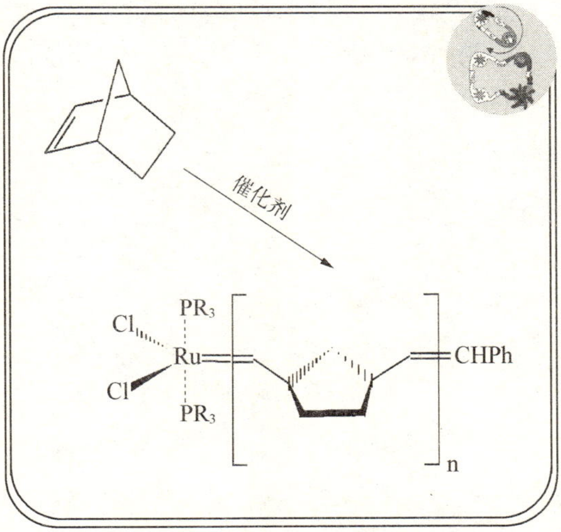

以这种方式获得的聚合物，其有趣之处绝不仅仅在于其科学意义。聚合物(上图所示)具有突出的坚固性，在射入一颗直径 9 毫米的子弹之后，子弹在这种聚合物的 3.8 厘米处被卡住。见下图：

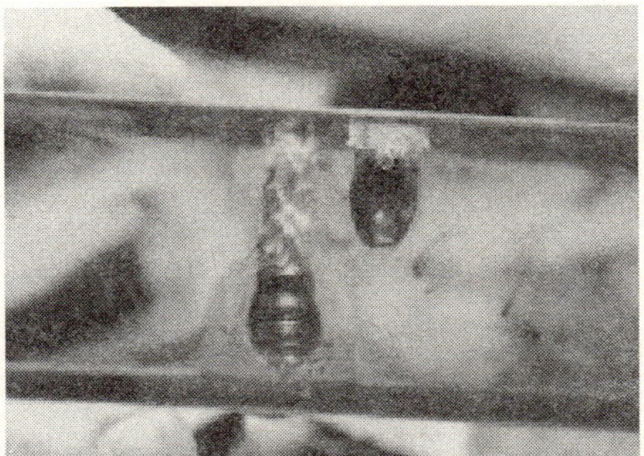

这种类型的聚合物不仅适合超高强纤维的生产，它们还是价格相对低廉的大众品，所以，这种聚合物已经开始在体育器材和水暖器材的生产中使用。

与施罗克的催化剂不同，化合物 B 在露天和潮湿环境中仍能保持其稳定性，此外，它还可以催化烯烃的转换。这种化合物已经具有商业价值，1998 年，弗鲁卡化学公司授予它“年度试剂”的荣誉称号。

借助这种催化剂，实际上可以进行一个阶段的转换，这种转换在以前的有机化学中几乎不可能，例如，现在可以将三烯（三个双键的化合物）转换为二烯。这时，催化剂似乎从一个双键移动到另一个双键，这样的反应过程称为“多米诺骨牌”反应过程。反应过程的机理如前所述，就是形成由四种成分构成的过渡络合物，只是这一切都发生在单个分子中。见下图：

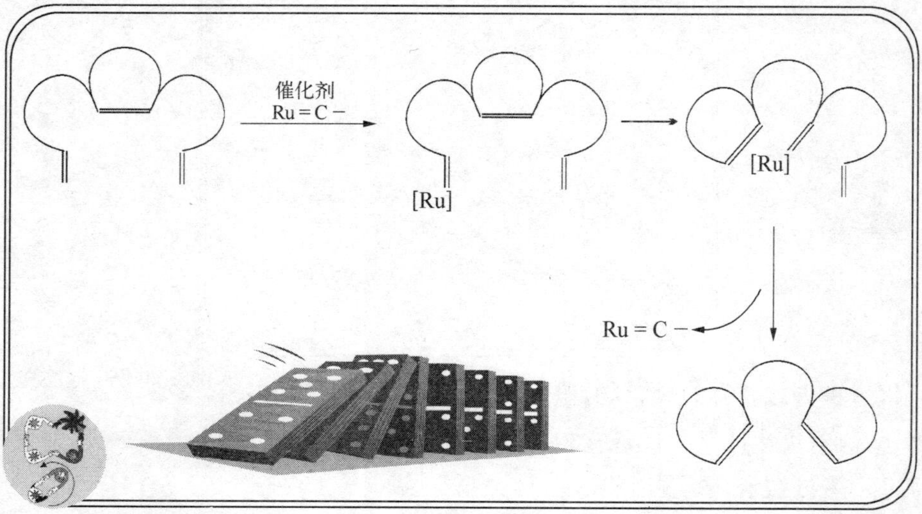

然而，这些催化剂有一个缺点，即与施罗克的催化剂相比，使用寿命较短而且活性较低。格拉布斯开始进一步完善这种催化体系。这之前，他已经形成了一些自己的想法。改变金属配体之后，他得到了一些新型催化剂，其中最有名的一种标在下面的示意图上，这种催化剂也获得了商业价值，作为商品试剂已经开始生产。见下图：

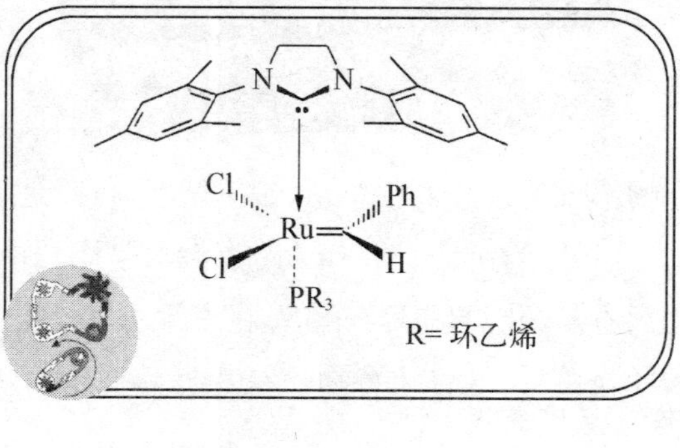

借助于该催化剂，按照复分解流程可以获取有效的诱虫剂，即一种能够用自身气味吸引昆虫的物质，然后把昆虫聚集在特殊的陷阱中。这种诱虫剂对于杀死危害苹果、梨和桃的叶甲虫非常有效，不仅合成非常简单，而且生产成本很低。

复分解给有机合成提供了极大的可能，例如，可以把延长的碳氢链引入到氨基酸或与碳相交叉的肽中。

格拉布斯的钌催化剂所具有的最为显著的成效就是获取到环聚乙烯，而且这些环状的分子量达到了100万个。

化学家们首次能够比较这两种成分相同、分子量接近的聚合物，但其中的一个是由线性分子组成(普通聚乙烯)，而另一个则是由环状分子组成。原来，它们的物理属性差别很大，这一研究方向在高分子化学中才刚刚兴起。

人们逐渐明白，施罗克的催化剂在一些合成中更具效果，而格拉布斯的催化剂在另外一些合成中效果更佳。波士顿大学的A.霍维教授是一位合成专家，在比较了施罗克和格拉布斯的催化剂之后，他认为，当我们需要高强反应效果时，我们采用钼催化剂(施罗克)，而当我们必须在不太严格的条件下进行反应时，可以使用钌催化剂(格拉布斯)。顺便说一句，后一种催化剂更为大众所接受。两种类型的催化剂——这是天使的两只翅膀，仅用一只翅膀显然不能够飞翔。所以，它们中的任何一种都不具备毫无争议的优势，因此很自然，两位科学家都成为诺贝尔化学奖得主。目前，复分解反应是现代有机化学中的重要一章。这些反应大多发生在一个阶段，而且没有副作用，可以根据这些进行环保性的生产。复分解反应为开发新药品，为有机化工和具有特殊性能的聚合物的合成提供了极大的可能。

华尔兹式的复分解

每一位诺贝尔奖得主都不可避免地会被问到一个问题，即用简短的语言让没有这方面专业知识的人们了解获奖成果的主要内容。2005年的诺贝尔化学奖获奖者用一种简短的动画电影的方式直观地描述了复分解反应，这种反应被形象地比喻为与不同的舞伴在翩翩起舞。这部影片被放在诺贝尔评奖委员会的网站上。灰色圆圈表示舞池，所有的试剂以华尔兹舞者的形式来展示，观众位于舞厅的圆顶下方，我们看到一对舞伴的头和舞者握在一起的双手，这种形式成功地模拟了原子之间的双键状态。

催化剂，即梳着马尾辫的舞者，在同自己的舞伴定期与另一对舞伴相汇聚时，与后者形成了一个由四人组成的复杂过渡组合体，然后又分开，形成另一对舞伴，即反应产物。本章每一幅图中用图形展现的正是这一时刻的图像。前面提到的影片中的镜头展示如下：

通过发现一种化学反应而获得诺贝尔化学奖，这种机会非常罕见，这一次有机化学战胜了生物化学。

美丽定格于瞬间

活在照片上，
即使你不在了，至少证明你存在过。
——耶日·列茨

这句著名的格言广为人知，歌德甚至将其挂在自己笔下人物浮士德的嘴边。曾经，这句格言意味着期待延长美妙的时刻，但是随着时间的推移，随着摄影技术的发展，它已经具有另外一种意义：瞬间的定格意味着永恒。

国家博物馆和私人档案馆保存着数十亿张照片，它们意味着永恒的瞬间。

望着那些早已离我们远去的面孔，仔细端详老照片上的日常用品、发饰或服装上的细节，我们会获得一种难以言表的满足，然而，照片的价值远不止于此。在人类文明的进程中，照片不仅具有巨大的历史及文化价值，而且已经成为科学技术的重要组成部分。例如借助于照片，人们发现了天然放射性，从而进一步拓展了 X 射线分析方法。

照片诞生于沥青之中

很久以来人们就渴望能在某种材料上塑造出一种人的肉眼可以看见的图像，但不是使用画家的绘画技术。在说到照相过程之前，我们先来看看以前的照相机，这是一种可以得到周围缩小了的物体图像的装置。

这种照相机是一种暗箱，据说是由伟大的莱昂纳多·达·芬奇(1452—1519)发明，由德国科学家阿法纳西·基赫(1602—1680)(主要研究数学、哲学和自然科学)绘图而成。1646 年，基赫在《伟大的光影艺术》论文中指出，如果在暗箱的壁上用针穿一个洞，则暗箱里相对一面的壁上就会出现针眼对准物体的缩小的倒置图像。图像虽然不太明亮，但如果在暗箱前壁的孔洞里放置一块透镜玻璃，图像的亮度就会明显增强。如果在暗箱孔洞对面的壁上放置半透明纸或磨砂玻璃，就可以准确地复制所展现的画面。使用暗箱的目的正在于此，当时，这种暗箱显得有些滑稽可笑。

1827 年，退伍中将尼塞恩普斯在研究了制作版画的印刷方法之后，利用沥青在光线下可以失去其溶解度的特点，几乎制造出了照片。

尼塞恩普斯把在熏衣草精油中浸泡过的沥青涂抹在抛光铜板上，然后将铜板放在暗处晾干，并将铜板在暗箱中放置 6—8 小时，这样，图像便被投影在这张铜板上了。为了显示出图像，他冲刷掉铜板上的熏衣草精油，这时，没有受到光线照射的地方沥青溶解了，而光线照射到的地方沥青则没有溶解并且形成了明显的图像。尼塞恩普斯将这种方法称为太阳照相术。接下来，用酸来腐蚀铜板，没有沥青的地方铜被溶解了，出现了凹痕，而受沥青保护的地方则保持凸起。然后冲洗铜板，去除沥青后便形成了完好的刻版印模。涂抹上油色，油色留在凹处，凸起处仍然干净，印刷时印模上色彩最明显的地方就是凹处，即正是光亮少的图像暗色之处。这样就形成了一个正像，而且是反差大的影像，其中没有模糊的过渡色，很像版画。后来，银版照相技术取代了这种太阳照相术，严格地讲，照相术就此开始了。

银版照相术

银版照相术的创始人是路易·雅克·达盖尔(1789—1851)，这种照相术的原理如下：将银制抛光感光版置于暗处的碘蒸气中，这时感光版的表面便会形成碘化银感光层。

达盖尔将碘蒸气处理过的银质感光版放在照相暗箱中的后壁上，曝光时由于光线的作用，一部分碘银变为金属散射银，而后者将所拍物体构成了图像。为增强图像的清晰度，让水银蒸气作用于感光版，水银在有光线的地方形成了银汞合金，这时，银汞合金反映出的光度与抛光银面不同。因此，从特定角度观察银质感光版，就可以看到抛光银面所显示出的较暗正面图像。

创建于1839年的银版照相术逐步改善，1841年发现了溴蒸气，它可以提高碘感光版的敏感度，溴化银后来成为了所有照片材料的基础。使用硫代硫酸钠成为一种非常重要的全新补充方法。早在1819年，英国物理和天文学家约翰·赫歇尔爵士发现，硫代硫酸钠能够溶解卤化银，借助 Ag^+ 正离子形成一个稳定、易溶的络合离子团(这里不涉及还原金属银)。见下图：

$$\mathbf{Ag}Br + Na_2S_2O_3 \longrightarrow Na\mathbf{Ag}S_2O_3 + NaBr^-$$

$$Na\mathbf{Ag}S_2O_3 \xrightarrow{Na_2S_2O_3} Na_3[\mathbf{Ag}(S_2O_3)]_2$$

硫代硫酸钠开始用做照片定影液，由于图像失去了光敏感度，所以在日常光线下也能够观察得到。

1840—1850年这11年被视为银版照相术的鼎盛时期。我们所看到的一些名人像并非画家的写生画，而是这些名人的摄影肖像，如果戈理、赫尔岑、屠格涅夫、斯坦科维奇(普希金在达盖尔的银版照相术问世前两年去世了)、数学家契比雪夫、歌唱家维阿尔多以及其他许多人。甚至还有流放到西伯利亚的十二月党人的照片，如特鲁别茨基、沃尔康斯基、穆拉维耶夫等等。照片制作出来了，尽管国家罪犯的“肖像”(警察记录中的术语)被严格禁止。大多数照片都被警方查获，不过其中一部分还是被持有者隐藏起来并一直保留到今天。

银版照片提供的并非直接的影像而是镜像（底片），几乎没有人记得普通照片产生于何时。关于这件事还有一个鲜为人知的趣闻。果戈理在世时，所有画像（艺术家穆勒、马莫诺夫、伊万诺夫的作品）上的头发分缝都朝向左边，而果戈理去世后写生画家的肖像上（例如列宾的作品），果戈理的头发却朝右边梳。见下图：

尼古拉·瓦西里耶维奇·果戈理
伊万诺夫创作于 1841 年

尼古拉·瓦西里耶维奇·果戈理
列宾创作于 1878 年

原因在于，后代的艺术家们希望塑造出一位卓越的作家，于是依据保存下来的银版照片底片画像，并没有模仿前辈艺术大师们的作品，他们认为艺术家可能会凭想象创造某些东西。他们坚持“照片不说谎”这条原则，结果依照片绘出的并不是人物的真实相貌，而是其镜像。

一些保存下来的银版照片，其构思精巧的结构、独特的明暗色彩和艺术表现力，即使在今天也让我们印象深刻。

制作银版照片的工艺技术不同于当代的照片制作流程，无法大量复制，因而每张银版照片都是独一无二的。在所有尚存的纪实照片中，银版照片对于我们而言或许是最弥足珍贵，但令人遗憾的是，这种照片最经受不住时光的磨损。

半个世纪的沉淀

传到我们手中的银版照片上，逝去岁月留下了不可避免的痕迹——图像几乎模糊不清了。银版相片上的图像因其牢固性不高，反复用手指触摸就可能遭到损坏，因此，制作出来的照片常常需要涂上一层清漆，以免意外受到水浸。前人出于保护的目的在照片上覆上的这层保护漆，却给修复时制造了第一个障碍。

大部分银版照片100年来几乎一直保存在房子里，由于早期这些房子晚上靠蜡烛照明，后来又使用煤气照明，使照片上渐渐蒙上了一层黑烟垢。20世纪30年代电气照明才被广泛使用，即使在这种条件下，照片也不可避免地受到工业化城市中某些因素的影响（如汽车排出的尾气和锅炉烟气等），不过，住所的日常环境是对照片造成影响的首要因素。

由金属银散状微粒形成的图像，其表层极易变化，这就是为什么它对周围环境的侵蚀极为敏感。这时所形成的氧化物和硫化物，即所谓的乌银，这种乌银按照当时的审美观点，能够让首饰显得特殊高雅优美，但在银版照片上却极大地降低了其清晰度和对比度。周围环境这种侵蚀性影响的特点在于，有机涂层和积淀层无法保护照片避免这种环境的影响。见下图：

20世纪中叶，研究人员针对“暗淡”的银版照片还原问题开始进行研究。人们尝试了利用溶剂去除有机层的许多方法，然而，在这些众多零散和缺乏统一协调的探索过程中，都没有进行最关键的一个步骤——针对银版照片表层上的化合物进行成分鉴定。

此外，银版照片表层发生老化的化学过程，其本质尚不清楚。所以，如何保存的问题同样没有得到研究。这一切曾导致一些研究者有段时间决定放弃修复银版照片，甚至禁止这么做，因此，修复银版照片的热情迅速消失了。有些学者甚至认为，与其在修复时造成无法挽回的损害，还不如让银版照片顺其自然慢慢消失掉。

不用试剂进行成分分析

现代的研究者们面临一个需要分阶段解决的问题，首先必须去除照片上的有机层和漆保护层，然后将氧化物和硫化物还原成原先的金属银，同时还不能破坏已有图像的质量，并在相当长的时间内保持还原效果的稳定性。

在还原的每个阶段，作为检查的主要方法采用的是光谱法，因为它不会对照片表面造成损伤。最为可行的方法是借助红外射线的光谱技术，这种射线也称作热射线。

目前，红外光谱是得到成熟研究的光谱方法，其传统的应用方式是将射线透过物质层。这时，得到的光谱波段束可以准确判断出物质的结构，就像商店里借助条形码来证实商品的身份。

通过穿透射线来研究银版照片不可行，因为这些射线无法穿透图像所在的金属银层。所以人们便采用镜面反射方法，即射线通过有机物层，同时通过腐蚀物膜，从银表面折回并进入摄谱仪。为了减少银感光版吸收的红外射线，射线是以非常小的角度射向感光版的表面。这就如同朝水面投掷小石块，为了让石块从水面上弹起，投掷石块的时候必须借助一定的角度。见下图：

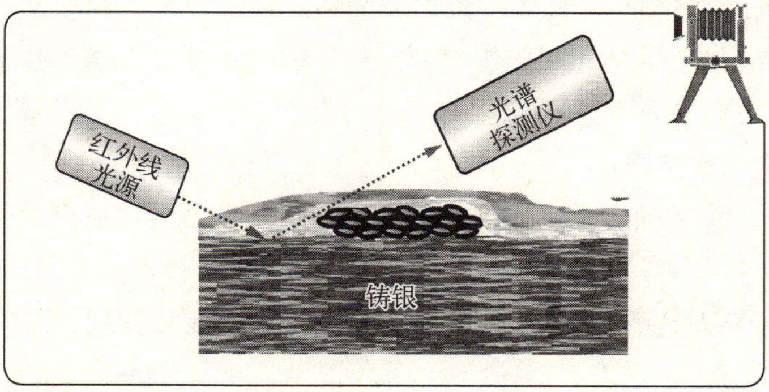

另外一个难点在于，分析层非常薄（几微米），因而所得到的光谱波段极其微弱，尤其是在伴有光谱“杂音”的信号波段。

现代光谱技术能够克服这些困难。有一种叫做弗里耶分光仪（法国数学家弗里耶发明）的仪器能够在几秒钟内拍摄数百个光谱。这时，无论是主要信号还是杂音都会汇集起来，不过，如果主要信号的强度增加到符合所拍摄光谱的数目，那么杂音强度的增长就会缓慢得多，因为杂声信号每次都出现在不同的地方，所以，所需的光谱信号会明显高于背景杂音。

“干洗”银版照片

根据城市空气中污染物的成分构成，可以假设，有机层是环状和线性饱和与不饱和碳氢化合物的混合物，这些化合物包含碳-氧-碳（C—O—C）和碳-氢氧根组（C—OH）。不过，解决漆性覆盖物的问题相对更为复杂，“被猜疑”化合物的范围在这种情形下不是很大，因为在银版照相术时期油漆的构成非常有限，基本限定在有机溶剂（火胶棉）的硝化纤维溶液和某些天然树脂溶液范围内。

接下来，将银版照片上覆盖物的光谱与一些知名的清漆光谱进行对比，可以发现，在许多情况下所采用的正是醚清漆或虫漆溶液。获得的结果有助于选择相应的溶剂，这种溶剂能够完全去除覆盖物。

借助频谱分析，针对污染物和漆覆盖物的程度进行检查成为可能，换句话说，可以对所选清洗方法的有效性进行评估。

去除有机层之后，还必须去除银腐蚀物——氧化物和硫化物（它们的成分也被频谱确定）。实验结果表明，硫脲和磷酸的混合物承担这个任务最合适。类似的混合液以前使用过，但过了一段时间之后，其对照片表面造成的影响带来了不可逆转的后果（正是因为这样的结果，才导致出现前面提到的研究人员禁止修复银质照片的决定）。因此，首先要去除腐蚀物中的化学性转化物，借助具有高度溶解能力的二甲基甲酰胺成功地解决了这一问题（关于这种溶剂产生的故事，在“高分子化学的特殊任务”一章中已作讲述）。

光谱分析表明，即使经过这样的处理，照片的表面仍然存在有机物和无机物的微量痕迹。

到这时，研究人员已经意识到，正是这些遗存物明显加快（化学家称作催化）了照片的老化。

下一个阶段就是要改变遗留在照片表面的催化物质痕迹，将其转化为结构简单、容易去除的物质。为了达到这个目的，可以使用过氧化氢。乍一看这种方法不符合逻辑，因为之前几个阶段去除的正是氧化产物，不过对于金属银来说，这种处理不仅有效，而且也安全，因为金属银不会通过如此简单的途径就迅速形成氧化物。

去除氧化产物之后，必须对照片表面进行复原，最后的处理采用还原剂——硼氢化钠水溶液。

上面所描述的这些方法相当费时费力，但是物有所值。首先，这种方法的有效性在一些专门用于测试的银质感光版上做过实验。针对这种感光版施以各种动植物类天然物质的影响，同时还对金属银反应活跃的化学物质进行了测试。然后，采用不同的方法对这些银质感光版照片进行清洁，这时，通过光谱来检查所携带污染物的性质以及清洁结果。通过上述实验之后，最后才采用这种方法清洁原始银版照片。当然，化学家们是怀着激动的心情来从事这项工作，因为他们心里非常清楚，这些照片具有多么珍贵的价值。

按照所描述的这种方法已经修复了俄罗斯国家历史博物馆收藏的 30 多张古旧银版照片，一些私人收藏的银版照片也得到了复原。

工作结果具有强大说服力，下面展示的实物照片便是其中一部分，原照片与修复后的照片并列展示。见下面的照片图（照片下方注明的是大致日期）：

伊·谢·屠格涅夫肖像（1841—1855）

军官肖像（1856—1857）

中学生肖像(1850)

令人惊奇的美好愿望

有一个著名的物理效果,即真的“期待”银版照相术的出现最终成为现实。这里说的是关于立体图像。首批银版相片出现之后不久,也制造出了立体图像——就是利用两个相距不远的照相机同时拍照。在同时观看这样两张照片时,就会出现这样情形,即两张照片合并成一张的时候,便形成了立体画面。可以想象一下,这样的两张相似照片在当时引起了怎样的惊人效果,即使是今天,立体画面也会令人印象深刻哩。

另外一个追求显得有些强人所难(从照片修复的角度来看)。今天的人们或许从未想过要把手中的老照片或银版照片进行修版和着色,相反,会产生一个完全自然的愿望,希望保持这些照片拍照时的历史原貌。

那些创作了银版照片的人,或是这些照片上的人对此却是完全不同的态度。银版照相术出现不久之后,有些人便开始觉得黑白照片反映出的周围多彩世界过于沉闷了。距离彩色照片的出现尚有几十年,但是,无论任何时代我们都不会拒绝用色彩来装饰事物。于是,出现了让人始料未及的银版照片着色技术,这种技术需要非常精细的技艺。

由于任何接触都有可能损坏影像,照片着色采用的是非接触方法。将刚刚拿到的照片放进水溶液显像盘中,然后等待盆里的水完全静止,而且水温也一样。接下来用小棒蘸上与水混合的精细弥散色素(细粉状着色物质),并触及照片需要着色位置所在的水面。染料颗粒通过水层沉降到刚刚还原的银表面,之后吸附染料颗粒到银的表面。需要说明，整个过程必须在密闭的房间中进行，同时进行染色的操作员其动作需要轻手轻脚，以免造成空气流动或水面的轻微波动。

银版照片保留到今天为数不多了，这些照片同样需要修复，显然，这种照片的诊断方法和复原过程应该是不同的。如今，成功地进行了第一个阶段——借助光谱方法弄清楚了某些色素的化学性质，正如前面提到的，这种方法不损伤分析样品的表面，而且具有高灵敏度。

下图显示的(黑白图像)来自“阿尔汉格尔斯克”博物馆收藏的彩色银版照片，这些照片具有完全令人满意的图像质量，然而，个别着色部分受到了损伤。这些损伤在这张银版照片的右下方用圆圈进行了标示，这是借助显微镜进行的分析，分析结果显示在右边的照片上。

着色银版照片的分析表明，大多数情况下蓝色染料是氧化铁 $Fe_4[Fe(CN)_6]_3$，黄色染料是铬酸盐氧化铅 $PbCrO_4 \cdot PbO$，而红色染料则是一种属于茜素染料的有机化合物。这些数据为接下来的研究提供了解决方法，这些方法可以使影像表面的色素固定。见下图：

至于黑白银版照片问题，我们注意到针对这些照片所做的修复工作并非完美无缺，因为这是与无情的时间这样强大的对手在“赛跑”。银版照片在未来几年中将处于光谱的监控之下。现在，它们“消亡”的基本规律已经清楚了，可以假设，必要的时候化学家们还会再次巧妙地介入其中。我们期望,我们的后代能像我们现在一样怀着激动和充满兴趣的心情来审视这些独一无二的时代记录。

化学故事集锦

我喜欢寻找真相并拥有它。

——查加夫

在化学教科书中，编纂者们讲述的仅仅是那些经过检查并已被确认的真理，这些真理在发展化学这门科学的过程中被发现，然而，它们的构建并非立刻一蹴而就。错误和失误的代价有时是相当巨大的。这是科学发展所必需的过程，真理的获得并非易事。艰难的探索之路中对知识的误解不仅具有戏剧性，有时还很滑稽。同样有趣的是，研究者选择的路径看起来似乎没有什么意义，然而往往却能取得卓有成效的结果。同样令人着迷的是，科学的发展可以使我们能够解决那些以前似乎无法解决的问题。

玩笑并不妨碍成功

并非所有化学元素的发现者都匆忙地宣布自己的发现，以确保自己的发明优先权。例如，英国化学家弗拉斯通就借此导演了一出恶作剧。1804 年，通过分析铂化合物，他发现并分离出了一种被其称为钯的新化学元素。然后他把获取到的金属转交给做矿物买卖的店主，请他们在商店里出售这种新金属钯。弗拉斯通很想知道，化学家们将如何看待他的发现，是否承认这一发现。结果，英国化学家切涅威克斯便上了钩。他确信，新的化学元素不可能就这样出现在买卖中，他决定嘲笑一下自称发现了钯的这个撒谎家伙。经过分析，切涅威克斯宣称，新金属不过是汞与铂金的合金而已。然而，其他化学家在对新金属做了分析之后，既没有发现汞也没有发现铂金。在伦敦皇家学术会上，弗拉斯通讲述了自己的恶作剧，结果，当众出丑的切涅威克斯断送了自己的化学事业。

学生驳倒老师

有机化学的历史上出现过一件戏剧性的事情，这件事情涉及实验能力的逐步完善。化学家们可以详细地研究许多来源于天然产物的化合物，却不能在实验室中获取它们。因此，19 世纪初逐渐形成了一种观点，认为在特殊的“生命力量”的作用下，有机物只能形成于生物机体中。这一学说开始被称为“活力论”。这个理论的创建者之一是著名的瑞典化学家贝采里乌斯（1779—1848），他认为，某些有机物质在没有其他生物体的参与下无法

雅可比·贝采里乌斯
（1779—1848）

从矿物中取得。所谓“活力论”对德国化学家弗里德里希·沃勒(1800—1882)来说完全是一个意外的打击。具有讽刺意味的是,作为贝采里乌斯的学生,他当然不想批驳自己的老师,但实验结果则完全出乎他的预料。他在 1826 年进行的合成实验,从某种意义上来讲具有历史性意义,他让铵通过氰酸溶液从而获取了氰酸铵。见下图:

弗里德里希·沃勒
(1800—1882)

$$HN=C=O+NH_3 \longrightarrow NH_4N=C=O$$

反应过程同预测的一样,但是在蒸煮获得的溶液时,沃勒得到了无色晶体,原来这就是非常著名的化合物——尿素。它是通过加热氰酸依靠热力重新排列后形成的。见下图:

$$NH_4N=C=O \longrightarrow (H_2N)_2C=O$$

在此之前,都是从尿中获得尿素。从无机化合物中获取有机物,这是第一次。

当然,“活力论”的支持者们并没有服输。他们做出的解释是,尿素是生物体的排泄物,它并不属于生命所必需的化合物,想要得到它需要借助“生命的力量”。事情总是如此!任何旧的理论不经争辩不会自动消失,找到具有创造性的充足解释以便站得住脚,新的观点总是艰难地开辟其前行的道路。所以,旧理论开始动摇,以前似乎不可能的事情,现在逐渐开始成为现实。随着时间的推移,在实验室中也获得了碳水化合物、脂肪和氨基酸。在 20 世纪,化学家们在天然化合物的合成方面已经取得了创纪录的成果。最高成就当属美国杰出的化学家罗伯特·伍德沃德(1917—1979),他详细规划并进行了最为复杂的天然物质的多级合成:奎宁、胆固醇、马钱子

罗伯特·伍德沃德
(1917—1979)

碱、利血平、叶绿素、四环素、维生素 B_{12} 以及其他一些化合物。甚至维生素 B_{12} 结构分子式的形状就让人们对这位化学家的精湛技巧赞叹不已。有机化学高水平的发展加上实验者的天赋取代了"生命的力量"。见下图：

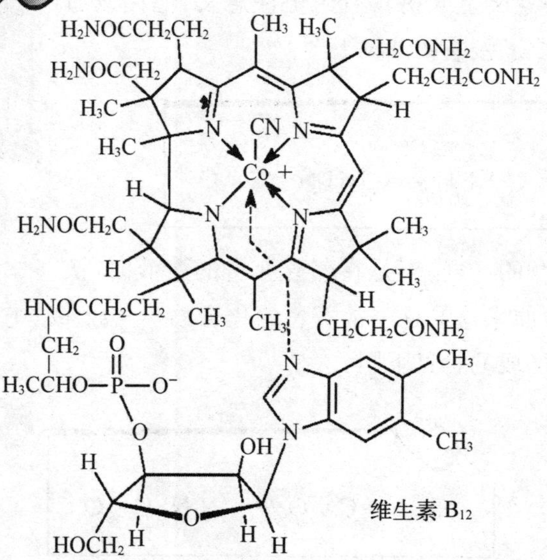

维生素 B_{12}

看似真理，实则谬误

获得元素周期表预测力量的成功证据之后，门捷列夫拓展了预测的范围，这时，他也认为周期表中应该包括两个暂时尚未发现的称为牛顿和冠的元素。这两种元素比氢要轻些，因而在周期表中应该位于氢元素之前。现在已经清楚了，质量上比氢轻的化学元素是不存在的，因为氢原子核只包含一个质子，再无其他。

有什么东西能够比质子轻并且能完全取代它吗？现在知道这是可能的。偶素原子由电子 e^- 和正电子 e^+ 组成（等于一个电子的质量，但带正电荷），它们围绕着一个共同的中心旋转，没有核心。

还有介子 u 原子，具有正电引力的介子位于其中心（比质子质量轻 90％的基本粒子），电子围绕其旋转。偶素和介子的生命时间大约是 10^{-6} 秒。周期表中没有它们的位置，因为它们没有含质子和中子的核。这些仍然是基本粒子的化学部分。可见，门捷列夫的预测当然是不对的。

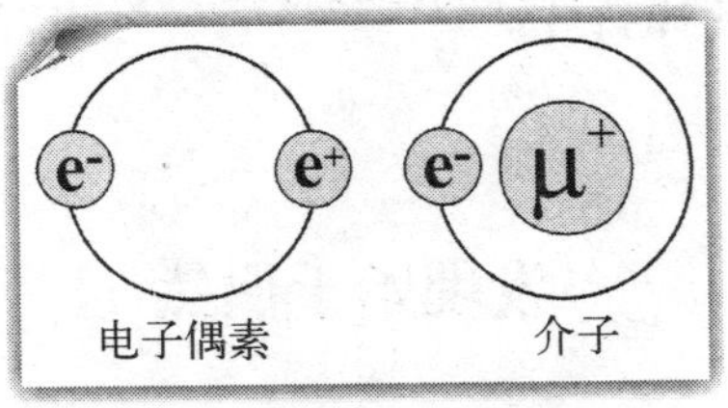

粗心出大错

如果用现代的知识来讨论前人的失误和错误，很容易发现问题所在。所有化学转化涉及的都是原子的电子价，再无其他。所以，原子核的结构调整，换句话说，借助于化学反应来实现元素的互相转化是不可能的，核化学则解决了这样的问题。

19 世纪末，这种类似说法是不存在的，因为原子的结构尚不清楚，然而大多数化学家已经确定，任何化学反应中元素之间都不会互相转化，中世纪炼金术士的愿望看来永远无法实现了。

19 世纪末发现的放射性现象造成了科学中的戏剧性现象。其中就发生了下面这种事情。原来，镭可以形成氡气。一些化学家将此视为化学的一种灾难，相反，另一些化学家则平静地看待这种现象，即一个元素中可以产生另一个元素。当然，当时他们不可能知道，放射性衰变与传统的化学反应并无关系。

威廉·拉姆齐
(1852—1916)

化学家威廉·拉姆齐成为这种失误的受害者，他在 1904 年由于发现了惰性气体而荣获诺贝尔化学奖。在随后的几年中，他确认，根据他的一些实验结果来看，铜可以转化为锂，而从氢气中可以获取氩气。后来弄清楚了，锂是从烟灰中掉在了含铜的样品上，拉姆齐经常随处弹落烟灰（烟灰里有相当数量的碳酸锂），而用于做实验的氢已经混含了氩气。实验中的粗心行为可能发生在每一个实验者身上，这不足为奇。引起群情骚动的放射性现象导致了一个结果,这位20世纪初地位最高的科学家萌生一个想法,即在其进行的化学反应过程中一种元素可以转换为另一种元素。

发现始于偶然

19世纪末,金属镍的耐锈蚀性和耐热性的优点众所周知。镍被用于制造工厂设备,用于制作镍金属器皿。然而,在日常生活中镍的耐侵蚀性却比较低。将镀镍器皿放在火上加热会逐渐破坏涂层,该涂层很长一段时间被认为是高温下所出现的侵蚀。研究人员通过细致观察注意到,在炽热的炉灶上对这种器皿加热,如果不接触火苗,就不会发生侵蚀。那么,空气中的氧气和水分就与此毫无关系吗?原来,问题在于镍与一氧化碳的接触,一氧化碳总是包含在燃烧的火焰中。最终的谜底由英国化学家和实业家李·蒙德(1839—1909)揭开,他在研究工厂环境中镍设备侵蚀过程时发现了这一现象。他注意到,氢气与一氧化碳的混合物燃烧时,当通过镍管输送混合气体时火焰则会明显加剧燃烧。结果弄清楚了,是镍在与一氧化碳发生反应,形成了挥发性化合物——羰基镍。这项发现激发起人们纷纷投入研究,结果获取了许多金属羰基。最后,产生了一个成果丰富的新发展领域——金属羰基络合物化学。

羰基镍的异常高波动(沸点43℃)为从矿物中获取金属镍提供了新方法。在压力下碳的氧化物形成了丰富的镍矿,形成的羰基被去除。继续加热到180℃时很容易被分解,由此形成高纯度的金属镍。

曾获诺贝尔奖的禁用药物

20世纪40年代,开始寻找有效的杀虫剂,即一种可以消灭有害昆虫的物质,一种名为DDT的药物研制成功了,它是瑞士化学家潘奇·穆勒于1948年发明的,他因此被授予了诺贝尔生理学或医学奖。获得这个奖项当之无愧,在一些国家使用

DDT 从根本上消除了引起疟疾的蚊子，从而挽救了千百万人的生命。这种药物对于所有种类的昆虫来说都是剧毒的，当然，首先是针对危害农作物的害虫。DDT 具有的特殊高效性导致其大规模生产并被广泛使用。所有人都迷上了 DDT，并相信它可以彻底消灭害虫。然而，这却是个严重的误解。DDT 不仅消灭了害虫，同时也消灭了益虫（如授粉昆虫）。遗憾的是，害虫的后代大大提高了抵抗药物的能力。比这更糟糕的是，DDT 的稳定性非常高，它能够在数年间都存留在水和泥土中，几乎无法消除。一旦进入食物中，它就会在人体的组织器官中积聚，导致肺炎、肝炎和各种肿瘤疾病。净化土壤和水中 DDT 的方法至今尚未找到。

潘奇·穆勒
（1899—1965）

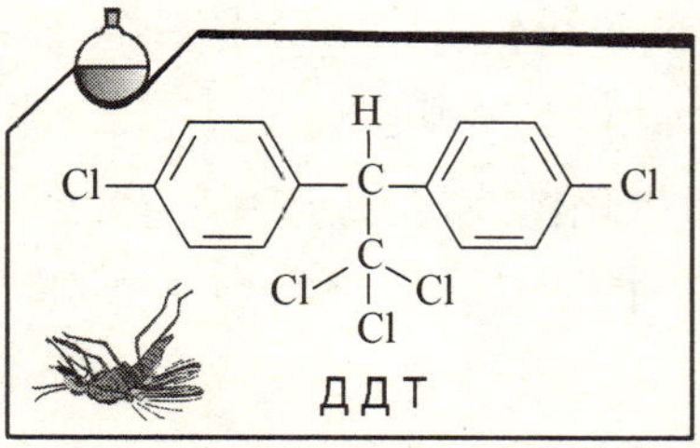

自 DDT 使用至今，其耗用量已达数百万吨。如果谈及生态灾难，DDT 实际上已成为地球上的第一污染物。DDT 的足迹甚至在南极企鹅的身体中也可以找到。目前，大多数发达国家都禁止生产和使用 DDT。

为什么许多人不喜欢化学?

运用化学方法可以漂亮地解决某些技术问题，但也会经常掩盖其具有威胁性的可怕后果，作为相随相伴的事情，人们往往是后知后觉。内燃发动机中使用的能源是汽油与空气的混合物燃烧所产生。这种混合物预先压缩在汽缸中，然后用电火花点燃。预压缩程度越高，发动机的功率和效率越高，但压缩程度只能达到一定限度，如超过限度，燃料便开始自发爆轰。结果功率开始降低，发动机则很快被磨损。对于每一种燃料来说，允许压缩的值称作辛烷值。辛烷值越高，允许压缩的程度越高，所以，燃料的质量也就越高。

研究表明，如果汽油成分中加入分支结构的烃类，辛烷值便可以提高，不过，研究并未就此终止。人们还发现，添加某些物质(例如碘)可以降低爆轰的临界点。于是，人们开始寻找这种具有抗爆性的有效物。寻找终于取得了成功。最终找到了一种抗爆物质——$Pb(O_2H_5)_4$，在汽油中加入0.5％的这种物质，就可以提高压缩比，并且在同等速度下油耗可以减少一半。

四乙基铅在当时是非常稀有的物质，它以TPP的缩写称谓开始工业化生产。与尾气一起排到空气中的铅起初没有人担心。对消费者带来的危险暂时没有发现，担心的只有一个问题，TPP在燃烧过程中形成的氧化铅有一部分沉积在气缸壁上，降低其工作性能。这个问题也成功解决了。如果再将溴乙烷C_2H_5Br或二溴乙烷$C_2H_4Br_2$加入汽油中，四乙基铅燃烧并不产生氧化物，而在高温下产生的溴化铅挥发了。现在，这个问题可以视为完全解决了——即发动机气缸得到了清洗，所有的铅已被排入到空气中。

这个问题的化学方面解决得非常成功，但却带来了非常严重的后果。公路沿线的土壤、植物和水已经被最可怕的毒药污染了。铅化合物以及汞化合物具有累积效应，也就是说，它们不会从人体中排除，而是逐渐累积，从而导致严重的慢性疾病。所以，我们面对的是一个非常危险的误解，看上去让人感到非常奇怪，这就是由化学成就所引起的。这样，只好回到先前找到的方向。燃油质量的提高应该依靠增加分支烃类的含量和芳香族化合物的含量。

一切皆有可能

提出自由基理论的李・比希(1803—1873)认为，所有有机化合物的基础就是自由基——甲基、乙基以及一些更为复杂的自由基，它们从一种有机化合物变为另一种，但并不改变自身的属性。换句话说，它们在有机化学中扮演着类似无机化学中化学元素的角色。李·比希对新理论非常迷恋，提议将有机化学称为“复杂的自由基化学”。当时化学领域的权威人物贝齐里乌斯也支持新理论，提出了采用缩写词，类似化学元素符号(顺便说一句，此前不久正是他创造了化学元素符号)。所提出的缩写是：甲基—Me，乙基—Et，丙基—Pr，丁基—Bu，苯基—Ph，等等，这些缩写符号化学家们今天还在使用。

确认理论的最好方式就是以自由形态分离出自由基，但是各种尝试均以失败告终。最后在19世纪末期人们坚定地认为，由于自由基具有很强的反应性，不可能分离出自由基，它们只能存在于有机分子的结构中。

有鉴于此，学者们在1900年开始重新审视这一观点，结果弄清楚了，分离自由基还是可能的，不过，自由基只是应该比甲基或乙基更为稳定。第一个这样的自由基——三苯甲基$(C_6H_5)_3C\cdot$-于1900年被美国化学家赫姆格分离出来。自由基的基本特征——有未配对的电子，这种电子在现代化学分子式中表示位于相应原子旁边的点。当然，这个消息并非得到所有人的赞同，但很多人的实验表明，赫姆格是对的。

随着时间的推移，出现了专门的研究方向——自由基的化学成分，其中包括稳定的自由基。原来，未配对的电子不仅可以位于碳原子旁，还可以存在于氮原子或氧原子中。见下图：

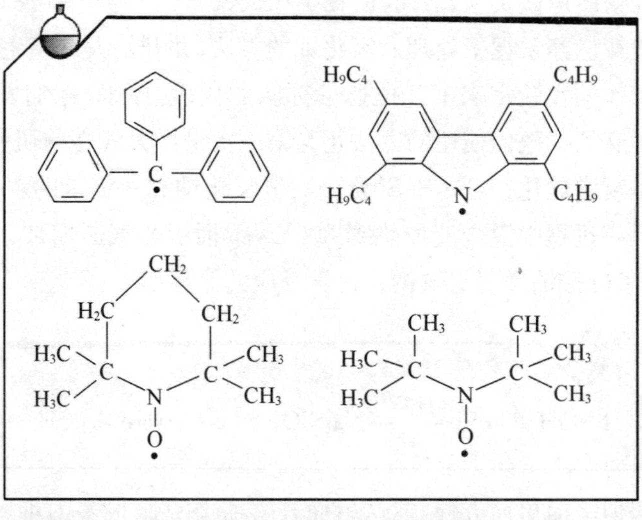

这些物质中的某些物质非常稳定，以至于在熔炼甚至是蒸馏中它们可以结晶。

稍后,化学家们学会了固定那些不稳定的自由基(参见“机理的神秘语言”一章)。看上去类似的化合物不应列入传统化学成分的范围之内,因为这类化合物具有自由性、不受原子价约束,但正是这样的异常事实扩展了科学的视野,而自由基现象则扩大了关于化学键性质的概念。

并非徒劳无益的工作

第二次世界大战末期,30 岁的美国化学家赫伯特·布朗开始参与浓缩铀的工作。实现核反应需要铀-235 同位素,但在铀-238 的基本质量中它们的含量不超过 0.72%。布朗研制了一种从基本质量中提取所需同位素的特殊方法:铀同位素混合物改为易挥发化合物 UF_6,然后在绵延数千米的庞大分离塔上分离同位素(目前使用离心机)。困难在于,六氟化铀是不稳定而且极具侵蚀的化合物,这导致处理上非常困难。布朗被建议去合成铀的其他挥发性化合物,更加稳定,侵蚀性较小。他成功地获取了满足这些需求的物质,这就是乙酰铀。布朗把它提供给自己的客户,他们却说,“很抱歉,我们忘了提醒一个细节。重要的是,这种物质必须拥有较小的分子质量”。布朗合成的化合物其分子质量为 1066,他只好去寻找另一种解决方案,这种方案找到了,这就是铀硼氢化铀。客户对找到的解决方案感到满意,他们建议生产 100 千克这种物质用做实验,然而,就在工作最紧张的时候,一切都被暂停了,因为此时的美国核工业已经掌握了处理六氟化铀的方法,并开始大规模生产这种化合物。

此时布朗工作的实验室来了几位通信部队的代表,原来,他们发现在战场上获取气态氢遇到了麻烦。他们使用的方法还是第一次世界大战之前研制出来的:在一个坚固的钢桶里装满硅化铁(Fe 和 Si 合金)、氢氧化钠和一定量的水,然后紧紧扣严这个钢桶。在反应过程中混合液加热到 200℃,钢桶中的气压增加 100 个大气压之后,于是就获得了硅酸钠需要的氢钠。化学反应的流程如下:

$$NaOH + FeSi \xrightarrow{H_2O} Na_2SiO_3 + Fe_2O_3\cdot(H_2O)_x + H_2$$

看起来方法似乎简单而方便,但这后面其实需要克服很多困难。为了承受这种压力,钢桶壁需要足够的厚度。显然,这种钢桶非常沉重,把它们运送到战场非常困

难，因此，它们需要被反复使用，可是，下次使用前需要刮去钢桶壁上厚厚的硅酸钠。士兵们做这项工作需要花费整整一天的时间，此外，清洗掉硅酸钠之后还要将它们深埋地下，但是士兵们已经疲惫不堪，于是就将钢桶直接丢弃在附近的灌木丛里。附近的母牛闻到了这种物质的气味，纷纷前来舔食，结果军事部门被卷入了一场官司。因为，当地居民的牲畜患上了一种怪病。

赫伯特·布朗
(1912—1992)

很明显，这种生产氢气的方法导致出现了众多其他问题。布朗建议使用由他合成的硼氢化钠，这种化合物在水溶液中（有机酸的参与下），很容易分解形成 $Na_3BO_3H_2$。实验结果表明，产品符合所有要求，于是军事部门签署了合同，准备建立一个工厂来大量生产所需的硼氢化钠。然而，这时战争已经接近尾声，政府于是发布命令不再建立新的军工厂。

这样，布朗的研究成果变成了无人需要的产品。不过，作为一种方便的还原剂，硼氢化钠已进入有机合成化学中。但是，这些挫折并没有让布朗先生一蹶不振，他的科学热情使得他获得了工作上的成功。1979 年，由于发现了有机硼化合物合成的新方法，他荣获了诺贝尔化学奖。

炼金术士梦想成真

从 1937 年起，自从获得了第一个合成元素锝之后，科学家们就开始认为，通过核聚变获得合成金是完全可能的。核化学开辟了获得多种元素的途径，但是，要获得黄金，在许多人看来，显得具有特殊的吸引力，它或许可以实现人类长久以来的梦想。此外，同样的想法驱使着炼金术士去寻求一种简单的致富方法，正是这种想法使整个构想罩上了戏剧性的色彩。从理论上说，这个问题并不复杂，必须要取到汞的核，即金的近邻，将其电荷降至一个单位，也就是从核中取出质子。

分解过程众所周知，当核被快速的中子轰击之后，核被释放出一个质子和一个电子，于是核电荷减少至一个。然而，理论上的可能性和实际上的实现并非同一回事，这个问题就并非那么简单。

实验证明，在快速的中子照射到汞的情形下，随即形成了三个金的同位素 $^{198}Au^{*}$、$^{199}Au^{*}$ 和 $^{200}Au^{*}$，但所有三个同位素都具有放射性（用星形符号标在元素右上角），也就是说，在几个小时或几天内处于不稳定状态，放出 β-射线的同时转变成稳定的汞同位素。当然，这样的黄金除了科学家们没有人感兴趣。原来，自然金总共只包含一个同位素 ^{197}Au，只有它具有稳定性，这使得它可以留存在地壳中，直至渴望得到它的人们提取出来。

科学家们逐渐开始明白了，获得稳定的金 ^{197}Au 只能源于汞的同位素 ^{197}Hg。天然汞有七种同位素，但其中并没有所需的同位素 ^{197}Hg，因为它具有放射性并且不稳定。如果它不存在于自然界中，那就必须合成它，美国物理学家阿瑟·登普斯特和他的同事们成功地做到了这一点。他们让汞不是变成快中子，而是慢中子，这时，为达到稳定目标只让一个汞同位素（从天然同位素中）进行转换—— ^{196}Hg，其含量在天然汞中仅为 0.15%。当一个中子击中汞的同位素 ^{196}Hg 的情形下，形成了所需的同位素 ^{197}Hg，同时产生伽玛量子。见下图：

$$^{196}Hg + n = {}^{197}Hg^{*} + \gamma$$

接下来，在原子中的电子重组后，这个同位素自发转变为稳定的黄金。其流程是这样的：一个所谓 K-抓钩，即一个带有内部轨道的电子被一个带有中子核的质子捕获，于是，核电荷降至 1 单位，并且形成另一种元素，也就是黄金：

$$^{196}Hg^{*} + e^{-} = {}^{197}Au$$

最终，从 100 毫克的汞中成功得到总共 35 微克(!)的纯金。它在 1955 年 8 月的日内瓦国际会议上当众展出，这个陈列品被存放在芝加哥科学与工业博物馆中。这种黄金的价格非常昂贵，比从金矿石中提取的天然黄金贵许多倍。暂时没有一个国家计划储备这种合成黄金以补充其黄金储备，不过，古代炼金术士的梦想终究成功地实现了！

持续半个世纪的错觉

尼尔・巴特利特
(1932—)

自从 20 世纪初发现了稀有气体(氦、氖、氩、氪、氙)，直到 1962 年，这些气体一直都被认为其化学性绝对消极，因此，它们通常被称为惰性气体。可是，加拿大学者尼尔・巴特利特的工作结果使这些观点得以改变。在研究铂的氟化合物时，巴特利特注意到这种化合物的超强氧化能力，它甚至可以使氧分子氧化，而这种分子可是众所周知的良好氧化剂。结果得到了一种化合物，其中氧的一个电子被去除，并且他得到一个正电荷-氧气$^{+}$[PtF_6]$^{-}$。巴特利特产生了一个有趣的想法，如果铂六氟化硫可以从氧中分离出电子，那么他也可以用这种方法来研究氙气，众所周知，这么做需要的动能比在氧气的情况下要少一些。结果，他马上得到了几个含有氙气的变量结构的化合物。见下图：

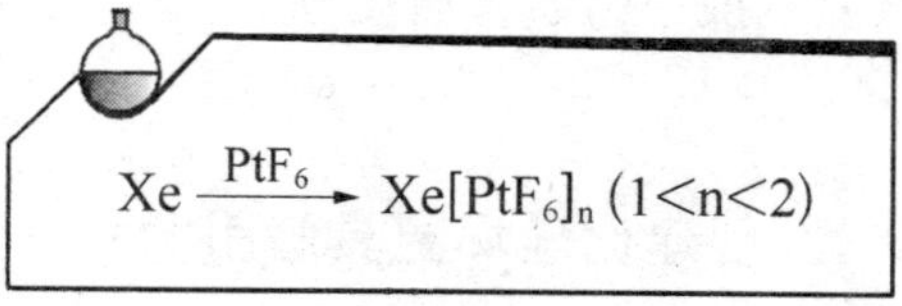

这个消息立刻引起了化学家们的注意，原来，即使没有铂氟元素的参与也能形成氙气，进而得到 XeF_4 和 XeF_6。人们发现，氟是如此之强的氧化剂，甚至能够从稳定惰性气体的稳定壳中分离出电子。研究人员并没有就此停止研究，甚至成功地得到了氙的氧化物，例如 XeO_3。所以，坚信稀有气体具有绝对惰性的无稽之谈不攻自破了。化学中不仅形成了新的研究方向，而且这一发现还导致了一些基本概念被重

新审视。元素周期表中的零组基被取消，并且惰性气体被列在第八组，也就是排在钯和铂这种活性稍低的稀有金属一起。

不要随波逐流

20 世纪下半叶出现了许多重大的科学成就，其中占有特殊地位的成果就是针对有机体中核酸(恐怕无人没听说过著名的 DNA 吧)所扮演角色的研究。

针对核酸参与下生物有机体中蛋白质的合成机制，几十年来一直得到非常详细的研究。这是一个复杂的，同时也是一个非常吸引人的过程。这种合成是在一个特殊的生物络合体——称为核糖体的蛋白结构中进行的。其实，这就是一个小型工厂，严格按照特殊流程从氨基酸中组装蛋白质分子，类似在指定顺序下打印所需字母的打字机工作。

创建比破坏更具吸引力

科学家们普遍关心的蛋白质分子组装过程，使得弄清其如何拆卸的过程退居次要地位。研究的只是所谓胞外蛋白的改变，例如，那些随食物进入到有机体中的东西。结果发现，消化道中被消化的蛋白质(连同其他食物)为机体提供必要的能量。至于在生物细胞中产生并工作的蛋白质，它们的破坏机制很少有人感兴趣。

然而，生物体机体内存在着很好的拆卸系统，它可以把蛋白质分裂成小碎片，然后，有机体从中挑选核糖体需要的其他蛋白质。蛋白质在有机体内的寿命取决于它们的作用，例如，构成眼睛水晶体的蛋白质在几十年中都会保持不变，而有机体所需的其他蛋白质，在进入必要的过程之后，几分钟之内它们就被销毁了，否则它们的行动将是灾难性的。机体内超过 20%的蛋白质其寿命从几个小时到几天不等。

尽管生物化学家赫查诺夫、赫什科(以色列)和劳伍兹(美国)也对蛋白质的合成感兴趣，但是他们不想随波逐流，而是朝向“相反的方向”，也就是说，他们感兴趣的是如何破坏蛋白质。他们的研究有助于了解这个对于有机体来说同样重要的反向过程究竟是如何进行的。

核糖体与蛋白酶

当科学家们开始进行三段式研究(这大约发生在 30 年前)之时，关于细胞内蛋白质的破坏过程很少有人清楚。如果生产蛋白质的工厂是核糖体，那么破坏这个蛋白质的工厂称为蛋白酶。与核糖体一样，它也是一种特殊的蛋白质形成物 ——内空式圆柱形生物络合体。其内部是一通道，通道的表面排列着分解蛋白质的活性中心。这个通道的外层覆着可移动的盖子。下图 A 显示的是一个蛋白酶的示意图。圆球表示构成蛋白酶的蛋白质分子，旁边的图 B 显示的是蛋白酶体的内部结构，白色圆点表示分离蛋白质的活性中心。见下图：

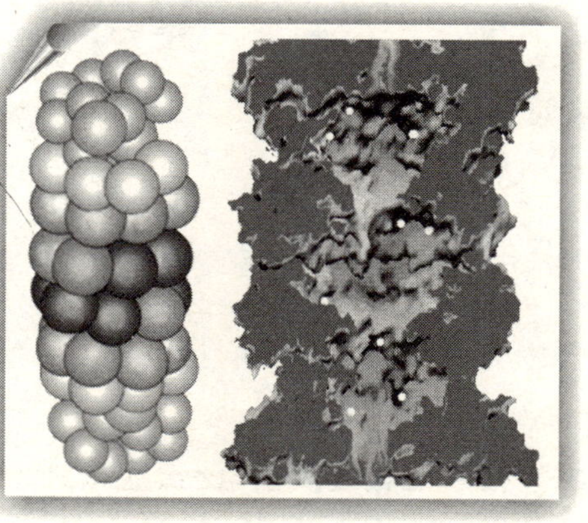

A　　　　B

每个细胞都包含数千蛋白酶，这些蛋白酶的天职就是分解蛋白质。

科学家们长期以来认为，蛋白质分子进入这个“回收容器”非常简单，然而果真如此的话，那么任何蛋白质，包括进入到“子宫”的所需蛋白质也会被分解了。科学家们尚不清楚，为什么进入到里面的并非任意的蛋白质，而是应该严格确定的蛋白质。

老相识新角色

经过详细研究，科学家们确定，蛋白质的破坏过程务必需有一个蛋白质的参与，而且这个蛋白质还要具有较强的活性。这就是一种众所周知的蛋白质，它早在20世纪70年代就被美国生物化学家赫茨坦发现并称之为泛素，因为在许多机体组织和器官中都可见到这种蛋白。

在这项工作开始之前，这个泛素就被研究清楚了。这种蛋白质由76个氨基酸残基组装而成，其分子质量较轻，8000多一点，它非常稳定，在参与各种生化过程时不会改变。下图显示的是这种蛋白质的球束模型(A)，以及它的三级结构(B)，即带状和螺旋状个别链段的包裹。见下图：

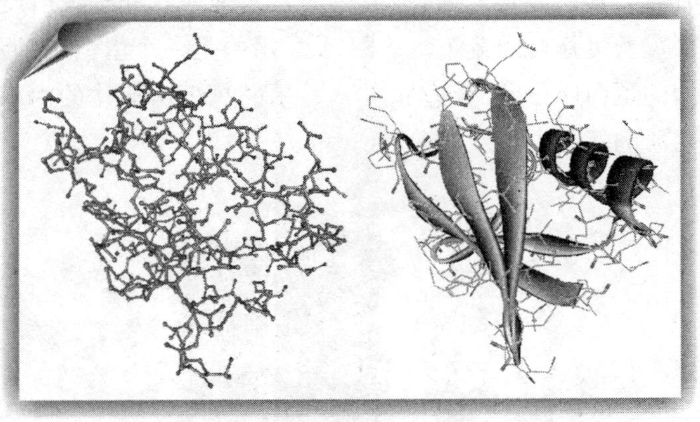

A　　　　　B

尽管泛素存在于生物体的许多细胞中，而且其结构已经弄清，但是，它在生化过程中的作用尚不清楚。

原来，在蛋白质利用过程中的关键阶段，泛素连接到了必须被销毁的蛋白质。通往蛋白酶(蛋白质破坏工厂)的入口通常是关闭的，可以进入到里面的只有标有特殊标志的蛋白质，在这种情况下，通往蛋白酶的入口就可以打开。扮演这种“破坏”角色的便是泛素。

致命的泛素标志

进入蛋白酶之后，遭到破坏的蛋白质的聚合链被破坏，并且通过圆柱体的中央通道被“拉长”，这时，聚合链被水解并分离小链环(有时直至个别的氨基酸)，这些小环是从蛋白酶的相对孔洞拉出来的。泛素本身并不进入蛋白酶体，而是在破坏一个带标志的分子之后被释放出来，并开始瞄准另一个分子。

整套步骤简化为三个流程，显示如下：

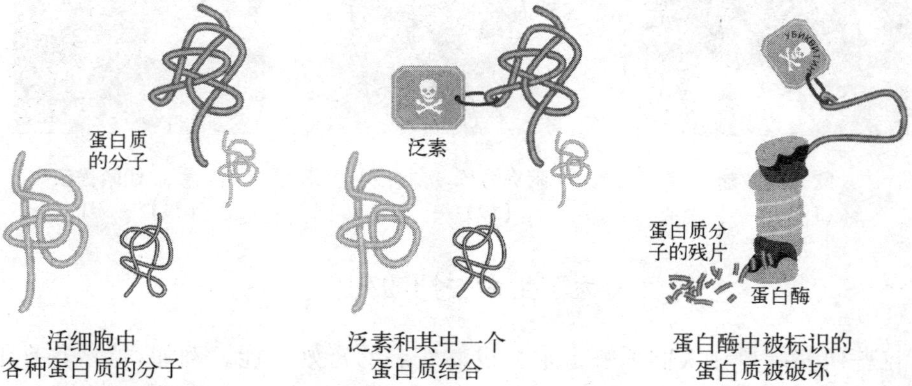

如果考虑到有些情况下链接被破坏蛋白质的不是一个分子泛素，而是相互连接的好几个，如同串在线上的珠子，那么，这是个不同寻常的过程，看上去效果会更加明显。

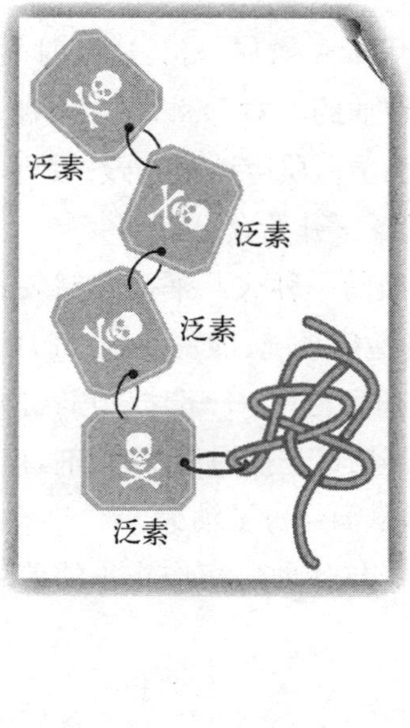

进行这项研究的三名化学家阿龙·切哈诺沃、阿夫拉姆·赫什科和欧文·罗斯于2004年获得了诺贝尔化学奖。三位科学家将泛素固定到被破坏的蛋白质分子的过程称为“死亡之吻”。

欧文·罗斯
(1926—　)

阿夫拉姆·赫什科
(1937—　)

阿龙·切哈诺沃
(1947—　)

为了生命去拥吻死亡

这些研究结果让人们了解了生物机体发展的奇妙功能。例如，植物花卉细胞中既含有雄性细胞(花粉)又含有雌性细胞(在花蕊中)。因为它们毗邻而居，似乎自花授粉不可避免，而这会导致遗传变性和物种灭绝。结果发现，泛素标记的是特殊花粉的蛋白质，从而导致了它们的毁灭，而授粉后进入花中的花粉则不受泛素影响。

在细胞分裂过程中，它的DNA增加一倍，这段时间里，一种特殊的蛋白质如同线带一般紧紧连住旁边相互增加的一对DNA。在增加一倍之后，DNA分子就应该散开，因此，将它们连在一起的蛋白质应该被摧毁，否则，继续发展的过程就会中止。这时，负责清除无用蛋白质的泛素开始登上了舞台。

某些生化过程的流程就如同一种彼此平衡控制装置的工作。机体免疫细胞中存在一种蛋白质，它可以启动免疫系统，即将侵入细胞的病毒杀死。正常状态下，这种蛋白质的作用受制于另一种蛋白质——酶抑制剂(抑制剂)。如果细胞中被侵入病毒，就会激活泛素，后者便开始标记蛋白质-抑制剂，抑制剂的摧毁导致启动先前被抑制的蛋白质进入免疫系统，从而病毒被消灭。

研究泛素的机理可以开辟与各种疾病作斗争的前景。恶性肿瘤的形成或者免疫系统细胞的削弱，这些都与泛素的保护功能遭到破坏有关，它可以保护细胞免遭不必要的蛋白质的破坏。蛋白质分解出现不正常或不正确会导致发生许多疾病(如帕金森氏症、阿尔茨海默氏症和某些癌症)，同时也与机体老化有关。研究泛素的保护机理可以找到对该机理的不同影响，从而促使其向发挥需要功能的方向发展提供了可能。目前，正在研制基于泛素保护机理的不同药物，2004 年，美国已经开始生产首批这类抗癌药物——万珂。

每个摄影师都知道

凡是从事摄影的人都清楚地知道，当拍摄快速移动的物体时，必须减少相机快门的曝光时间，以免拍摄的物体模糊不清。如果使用闪光灯在弱光下拍摄，这个问题可以得到部分解决。闪光灯发出短的光脉冲(1 秒钟内)，这样便可以得到清晰的照片。

美国加州理工学院教授艾哈迈德·泽维尔提出了类似的观点，他从事化学反应动力学的研究。他的计算相当简单。化学反应就是核运动，其运动(确切说是振荡)速度约 1 千米/秒。

艾哈迈德·泽维尔
(1946—)

由于大部分化学键的长度在 0.1—0.2 纳米之间(1 纳米＝10^{-9}米)，为了获得清晰的照片必须使用闪光灯，它能够发出长度为 100 微毫微秒(1 微毫微秒＝10^{-15}秒)的脉冲。这里说的不是摄影，而是光谱，但人们基本不将二者加以区别。现代脉冲激光可以发出长度更短的闪光——达 6 微毫微秒，因此，泽维尔有可能来检验自己的假设。结果令人印象深刻，第一次成功观察到了化学键的破裂和形成过程，例如，在氢和二氧化碳的相互作用下氢氧根 OH 的形成也观察到了，从共价键到钠离子形成时的过渡动力状态。

所以，他能够通过实验来确定之前处于理论概念的东西。由于创建了微毫微秒光谱法，泽维尔于 1999 年被授予诺贝尔化学奖。

了解了各种各样的事实之后，可以得出什么样的结论呢？有一个结论是显而易见的——无论过去还是现在，化学可以让我们去思考，让我们感到神奇，让我们展颜欢笑。

科学之路崎岖不平

怀疑给予我的快乐
并不少于知识。
——但丁

假如您正忙于一项具有挑战性的工作，例如组装电路或黏合自制的小飞机，当然，您希望所有的必须用品就在手边，不想让别人拿走，也不需要别人在旁边指手画脚。然而当有人在您旁边观看您工作，同时冷嘲热讽地说，您所组装的电路只能每逢星期四才工作，而且还不知是否可以治疗风湿病。或者，他央求您将组装的小飞机借给他到树林中找蘑菇。您会如何对待这种人呢？其实，在科学发展的道路上，什么样的人都有，什么样的事情都会发生。

科学成就总会令人印象深刻，无论过去还是现在，很多人都坚信，科学可以解决任何紧迫的问题：获取能源，构造令人惊奇的材料，制造具有奇妙疗效的药物。

科学确实经常能够解决这类问题，而有些人甚至认为，若想取得重大的科学成果，只要有足够的热情、毅力以及信念就足矣。这样一来，教育的必要性便退居次要位置，也就是说，教育当然并无害处，但它对于取得成功并非最重要。结果便产生而且还会继续产生一些令人一时深信不疑的虚假的科学发现。怎么能够不相信呢？科学无所不能嘛！可事实上，科学并非无所不能，有关这一点，科学家们最清楚。

了解这些不仅有趣而且有用，因为一个有准备的人可以更容易分辨轰动一时的虚假信息。在这种事情上，各种媒体也许起着主导作用，它们常常巧妙地让那些不明真相的人信以为真。了解伪科学的例子，我们不会仅仅关注化学现象本身，因为伪科学经常出现在自然知识的任何领域，所以，不同领域的科学家参与这种真假之辨之中并非依靠其狭窄的专业知识。门捷列夫的教育活动就是一个例子，他的活动就经常远离化学方面的问题。

门捷列夫与招魂术

科学家的生平传记一般会清晰地提供那些让其做出了科学发现的事件，可是有些东西有时却经常遗漏。其实，在科学史上这些事实同样很重要，只是看上去似乎微不足道而已。

阅读门捷列夫的传记，很多人大概会注意到，他在19世纪80年代感兴趣的是所谓的招魂术，可能有人对此没有任何兴趣，因为今天的读者对这种现象并不了解。

简单解释一下何为招魂术。几个人在漆黑的房间中围桌而坐，其中一个是降神者，即招魂行家，一边在头脑中召唤死人的灵魂出现，一边大声念叨其名字。一旦灵魂现身（当然不是肉身，而是在场人感觉到的），就可以向其提问或请教，如果现身的是某个名人或智者，就愈加显得非同小可了。呼唤出来的灵魂其声音通常无法听见，他说出的东西以特殊的方式来传达：桌子上放置一个带字母的圆圈，圆圈内放着一个倒扣的茶碟，上面已经用铅笔作了标记。在场的所有人都用手指触碰茶碟，在灵魂现身之后，这个茶碟开始轻微转动，一会儿转向这个字母，一会儿又靠近另一个字母，从而形成某个单词。下图显示的就是这种动作的类似场景，它取自奥帕林所著的《宗教世界与圣经》一书，其中还隐约可见一个半透明的人影灵魂，站在桌子旁边并且控制着茶碟的移动(当时巧妙拼接照片的技术已经问世)。

今天确实难以相信，这种怪异活动在19世纪下半叶竟然迷住了成千上万的人，当时图书市场充斥着许多这类出版物，告诉人们如何与另一个世界沟通。然而，一些具有判断力头脑的人观察这些类似的场景之后，很快就明白了其中的奥秘。茶碟的移动是在场所有人无意识动作的结果，即完全是所有在场人协同一致动作的结果。这些人被显圣的意念所控制，仿佛魔鬼附身般地顺着降神者不易觉察的方向轻轻推动着茶碟。其中一点更能够证明这个事实，即被在场灵魂指出的由字母组成的单词存在着语法错误，这些错误是降神者本人随意拼写字母造成的。

人们渐渐地对这种降神仪式的兴趣减退了，首先是因为这么做没有任何效果，灵魂给出的答案往往都是仪式参与者下意识中想要得到的。当然，并不仅仅是这种状况决定了招魂术的命运，当时科学界的积极行动也发挥了重要作用，并帮助许多人正确理解发生这一切的真正含义。

为后人做出表率

我们再回到门捷列夫传记中的细节上，传记作者仅仅提及了一下这件事情而已。事实上，门捷列夫不仅对招魂术感兴趣，而且还积极地与其抗争，他提出在彼得堡大学成立一个专门委员会来研究这类现象。根据门捷列夫的设计构想制作了一个特殊的桌子，它可以准确记录参与者的手施加在桌面的微弱压力，还研究了可能存在其他暗中操作的各种方法。委员会的研究结论非常明确："降神现象的发生是由于无意识的动作或者是有意识的欺骗。"

或许有人觉得，一个著名科学家为什么非要关心这种神秘现象呢？当然，门捷列夫积极干预这种事情并非闲来无事，作为一名真正的科学家，他认为有必要对观察到的现象给予正确的科学解释，借用门捷列夫的话来讲，招魂术活动恐怕会导致"神秘主义的蔓延，它可以让人偏离看待事物的准确观点，并且助长迷信之风……"门捷列夫在公开讲演中谈到了专门委员会的工作成果，同时还出版了名为《招魂术的骗术》一书。

特别需要指出，与降神术作斗争并非易事，招魂术支持者中不仅有普通人，也有著名的科学家，如动物学家华莱士（与达尔文同时提出物种进化论）、威廉·克鲁克斯（发现了元素铊并且研制出气体放电管——现代显像管的原型），还有与门捷列夫同时期的杰出化学家布特列罗夫——有机化合物结构理论的创始人。正如布特列罗夫本人所言，他很长时间都不相信这种事情是真实的，但最终应该服从于事实。所有这一切使我们得出一个结论，即使是权威科学家的意见，在一些与他们专业无关问题上的意见，也可能是错误的。

正是在涉及招魂术问题上，门捷列夫与布特列罗夫之间针对所观察现象的态度出现了分歧，门捷列夫认为，“科学研究者不应该局限于仅仅通过感官来观察，否则就不会出现实验科学，也就会存在认为太阳绕地球旋转的可能”。

这两位俄罗斯著名科学家的肖像出现在化学书中或者实验室的墙上——两位花白头发的长者。不过，他们完成的重要科学成就（元素周期表和有机化合物结构理论）并非在老年，这就是为什么两人的肖像在表情上毫无喜悦之情，这是在他们的科学积极性最高时所画的肖像。

德·伊·门捷列夫

阿·玛·布特列罗夫

毫无疑问，早于专门委员会工作之前，门捷列夫已经清楚招魂术研究的最终结果，而他领导专门委员会的工作就是为了证明，起码科学界应该成为思维更加健康理性的群体。

门捷列夫的努力没有白费，俄罗斯社会对招魂术的迷恋很快就销声匿迹了。稍后，门捷列夫对儿子伊万·德米特里耶维奇说：“无论怎么咒骂，我们的研究还是在社会上产生了强烈影响。”

在尊重伟大的启蒙活动家门捷列夫的同时，我们注意到，在一定程度上他是幸运的，显然，真诚相信招魂术的人们是“做试验对象的”降神者。但可能出现这种情形，作为“调查对象”选择的是聪明的骗子，在这件事情上巧妙地挣钱，所以，他可以不用手触摸而让茶碟转向自己。当时，熟练的魔术师已经能够展示更为令人惊奇的事情，例如，让一个人悬浮在空中。最后，专门委员会的工作就可能出现难题了，这种情形下，只有邀请专业的魔术师才能给予真正的帮助。然而，门捷列夫很可能面对困境而提出适当的解决方式。

最有趣的问题是，门捷列夫的调查让人相信，招魂术不过是自欺欺人或者是招摇撞骗罢了。但是，所有类似的情形都可以去揭穿吗？这不仅是对神秘现象持怀疑态度的批判性思维结果，而且也是称为科学思维的基本属性的结果。正是这一点需要详细地谈谈。

下面将要谈到的科学思维，其基本特点大部分自然科学（化学、物理、生物）都具有，因此，我们将不仅仅局限化学方面的问题。如何评判这些领域科学家们的共同点呢？我们先来看看一个简单的例子，怎样判断并通过随后的实验消除了一种常见的误解。

与信仰作斗争绝非易事

早就传说这样一个故事，夜晚的马厩里有一种神秘的力量将马匹脖子上的鬃毛编成了辫子。这时，每条编成的辫梢还用草绳系上或者用泥巴糊上，似乎是为了不使其散开。据传说，这种事是夜晚发生在马厩或仓房里。确实，这种有意而为的工作需要有一双相当灵巧的手和一定的领悟能力，以便可以将辫梢打上结。所以，有相当充足的理由证明，似乎存在着某种神秘的力量。

这种说法非常具有说服力，但其中有没有错误呢？这里提出两点质疑。第一，编辫子不一定就是有意识动作的结果；第二，为什么必须要先编辫子，然后再打结呢？这一切以相反的顺序也可以完成。

这样的疑问有助于确定应该如何进行实验。将 3 根长的细尼龙绳系在小棍上，并在下面将其连在一起，然后用线缠上，或者用胶带粘上。这就是一个端头被偶然打上结的几绺鬃毛模型。然后，开始晃动木棍，让细绳连接的地方通过“跳跃”在两根细绳之间依次弹跳坠落，先是在第一根和第二根细绳之间，然后是第二根和第三根之间（或第一根和第三根），不用严格按照顺序去做。如果连接之处能够在不同的绳线之间偶然坠落就可以了。您会看到，细绳上会自动开始编小辫。极有可能由于整个过程的偶然性，编成的小辫不是很整齐，马匹摇头时甩动鬃毛所发生的正是这种情形。见下图：

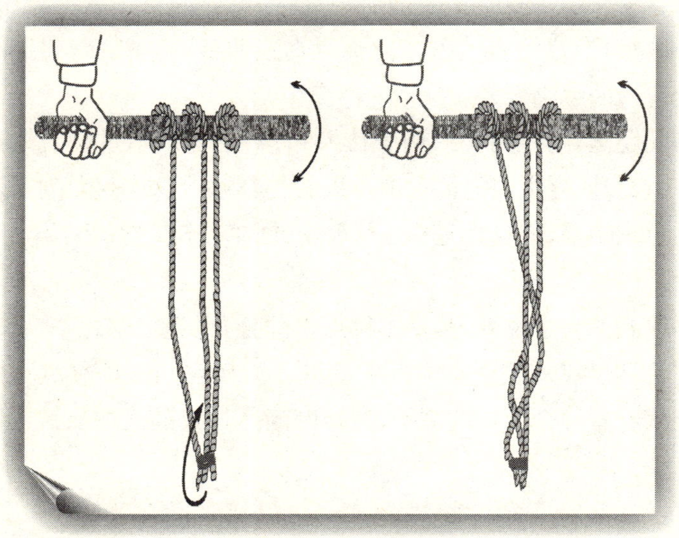

这样，通过试验得到的推论可以推翻最古老的迷信哩。

这是一个用正确的科学方法解决日常生活问题的例子，通过精心设置的实验并结合科学的思维，证明神秘力量并不存在。然而，也常有用实验难以驳斥谬论的情形，即使正确的观点无法驳倒，但它们依然遭到质疑。难道科学的态度就是这样，不去检验便拒绝接受，这更像反科学嘛。我们不急于做结论，接下来进行详细的讨论。

科学家们针对轰动一时的消息所持的批判态度，往往引起许多人的愤怒。总会听到这种说法："科学家们企图诋毁实验取得的惊人结果哩。"不过，科学不会故步自封，无论德高望重的科学家怎样嘲笑，新发现将不可避免得到完善。总之，科学家有什么权力傲慢地裁定真理呢？即使他们相信，也无法进行检验。例如发现了一种仅存在了几毫秒的新元素。相反，他们否认许多人已经亲眼目睹的东西，例如心灵致动（借助意念来移动物体），心灵感应（不借助任何工具隔空传达想法）或者预见力（可以看见距离自己很远地方所发生的事情）。所有这些现象一般统称为超心理、超自然现象，还有一些更具貌似科学的时髦称谓，如生物能量效应。

即使没有重新检验，科学家们也能够辨别真正的科学和伪科学。这是基于科学的思维，它具有大部分人都有的思维特点，并不局限其专业背景。科学思维是如何产生的呢？这是良好教育和多年科研活动的结果，当然，也是深思熟虑和认真对待科学史的结果。现在，我们来看几个例子。

古老的迷惑今犹在

许多人觉得，如今科学的力量如此强大，存在大规模误解的时代已经过去了。事实并非如此！当然，关于精灵和妖怪这类事情很少谈及了，可是迷信本身并未消失，只是出现了新的术语罢了。

您是否知道“捉弄人的鬼”这种说法？这是某种幽灵，经常发出很大的声响，同时还能移动或损坏家具，以前认为这是家神所为。报纸或电视上津津乐道于这类事情。揭露这种事情并非易事，因为您并不总能将产生误解的诚实目击者的错觉与骗子的精明把戏区分开。如您所知，进行检测实验是不可能的，家神从来不会事先告知自己来了，这对于那些执迷不悟的人来说正合其意。

近年来，出现了许多关于有特殊区域存在的种种传闻，这些区域或者源于人群，或者源于地球，或者源于许多物体。例如，借助穿在线上摇晃的针，就能够在房子中测出最适合睡觉的区位；因此，就应该把床放在最利于睡眠的位置。

许多这类现象开始披上了“科学的外衣”。从远古时期开始，人们就迷恋于藤条寻物术，即一个人拿着一根柔软的形似弹弓状的藤条，握住藤条的两端，平端在自己的身体前面，然后开始探寻。遇到地底下有矿石、水、石油、岩溶、裂缝，最好是埋藏的宝藏，这时藤条空闲的一端便开始上下摆动。这种流传已久的神秘之事在歌德的著名作品《浮士德》中曾经提及，里面说，在地球深处存在着特殊的区域：

> 地球——深奥力量之源，
> 神秘储藏之所；
> 电流从中穿过我们身躯，
> 眼睛无法分辨。
> 带有藤条的地精能够感觉这些区域：

花岗岩中藏着金矿脉，
铁矿床也蕴于其间；
代替引路的
正是地精手中那神奇的藤条。

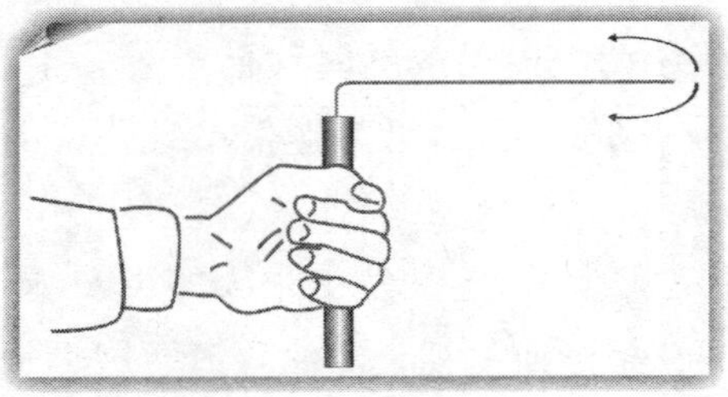

后来，藤条被⌐形金属架替代。持有者向前伸出一只手，握住⌐形金属架的较短一端，而金属架较长的一端便可以自如转动（为了手不妨碍金属架自由转动，较短的一端放置一个套管，可以让探寻者手握）。现在，这种现象被称为“生物定位”，这种方法引进科学领域的时间并不长。

马上就会涉及一个问题，为何如此不同的材料——木质藤条或金属架对隐藏在地下的物体具有同样的反应。研究这种神秘现象的心灵感应专家给出了明确的回答：隐藏的物体并不是对金属架或藤条发生作用，而是对探寻者的生物场发生了作用。不过是存在着某种无孔不入的波辐射，这种辐射据说所有物体都有，正是它与转动金属架或藤条的探寻者本身的生物场产生了相互作用。如何用藤条确定地下之物是石油还是水的波动呢？这完全取决于探寻者的心情，原来，每种被搜寻的物体（矿石、石油、宝物）在被辐射的区域其辐射波长不同，探寻者也应该在想象中进行相应调整。这个无孔不入的区域究竟是什么呢？同样可以找到心灵感应学家的答案。好像是一个中微子，正如真正物理学所确定的那样，这种物质甚至能穿透地球的厚度。确实如此，中微子的质量接近电子，但不携带电荷，因此，实际上不能被“套牢”在物质中。中微子的真正来源是恒星中发生的热核反应以及核衰变过程。用来探测中微子的实验需要建立强大的核反应器，为了记录单个中微子必须使用大吨位的捕捉探测器，实验本身既费时又费力，发现中微子被视为基本粒子物理学中最为复杂的任务。基本粒子普通理论表明，应该存在三种类型的中微子。发现了两种类型中微子（电子和介子）的研究者被授予了诺贝尔物理学奖。第三个所谓 τ 中微子的发现原来确实是一项艰难的任务。在功率最强大的加速器上进行的探测实验历时10年，然后又对所有获取的实验数据进行细致分析（耗费将近3年），接下来通过运转速度最快的计算机进行计算，将实验结果与理论数据作比对，这之后，科学家们才宣布，存在着 τ 中微子并且它已被发现。用来寻找中微子的复杂实验装置本身就长

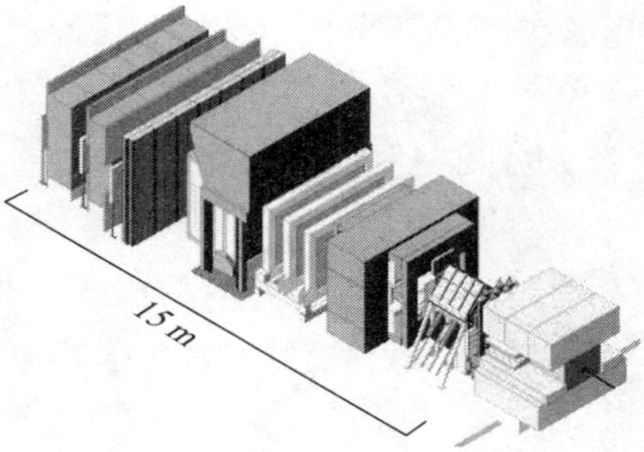

达 15 米，这足以说明，提出的任务是多么的艰难。得到的结果是一项重大的科学成就，因为记录到的 τ 中微子是基本粒子表中最后一个缺少的元素。

于是便出现了这样的情形，科学家们白白地付出了这么大的精力，因为那些手握藤条善于调整需要波长(这个波是什么，恐怕他自己也不清楚)的想象者可以轻松地辨别穿过油或水的中微子。所有这些是一个很好的例证，即应该如何灵活地使用科学成果和现代术语，以便为神秘的解释“添加营养”。特殊区域的顽固支持者在读完前面的这些叙述之后，一定会这样说：“这并不是一个中微子的问题，而是科学尚所未知的新领域。”结果却是，这个新领域是借助藤条而发现的，这种事情只会让一个受过教育的人感到可笑。至于为什么会这样，我们会在后面谈及。

心理学家和生理学家早就作了解释，为什么探寻者手中的藤条和金属架会移动，这是所谓的意念反应的结果，即探寻者本人尚未意识到，不由自主地进行着某些细微动作，而手中的金属架不过是探寻者凭直觉在转动而已。他寻找的并不是封闭的气体，比如在寻找地下水的时候，有目的地通过观察某些标志物，如地形、土壤类型及其含水量、植被的组成成分等。根据植物的类型，生长的密度和茎秆的倾斜度，搜寻者通过这些细节往往可以确定地下水的分布状况，而且他确信并非已有的经验在暗示他，而是手中移动的金属架。用藤条或金属架发现石油储量或矿石这种确凿事实，目前还没有得到确认，尽管类似的传言很多，专业勘探人员还是喜欢采用更为可靠的方法进行地质勘测。

存在多少场域?

在讨论经常发现的新场域之前，我们将目光转向物理学，看看物理学是如何确定的。“场域”一词表示媒介的意思，通过它相互作用才能传播，这个认识并非立刻得到的，而是历经几代科学家共同艰辛努力的结果。牛顿在研究重力的时候产生了一个想法，两个物体(如地球和太阳)通过完全空洞的空间无法产生相互作用。传输相互作用的空间起初称为以太(行星在场时称作太空)。起先，假设存在许多不同的以太，因为必须解释一段距离内不同力的作用。于是便出现了引力、电、磁和发光等(确保光的传播)这些以太。

迈克尔·法拉第对继续发展这些认识起了至关重要的作用，他在发展物理学和化学上的贡献巨大。纸张上的铁屑被吸附到一块磁铁的两极附近的图片给法拉第留下了深刻的印象。这时的铁屑排成一排，法拉第猜测，这些铁屑展示的是某种看得见的情景，即没有铁屑时存在于磁铁两极之间空间上的东西。这个"某种东西"被称为场域，它取代了过时的术语"以太"。法拉第得出结论，该场域由"磁力线"组成，稍后，他发现了类似的电磁力线的存在。依据实验观察形成的想法，法拉第在1846年进一步扩展并提出了一个大胆的假设：光——这是沿磁力线传播的横向振荡。这个假设实质上指出了光、电和磁之间的密切关系。

麦克斯韦用精确的数学语言表达出法拉第的观点，他在1861年提出与电、磁、光现象有关的微分方程组，而且麦克斯韦还得出了一个结果，在这些场域中相互作用的传播速度与实验中发现的光速相同——30万千米/秒。理论与实验相契合了！麦克斯韦确切解释了"场"的概念，建议将其视为传递能量的媒介物。从这时开始，三个场域(电场、磁场、光场)开始放在一起来研究，称作电磁场(目前"场域"一词更经常被"相互作用"一词所替代)。所以，电磁场第一个得到了严谨的数学描述。稍后，麦克斯韦的理论在赫兹的实验中得到了证明，后者实现了电磁波的产生和接收，这最终奠定了无线电技术的基础。

大自然还存在着自古以来人们就知道的另外一种现象——吸引力(更正确的说法是重力)。以科学方法针对万有引力进行实验的是牛顿，只是在1915年爱因斯坦才成功地对这种现象进行了严谨的描述，他进而创立了相对论，而引力场成为其中的一部分。该理论的正确性很快就得到了确认，借助这一理论可以解释水星围绕太阳运动的著名异常现象。理论再一次与实验相契合了！

这样，到了20世纪30年代初，物理学令人信服地确定了电磁和引力这两个相互作用(场域)的存在，这时，场域理论已经在物理学中占据了核心的位置。

基本粒子物理学的发展给科学家们提出了一个问题，原子核中质子和中子彼此间是怎样进行相互作用的。这时，两个众所周知的相互作用的类型(电磁和引力)却无法给出解释，于是就提出了一种新型的相互作用，称为"强相互作用力"。但事实证明，它也不能完全解释发生在基本粒子世界中的所有现象，例如，中子衰变成一个质子和电子。于是又形成了一个所谓弱相互作用的概念。每一个新的理论都应该经过严格的检验才能被承认。这里说的是一个新理论的预测能力,而强和弱相互作用理论经住了考验,在其基础上预测出存在着一系列新的基本粒子,目前,几乎所有这些粒子都被实验证实了。

后来的事情发展却有些让人出乎意料,物理学家们不再去发现新场域,而是产生了缩减现存场域数量的想法。1967年,物理学家阿卜杜勒·萨拉姆和史蒂芬·温伯格创建了一个理论,认为电磁和弱相互作用是一个统一的相互作用现象,他们将这两种现象称为弱电,从而将两种类型的相互作用整合在了一个称谓中。

所以,如今的物理学确信所有三种相互作用(场)——引力、电磁(包括弱电相互作用)和强场的存在,任何其他类型的相互作用暂时尚未发现。不过,如果您打算观察并非原子核内部而是其外部发生着怎样的现象,换句话说,也就是发生在我们周围现实世界中的寻常现象,您必须要使用"场域"的概念,这时,两个场域,即引力和电磁(它们称为远程作用,与原子核内部的短程相互作用以及强相互作用不同)也就足够了。令人有些意料不到的是,还经常有关于新场域的消息出现,其中最为著名的就是生物场。

真正的发现不会被错过

只要人们对生物电场的存在稍加怀疑,便会听到一些反对的声音:"现实生活中始终会有一些未知场域或未知现象,比如,到19世纪中叶无论是放射现象还是X射线都还没有被发现。据此我们也不应该怀疑生物场的存在。"

的确,19世纪中叶,在科学实验者看来无论是放射现象,还是X射线都是不存在的,确实是不存在的,虽然更确切地说是尚未发现。对此我们可以这样界定:所有未被科学实验检验的现象都是不存在的。这是为什么呢?举例说明,铀化合物已经被化学家所熟知,所以我们认定它是存在的;而X射线或其他射线从太阳向地球照射,但被地球的大气层挡在外边,我们看不到这些射线,所以我们说这些射线并不存在。

从科学角度来看,这两种现象都是"不存在"的,因为它们没有被实验证实,也不能通过被观察的现象来显现,这不是一个严谨的哲学方法,而是一般的实验规则。19世纪中叶,人们可以推论一些尚未被发现的射线存在,今天,我们也可以推断生物场的存在,虽然还没有真正的科学理论依据。然而必须指出,理论总是要先于实验。比如,在C_{60}分子(参见《三个杰出的分子》一章)被正式发现的12年前,就已经有化学

家预见 C_{60} 分子是由 60 个碳原子构成，并且这 60 个碳原子还会形成一个完美的结构。在这种情况下，规则有所改变。当理论预测一种现象的出现，那么这种现象应当引起科学家的关注，不必一定等到试验结果的出现。如果既没有理论，又没有检测，那么对这种现象进行评价便是空谈。例如一首尚未谱成曲的音乐，您如何去评价它的美妙；一部还没有完成的小说，您如何去谈论其优劣。类似的推论科学家们并不喜欢做。

我们可以尝试理解，为什么 1895 年威廉·康拉德·伦琴发现 X 射线时，这位科学家没有对其不屑一顾？非但没有忽略，还引起伦琴的极大兴趣。伦琴当时在用气体放电管研究阴极射线，X 射线的发现纯属意外。伦琴在结束工作时，忘记关闭电闸，他临走前将一块黑色的蒙布盖在放电管上。这时他发现，放电管旁边的荧光屏持续在闪光。一旦关闭开关，光晕便消失；打开开关，光晕又出现。这一奇特的现象使他发现了一种新的射线，这种射线可以穿透厚实紧密的布料，而阴极射线并没有这种属性。康拉德·伦琴的发现也可能有误，原因是新的射线与科学上已知的阴极射线是在同一环境下被发现的，而阴极射线，正如约瑟夫·约翰·汤姆逊后来所述，就是电子流。

为什么科学家们没有对 X 射线视而不见，而是开始重新验证伦琴已经进行过的实验呢？因为他们想要证实，X 射线确实是一种新的射线。由此我们可以发现科学思维的一个重要特征，这个特征就是：自然科学中的每一个重大发现（包括新射线、新元素，甚至是新场域的发现），都是伴随着新技术的运用和新科学方法的应用而产生。

X 射线的产生源于一种对于当时来说非常复杂的一种仪器，这种仪器是一个高真空的密闭玻璃容器。在容器中焊接着金属电极，电极上可以产生高压电，电压高达几十千伏。

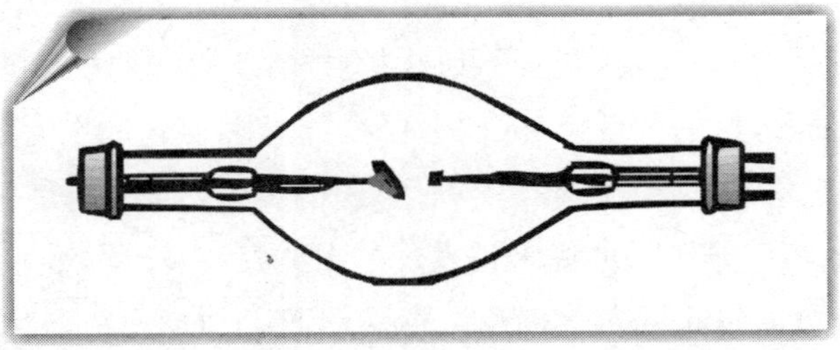

此外，这种新的射线已经被镀有荧光粉（四氰亚铂酸钡 $Ba[Pt(CN)_4] \cdot 4H_2O$）的专门屏幕记录下来。这是一种新型的实验装置，与阴极管配套使用。1855年，科学家们便可以利用实验设备产生高电压，这得益于鲁姆科夫对感应线圈的研究。创造一个高真空的环境并非易事，当时对于阴极射线的研究属前沿科学，这也引起人们对新射线产生强烈的兴趣和坚定的信心。

假如当时康拉德·伦琴宣布，他发现了一种新的射线，这种射线可以在大型透镜的帮助下将烛光聚焦在一片旋转的纸片表面，那就另当别论了。有趣的是，在伦琴射线发现之后，的确发生了一些类似的事情。美国物理学家伍德在其回忆录中写到，他的一位同事坚称，如果让炽热的灯泡快速闪烁就会发现新的射线。如果用手盖住这个灯泡，就可以看到手腕的骨头和关节的轮廓。这种发现只会招致大家会心一笑。康拉德·伦琴的研究无意中导致了另一个基础性发现。法国化学家阿·贝克勒尔在了解伦琴的研究之后，推测新射线的来源可能是放电管工作时被检测的玻璃发出的荧光。1895年2月，他决定论证X射线是否由其他发光物体发射而来，为此，他选用复杂的铀盐 $K_2[UO_2(SO_4)_2]$来实验，因为铀盐经过阳光照射后，可以发出强烈的荧光。他将铀盐放在用黑纸包裹的摄影底片上，由于当天天气阴沉，他无法将底片放在阳光下，于是他将底片显影了一段时间，他惊奇地发现，底片上显出明显的铀盐印记，由此发现了自然放射性这种属性。

在贝克勒尔的实验中并未使用精密的仪器，此外，铀的化合物也早已被化学家所熟知（1841年，在贝克勒尔实验的54年之前，佩利戈特就已经成功获得了金属铀）。然而，铀是当时原子量最大的元素，处于元素周期表的末尾，所以可以期待某些不寻常的东西。顺便介绍一下，在贝克勒尔的实验中使用了一种摄影底片，底片用厚纸包裹着，这层厚纸被一种不知名的射线所穿透。这种带有感光明胶层的底片最早出现在1864年阿弗雷德·罗素的研究中，而且他已经知道这种底片可以"看到"眼睛所看不到的东西，这一切足以使科学家们对新的现象产生浓厚兴趣。或许，不会像对X射线那样寄予厚望，不过实验检测一下也并非难事。

每一个现象被证实都与天气好坏、实验者的情绪、地球的磁场或月亮的圆缺没有关系（但这些都是观察不同生物场必须的条件）。

在此之后，这一领域的研究蓬勃开展起来。在贝克勒尔发现的基础之上，1887年，彼埃尔和玛丽·居里夫妇开始着手分离一种新的元素——镭。

我们可以大胆假设一下，如果当时贝克勒尔坚称玻璃板上的痕迹是氯化钠留下的，而大家也都简单地认为的确如此，那就不会有 X 射线的发现和后续的一系列研究了。

读者可能要问，难道不能用非常简单的方法来进行重要发现吗？有些发现当然可以，比如勘察一些新的矿物；探寻一些植物的药用价值；寻找一种获得复杂物质的方法；或者通过改变实验条件，合成一种以前无法得到的化合物，这些都是可行的，但是用简单的方法来进行某个基础性的发现是不可能的。所有可以用来进行发现的简单方法已经尝试完毕，这之后的每一个新发现无一不倾注着大量的心血和艰辛的努力。科学的发展历史有力地证明了这一点。

奇迹还是骗局？

阅读完前面这个小节，赞成生物场存在这一观点的人肯定会反驳，他们会说："生物场并非由某种复杂的仪器辐射而来，而是由生物（通常是人）所产生，这是一个特殊的，远未被充分研究的对象。其特殊性在于，首先他是一个生物。第二，他具有思维能力。"这一切都是事实，但是人体为什么会产生辐射？而且人类对自己的身体可以产生辐射这一现象既意识不到，也感觉不到。我们所能看到和听到的只是极其有限的一小部分，比如说，我们无法听到狗和蝙蝠发出的超声波，对于它们身体的气味也感觉不到。人也不能感知无线电、X 射线和辐射的存在，但是专业仪器却可以轻松检测出来。

我们的生理机能非常有限。那么，坚信生物场存在的信心从何而来呢？究其原因可能在于，有些人认为，人脑的思维能力在受到破坏之后就会被赋予一些特异的功能。比如说，很多人都感到，我们可以读取遥远地方另一个人的思想，也就是说，不通过任何技术设备，直接实现从一个人到另一个人的思想传输。如果这一切都是事实，那么请您告诉我，在这种情况下还有什么是不可能的呢？类似事件的记载已有很多，只是现在还缺乏对其进行足够的科学解释，让我们尝试来解开这个谜题。

没有人认为上述那些假设根本不可能，思考是一个信息化的过程，是可知的。我们可以把思考想象成一种设备，这种设备不仅能在专业的定位器帮助下"感觉"大脑，还能正确地分析所观察到的图谱，即阅读思维。设备不一定是用技术创造出来的，它也可能是一些完美的生物系统。亲爱的读者，这时您可能会想，这种完美的生物系统不就是某些人的大脑吗？这些人可以感知千里之外的一切，但是遗憾的是，现代人类的大脑根本不具备这种属性(非常不幸,但也是万幸。)。

科学家为什么对这一现象持否定态度呢?这主要因为多年来一直没有令人信服的实验数据对其进行验证,论据实验,论据证明,这是检验理论是否真实的可靠标准。但是数以百计的现象我们又该如何解释呢?这些现象仅仅存在于某些人的视角,这些人常常只是看到现象,看不到实质,不善于利用反驳的有力手段。

系统研究心灵感应始于1882年的英国。从1882—1884年的3年时间里,两个年轻人——史密斯和其合伙人布莱克本成功地展示了他们之间的心灵感应。他们可以在相当距离内(100米),在被挡板隔开的情况下传递心想的数字信息。此项研究的项目小组包括很多著名的学者:剑桥大学伦理教授亨利·西奇威克、放电管研究者威廉·克鲁克斯、物理学家威廉·贝瑞特和奥利弗·约瑟夫、生物学家阿尔弗雷德·罗素·华莱士、数学家奥古斯都·德·摩根。这些学者认定心灵感应这一现象确有可能。但是这两个年轻人好像跟这些著名的学者开了一个天大的玩笑。许多年以后,1911年,布莱克本在报纸上公开承认欺骗,他坦言,他们当时就是想体验一下,欺骗是一件多么简单的事情。这两个年轻人在当时耍了一些花招,其中一个人用腋窝夹着一个小的梨形橡胶哨,这种哨子能够发出超声波(猎手通常用这种方式召唤猎狗)。众所周知,狗能够接收到超声波,人也具备这种能力,只是接受的能力略低一些,而且这种能力只限于年轻时,随着年龄增长,这种能力就会消失。偷偷按压小橡胶哨,多么简单、轻松的事情,却给我们布下了一个天大的骗局。可是,从另一方面来说,两个年轻人也向我们证明了这样一个问题,即要完成思想的远距离传递,必须借助某种器械或设备,比如他们使用的梨形橡胶哨。两个年轻人经过精心准备,成功地骗过这么多学识渊博、经验丰富的大师,足见他们具有何等高超的表演天赋。

布莱克本的公开认错本应能够阻止心灵感应这类实验的进一步进行,但事实并非如此。大多数人认为,即使在心灵感应的实验中存在欺诈,这也并不意味着心灵感应不存在,这就好比江湖医生和半文盲医生的存在并不影响严谨的医学学科的存在和发展。

心灵感应、千里眼(可以看到距离自己很远的地方发生的事情)、心意致物(通过意念转移物体)以及很多类似的现象统称超心理学。俄勒冈大学心理学教授裴海曼一直致力于超心理学研究,他非常明确地指出:“任何学科中都有实验范例被编入教科书中,而且这些实验范例在任何实验室中都可以重复进行,唯有一门学科例外,这就是超心理学。”在过去的130年间，人们都在追逐一个超心理学中虚无缥缈的幻象，但是没有一个实验范例可以被重复，没有一个实验范例可以被用来检验其他类似的现象，所有争论的焦点就是这种超心理是否存在。

相信心灵感应确实存在就像一种真正的信念，这种信念不需要被证实，也不允许有任何的否定。信念是强大的，因为其不可动摇性，所以很多人会本能地将其忽略，比如，恰·罕泽的杰出作品《超心理学》将心灵感应这种现象彻底否定。劳伦斯·大卫·库舍在《百慕大三角：神话与现实》一书中分析了这一地区发生的所有灾难之后证实，根本没有所谓神秘莫测的力量。任何现象都有其现实合理的解释，海洋中发生的灾难也是如此。有一些灾害发生在其他海域，但人们也把它归入百慕大，这就越发使得这个地区变得神秘。而对于很多人来说，相比揭露一些伪科学的现象，他们更愿意窥探那些奇闻怪事。这是为什么呢？原因就是人的心理特点。那些远离科学的人往往会相信各种奇闻怪事，猎奇的心理驱使他们探究其中的奥秘和未知的领域。这是每个人的权利，只是这种方法与科学相去甚远。

很多人认为，一些神秘的现象都是真实的，只有一小部分人认为这些现象不可能，这种情况使我们想起了从前炼金术十分兴盛的时期。在认识真理的道路上，人类总是重复相同的错误。但是在科学进步的队伍前列也会行进着一些持怀疑态度的学者，他们用科学的思想武装自己，比如说，他们认为，即使在化学反应中也不能把一种元素转化为另一种元素。

这些用科学思维进行思考的人们一直坚信，人类的大脑根本不适合“辐射”信息，它仅仅可以对信息进行分析和处理，并且通过语言或文字把信息传递出去。

对于神秘的向往和确信无疑丰富了人们的精神生活，并为艺术创作提供了可能。一些艺术创作者(通常是在人文领域)有时会进入一种特殊的通灵状态。在这个时候，作者感觉自己好像是在别人指导下进行创作，仿佛自己作品中的人物在控制着他的笔端，牵动着他的思维。俄罗斯作家德米特里·格里戈洛维奇、法国剧作家雷尔·弗朗索瓦·德、法国作家莫泊桑和美国作家威廉·福克纳在不同时期都遇到过类似的情况。沃尔特·斯科特向大家介绍了类似的情景：“有时我不由自主地把笔放下，就是想确认一下，这支笔是否会像在我的大脑控制下那样流畅地写作。”在所有这些讲述中，好像有一种无形的东西隐藏其中。一些人认为，这种状态不是大脑紧张工作所致，而是与外部某种无形的东西直接沟通而产生的结果。最有权对这一现象作出解释的无疑是创作者本人，而与科学思维无关。

这里有一个简单方便的判断标准。已被科学证实的事实与尚未被证实的现象之间的区别是，前者已经直接或间接地不可避免地融入我们的生活，并潜移默化地改变着人的思想和行为。比如，您和朋友商量好了一件秘密的事情，并约定不到处宣扬。但过了一段时间，你发现你们的谈话内容已经被其他人所熟知，您怎么解释这件事情呢？如果您解释说，有人在别的地方读取了您或者朋友的想法和思想，那么，这很难被认为是一个头脑正常、思维健康的人所为。

“奇迹”从来都不缺少

大多数轰动一时的事件都禁不住时间的考验。站在电视机前向大家讲解水能治病的丘马克从电视中消失了，虽然此人对其理论讲得天花乱坠，但是疗效甚微，只有那些对此特别迷恋的人才深信不疑，认为具有一定的疗效。这种情况同样发生在很多年以前，当时报道了另一桩轰动一时的新闻——用手看东西。大约 30 年前，有一些人声称自己可以用手读书，还能够用手触摸来确定照片上的内容，甚至连照射到手上光线的颜色也可以用手感觉出来。这些人开始在电视上大秀绝技，用手看东西成为当时轰动一时的事件。

这种本领解释起来其实非常简单，能够用手读取信息的人，其实只是善于窥视。有些人会尽量往鼻子下面看，这样就可以顺着盖在眼睛上的眼罩和鼻子之间形成的缝隙来窥视。为了能在这个缝隙中看见手里拿的东西，头需要向上扬，这就使观众产生了错觉，认为表演者的眼睛在冲着天花板，而放得较低的手则在辨认。

所有这一切都湮灭在时间的长河之中，被我们彻底忘记。但是新的“奇迹”仍然不断破土而出。不久以前，在莫斯科大学，两个中学生——一个男孩和一个女孩戴着眼罩为大家展示自己用手看东西的绝技，他们表现自如，一时技惊四座。但是随后给他们换上一个更紧的眼罩，他们的绝技就不灵了。如果仔细观察这两个孩子的眼睛，就会发现，那个女孩是严重的内斜视（即人们常说的“对眼”、“斗鸡眼”），那个男孩也是非常严重的斜视，他不能直视谈话对象，为了直视对方，他只能将头强行向后扬。孩子的家长为什么不给他们治病？很明显，在治病与成为名人之间——他们选择了后者。

所以，只要人们需要“奇迹”，“奇迹”就肯定会出现，而且媒体也乐于宣传这种所谓的奇迹，因为他们清楚观众喜欢看些什么。

应当认真思考

人们对于占星术的看法各不相同，但是在其发展初期，我们应当给予占星术应有的评价，不应将其轻易否定。占星术经受住了最严峻的考验——时间。据说，占星术起源于古老的米索不达米亚，并在《圣经》中所提到的在巴比伦国王尼布甲尼撒时期，也就是公元前 6 世纪获得迅猛发展。我们在这本书中提到的各种曾经引起人们极大兴趣的独门绝技已经消失在时间的长河中，如招魂术，用手看东西，艾伦·弗拉基米罗维奇·丘马克用手势在电视机前进行水滴催眠，阿纳托利·卡什彼洛夫斯基利用电视进行术前麻醉和德日乌娜神奇的小魔术等等。虽然如此，这些奇人的拥趸还在，只是人数不多，归为小众范围。但是占星术却持续发展，与时俱进。

19 世纪末 20 世纪初，科学家们确信，随着哥白尼、开普勒、培根、牛顿和其他科学家在天文学和物理学中的发明和发现，占星术已不复存在。这些科学家们天真地认为占星术被永远废弃了。比如，1901 年，俄罗斯著名历史学家法·弗·捷林斯基声称占星术为“逝去的科学”。但是 21 世纪初，人们对占星术的热情重新燃起。现在，人们不仅可以得到印度的、黄道十二宫的、花卉的、日本的、中国的占星图或者德鲁伊特(古代克尔特人对大祭司的称谓)占星图，甚至还可以看到汽车的、烹饪的、移动的占星图或者生意占星图。占星术如此受欢迎，原因何在呢？最重要的原因可能就是因为这真的是一个“深思熟虑的想法”！占星术能够预测繁复庞杂的万事万物，能解决困扰人们的任何难题。占星术的最大优势在于，它从不具体采取活动：不医治病痛、不祛除邪病、不用妖术使他人相爱、不帮助寻找遗失的东西或失踪的亲人，它的活动较为审慎，只提供一些预测，给予一些建议。占星术可以预测一个人的气质、性格特点、智力、才能、爱好和创造财富的能力。

深思熟虑的想法总是能够经久不衰，就好像锡安智者的语录或者诺查丹玛斯的预言。亚·谢·普希金也是一个非常著名的“臆想家”：陪同游客参观巴赫奇萨赖宫殿的导游耐心地讲解到，可汗杰雷和他最喜欢的妃子扎列玛从未在这座宫殿住过，而且好像这位王妃出于嫉妒用刀杀死了被俘的波兰公主玛丽亚。一派滑稽之言！看着巴赫奇萨赖宫殿的喷泉，每个人都会把它想象成是一座为纪念不幸的玛丽亚公主而建的“哭泣的纪念碑”。丰富的想象比事实更强大、更吸引人。

占星术的发展方兴未艾，若想对其进行抵制并不容易，也并非每个人都可以力所能及。因此与占星术进行抗争的只能是一些权威的学者——叶·巴·亚历山大院士、维·拉·金兹伯格院士、爱·巴·克鲁格里亚科夫院士和弗·叶·福尔托夫院士,他们强烈反对推广占星术。其中维·拉·金兹伯格院士的批判尤为强烈,因为他有更多的机会通过广播和电视发表自己的观点。新闻记者非常愿意邀请一些知名学者在自己的节目或栏目中露面(2003年,维·拉·金兹伯格获得诺贝尔物理学奖)。我们的院士应当经常参与一些科普活动,不应仅限于有限的电视演讲,如果将科普内容补充到义务教育的教学计划中,这无疑十分必要。

目前,占星术有一些回流之势。1993年,俄罗斯教育部委托教育出版社出版了一本由奥·克鲁舍利尼茨基和利·杜比茨基撰写的《占星术的故事》,全书共191页。这本书把占星术说成是一种论理严密、无需争辩的现象。没人评价这本书的价值如何,但是这本书给该书作者带来的经济利益却非常可观,该书的发行量已达10.7万册。

占星术通常会利用一种让人印象深刻的占星图,这个占星图中标出行星和星座的位置。每个想要预测某种未知命运的人,都可以自己进行占卜,现在已经开发出一种供大众使用的电脑程序,这种电脑程序可以把您想要在地球上观察的任意时间(过去或将来)位置的星空图显示到您的电脑屏幕上,而且该画面与真实画面完全一致,因为这种程序经过了严格的天文学计算。这时,您会看到行星和其特定星座的相互对应关系,然后可以运用自己丰富的想象(或在占星师的指导下)画出一幅占星图,您画出的星图可能跟我们提供的范例图很接近,也可能比它还要复杂。做完这一切之后,您就可以开始占卜了。占卜时您要把占卜内容与您出生的星座(巨蟹座、处女座、天秤座……)联系起来,还要考虑到亚洲特殊的十二生肖的年份(狗、龙……)。占卜之后,这个人的性格特点及建议措施都一一呈现在您的面前。我们假设一下,如果在电脑里装的这种占卜程序不是用来占卜,而是用来观察星系,那么随着地球高速自转,他们就会欣赏到日出日落,月亮的阴晴圆缺。这种程序也可以观察到太阳系中行星的运动轨迹,这种天文奇观怎能不让人沉醉其中,流连忘返!难道这些不是比所谓神秘的占卜更有趣,更妙不可

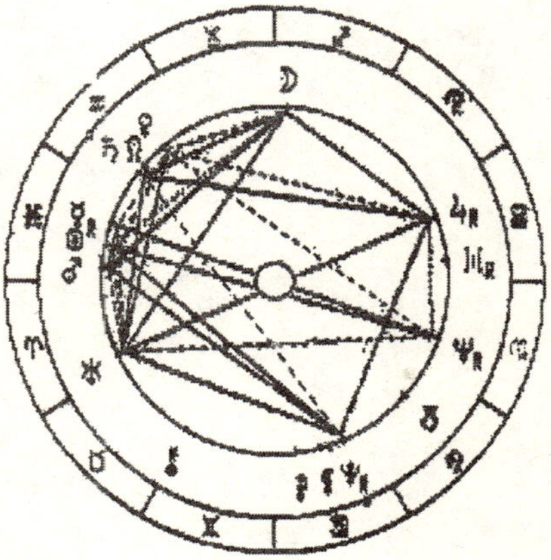

言吗?

其实,每个占过卜的人都能很容易地判断出占星师的科学水平。您可以问一下您熟悉的占星师,他能不能在一分钟之内准确预测出下一次日食的时间,这种要求并不过分,因为了解行星的运动规律——这是占星师最基本的手段。与占星师不同,专业的天文学家进行这类预测非常轻松,也完全准确,但是进行这样的预测所需要的数学知识远高于数学的平均水平。

对一个占星师进行水平测试时,我们会问一个非常简单、无关紧要的问题,为什么我们看到的月亮,有时像镰刀一样是窄的,有时却像光盘一样是圆的。您最有可能听到的回答是这样的:因为地球的影子落在月球上。这种回答完全错误。建议的回答是因为月食,但是月食并非每年都能见到,所以这个答案也不是很正确。正确的答案在任何一本中学天文学教科书中都可以找到,您不妨翻阅一下。

把一个人的性格和命运与星座和行星的位置联系起来显然没有任何意义。用一个人出生时的天气情况或者洋流的流动情况、云朵的形状和海浪的高低来确定一个人的命运同样毫无根据。然而,占星术的美丽神秘确实令许多人着迷,这一中世纪的思想在当代发展到了顶峰。

完全杜绝占星术并不可行,因为沉醉其中的每一个人都会这样反驳:“占星术妨碍了谁?没有妨碍嘛!布特列罗夫相信招魂术,但是这并没有妨碍他创造出有机化合物结构的重大理论!”是的,确实没有妨碍,但是如果当时他去研究招魂术,而把化学研究搁置一边,这就完全有可能妨碍了。其实,招魂术对布特列罗夫的化学研究已经产生了某些影响,他发表多篇文章支持招魂术,甚至已经将这些文章汇编出书。没有人知道,他花费多长时间来研究在门捷列夫看来立即就能得出结论的招魂术。不要相信感觉,还是要通过实践。

幻想与现实

我们的祖先可能早就幻想出各种能让生活和工作变得更加轻松的工具。但是,他们却不知道如何在现实中实现这种幻想。想象是美好的,但实践起来异常艰辛。

我们对儒·凡尔纳的大胆想象非常钦佩,但那只是一种艺术创作,是一本小说。与儒·凡尔纳同时代的人没有一个受到他那本著名小说的影响,计划用大炮把自己

发射到月球上去，因为当时物理学已经广为人知。但是现在我们却可以说，儒·凡尔纳的大胆想象与未来的现实还是有一些差别，登月的成功实现并不是借助于炮弹，而是利用火箭助推器。

我们往往没有注意到，科学的进步已经远远超出了我们的想象。几十年前一些儿童作家曾计划写一些幻想小说，让小说中的插图跃动起来，他们虽然这样幻想，但是动起来的插图究竟是什么样的，他们自己也想象不出来。

现代科学技术把作者的梦想变成了现实，只不过这书不是纸质的，也不必用手去翻动书页。这是一种新的超薄平板电脑，它只有一张纸那么薄。计划将其制成一本书大小，在各种场合都可以阅读，包括在路上。在书中插入动态图像也没有任何困难，而且这种图片在现实生活中已经存在，在互联网的网页上有大量的动态图片，笔记本电脑就可以看成是装有动态图片的图书了。

现在，我们再回到生物场。它的支持者说："并不是人人都了解科学，我们就是要开辟一个新的人体领域。"毫无疑问，在任何时候我们都可以对生物场进行研究，但是就我们现有的想象力，对生物场的研究恐怕力所不及，因此没有必要在此事上耗费过多的时间和精力。这与中世纪的一些炼金术士一样，他们虽然一直在苦苦寻找能够使化学元素相互转化的方法，但是靠他们的想象力绝对无法预见，这种转化需要借用核反应堆或加速器。难道科学家们就不能不用论证和检验，只是依靠简单的幻想吗？幻想是每个人的权利，但是在进行严谨的科研工作时，必须抛开毫无根据的幻想。未来还有很多未知的现象需要用科学的方法来揭示，为此不能仅仅依靠一根柳枝、一个金属架或者是心灵感应者的一只神手。

自然科学定律

在评定新现象时，科学家必须要考虑到一些重要的规则。本小节主要讲的是科学基本定律的特点，这些定律在我们上初中时已经学过，如力学定律、电学定律、磁性定律、能量守恒定律、周期律等等。在此，我们想强调的是掌握科学思想的另一个重要原则，科学的基本定律是固定的、可靠的，不能废止也不能随意修改。

然而令人遗憾的是，甚至是大学毕业生有时也对这些定律不是十分了解。不要认为科学家只是在法律规定下才有权禁止对基本科学定理进行修改，他们在任何情况下都可能会坚定地说："不能改"。事实上，修改定律徒劳无益，这是科学界所公认的。然而，如果定律不允许有任何改变，科学怎么才能发展呢？这很好解决，我们可以用后一个定律对前一个定律不足的地方进行补充，所有的定律都有自己的适用范围，超出这个范围定律就不适用了。随着科学的不断发展，我们的知识面也在不断扩大，那些旧的定律也成为我们扩大了的知识面的一部分。这里，我们不妨看看下面这些例子。

中学课程中有一个很重要的定律是波义耳-马略特定律。该定律确认，就气体质量而言，压强(p)与体积(V)的乘积为常数，即 PV＝const(常数)。在压强不大的情况下，该公式完全正确。但是如果压强达到 10 MPa 或者更高的话，有些气体就不符合这一定律了。气体"不愿意"为遵守这一定律而被压缩。伊恩·范德华提出了这个定律的变体，在这个公式中加入两个校正系数(a 和 b)：(p＋a/V2)(V－b)＝const(常数)。

如果气体的体积足够大，那么数值 a/V 和 b 就可以忽略不计，这样，我们又回到了波义耳-马略特的原始公式。因此，一个定律往往都是另一个定律在特殊条件下的变体。

还有一个例子，根据牛顿力学(再看一下《仔细做实验》这一章中的试题)，柴油船的速度(v_m)和水流速度(v_p)之和是 $V = v_m + v_p$。阿尔伯特·爱因斯坦给出了普遍条件下的一般公式：

$$V = \frac{v_m + v_p}{1 + v_m v_p / c^2}$$

其中 c 是光速。由于船的速度和水流的速度要比光速小得多，在方程中数值也非常小，对于光速来说可以忽略不计。这样一来我们又回到牛顿的方程。而在计算非常接近光速的基本粒子的运动时，就必须使用第二个公式，也就是爱因斯坦的公式。因此，爱因斯坦的理论并没有废除牛顿理论，只是把牛顿的所有力学定律都视为一种特例，具备前提条件。

在化学中，上述原则同样适用。所有化学变化仅能影响到价电子，因此，在化学反应中，新元素的合成不可能意味着原子核的重组，这是一个基本观点。但是在另一种化学——核化学中，这种情形便有可能出现。这种新的化学并非突然冒出来的。最初，安・贝克勒尔发现了铀盐的放射性，然后，在 α 粒子散射实验的基础之上，卢瑟福提出了原子结构的行星模型，随之而来的是核物理方法迅速普及，在此之后才开始利用氘核轰击钼(Mo)薄片的方法进行获取新元素锝的实验。

实验结果如果与基本定理不符，那么这个结果往往使人产生怀疑，一个称职的学者是不会将这种矛盾的现象提出来供大家讨论的，比如质量守恒定律。

许多人恐怕难以想象，质量守恒定律、能量守恒定律还有许多其他定律还不能用现有的定理加以验证。它们只是在经验积累的基础上利用直觉进行的推测，然后不断完善，最后形成定理。这些定理有其自身的特殊性，这种特殊性使得许多爱好者产生一种幼稚的愿望，也使得一些自学者斗胆放话："如果未被验证，那就不是定理。"然后这些人开始耗费大量精力试图推翻这一定律，但探寻无果，他们又不断探讨一些方法，试图建造一种"永动机"。

化学和物理的所有基础定律正是从这种假设中产生的。它们产生的前提必须将所取得的成果综合整理并系统化。为了解释气体在相互作用中体积发生的变化，阿伏伽德罗提出了这样的假设：某些气体——氮、氯、氧和氢并不是由一个粒子构成，而是两个，用现在的说法就是，它们具有两个原子。这种假设不仅成功地把所有气体相互作用的实验结果整合到一起，而且还形成了"原子"和"分子"两个概念。原子-分子学说直到 20 世纪初还是一种假说，还没有被证实，尽管无人亲眼见过原子，但这一假说在实验中却非常适用。

20 世纪 20 年代，研究放射性原子核衰变的物理学家发现，在 β 衰变的过程中，辐射出的光谱形式跟量子论中预言的完全不同。为了解释所观察到的现象，同时按照沃尔夫冈・泡利的形象说法，为了"绝望地尝试证明"能量守恒定律，他提出，在 β 衰变过程中还有一种粒子辐射出来，当时没能记录下来，我们称之为中微子。在发现中微子很长时间之后，心灵学家用这种中微子解释了动物定位的影响。直到23年以后，人们才用实验证明了中微子的存在，但在此期间，没有人对它的存在表示怀疑，因为所有计算的结果恰好与实验结果吻合。沃尔夫冈·泡利可以简单地说，在这个实验中没有遵守能量守恒定律，但是真正的学者是不能妄做结论的，因为他们非常清楚上面我们提到的那些定律的特点。

当有人开始对中微子的存在产生怀疑时，另一个实验也开始引起物理学家的深刻思考，这就是在磁场中银原子束分裂带来的不寻常结果。为了解释这一结果，有人提出可以把电子看成是一个绕着陀螺轴旋转的陀螺。这一现象被称为电子自旋，这一概念是在化学键的原理上形成的，电子自旋现象十分适用于解释各种物质的磁性，尽管当时还没有人证实电子绕轴旋转这一假设是否正确。

原子的运动轨迹原则——泡利原则和洪特规则是一个完美的猜想，在这一原则的基础上形成了原子由电子构成这一基本学说。怎么可以根据某个未被证实的假说建立某种定律呢？对于那些不了解“游戏规则”的人和不知道定律是如何形成的人来说，这个问题比较难以回答。只有对科学发展史了然于胸的人才能知道这样一个定理：如果多次试验的结果都与这一假说相符合，那么这一假说就升级为定律。

不要急于修改定律

当一个实验结果不正常时，经常就会产生一种想法，似乎在这种情况下科学定律没有得到遵守。

学者们常常利用磁性来寻找解释不了的新现象，因为磁场不会改变原子和分子的化学性质。而热能或者是光辐射都可能会引起化学反应，因为它们会激发价电子，但磁场不会激发价电子，它只能会改变某些原子的磁矩方向。过渡金属离子（如铁、钴、镍）含有未成对的电子，但是并非所有情况下磁力都会吸引这些金属离子，只有在一些特殊条件下这种情况才会发生。因此，如果使用磁力来改变不含有未成对电子的物质属性，那就要贻笑大方了。

最近，市场上出现一种水质软化机，这种机器的工作原理很简单，只需简单地使水从磁铁中流过。大家知道，水是不能被磁化的（水是抗磁体）。准确地说，溶解在水中的钙盐和镁盐才是抗磁体，而且它们还会使水质变硬。用这种水质很硬的水来洗衣物很费肥皂（衣物上很难抹上肥皂），因为 Ca^{2+} 离子和 Mg^{2+} 离子会与肥皂结合形成水不溶性化合物。除此之外，硬水还会造成肥皂沫过多。磁场无论如何都不能改变钙盐和镁盐的化学性质，因此，使水软化或“把水磁化”都是不可能的。但令人称奇的是，从磁铁中流过的水确实有些被软化了。这又如何解释呢？最简单的解释就是，假设磁场在某种程度上可以影响溶解盐的化学性质。但是这种假设却违反了所有磁学定律，因此，必须修改定律！这一提议肯定会得到那些自己从来没有提出过定律，同时也不太了解制定一个定律需要耗费多少心血和智慧的人的赞同。

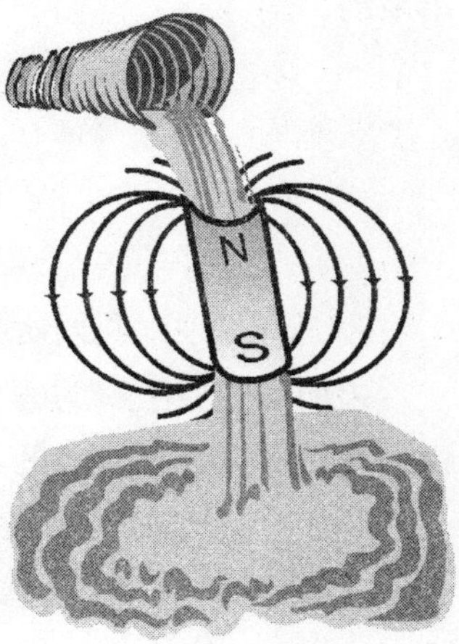

显然，这种情况下不可能期待有任何惊人的新发现。其实水被软化的原理非常简单。从铁管流进房间里的水含有一定数量的分散氧化铁，而氧化铁是可以被磁化的。在磁场的影响下粒子聚集在一起，并形成了相位，一部分钙盐和镁盐被吸附在这个表面上。这种软化水的方法不是很有效果，还有更为有效的方法，不过得需要使用试剂，消耗能量，所以一般不太经常使用。介绍了这么多内容后，我们在本节想强调的是，根本不需要修改化学和物理定律。

有一些现象既不符合已有的概念，又与传统理论相悖，但这些现象恰恰为科学发展提供了强大的动力。如何看待这些现象，观点不一，有些看法甚至还特别富有想象力。想象归想象，最重要的是不能有悖于基础定律。我们会对所提的一些方案进行研究、讨论并用实验进行验证，实验的结果可能产生一个新的发现。比如我们上一章提到的泡利，他试图解决核衰变和能量守恒定律之间的矛盾，他没有修改定律，而是提出，存在一个新的基础粒子——中微子，后来中微子确实被实验所证实。所有这一切的发生都是源于泡利想要“拯救”能量守恒定律，而不是修改这一定律。

化学与魔术

杂耍艺人不仅依靠表演变化莫测的小把戏和如簧巧舌来引起观众的阵阵喝彩，他们有时还真的运用了一些化学知识。下面我们向读者揭秘几个小招数，目的是让那些化学知识不足的读者洞悉其真相。

在观众面前将一枚铜币变成银币，具体如何操作呢？做法是这样的：用一块被

硝酸汞 $Hg(NO_3)_2$浸湿的餐巾在铜币上擦一会儿，然后再用干布稍微抛光一下，在铜币的表面就覆盖一层薄薄的金属汞，而金属汞正是铜跟硝酸汞发生反应后被铜置换出来的。

$$HgNO_3 + Cu \longrightarrow CuNO_3 + Hg$$

表面看起来跟我们所熟悉的银的颜色一样，但是时间不长，当汞挥发之后，

表面又变成了铜的颜色，一切都真相大白，我们揭秘的目的也达到了。类似这样的魔术对人体是有害的，因为硝酸汞和金属汞挥发形成的烟气具有剧毒。

我们也可以在几秒钟之内将液体转换成稠密的非流动物质，不用冷却，只需一只烧杯即可。在烧杯内放入硅胶溶液（硅酸钠），并加入少量（硅胶的 1/10—1/15）的浓硝酸，然后将两种溶液混合。两种溶液反应后会产生凝胶状的硅酸。

$$Na_2SiO_3 + HCl \longrightarrow NaCl + \underset{\text{偏硅酸（凝胶）}}{H_2SiO_3}$$

一滴水如果落入按 6.35 g/1.6 g 比例混合研磨的碘和锌粉上，能够引起爆炸性燃烧。水在这种情况下起到了催化作用。

$$Zn + I_2 \xrightarrow{\text{催化剂 } H_2O} ZnI_2 + Q$$

用其他方法也可以得到类似的效果：将高锰酸钾（$KMnO_7$）和硫酸（H_2SO_4）混合形成泥状物，将酒精滴在泥状物上面也能引起燃烧，而且火势猛烈，甚至可以点燃附近的木柴。随意抖动一下手臂，把手指上的“水”（可以用手指夹着一小块浸满酒精的棉花）弹在一堆柴火上，一下子就能将柴火点燃，这种场景让人感到莫名其妙，进而啧啧称奇。

这种混合物不用滴入酒精也可以点燃一张薄纸，这是因为高锰酸钾和硫酸相互作用产生氧分子，氧分子与有机化合物发生剧烈氧化反应，引起燃烧。

$$2\,KMnO_4 + 3\,H_2SO_4 \longrightarrow 3\,H_2O + 5\,O + K_2SO_4 + 2\,MnSO_4$$

把硝酸盐胶粘剂与水按 1∶10 的比例稀释后，涂在一条普通的棉质围巾上，然后把围巾晒干，围巾的表面看起来没有任何变化。如果把这条围巾蘸满丙酮或汽油，然后将其点燃，汽油(丙酮)完全燃烧以后，围巾却完好无损。

所有表演都非常逼真，这令观众对表演的内容深信不疑，于是，那些杂耍艺人、江湖医生、占卜师利用观众这种天真与善良，口吐莲花，大肆蒙骗。

一些魔术师医生会表演让伤口瞬间愈合的绝活。我们在此揭露一下这种绝活所藏的玄机，目的是让读者对所谓绝活明察秋毫。为揭穿骗局，需要一个帮手。在帮手的手臂上涂一些碘，好像在给手臂消毒，其实涂的根本不是碘，而是与碘的颜色非常接近的三氯化铁溶液。然后找一把刀，用来划破手臂，一定要找一把钝一些的刀，将其浸泡在无色的硫氰酸钾溶液中。用这把刀在手臂上划一下，就出现了一道流血的伤口，其实刀并未将手臂划破，手臂上的血是三氯化铁和硫氰酸钾相互作用产生的硫氰酸铁，其颜色跟血的颜色十分相像，这就造成了手臂被划伤的假象。

$$\underset{\text{黄颜色}}{FeCl_3} + 3\,KCNS \longrightarrow \underset{\text{血红色}}{Fe(CNS)_3} + 3\,KCl$$

这时，对着“伤口”低声念几句咒语，然后用毛巾擦拭手臂，观众就会惊奇地发现，伤口愈合了，甚至一点伤痕都没有留下。这就使人们对医生的“精湛”技艺愈加确信无疑。

如果让化学家来表演这类实验，就不会引起观众太大的兴趣，因为无论化学家表演得多么完美，观众还是认为这是实验，毫无神奇可言。魔术师的表演便大不相同了。魔术师有一种神秘感，又辅之以神秘的场景及道具，最终产生的效果玄妙神秘，莫测高深。除此之外，还要预先准备好试剂，并且不能用实验室器皿盛放。比如用于引起自燃的水滴(实际是酒精滴)必须神不知鬼不觉地滴落在准确的地方，使其看起来像真的用手一压就能冒出火花一样。为了避免中毒和烧伤，必须做好所有防范工作，要多次精心排练。

一个非常有名的校园魔术节目是蜡烛自燃。把一小块白磷溶解在二硫化碳（CS_2）里，把得到的溶液涂抹在蜡烛的烛芯上。二硫化碳迅速蒸发，白磷与空气接触后自燃，进而点燃了蜡烛的烛芯。表演时如果您在观众面前往烛芯上涂抹某种试剂，并等待蜡烛燃烧，那么所希望的神秘感便荡然无存。

在魔术表演中，为了使蜡烛在合适的时间能够自燃，用另一种方法也可以达到这种效果。预先在蜡烛尖上涂抹高锰酸钾和硫酸混合形成的糊状物，把一小块滤纸固定在略低于糊状物的地方。然后把蜡烛拿在手上，轻轻地念几句咒语，轻轻摇晃蜡烛，使糊状物能够流下来与滤纸接触。当然，以上展示的所有步骤都需要认真排练，而且为稳妥起见，还应当多备几根蜡烛。

还有一些魔术师表演过蜡烛自燃的魔术，但是他的道具是一根里面藏有气体打火机的专业蜡烛。他用手帕挡住手里拿着的这根蜡烛，几秒钟之后，一只点燃的蜡烛就被他"变"了出来。如果蜡烛能用更奇妙的方式出现——从手帕里或是从帽子中穿出来，那么效果会更好。既然是表演，既然是魔术，那么就应当尽展魔幻玄妙之特色，为观众带来最大满足。

"不燃的火焰"这个表演项目同样用来证明人类心灵这个"统治者"的无所不能。为表演这个魔术，硼酸乙酯 $B(OC_2H_5)_3$ 必不可少。硼酸乙酯是把硼酸 $B(OH)_3$ 和乙醇混合后加热，再经过蒸馏获得。

$$B(OH)_3 + 3\ C_2H_5OH \longrightarrow B(OC_2H_5)_3 + 3\ H_2O$$

这种硼酸乙酯燃烧时现出绿色火焰，"用手触摸"会感到有点热，但是不会被灼伤。如果要证明它确实在燃烧，而且还不会灼伤魔术师的手，可以按照以下步骤进行：在杯子中将硼酸酯和乙醇混合，开始燃烧的是硼酸乙酯，这时可以把手放到火焰上，只要火焰的绿色消失，酒精就开始燃烧了。这时如果把手帕放到火焰上，手帕就会被立刻点燃、烧焦。

年久变暗的一幅画瞬间光艳如新，这绝对是魔术师"修复家"带给我们的特殊礼物。这其中又有什么奥秘呢？从前画家经常使用铅白来作画，这种铅白自古以来就被广泛使用，它是由碱式碳酸铅（铅白）$2PbCO_3 \cdot Pb(OH)_2$ 和麻油混合制成。当铅白和城市大气中的硫化氢接触之后，会产生少量的黑色硫化铅 PbS，正是这种硫化铅才导致画面变暗。如果用双氧水擦拭画面，硫化物就会被氧化，生成白色的硫酸铅，画面也变得明亮起来了。在观众面前，如果毫无掩饰地用试剂擦拭画面，画的确变亮了，但所有人都知道，这是化学反应所致。为了迷惑人们，魔术师故作玄虚，巧施妙手，好像他们真的是带有某种特异功能，能够做到"手到画白"。

画面老化的另一个原因是保护画面的油层风干变暗。在这种情况下，可以用醋酸将黑油层擦洗掉。

科学道路上的泥潭与沟壑

确切地说，现在相信占星术的人不多，很少有人把自己的命运与占星图联系起来，更多的人只是把占星预测看做是一种游戏，而且玩这种游戏还不用付费，游戏规则也随处可见。

但是相信占星术的人却对此深信不疑，那些星象家、占卜者在这些人眼里就是先知先觉者。当这些人陷入困境时，他们首先想到的是星象家、占卜者，他们相信这些巫师一定能够帮助他们摆脱困境，渡过难关。

凡此种种都被定义为神秘主义，这种神秘主义预示着极少数人以某种超自然的力量洞悉某种隐秘的世界。每一个神秘主义者都把自己归为科学家之列，认为自己拥有神秘主义学科的较高学位，他们处心积虑聚集在科学的旗帜下，原因是"科学"一词会让人肃然起敬。

当前裹挟着心灵感应和未卜先知等乱象，伪科学的浑浊巨浪正向我们汹涌袭来，它正悄然潜入自然科学领域，首当其冲便是物理学。如果占星术和心灵感应在科学发展的道路上是一个小坑洼，那么伪科学就是横亘在我们面前的鸿沟巨壑。

伪科学与我们上文所讲述的那些现象不同，伪科学完全是由一些受过良好的自然科学教育的人（有些是科研机构的工作人员）杜撰出来的，是客观世界中根本不存在的。这些人运用现代理论和设备，在那些已有定论的现象上做文章，肆意歪曲，却还要给出一个貌似科学的定义和解释。例如报纸上有这样一句话："时间在穿过人体时会被量化，并在此过程中形成一个向量环"。一般读者可能把这句话当成是严谨的科学表述，但是其描述的内容却一点都不科学。目前这种现象比比皆是，触目惊心。

伪科学有自己鲜明的特点。首先它们波及范围广泛，它不仅可能是一个超级坚固的结构，还有可能是预防流感的药物。如果这种新型药物或设备用于治疗，那么它至少能够治愈150多种疾病，这简直太荒谬了。这些伪科学更多的是强调对人体的影响，强调新的领域，声称它们的发展前景非常广阔，而且它们一定是对生物对象大有裨益。

伪科学的包罗万象性使其和众多身怀绝技的特异功能者和心灵医生很接近，这些特异功能者和心灵医生都拥有不止一种高超的本领，比如，他可以找到您的病患点，并且采取推拿方法进行治疗(推拿治疗不需要任何超自然力量)。他甚至无所不能：他可以渗透一个人，读取他的过去和未来，可以在距离很远的地方将其治愈，可以与“宇宙中的灵魂”进行对话，可以用意念移动物体。

伪科学的第二个特点是在显示实验效果时必须附有辅助的特殊前提条件：比如一定要使仪器朝向某些国家、或者某些星星、或者地球磁场。有时需要在每周的固定几天才能做实验，或者有时还要根据月亮的自转公转来决定。

伪科学的第三个特点是往往运用权威科学家的思想，这些科学家大多忙于自己的研究，他们不想在存有一些疑虑的实验的细枝末节上耗费过多时间和精力。但是为了不被看做是保守主义者，这些科学家被迫对那些执意要公布某种重大发现的记者做出让步。最终他们宣称，确实观察到某种目前还无法确定的现象。而那些发现者受此鼓舞，更加充满信心，但他们不是努力用实验来证明自己的发现，而是执意追求名人对自己的认可。伪科学的发现者又开始引证其他科学家的思想，这些新被利用的科学家对他们的发现一无所知，而且研究领域也与此相距甚远，但仍然被他们拉来为自己造势。科学家曾经谈到的某个一般性观点，哪怕年代已久，哪怕与他们的发现有一点点关联，都被他们引证过来，作为对自己的权威支持。

伪科学还有一个特点，就是伪科学的创造者为了使自己的观点看起来更加令人信服，也为了使那些怀疑者更确信，他们在对伪科学进行描述时常常会标榜自己是这个领域的权威，他们吹嘘说自己曾在大学做过相关系列讲座，或者在大型研究所的实验室做过相关实验。但是您只要稍作调查就会查明，他们既没做过讲座也没进行过相关实验。

伪科学者常常制造轰动效应，强势登场，狂言所有人都是白痴，所有人都一无所知，他们遏制发明，阻塞思想进步的道路。有时还指责大家破坏国家科技发展，称这是犯罪。伪科学者通常不关心专家持何观点，他们更关心的是那些对科学一知半解的大众的看法。

伪科学者一般不会选择那些需要经过严格审查的学术刊物发表自己的观点，他们更愿意在报纸上向世界宣布他们的新发现并引发对这一现象的讨论。

有的新发现明显与基础的自然定律相违背，反驳这种伪科学并不难，但是仍有人愿意相信它，不顾一切地去支持它。

伪科学者可以分为两类，一类是真正误入歧途者，另一类是狡猾的骗子。这两类人都没有受过较高的教育。第一类人真诚相信自己的发现，但是在经常听到反驳之声后，渐渐开始认为周围的反驳都暗藏着阴谋。这种想法导致他们神经高度紧张，有时甚至歇斯底里。因此在分辨科学真伪的讨论中，很多人认为，真理固然可贵，但是安全更重要。

第二类人机敏、狡诈，在证明自己理论的辩论中，他们方法巧妙，总爱发表一些蛊惑性言论，即使诺贝尔奖的获得者恐怕都无法反驳他们。很多科学家，特别是诺贝尔奖获得者根本不必卷入这样的辩论中。如果在辩论中您要确定酸溶液的浓度，而且这一数据又非常重要，那么不要去找科学家，找个实验人员就能将此事搞定。验证这些学说的真伪这项工作最好交给年轻的物理学家去做，把这类问题编进奥林匹克竞赛的试题集中就更好。奥林匹克竞赛的解题水平和解题方法让我们有理由相信，在这里一切难题都能迎刃而解。

心灵感应的问题也是如此。为了证明心灵感应确实存在，邀请了物理学家和生物学家对实验进行观摩。其实即使观摩也毫无意义，因为他们像许多其他人一样，很容易被欺骗。结果他们不得不给出这样一个结论：的确产生一些科学还无法解释的现象。这样的结论令伪科学者满意，却蒙蔽了大众，因此德·伊·门捷列夫曾呼吁，不要凭感官轻易相信这类实验，必须考虑实验所需的必要条件。

这里举一个著名的例子。一位德高望重的科学家试图挽救两个心灵感应者。科学家严格设定了实验所需条件，他把其中一个人安置在他别墅的阁楼上，另一个安置在地下车库里，并在车库的顶棚覆盖一层能够干扰无线电通讯的钢板，并将两个房间用钥匙锁上。科学家走到阁楼上，把门打开，向第一个人说了几句话，然后用钥匙锁上房门。然后他来到地下室，把门打开，让地下室里的人说出接收到的信息是什么。

让科学家大为震惊的是心灵感应者非常准确地传递了信息。据心灵感应者自己说，在进行心灵感应时他们内心的某种感觉被唤起，为了准确传递信息，他们轻轻触碰了一下科学家的肩膀，这个微小动作十分隐蔽，不易察觉，而且如果被发现，他们自有解释，传递的信息是科学家的，不是他们自己的，触碰一下，更增加信息传递的敏感度嘛。事实是，第一个人把一张小纸条偷偷贴在科学家肩膀的后面，然后第二个人在触碰科学家肩膀时将纸条悄悄拿掉。在整个过程中，两个心灵感应者佯装紧张地向外界传递信息，刻意地集中思想，好像聚精会神地在发布信息和接收信息，因为第一个人需要快速地写下纸条，第二个人需要快速地阅读纸条。他们的表演居然成功了，所以我们不得不承认，他们具有天才的表演才能和高超的技艺。

这个典型的例子告诉我们，如果请一个有经验的魔术师和科学家一起鉴定，所有的现象一下子就会真相大白。在美国就是这样一个专门委员会负责检验人的某种超自然能力，这个委员会的成员中就包括魔术师，迄今为止还没有人能够成功地骗过这个委员会。这个委员会成立多年，还没有发现一例解释不了的超自然的现象。

但是遗憾的是，尽管我们揭露了一些骗人的魔法招数，但是我们永远不能阻断人们猎奇的心理。如果他们不用科学的方法来思考问题，那么无论怎么揭露，都不能打破人们对于下一个“奇迹”的期待。

伪科学无处不在

从炼金术时期开始，逐渐出现一些异类的自然科学者，他们经常发布一些惊人发现，但是这些发现很难辨别真伪。而且有些伪科学通常也不是人们故意为之。在受过教育的人、理智的人，特别是科学家的通力合作之下，人们最终会解开真相。

20世纪20年代，法国物理学家、科学院通讯院士布朗洛宣布发现一种新的射线——N射线(仿照X射线，用布朗洛工作地点——法国南希市Nancy的首字母命名)。除了绿色树木和一些金属之外，所有物质都能射出N射线。N射线可以穿透铂金板，却不能穿透描图纸和石头。在1903—1906年期间，大约120名法国科学家发表了超过300篇学术论文(其中布朗洛自己发表了26篇)，探讨分析罕有的N射线现象。布朗洛向其他科学家演示了自己的实验，但是实验在昏暗的环境中进行，很难看清他的动作，甚至科学仪器的用途也不甚了解。从1904年起开始出现一些不同声音，反对者坚称，法国科学家的实验在其他任何地方都不能成功，只能在他自己的实验室里才能完成。

据科学史专家所讲，当时N射线对科学家的吸引力非常大，大到一种集体狂热的程度。但是美国杰出物理学家罗伯特·伍德给了这个伪射线有力的一击。他把N

射线的秘密完整披露出来，这些在威廉·西布鲁克的《罗伯特·威廉·伍德》一书中就有记载。

20世纪30年代，美国物理学家弗瑞德·埃里森发现了一种新的“超敏感磁光法”，这一发现在当时引起轰动。用这种方法可以在所有物质中找出细微的杂质，用这种方法在普通的水中找出了大家翘首以盼的氢的同位素——氚，在其他金属中发现了“新”元素“砹”、“钇”等，这些新元素也逐渐被加入到元素周期表中。为检验这一方法的真伪，在其他实验室里又做了一遍这个实验，结果表明，所谓“超敏感磁光法”根本不起作用。

当我们要进一步揭示这种伪科学时，我们不应当单纯地去指出各种不同的科学错误，而是要在一些细枝末节中寻找疑点，以此引起人们的警觉与怀疑。

举一个离我们时代稍近一些的例子。曾经登载过这样一则有趣的消息，如果在螺线管里面放入一个内部悬挂着配重的密封管，接通电源后，密封管里的配重就会被吸附到管壁上，但是如果把该螺线管朝着武仙星座的星象纹方向放置，配重就会从管壁上弹开(尤·梅德韦捷夫《来自真空的打击》，载于1999年9月11日《消息报》)。经过对实验结果进行计算，发现者得出这样的结论，即在宇宙中存在一个新的基本常数——宇宙向量常数，这一常数在一个平面上起作用，此平面穿过银河系中心并总是朝向武仙星座的星罗纹。不久前，该发现者在电视上再一次提到这一发现。

也许所有新的发现都应该交由这一领域的专家进行评判，而不是在报刊或电视这种大众传媒上大肆渲染，但事实并非如此，这恰好应验了我们前面提到的一些伪科学宣传的特征和技巧。每一个重大的自然科学发现都必须采用最新的科学技术和最新的研究方法对其进行检验。所有用简单方法就能发现的现象已经被发现，所有有待发现的现象必须依赖科学技术的发展。

据此，我们是否已经否认了宇宙常数的存在？当然不是！我们只是解释一下，为什么科学界还没有对这一发现进行反驳，也没有努力进行证伪，而且在严谨的学术期刊中也没有出现相关文章。或许发明者应该带上全套设备向大家演示一番，让别人来关注他的发明？其实大可不必。因为对于专家来说，乍一看仪器就知道是属于那个领域，研究什么问题了，重要的还是要对其进行审慎的评估和认真的检测。

20世纪90年代，有人宣称发现了一种新场域，也称作扭转场。如果是一个心灵感应者或者其他类似的人宣布这一消息，那么不会显得那么新奇。但是如果是科学家，就会引起大家高度关注了。再看一遍《有多少场域》这一章节，就可以清楚，为了创造一种新的理论,科学家们要在漫长的时间里付出多少努力啊!

科学并非停滞不前,因此面对新的发现,我们不要急于去否定,我们应该试着去了解、去验证。这对我们来说并不困难,因为新场域在一些文章中,甚至在一些专门论述此专题的书中都有描述。但是判断它的真伪却并不简单。在对发射新场域的仪器进行图示之前,作者做了理论阐述。其中有这样一段文字:“我们都知道,有某种物理现象叫自旋。如果构成某种物体的元素自旋优先有某种方向性,那么我们就认为物体已被自旋极化。具有自旋极化现象的物质周围会形成公理场(AP),或者称之为自旋场或扭转场”。这段文字叙述是否正确需经专业的物理学家来评定。如果物理学家了解了一种新的现象和新的理论观点,从中找出大量错误,然后对其进行有理有据的批判,这是实属正常。所有这些批评性文章都会刊登在学术杂志上,一般读者很难看到,但是我们却可以从另一个侧面去了解其真伪。伪科学一般都具有我们前面提到的那些特征。细心的读者可能已经注意到,在我们上面引用的新场域的理论之中已经出现一些漏洞,其中有这样的表述:“自旋扭转相互作用的常数大小没有限制,如果该常数足够大,那么扭转现象就是可见的。”难道作者不知道在物理学中常量被称为恒定的固定值,它怎么会变得非常大?

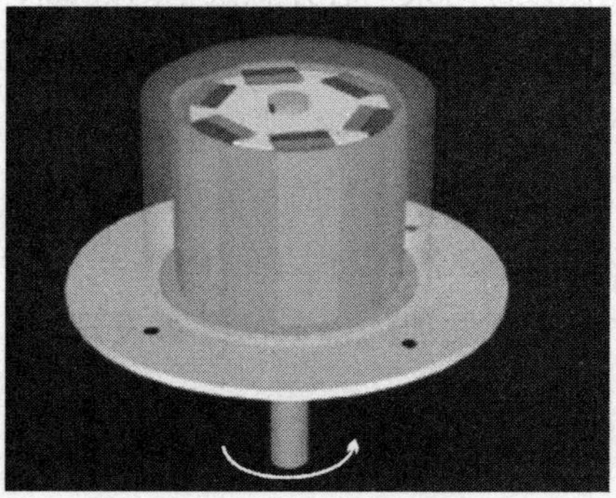

让我们再回到实验上来,看看发射公理场(扭转场)的设备示意图,这是设计的发射设备之一。

这是一个由强磁性材料做成的圆柱体,在圆柱体里面嵌有一块固定的平面磁铁。整个仪器以每分钟几千转的速度逆时针旋转,而嵌在圆柱体内的磁铁所产生的磁场却逆向于整个旋转。在圆柱体周围出现了一个半透明的圆环,好像出现了一种新型场域。

很有可能是这个仪器在其周围产生了我们所观察到的效果,但是我们真的能够期待通过旋转的磁铁就能产生一个新型场域吗?就像期待通过将化学元素捣碎然后将其溶解在由各种矿物组成的酸溶液中而发现一种新的化学元素一样,这样的化学实验一定是那些化学发烧友做出来的,而且这些发烧友不知道元素周期表已经填满,如果想在表中再填上新的元素,一般要通过核反应,而且一定是在大型的研究中心经过长时间艰苦的实验才能完成。

好吧，就算认定这不是一个新型场域，而是“旧的”，比如是电磁场，那么，我们能从这个磁场中得到什么东西呢？我们来看一看这个新型场域有什么特性，结果发现始作俑者为其赋予了许多特点和性能：能够改变结构钢的显微硬度，能够改变一些有机物的熔点，能够将装甲钢板硬度提高很多倍，能够把铜的电阻减少到原来的1/80。普通设备是无法将这种场域直接定影的，但是人却可以通过眼睛看见。既然如此，那么前面显示的照片又是怎么拍摄出来的呢？难道照相机不算仪器？真是让人难以理解，算了，我们最好不要纠缠于此了。

按照新型场域发明者的观点，这种场域在下列几个方面具有优势：它可以在高空准确地发现敌人的战略武器，并对其进行远距离破坏。它还可以在控制重力的原则上制造出移动工具(这在整个物理学发展史上堪称是一个重大的事件)。

扭转场思想开始逐渐渗透到各种学术机构中(就像前面提到的引起集体狂热的N射线一样)。甚至媒体还报道说，借助这种新型场域我们可以替代所有热电站和核电站，凭空获得能量(难道能量守恒定律该被废除了?)，我们还可以生产出新型发动机，这种新型发动机既不用烧石油，也不用烧天然气，还不用烧其他碳氢化合物燃料。伪科学实验还表明，可以创建一种新型的通讯手段，它不用电磁波进行信息传输，而是一种全新的方式，但是肯定不需要耗费传统的能量。这还不够，这种新型场域还可以净化废水，可以驱散由森林大火引起的烟雾。伪科学家认为，石油也可以是扭转辐射源，这种辐射照射在胶片上，能够改变胶片的结构。如果对胶片进行加工，那么根据地球内部传输过来的扭转射线可以找到未发现的矿层。

伪科学还有一个说法，它认为新型场域可以增加植物的“生长能量”，完善动物体内的免疫系统。如果您还对这一说法存有疑虑，那么这些新型场域的研究人员就会帮助您增强免疫力，虽然他们自己也不敢确定这是否奏效。他们还宣称这种场域与占星术也有一定关系，可以利用扭转发生器对扭转场内的生物进行研究，其中包括对实验参与者的占星信息进行对比的远程数据传输。也许新型场域在某种形式上与著名的生物场相互关联，因为怕影响实验效果，研究者不建议不具有特异功能的人用扭转场发生器做实验。

够了，一些伪科学的特征都已具备了：第一，用一个比较简单的设备去检验一个全球性现象(新型的场域！还有什么比这更基础的呢?)。第二，大量的益处和优点，其中还包括对人体有益的生物学效果。据此，我们是否应当全盘否定它呢？那倒不是，否定的权利应当在那些专业物理学家手中，而且他们也正在这样去做。对我们来说，时常对这种伪科学现象保持清醒，这是我们应有的态度。

化学领域的伪科学

这些“大胆”的发现不仅震撼了物理学界，也侵蚀着化学界。最近几年，媒体对一项实验进行了广泛的报道，报道是这样的：高纯度的钛箔经过高电压（高达 4.8 千伏）的“电爆炸”之后，会形成新的化学元素 Cu、Zn、Cr、Ni、Ca、Na 和一些其他元素。根据报道内容，媒体又得出结论，认为可以利用廉价原材料得到金、钯和稀土元素。如果是这样的话，那么这个发现就可以获诺贝尔奖了。最终没有人由于这一发现而获诺贝尔奖，甚至连投递到学术杂志的文章也遭遇退稿处理。那些堪称重大发现的研究其论证应当严谨和缜密，但事实却并非如此。该项目研究者的论点漏洞百出，缺乏应有的说服力。当在阿尔扎马斯-16 核中心（现在的萨洛夫市）洁净的环境中再一次进行这一实验时，得出的结论却完全相反。

当然，实验性检验是非常有用的，但就上述这个项目，在检测之前就可能预测到其是伪科学的事实。我们再来分析一下这个项目，如果想把一种元素转化为另一种元素，只需用电弧的火苗把箔点燃，这岂不是太简单了吧？在核化学中元素的相互转换是众所周知的，例如，通过 α 粒子辐射可以将硫黄转化成氯，铁转化成镍，同时形成这些元素的放射性同位素。在核反应堆中铀的核衰变形成了放射性同位素钴、锶、铯和其他元素。甚至还得到了一种合成黄金，这不是一件容易的事，必须用慢中子照射汞，经过多次实验才能找到合成的方法。所有这些实验都要耗费大量的能源。

因此，用于元素相互转化的现有全部方法都是以核化学反应为基础的，而且这些反应还需要中子、α 粒子和原子核的参与，而让这些粒子参与其中仅用电能远远不够。可能随着时间的推移会找到其他方式，但是绝对不会采用普通的高温和高电压等能源。通过“电爆炸”从钛箔中得到一些元素，这一切看起来更像是现代的炼金术。还有一个特征，您可能已经发现，这类消息往往都是先通过媒体而不是通过学术杂志发布出来的。

伪科学正在侵蚀大众

专业委员会的活动不应仅局限于批驳扭转场和化学元素提取新方法等荒谬现

象，还要收集其相关证据以起到警示作用。

绝大多数的新发现目的都是将其应用到现实生活当中（这样的产品更容易出售）。最近，在《论据与事实》这本杂志上开始宣传一种热能发电机，它以网质物品为燃料，据说效率可以达到 130%。上过高中的人都知道，效率不可能超过 100%（能量守恒定律）。尽管这种发电机价格不菲，但是仍然有不理性的消费者愿意购买。

中微子发生器也是一种伪科学仪器，发明者吹嘘它可以治疗任何阶段的癌症。在发生器里利用声波穿过真空来产生中微子，而我们知道，研究和记录中微子需要付出多大的努力啊！这种仪器依旧留下一个漏洞，那就是声波根本不能从真空中传播，它必须要有介质——空气、水、金属等。

令专业委员会非常担心的是，一些占星师和预言家已经开始进入到重要的国家机关中，比如紧急事务部开始接受占星师的建议，教育部还成立一个特异功能实验室。国防部还设有一个专门机构，运用巫术来做实验。内务部下属一个研究所举行一次学术研讨会，讨论运用占星术、千里眼和生物定位等方法在人群中“搜寻”犯罪分子。

很长一段时间里，国防部一直聘请一些占星师，这些占星师在这里有了用武之地，因为每辆坦克、每架飞机、每艘军舰都需要“出生”日期，也因此可以把占星术体系扩大到全部军事装备。占星师断言，占星术能够准确地预测事故发生，比如它预测了在波罗的海“爱沙尼亚”号轮船的沉没和伊尔库茨克附近“鲁斯兰”飞机的坠落。不过我们并没有找到它预测的证据，而媒体却对此大肆渲染，这无疑对占星术的传播起到推波助澜的作用。莫斯科公寓爆炸案发生之后，占星师立刻来到俄罗斯联邦安全局，声称能找到恐怖分子藏匿炸药的地方。而在他指定的 10 个地点并没有发现任何爆炸物。媒体这一次没有进行报道，看来对此羞于进行评价。

如果媒体正大肆宣传一个具有特异功能的人，突然发现他是一个骗子，那么媒体也不会揭穿他，也不会告知大家真相，原因非常简单，没有人愿意为此承担责任并背上愚昧无知、不懂科学的黑锅。最终大家还是相信奇迹会出现，因为他们认为报纸和电视是不会骗人的。

近几年有一个人风头正劲，他的名字现在几乎家喻户晓，他就是格·格拉勃沃。格拉勃沃对外宣称是物理-数学博士，说他曾经用意念在总统专机起飞前对其进行过检查，此外，他还发明了一个独特的装置“晶体模块”，在塞米巴拉金斯克的地下核试验中，他借助该“模块”大大降低了核爆炸威力。但是经调查，格拉勃沃从未参加过核试验。前段时间电视报道说，格拉勃沃在紧急事务部做了一次讲座，并被聘为俄罗斯联邦安全委员会顾问。他还写了一本教材，这本教材已被教育部确认为指定教材。今天格拉勃沃的骗人勾当可以说已经结束，因为他许诺让别斯兰惨案中丧生的儿童死而复生，并收取了费用。他的如意算盘是这样的：悲痛欲绝的家长只要能换回孩子的生命，无论让他们掏多少钱，他们都会心甘情愿，乖乖就范。结果如何，大家自然能够猜想出来，目前格拉勃沃正在接受调查。

医疗设备市场的乱象也给专业委员会带来不小的麻烦。一些医疗设备制造商宣称，自己生产的设备可以吸收病变细胞射线，再把这一射线反射在病变细胞上，然后病人马上会被治愈。另一些设备制造商则宣传说，自己的产品是把病变细胞的射线利用放大效应的干扰将射线再引回到病变细胞上。就是说，病变细胞能够射出某种射线，这一点医学专家没有发现，而医疗设备制造商却首先发现了，简直不可思议！这类设备的生产通常都能获得卫生部或首席医疗专家的许可，这样一来，他们就可以在法律的保护下恣意妄为，无所顾忌了。揭露这种由医疗设备引发的骗局远比揭露占星术要难得多，因为使用这个设备的人一般会说："这种设备是有效的，而科学家的建议对我根本没用！"当然，他们只是感觉有效(尤其是当设备价格不菲的时候)，然而遗憾的是，恰恰是在这段时间，治疗的最佳时机可能已经错过。

还有一种仪器，正准备批量生产这种名为活化器和中和器的仪器据称具有保健和治疗功能，它能够补充能量，强壮身体，大幅度提高人体免疫性。之所以有这种效果，是因为"在人体基因的特定位置补充了一些元素，有镧、碲、铟、钆和其他稀土和镧系元素。"看出其中的漏洞了吗？在元素周期表中，碲、铟不属于稀土元素，而且稀土元素和镧系元素是同一个东西。一个没有多少文化，没学过中学化学的人居然能制造出治病的化学仪器，真是天方夜谭！我们对这些设备进行了检测，结果不出所料，这些仪器根本没有效果。

神秘主义甚至已经开始威胁高等教育。教育部规定，除通用教材外，各学院可以自行制定一些教学参考书。在一本教育部推荐的教学参考书中有这样一段话："任何物体，无论是有生命物体或无生命物体，其信息都可以在宇宙的任何地方获取。"这跟占星术非常相似，占星术就认为，在行星和星座上每个人的信息都已被编成了编码。还有一段描述："最适合解释心理现象的模型是全息成像，它可以了解过去，预知未来。"全息成像是一种比普通照相技术先进一些的成像方法，用一种成像方法去解释心理现象对我们来说闻所未闻，也缺乏一般的理论依据。

真正的科学发现是如何产生的?

可以断言,所有的重大发现并非仅仅依靠简单的方法就能获得。现在,我们来看一看这些重大的发现是如何产生的。20 世纪发现了几个新的物理效应:拉曼散射(拉曼光谱)、电子顺磁共振(EPR)、核磁共振(NMR)、γ-磁共振波谱(穆斯堡尔效果)等。这些新发现都有一个共同的特点,即它们都是在前辈科学家精密实验和相关理论已进行深入研究的基础上产生的。例如一项 20 世纪最重要的发现就是由几代物理学家共同努力完成的。

很久以前,科学家已发现,磁性和光学现象之间存在紧密联系。1845 年,英国化学家、物理学家迈克尔·法拉第发现,当偏振光穿越一些放置在强磁场内的物体时,偏振平面发生旋转。法拉第认为,磁场不仅对光的传播产生影响,而且对光的发射也产生影响。他让能够产生两条黄色光谱带的钠火焰光谱在磁极间穿过,但是并未取得预期效果。

1896 年,荷兰物理学家彼得·塞曼打算证实迈克尔·法拉第的想法,这次他采用了更为先进的技术,结果他发现,在放到磁场时,钠火焰光谱的两个黄色光谱带每个都变宽了,也就是说,被放射的频率带增强了,这就是塞曼效应。对这一现象进行理论阐述的是塞曼的同胞、理论家亨德里克·洛伦茨。这一现象的研究表明,光发射出的是电子。1902 年,塞曼和洛伦兹被授予诺贝尔物理学奖。

迈克尔·法拉第
(1791—1867)

彼得·塞曼
(1865—1943)

亨德里克·洛伦茨
(1853—1928)

自此之后，对其更为深入的研究开始了。许多研究人员发现，在磁场作用下，某些元素的光谱波段会分裂成大量小的波段(例如汞元素在这种情况下可以分裂成 12 个波段)。1925 年，沃尔夫冈·泡利为了解释这种现象提出了电子自旋的概念，即具有磁力矩的电子进行自旋运动。这一概念最后形成“泡利原理”，泡利也因此于 1945 年获得诺贝尔物理学奖。与此同时，也有学者提出了关于原子核磁矩存在的观点。有趣的是，电子和原子核磁矩概念是在尼尔斯·玻尔量子理论(1922 年诺贝尔物理学奖)的基础上得出的，而量子理论也在研究塞曼效应的过程中得到了验证。

两位美国物理学家爱德华·米尔斯·珀塞尔和费利克斯·布洛赫的研究显示，原子核磁矩与外部磁场会产生相互作用，在具有一定频率的磁场中会产生共振现象，而且这一共振可以被实验记录下来，这样就出现一个新的光谱法——核磁共振(NMR)。米尔斯·珀塞尔和费利克斯·布洛赫因为这一发现在 1952 年获诺贝尔物理学奖。为最终发现核磁共振所做的基础性工作给我们这样一种启示，即重大发现的产生必须根据该领域的最新理论和科技的最新成就。

沃尔夫冈·泡利
(1900—1958)

爱德华·米尔斯·珀塞尔
(1912—1997)

费利克斯·布洛赫
(1905—1983)

这种新的光谱方法的理论阐述令人非常信服：相同的原子核在不同分子环境中会产生不同的核磁共振信号，同时光谱可以显示其分子的定量比例。例如乙醇“$H_3C—CH_2—OH$”的光谱显示，在分子的甲基中有 3 个 H 原子，亚甲基中有 2 个 H 原子，羟基中有 1 个 H 原子。

同样，该方法还可以用来确定化合物中不同部位碳原子的数量。在现代核磁共振仪中使用的是浸泡在液态氦里(现代的超导体只能在液氦温度下操作)的超导磁所产生的交变磁场。为了使液氦慢一点蒸发，需要将整个装置置于液态氮中。把仪器放入含有液态氮的安瓿中，该仪器产生的共振可以由一种特殊的电子图表记录下来，这样就能立即得到氢原子谱图。

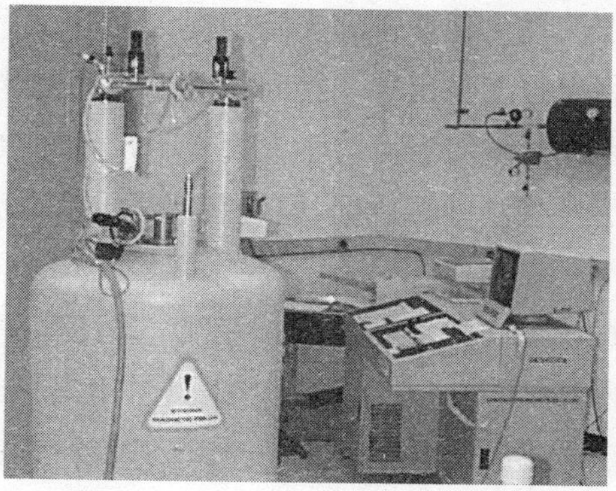

科学发展中的人为障碍

叶·康·扎沃伊斯基
(1907—1976)

科学发展道路上的障碍有时也是千奇百怪，异乎寻常的。举一个例子来说明这个问题。苏联物理学家叶·康·扎沃伊斯基，在1944年(核磁共振被发现的两年前)发现了电子顺磁共振(EPR)现象，这两种共振现象的区别在于，两种效应出现在不同频率的磁场中。因此，可以说电子顺磁共振与核磁共振的原理基本相同，而且电子顺磁共振先于核磁共振被发现。电子顺磁共振对实验物理和实验化学的发展起到巨大推动作用，对科学家了解物质结构的细微特征也有很大帮助。电子顺磁共振谱使我们能够“看到”有机自由基和过渡金属离子中的未成对电子，而且还能确定其数量。

目前国际物理界认为，电子顺磁共振更应该获诺贝尔奖，但现实往往比理想更残酷。第二次世界大战结束后，苏联所有的科学研究成果，包括不涉及军工和国家机密的成果，都被保密起来，因此西方物理学家完全不了解苏联科学家的科研工作。所有苏联科学家与诺贝尔奖评奖机构的联系全部被切断，投递到诺贝尔奖评奖委员会的信件也被截获并存放在档案室里，从斯德哥尔摩发给苏联科学家的邀请信无法到达受邀者手里。

1959年，苏联科学院院长亚·尼·涅斯梅亚诺夫和学院主席团首席科学秘书亚·瓦·托普奇耶夫院士提议让叶·康·扎沃伊斯基去竞争这一奖项。然而在材料申报上又出现一些问题,评奖委员会注重的是怎样完成的重大发现?它的意义何在?这些应当由科学家去说明,遗憾的是,所有信息都由官员们来提供,他们只提供了一些基础性数据,但是在科学价值方面却阐述不清。

更为遗憾的是,当时米尔斯·珀塞尔和费利克斯·布洛赫已经由于发现核磁共振现象获得诺贝尔物理学奖,诺贝尔奖评奖委员会没有给苏联科学家颁发这一奖项,原因是它与已被颁发诺贝尔物理学奖的核磁共振内容十分相近。核磁共振应当是电子顺磁共振现象的延续,苏联科学家本应由于电子顺磁共振这一重大发现获得诺贝尔奖,但是由于人为阻碍,遗憾地与这一奖项失之交臂。

科学正在走进生活

一个新的发现面世以后,许多人习惯将其视为一种新的科学事实,没有人想到把它应用到日常生活中。人们逐渐地才开始关注科研成果服务于社会这一问题。当科研成果应用到社会之后,马上受到广泛的欢迎。

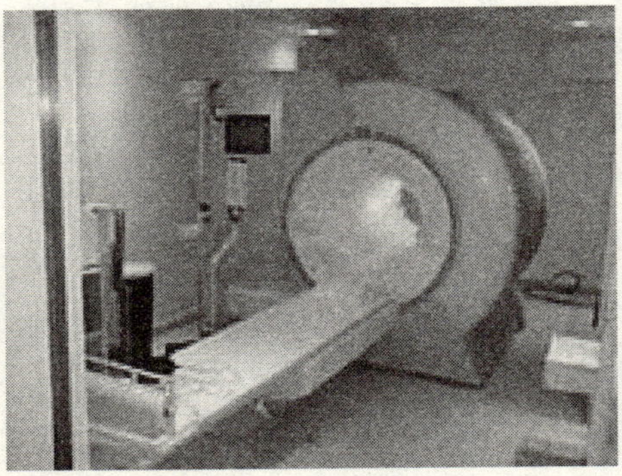

一个令人鼓舞的事实是,电子顺磁共振仪和核磁共振仪被广泛地应用到医学领域,左面是这种仪器的示意图。

核磁共振开始在医学上运用,但并非用于治疗,而是用来诊断。核磁共振的工作原理是将人体置于特殊的磁场中,用无线电射频脉冲激发人体内的氢原子核,引起氢原子核共振并吸收能量。在停止射频脉冲后,氢原子核按特定频率发出射电信号,并将吸收的能量释放出来,被体外的接收器收录,经电子计算机处理获得图像。

核磁共振对疾病的诊断具有很大的优越性。它可以直接作出横断面、矢状面、冠状面和各种斜面的体层图像,无电离辐射,对机体没有不良影响。

一个新技术的出现总会带来一大批模仿者,他们并不了解技术实质,但是出于各种目的,开始生产一些仿制品投放市场。这些模仿者中有的是真正的科学爱好者,有的是利欲熏心的商人,有的纯属就是骗子。有一种激光器特别走运,它被应用到工业领域，从而广受欢迎。这种激光器试图用来影响生物对象，并用于治疗。这些想法没有任何科学依据，因为最普通的红色激光射线就其本质来讲与红色的光线，比如红色交通信号灯并无太大差别。它们的差异在于，激光是非常细的并且不会散射的光线，此外，光波的振荡频率具有严格的固定值（而不是光带），并且所有震荡都与相位重合。激光真正的用途之一是读取 CD－ROM 驱动器的信息。但遗憾的是，当人们发现一种新技术之后，总是尝试将其运用到更多的领域。

还有一个例子，是在栽种马铃薯时使用激光辐射，并称能将产量提高近 1/3，而且还在几个集体农庄和国营农场进行了实验检测。当专家实地考察激光辐射的条件后，立刻得出结论，认为这种方法并没有什么科学依据，拖拉机载有一个移动的带旋转的仪器在农田地旁边的马路上行驶，红色激光在如此短的时间内只能照射到道路旁边极小的一部分农作物上，所以，产量增加 1/3 的说法没有科学依据。这一方法最终被停止使用是在切尔诺贝利灾难发生之后，一切与“辐射”有关的东西都会引起人们的恐慌。当地人也不再从地里把受到“辐射”的马铃薯运回家，并且认为应该将这种马铃薯放到专门的地方。

后来，在一个水貂养殖场又出现了同样的情况，养殖人员宣称用弱 X 射线照射能使水貂的繁殖力提高，同样可以提高 1/3。看来 1/3 这个数值比较容易被人们接受，它既不高也不低，便于蒙骗大家，如果吹嘘功效过大，就会过于明显，容易引起怀疑。

接受同行的质疑容易吗？

前面介绍了一些重要的科学发现及其发明者，这好像是一次科学的狂欢，这些发明者在前辈科学家的研究基础上，运用最新技术，发现或研制出彪炳科学史册的重大成果，也得到同行的支持和关注。这些令人羡慕的场景并非总是如此，科学家有时会对某些真正的发现也进行严厉的批评，就像批评伪科学一样，怀疑和批评是科学发展的一个必要手段，关于这一点人们具有共识。

一些新元素的发现过程就充满了戏剧性。宣布发现新元素之后，总会有人对此进行测试。这些鉴定者努力不让自己犯错误，但还是常常陷入困惑之中。

1894 年，英国化学家约翰·斯特拉特和威廉·拉姆齐宣布发现了新的化学元素——分子量为 40 的惰性气体氩。氩是从空气中分离出来的，这一事实有力地证实其具有较大的惰性。当时大家还不知道惰性气体的存在，因此元素周期表中没有预留适合它们的组别(后来将它们合并到第八组)。元素周期表中没有显示氩气的位置,门捷列夫推测是发现了一种新的形式稳定的氮,它是由 3 个 N 原子组成的分子 N_3,分子量接近 40。

约翰·斯特拉特
(1842—1919)

威廉·拉姆齐
(1852—1916)

马·贝特洛
(1827—1907)

拉姆齐将得到的氮气样本寄给法国著名化学家贝特洛,请他检测一下该样本,但是贝特洛没有对该样本予以肯定。很难相信,如此权威的化学家也会犯这样的错误,他根本没有意识到,他看到的是一个新元素。门捷列夫和贝特洛的怀疑可以理解,很有可能,他们已经形成定式,认为当时对空气的研究已经非常充分,想要从空气中再分离出新的化学元素几乎不可能。最终惰性气体的发现者因此项发明获得 1904 年的诺贝尔化学奖。

我们再来看一下随着有机化学的发展而出现的一些错误观点。有这样一种情形,一些理论在某一阶段是完善的,但全部理论尚有待论证,却过早地被应用到研究中。李比希(1803—1873)提出了自由基理论,认为所有有机化合物的基础是自由基——甲基·CH_3,乙基·C_2H_5,而且,当它们从一个有机化合物转移到另一个化合物中,自身结构不会发生变化。它们在有机化学中扮演着"化学元素"的角色。基都是以自由基的形式存在,而且自由基的这种形态是检验理论是否正确的最好办法。最初盖伊·吕萨克宣布发现了氰基·C≡N，然后艾·弗兰克兰也宣布，在完成锌与碘乙烷反应之后，分离出了甲基自由基·CH_3。

$$C_2H_5J + Zn + H_2O \longrightarrow Zn(OH)J + H_3C - CH_3$$

从化学方程式中可以看到，我们得到了乙烷。但是为什么弗兰克兰认为他得到了甲基自由基呢？因为甲基和乙烷的元素组成都是相同的，实验者期待得到甲基，通过对实验结果的分析，他认为自己真的得到了甲基。其实他得到的是带有乙基自由基的丁烷气。如果当时弗兰克兰能够确定气体的分子量，可能就不会出现这么大的失误了。然而，当时测定分子量的相关技术刚刚开始发展，还没有广为人知。现在我们知道，类似于甲基的自由基是不稳定的，需要成对出现。

艾·弗兰克兰 (1835—1899)

盖伊·吕萨克发现的氰基化合物也是以成对结合的氰气形式 N≡C—C≡N 出现的。由于高度的反应能力，自由基不能单独出现，这一观点在 18 世纪末得到广泛认同。只有比甲基和乙基更稳定的自由基才有可能被分离出来。1900 年，莫·贡贝勒便第一个获得此类型的自由基——三苯甲基$(C_6H_5)_3C\cdot$。他做的实验很普通，并无任何特别之处。为了得到六苯乙烷$(C_6H_5)_3C—C(C_6H_5)_3$，他将银作用于三苯氯甲烷$(C_6H_5)_3CCl$，认为银原子捕捉到氯原子，那么剩下的三苯甲基就结合到一起了。见下图：

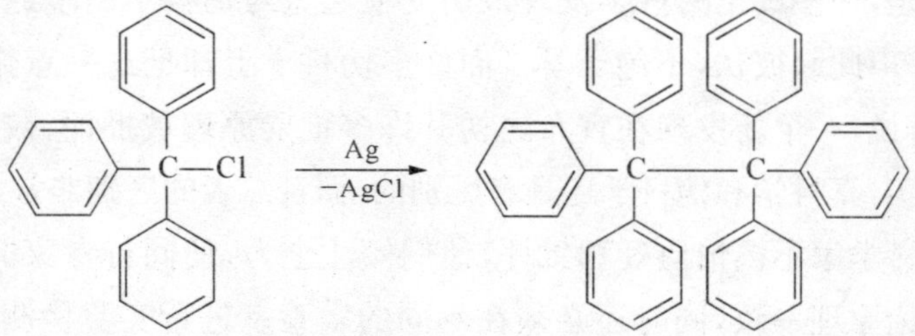

但是，生成的似乎并非他所预计的稳定化合物$(C_6H_5)_3C—C(C_6H_5)_3$，而是另外一种完全不同的，很容易被空气中的氧气氧化的非常活跃的化合物。将化合物与氧气分开进行分析，贡贝勒发现，它与$(C_6H_5)_3C—C(C_6H_5)_3$的结构非常相似。当然，贡贝勒清楚地记得前辈们所犯的错误，他们误认为从乙烷中得到的是甲基自由基，从丁烷中得到的是乙基自由基，于是，他决定进行逆向实验，即将化合物分解成两个基。

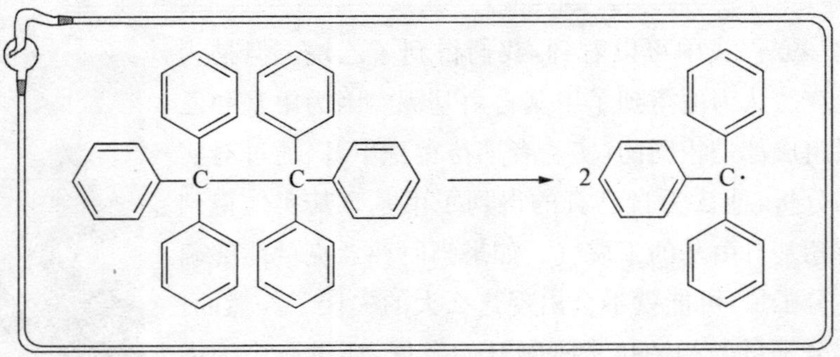

自由基的主要特点是有未成对的电子存在，而电子在化学方程式中是在相应的碳原子周围用一个点来表示的。毫无疑问，贡贝勒的发现肯定会受到质疑，但是经过多次检测，证明贡贝勒是正确的。

所获得的自由基具有相对较高的稳定性，其原因是空间位阻，这种位阻是三个Ph(苯环)引起的，它们可以阻止两个自由基相互接近，也能阻止它们相互结合。此外，未成对的电子逐渐远离其所属的碳原子，向苯环靠近。随着时间的推移，产生了一种新的化学——自由基化学。

多少年来，提出有机化合物结构理论的亚・米・布特列罗夫一直捍卫自己的理论，回击批评者的质疑。的确，科尔贝和贝特洛在很多年里一直不承认这一理论，尼・亚・缅舒特金和推荐贝特洛任化学教授的门捷列夫也对此坚决反对。

有趣的是，一些真正的科学发现最初的境遇竟与伪科学的境遇十分相似，各种质疑声、批评声此起彼伏，不绝于耳。而许多伪科学者却把这一点作为自己的挡箭牌，他们诡辩说，一个新发现在宣布之初其许多重要原理被批评、被否定，这是十分正常的。其实，真科学和伪科学还是有区别的，而且二者的区别非常大。

真正的科学家不惧怕质疑和批评，他们倾注全力，使同行专家的检测结果和自己提出的理论原理一致，同时还必须在不同的实验室进行实验检测。而伪科学，按照科学院院士阿・贝米格代尔的观点，试图使用非科学的方法来证明其观点，他们的实验结果往往是偶然得到，而且也得不到公认，其假设条件也有悖传统理论。

科学的存在和发展也遵循自己的道德标准。每一个新发现、新成果都应该首先被科学界认可。因此，重大科学成果的创造者都希望在著名的科学期刊上发布自己的成果。将最初成果登在报纸上或是流行杂志上的做法并不严肃。此外，号召公众来支持某种新成果也不应被提倡，因为公众并没有研究过相关问题，如果公众起来配合某些利益集团，其结果更为可悲。

让我们轻松一下吧！

阅读前面某些章节时，读者可能感到有些压抑，现在，让我们从沉闷中摆脱出来，适当放松一下吧！当然，幽默是一种特别的东西，每个人的理解不尽相同。有时我们在讲笑话时，语气故作严肃，让人们以为这不是笑话。如果还没有讲到最有趣之处，“包袱”自己便跃然而出，这种幽默效果最好了。本章就尝试讲一些“化学”笑话，让读者轻松一下。

人 文 化 学

如果科学是智慧的记忆，
那么艺术就是感情的记忆。
——弗·索洛乌辛

喜欢化学的人经常这样讲，化学对于我们人类来说多么重要，而且他还能对我们身边的各种化学产品如数家珍，一一道来。但是听众显得有些不耐烦，他们说：“你说的这些我们早就知道了，化学有何新礼物带给我们呢？”其实，化学奉献给生活的新礼物当然有，只不过并非所有人都知道。化学用自己的创造不仅丰富了自然科学研究领域及日常生活，化学也正逐渐进入人文学科。

化学给我们以创作灵感

科幻小说作家和出版社的美术编辑长期以来一直在物理学以及和物理学相关的一些学科，诸如航空航天、火箭技术、机械制造等领域发现创作灵感，而现在，他们则开始在蓬勃发展的计算机技术中寻找思路。很少有作家利用一些延缓衰老和益智健脑的药物作为自己的创作动力和创作主题。

化学与艺术的互动曾经仅仅集中在诗歌创作上。我们常常看到的是化学给诗人带来怎样的灵感，却忽视了化学家本身的创作，这些化学家创作了一些诗歌、戏剧和民谣，作品中的主人公常常就是化学元素和化合物。

著名诗人将一些化学概念或化学反应式运用到诗句中的例子极少，正因为这一题材的诗作稀少，因此才被化学家们所熟知。诗人瓦列里·勃留索夫在其诗作《电子世界》里描述了一幅许多人之前在脑海里浮现过的想象：

电子构成的世界，
其中五大洲相连；
漫漫四千年光阴，
包含艺术与知识，
战争与权利，
还有鲜活的记忆。

每个原子即宇宙，
其中繁星汇集；
微型的原子宇宙，
如我们大千世界，
同样是应有尽有。

安德烈·别雷则生动地描述了化学实验室中的情景：

这里是火焰的海洋，
燃烧的物质在沸腾。
透过实验室的烟雾，
观察着物质的分解。
溶液在烧瓶中结晶……
所有实验业已完成，
残留粉末也被擦净……

或许，门捷列夫元素周期律的发现甚至给那些远离化学的人们也留下了深刻的印象。下面就是安德烈·别雷赞美门捷列夫的诗句：

世界在我面前
显得神秘难测：
门捷列夫却对我
讲述着元素周期……

诗人谢尔盖·戈罗杰茨基同样用诗句来描写门捷列夫的伟大发现：

他相信重量，敬仰空间，
他温柔地爱着万千材料。
他从不对物质心生怨言，
尽管它们迟缓而不善变。

化学家们经常引用这些诗句，原因在于这类题材的诗作数量稀少。化学在很大程度上已经被艺术家所遗忘，不过最近几年情况有所改变。

艺术在不断寻找新的方法和途径，“跨界”创作成为时尚，而且有些“跨界”成果还非常成功。例如，为了展现恢弘、庄严、雄伟这些形象，建筑与雕塑这两种形式最为合适，不过音乐同样可以表达这种气势，而且还相当成功。首先我们要根据主题选择一些我们周围的声音，这种声音最好具有遒劲气概并富有某种想象力。

不过，也有任何艺术形式都无法表达的感受，这就是气味。而化学虽然在表现美感时难有作为，但是在制造气味方面却有自己的独到之处。

化学家们欣然得知，化学式为匈牙利雕塑家温尼·贝拉的创作带来了灵感，尽管我们并不熟悉这位雕塑家。他在作品中试图运用独具特色的雕塑材料以特有的结构形式传递出一些熟悉物质的气味，他雕塑时最常用的材料是木头、金属和石头。下面展示的图片中就有作者为自己作品的命名。为清晰起见，我们将类似形象的化学式附在相应图片的上方。这些化合物的气味的确与图片中雕塑名称所传递出的气味基本一致。见下面的图示：

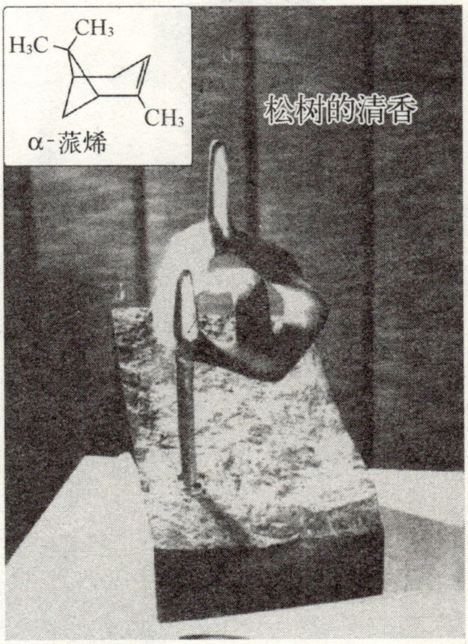

当然，我们并不认为这些雕塑仅凭外形就能马上唤起人们对于相应气味的记忆，但是它能激发人们的联想，尽管并非每个人都能产生这样的联想，至少对于那些熟悉化学的人来说具有足够的吸引力。

化学式的奇妙外形也让这位神奇的雕塑家产生出最意想不到的联想。茜素分子是一种被广泛应用于织物面料染色剂中的物质，但是在温尼·贝拉的眼里，它更像是啾啾鸣叫的小鸟，也有人把它看成是一只野兔。将化学式置于图片旁边，可以帮助您更好地了解雕塑作品，至于它到底像什么，似乎并不重要。

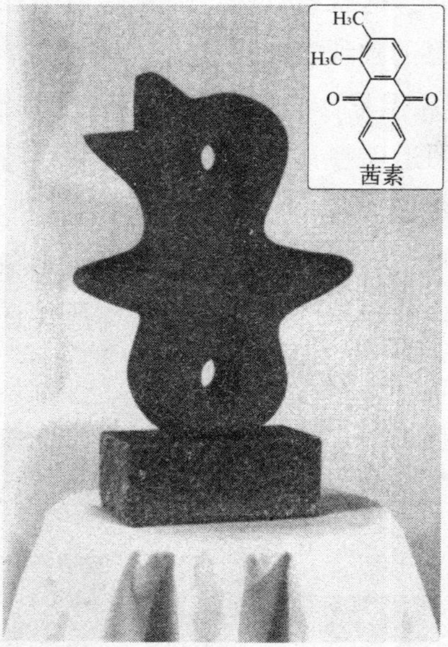

色氨酸分子(一种氨基酸,能够合成很多蛋白质)看起来像一只青蛙,青蛙正在石头上闭目养神,疲惫的一条腿垂了下来。

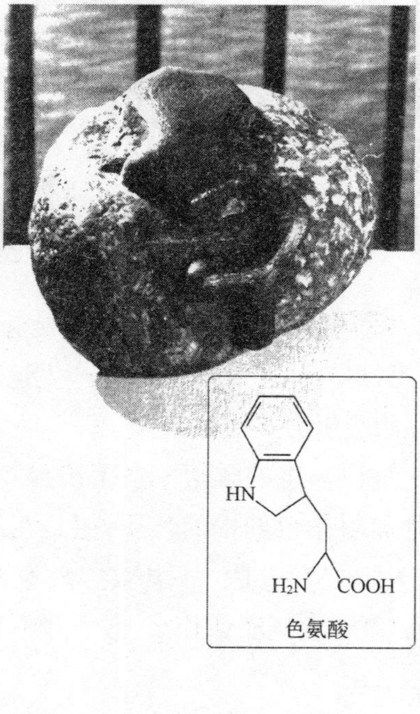

化学给雕塑家提供各种灵感，比如下面这个金属浮雕盘所描绘的就是氯气和氢气的化学反应，旁边还加上了光能 $h\nu$，因为没有光能，这个反应就不可能发生。

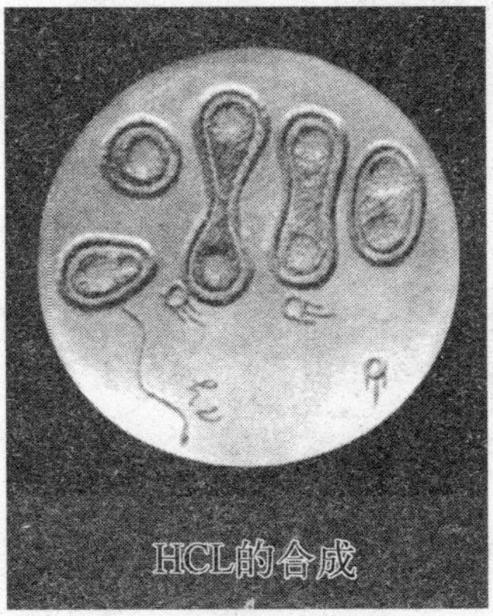

HCL的合成

聚合作用在雕塑家温尼·贝拉看来就如同一个个的青铜小人彼此手拉着手。

单体

聚合作用单体

而布朗运动在雕塑家的想象中如同一群小人在嬉戏打闹。

布朗运动

雕塑家将元素周期律塑成一只侧面突出的极富个性的金属碗：

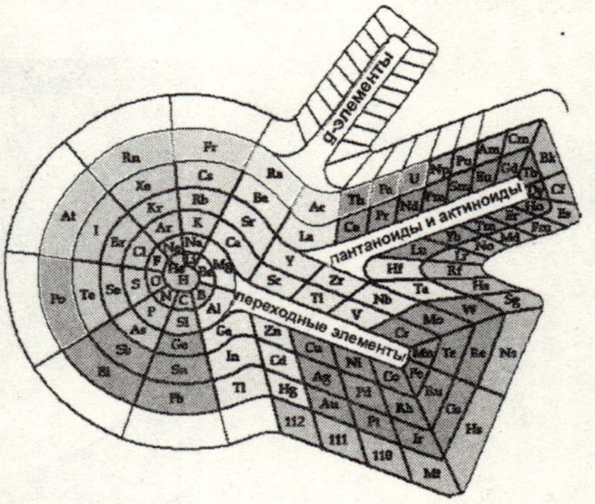

或许，雕塑家以前看过门捷列夫元素周期表的变形——位于上面雕塑作品旁边的异形表格。这足以说明，这位优秀的雕塑家一定非常了解化学，所以他的作品与化学有关的联想才会如此动感逼真。

化学艺术

长期以来，艺术的宗旨就是反映我们周围的世界以及我们周围正在发生的事情，同时表达出我们当时的情感。艺术除了具有教育、培养和美学功能之外，它还要解决一个重要的问题，就是激发读者或观众的想象力。可能正是因为想象力被激发，相比观看由文学作品改编的电影，很多人感觉阅读原著带给他们的乐趣会更多。在阅读过程中，读者能够身临其境，他的脑海中会浮现出人物的外貌、声音、步态、衣着，也就是说，读者可以根据文学作品的描写想象出正在发生的事情。但是观看由文学作品改编的电影时，所有这些细微的地方，甚至非常重要的细节都由导演一一呈现在了观众面前，观众根本没有自己的想象空间。如果没有感同身受，艺术的感染力便大大降低。那些大师们对此心知肚明，但仍然热衷于将文学作品改编成电影，而且乐此不疲。荧幕上经常出现紧张的追捕场面和令人眼花缭乱的特技，观众好像置身其中，也许，这也算是一种参与形式吧。

艺术的主要任务就是不断寻找新的途径和新的方式。20 世纪 50 年代，出现了一种特别的艺术形式，这种艺术形式被称为流行艺术(准确地说是一种大众艺术)。这种艺术形式是一种家居用品的奇怪组合，像空易拉罐、盒子、餐具、椅子和用报纸及一些广告宣传品装饰的床。尽管这种作品外表看上去毫无意义，但是，如果作品被创作得具有很高的艺术性，那么它就会使观众联想起世界的变幻无常、生活的空洞无味，同时也能唤起人们对周围事物独特的诗意般感觉。从这个角度来看，流行艺术恰恰在完成自己的艺术使命。

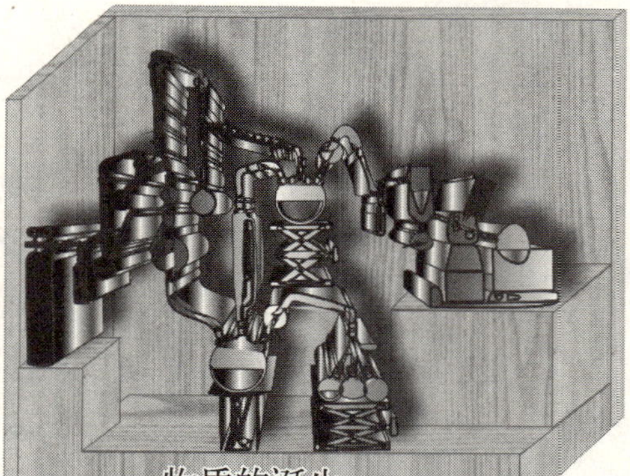
物质的诞生

一直以来，在艺术领域鲜有成就的化学其实蕴藏着巨大的艺术潜力，莫斯科的一位雕塑家玛·济维尔就想利用化学材料进行艺术创作。他发现化学实验器皿本身充满了审美魅力，完全适合艺术创作，而且他果真创作出这种主题的雕塑作品，《物质的诞生》这件作品可以归属于化学艺术。见右图：

这是这件雕塑的照片，这张照片不能充分地展示出雕塑家那非凡的想象力，不过附在旁边的示意图可以帮助我们更好地理解这件作品，它详尽地描述了这个宏大作品的全貌。见下图：

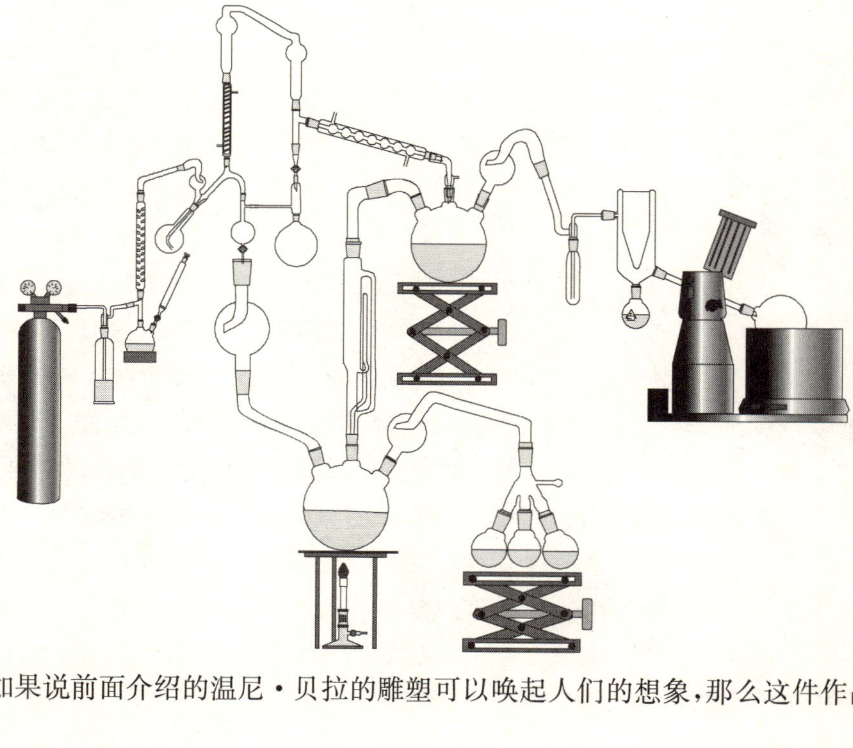

如果说前面介绍的温尼·贝拉的雕塑可以唤起人们的想象，那么这件作品能够

引发的就是另外一种感受，首先是惊奇。仪器在组装时出现的低级失误过多，读者可以自己尝试去寻找一下，至少可以找出5处(甚至更多)。为了节省时间，我们仅指出其中一处错误。在示意图上半部分有个回流冷凝管，这种冷凝管必须直立放置，如果倾斜，冷凝出来的液体就会有一部分残留在球体里，不能流入接收器中，而图中放置的位置明显存在问题。

化学家看到这样的作品只能会心一笑，他们姑且将其当成一件幽默作品，而不懂化学的人看见这件作品，内心可能油然而生敬佩之情："这个仪器简直太复杂了！它可能是用来合成最为复杂、最为急需的物质吧。"

看完这些从化学获得灵感的作品后，我们不禁开始扮演起评论家和艺术理论家的角色。众所周知，所有杰出的艺术家，他们的创作都非常严谨，他们担心出现失误，贻笑大方。例如，当肖像画画家描述穿着阅兵制服的军人时，他们对于制服装饰物的细节都把握得非常精准。为什么化学题材的艺术品就这么不严谨呢？我们希望读者在未来能够创造出完全符合这一科学实质的精美艺术作品。

经验之谈

可以提供建议，
却不能告诉如何使用建议。
——弗·拉洛施弗科

哪种学科最接近化学呢？大多数人的回答可能是物理学。确实，这两门学科的研究对象相近，研究人员的思维方式也比较相像，由此产生一门跨学科类别——物理化学。再来看另一个问题：哪种工作与化学实验室中化学家的工作更为相似呢？如果您认为是物理实验室，那就肯定错了。例如光谱学家及其实验人员，他们的主要任务是研究基本粒子加速器，这跟化学家所研究的化学合成物相距甚远。

无需再列举其他的相关领域了，因为物理化学已经结合得非常紧密，虽然分属不同的领域，但是所展示的日常实验成果却惊人地相似。

机敏比知识更重要

教师会对您的知识水平作出怎样的评价，这不是最重要的事情。还有更重要的事情，比如良好的人际关系、愉快的心情和许多其他东西。创造这样一种良好的氛围有助于我们适时展现自己的机敏和智慧，而这种机敏和智慧并非一朝一夕练就而成，除了日常知识的积累，还需要进行专门的训练。

可以暂时忘记您所掌握的化学知识，忘记得越多，成功的几率就越大，因为在训练中，多余的信息反而会成为我们的障碍。但是，我们还是要记住一些基本的化学常识，比如应当记住五六个化学元素名称和最简单的化学式，否则您将失去起步的平台。

假如老师在黑板上写出了水的化学式 H_2O，然后问道："这是什么物质？"我们可以回答，这是水的化学式，这不属于"障碍型"信息。老师又在黑板上写出一个化学式 H_2O_2，然后问道，"这又是什么物质呢？"我们知道这是过氧化氢。回答完全正确，但是对于我们要进行的训练来说，这种回答有些欠缺。您可以尝试寻找一些其他的、出人意料的、但是与黑板上化学式有关系的答案。"氧化了的水"、"渗氧的水"似乎都不合适，因为这些答案"学术味"太浓。发挥一下想象吧，这时您可能突发灵感，惊呼一声："苏打水！"您的回答可能会引起全班的哄堂大笑，但是我们期待的效果达到了，大家的心情放松了，老师对您的赞许溢于言表，而这种赞许可能让您受益终生哩。

让我们再来看看下面几个例子，看看高手们是如何展现自己的机敏和智慧，并因此博得老师的青睐。

老师要求写出苯的化学式，一个学生却画出这样一个六边形：

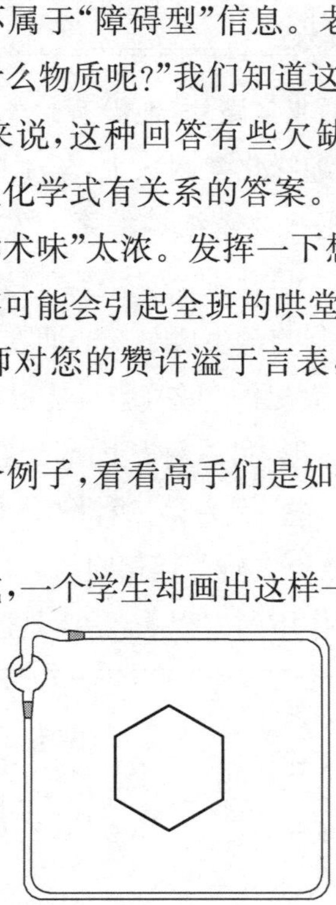

老师说:“苯是双键的。”听完老师的话,这位同学又画出这样的图形:

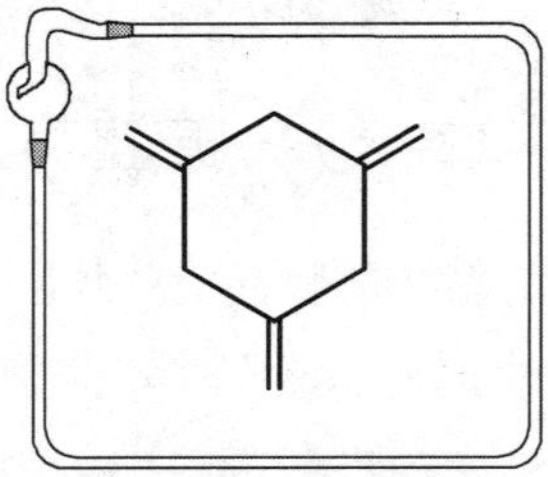

“难道你不知道苯的双键不是在外面,而是在里面吗?”老师责怪道。最后这个同学画出了下面这个图形:

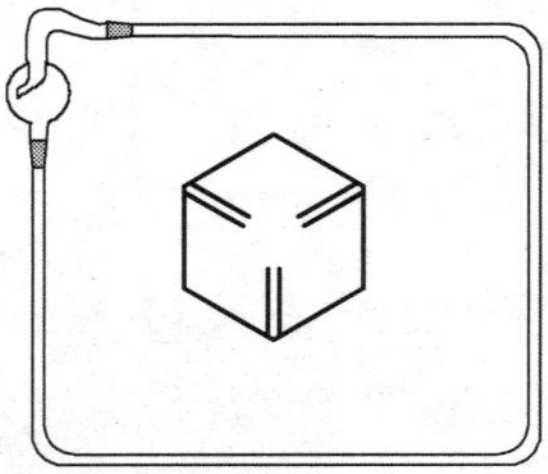

学生如此聪明机灵,让老师非常满意,他没有给学生打分,但是让学生把自己关于苯结构的构想放到互联网的趣味化学网页上,学生照此做了。于是我们才能看到上述奇妙的图形,这个学生也是描述苯结构的第一人,但是我们到现在还不知晓这个学生的姓名。我们不清楚这个学生是否对化学感兴趣,不过这已经不重要了,因为我们的目的已经达到——老师与学生成了知心朋友。

苯分子结构给我们带来了无尽的想象,您可能已经了解到,苯分子书写方式有两种,一种是单双键交替的六边形,另一种是内部带有一个环形的六边形。两种方式都正确,但是第二种更现代一些,因为第二种图形中单双键已经中和成为一个环形,所以这个环形跟单双键的结构实质上是相同的。

老师要求学生写出苯氢化作用的方程式,学生是这样写的。见下图:

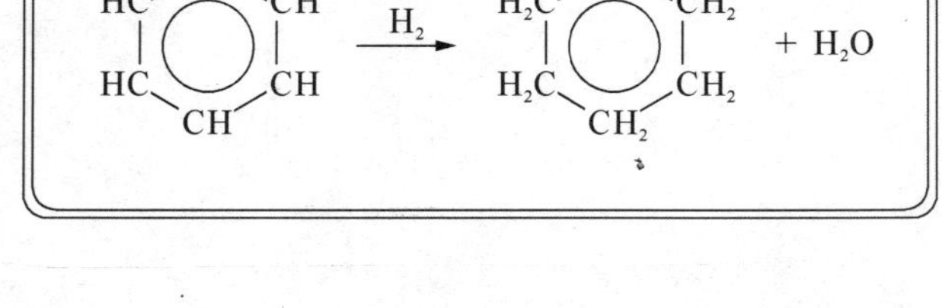

老师看了一眼反应式，发现这个反应式只对了一半。在苯氢化的过程中确实会生成环乙烷，但是老师不明白为什么会生成水，反应中确实需要氢，它是该反应必需的化学试剂，但是生成水所必需的氧从何而来的呢？

请读者自己尝试着寻找一下答案，结果您发现答案就在眼前：原来这个同学把苯分子结构中的圆环当成了氧，确切地说是当成了氧的符号—O，他把这一答案骄傲地告诉老师，他认为这个方程式自己列得非常正确。

出乎意料的答案令老师兴奋不已，他把学生搁置一旁，拿着方程式跑出去给别的老师看，他很感谢这个学生，感谢他带给自己一天的好心情。您看，机敏的作用多大呀！

还有一个例子，老师说出一个非常简单的化合物，要求学生写出其化学式。学生写出了下列这个式子：

$$TiOSO_4Na$$

根据这个化学式，您能否猜出老师说的是哪种化合物呢？只要略微了解一点化学的人，就能把这个化学式读出来，这个化合物是硫代硫酸钠，但是硫代硫酸钠的正确写法是 $Na_2S_2O_3$，可以预料，当这个同学写完这个化学式之后，教室里肯定笑声一片。

下面，我们再来看一个将想象力发挥到极致的例子。老师要求学生写出一个可以得到硝酸的化学反应式，结果学生却写出了下面这个方程式。

$$NaHCO_3 = HNO_3 + ?$$

方程式的右面是形成的两个化合物，不过为了让您自己完成这个方程式，第二个化合物我们用问号来表示。现在，您要做的就是将您所掌握的化学知识都忘掉，此时这些知识对您来说都是多余的。不过要记住化学方程式的书写规则，必须使方程式左右两边的元素符号和数量（或数量比）相符。对比一下这个方程式的左右两边，我们很容易看出，右边缺少“C”和“a”。所以，问号所代表的化合物应该是钙。最后，这个同学写出了方程式。

$$NaHCO_3 = HNO_3 + Ca$$

这个方程式不仅使老师感到惊喜，确切地说，是感到震惊。其实，这已经不是化学反应了，而是能够使元素之间相互转化的核反应，从这个方程式中我们可以看出，钠元素转化成了氮元素，碳元素转化成了钙元素。在这种情况下，我们不需要构建基本粒子加速器来用中子轰击原子核，一切都已简单明了。

继上述方程式之后还有其他类似的例子，比如，从溴化钾中得到惰性气体氪和元素硼。

$$KBr = Kr + B$$

硫黄与等分子的钴和锰进行混合，可以得到锡、钼和碳。

$$S + Co + Mn = Sn + Mo + C$$

钴和磷反应，可以形成放射性元素钋和受污染的副产品——碳。

$$Co + P = C + Po$$

硫酸钙和硼混合可以得到钡。还会产生两个副产品——两种气体，这两种气体在挥发时，留下纯净的钡。

$$CaSO_4 + B = Ba + CO_2 + SO_2$$

两个摩尔的锡和一个摩尔的碘混合，生成的并非我们所想的锡碘化物，而是铟和硫：

$$2\,Sn + I_2 = 2\,In + 2\,S$$

下面这个化学方程式创造了参与反应的元素数量最多这一纪录，整个反应涉及12个化学元素（化学方程式中第一个元素铹对于大多数人来说都很陌生）。

$$2\,Lr + 2\,Tl + 2\,Ag + 4\,Bi + H_2O = 2\,Hg + Li_2O + 2\,Al + 2\,Ti + 2\,B + 2\,Br$$

从铜中提取金——炼金术士的这一古老梦想甚至可以实现：

$$Cu + As = Au + Cs$$

产生的副产物——铯必须进行特殊隔离，因为它在空气中瞬间就能自燃，形成一种很容易用水清洗的氧化物。所以纯净的金只能在某个特定的时段内得到。

众所周知，化学家非常喜爱类似的方程式，这些方程式神奇般地将化学方程式和严谨的数学规则结合到一起。以前在数学中才有类似的写法，例如，Ⅳ－Ⅰ＝Ⅴ（4－1＝5，Ⅳ，Ⅰ，Ⅴ为罗马数字）。

$$\mathrm{IV} - \mathrm{I} = \mathrm{V}$$

尝试自己写一些类似的方程式，但要注意不能违反一致的原则，方程式两边元素的数量应该相同，或者数量比相同（就像普通的化学方程式一样），但是作为元素符号的大写字母在任何情况下都不能写成小写或写成另外一个字母，例如，下面的方程式就违背了这一原则，小写的字母“o”写成了大写“O”，这个化学方程式是不对的。

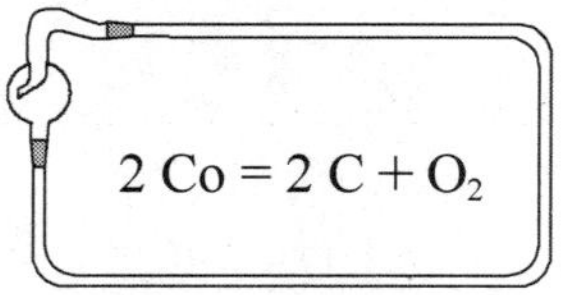

为了写出这种方程式，必须使用元素周期表，最主要的是使用那些不是每个化学家都知道的元素符号。

将自己写的化学方程式拿给老师看，老师一定会惊讶，他惊讶您竟然掌握了这么多罕见的化学元素，他由衷地为您感到高兴，在这种情况下，老师会给您打多少分已经不重要了，不是吗？

我们尚未发现的美丽

任何事物都有其魅力所在。

——西塞罗

“我们”指的是谁？什么还没有被我们所发现？在这里，“我们”指的是化学家，但是如果真的有一些无比美丽的东西被隐藏起来，那么它就跟所有人有关了。本节所讲述的内容对于化学家而言更为熟悉，但是为了解释这些现象，化学知识并不重要，重要的是我们的想象力。在我们的旅行中，一些地图和指南性材料对我们来说非常有用，它能帮助我们迅速到达目的地。而化学家为我们提供的指南随处可见，它可以印在教科书里，可以挂在化学办公室和化学教室的墙壁上，也可以作为化学实验室墙壁上的装饰画，这就是元素周期表。如果您的手里有一张元素周期表，那么对您来说，下面的故事会很有趣哩。

在本节中，我们不会去对比元素的化学性质，我们要研究使其性质发生改变的周期性。虽然关于元素的周期性人们的研究已经足够充分，但是我们会用一种全新的方法来讲解。就好比您认识一个有趣的人，在他身上总能发掘出一些新的、非比寻常的和有趣的东西。开始时，您感到了解一些有趣的信息已经足够了，但是，您渐渐地就会想对这个人了解得更多、更深刻。

即使您还没有遇到这样的人，还没有这样的经历，但是您肯定也会同意我的说法。我们在本节中探讨的并非人而是电子，它们能够决定化学元素的行为，也就是说，它们能够反映出化学反应的无穷变化。让我们看一下电子的生存环境。不是有人故意隐瞒电子所处的位置，但是我们掌握的许多信息确实并非真实，真正的画面其实鲜为人知。

大自然——卓越的设计师

处于原子和分子中的电子，其所在空间区域称为轨道。虽然大家对轨道的概念并不十分了解，但是对其外形却十分熟悉，因为它经常出现在教科书的封面上。下面的图片就是一个画着水分子的初中化学教材的封面，旁边还有一个甲烷分子图。

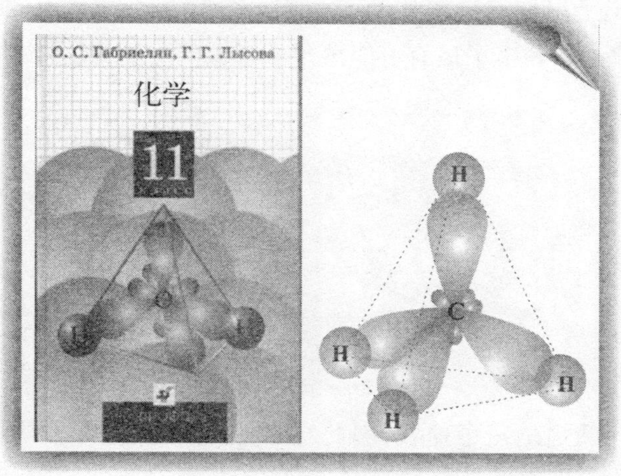

这两种结构都非常美观，特别吸引人，作为教科书封面完全合适。在四面体里几个被拉长的气球与几个不大的半透明球体相连，它完全不像我们在日常生活中见到的建筑物，这种构造即使是创造了很多宇宙主题的绘画和电影的艺术家都无法想象出来。这说明，自然界的某些东西我们是想象不到的，大自然在设计方面总是能给我们带来惊喜。画着甲烷的那张图片我们可以在任何一本有机化学的教科书中看到。但是当这种结构出现在教科书的封面上时，我们突然感觉它是那么的特别，那么的美丽。

所有存在于空气中的大量物质都有轨道。接下来，我们将探讨简单一些的对象——原子，并了解一下在不与其他元素有化学关系的原子中，单独的电子处于什么位置。看过上面的图片之后，我们要告诉读者一个事实，真正的分子轨道与图片中所描绘的大部分都不同。这是为什么呢？我们稍后再做解释。

它们究竟是什么样的？

电子在原子核周围并非按照一条固定的线路——轨道运动，而是占据一定的空间，我们用术语“轨道”来描述电子的活动范围。“轨道”最大的特点就是该空间没有明确的界限。例如，氢原子中的电子，它离原子核最远和最近的概率是一定的，但是肯定会有一个它经常出现的区域。显示电子随机下落的黑点在某些特定的区域密集一些。为清楚起见，我们在电子出现概率高的区域，也就是电子出现最密集的区域表面画出轨道。在这一区域，电子出现的概率不像画的那么稀疏，而是非常密集，因为这些区域里电子出现的概率达到了 95%—98%。下图显示的是电子围绕原子核运动的随机位置(A)和电子最有可能出现的区域的描绘方法(B)。

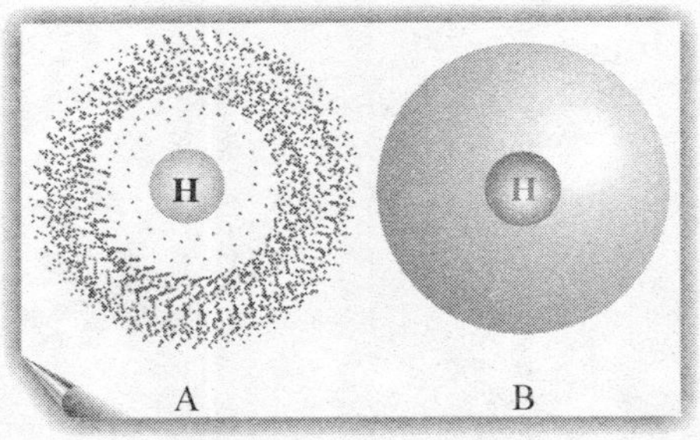

氢原子的电子轨道是一个球状，因此，在每一个三维坐标轴方向的电子密度是相同的，这就是所谓的 s-轨道：

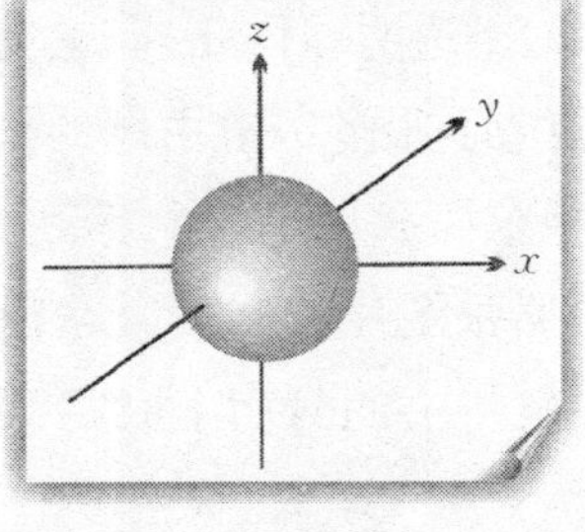

到目前为止，已经发现了五种轨道类型 s、p、d、f 和 g。前三个名字是专家经过长时间讨论后确定的，剩下两个是按照字母顺序排列的，所以说，这些字母没有什么特别含义。轨道是否存在取决于轨道中是否有电子，有电子的称为在载轨道，没有电子的称为空载轨道，这些轨道正在逐渐被填满。有趣的是，每一个元素，从氢元素到我们目前发现的最新元素，它们原子的所有电子层中都包含上述五种轨道，它们是否被电子填满与它们的序列号，也就是核电荷数是否增加有关。

每个元素的原子中都有 s-轨道，每个电子层中也有 s-轨道。s-轨道呈球状，但是大自然在这里为我们准备了一个惊喜。如果说在第一个电子层 s-轨道，形象地说，是一个紧密的球体，那么在第二个电子层就是一个球体套着另一个球体，而在第三个电子层就达到三个球体，这三个球体一个套在另一个里面(下图画出的方格表面就是轨道的球状表面)。

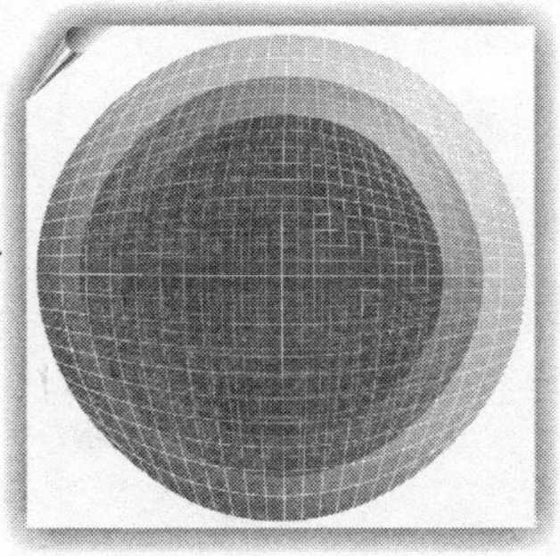

因此，电子层的编号根据内层 s-轨道数进行编排。多层结构的物理意义是什么呢？它的意义在于球形层的间隔处电子出现得非常少，换句话说，在这些间隔中电子密度很低。前面讲过，轨道是根据电子密度最大的区域画出的，这就是说，电子密度小的地方是空白的。

另外，元素周期表中第三周期元素的第三个电子层正在被填满(第二周期元素——第二层，第四周期元素——第四层等等)。总之，大自然把相同的信息进行了两次编码，一次在周期数上，一次在 s-轨道的层数上。

s-轨道的多层性并不神秘，但是即使在大学教材中您可能也无法找到它的相关信息。下面我们介绍一种比较难解的结构，这种结构的信息更难找到，把这些信息都隐藏起来，究竟是想瞒着谁呢？真令人费解！

除了 s-轨道轨道之外，还有 p-轨道，三个这样的轨道首次出现在第二个电子层里，而在它们之后的每一层里，轨道都是三个。给这三个轨道的命名五花八门，有叫两叶螺旋桨的，有叫哑铃的，最后确定的名称是“三维 8 字形”。所有这三个轨道都是外表相同，但是其空间朝向不同，最大的电子密度集中在三个轴中之一——X、Y 或

Z。这样我们就能看出，p-轨道上电子出现频率最高的区域(图中的网格为了更清楚显示轨道的空间位置)。

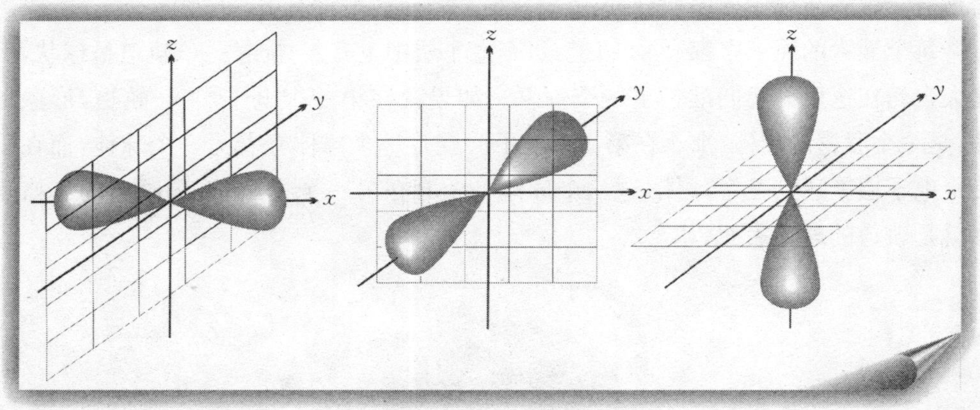

所有教科书中出现的轨道外形都与上图非常相似，但令人遗憾的是，轨道真正的外形却与上图不完全相同，下图就是轨道的真正形状。

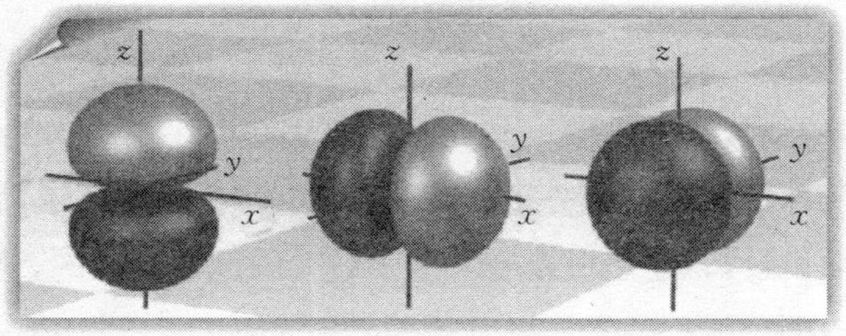

它们看起来并不像哑铃，更像是圆形面包或者纽扣。第二周期元素(从硼到氖)的p-电子就处在这个轨道上，这些元素被称为p-元素，这是完全符合逻辑的。在元素周期表中，p-元素有一种特殊的美。在第三电子层中也有p-轨道，但是其外表看起来与第二层的p-轨道有些不同，第三电子层的p-轨道周围有一层“裙状物”，整个结构看起来像是两个对着放的旧台灯。见下图：

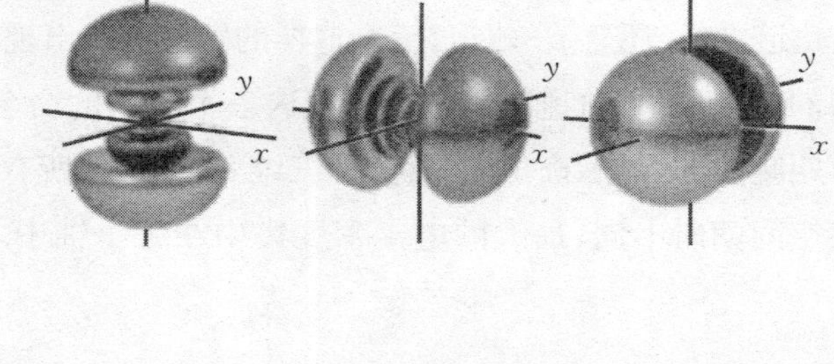

这些轨道逐渐布满电子,从铝元素到氩元素,这些元素也被称为 p-元素。周期表中第三期 p-元素与第二期 p-元素一样,也是具有一种特殊的美。

到了第四个电子层,“裙状物”更加复杂,它们看起来像两个对着放的蘑菇,也有一些想象力丰富的人将它们称为水母。见下图:

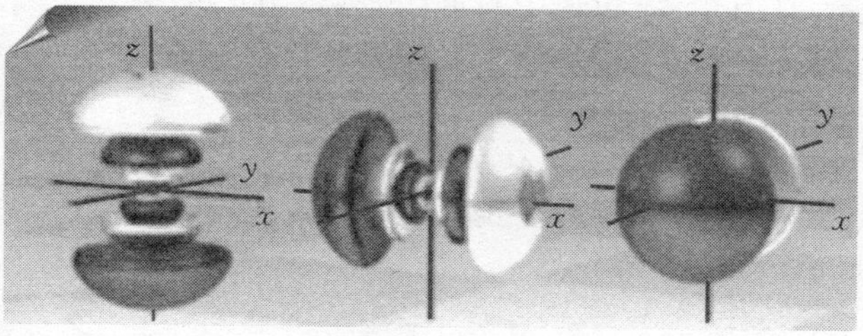

因此,每向下一层发展,外形发生变化的不仅是呈多层状的 s-轨道,p-轨道的形状也会发生一些变化。科学家们是如何观察并描绘出这些轨道的特殊外形呢?这个通过量子化学方法计算的结果,经过结构研究已经得到了确认。

教科书上的 p-轨道外形为什么与它的实际形状不完全相符呢?其实教科书并无误导学生的意图,只是将其简化了。为了解释发生的化学反应,指出轨道的空间位置和它的轮廓就足够了,而且用哑铃形状表示轨道比用“水母”更加简单,也更容易表示在化学键形成的过程中发生的轨道重叠现象。

举一个与我们相关的例子。当我们写化学反应的方程式时,我们用化学元素符号来表示原子,但是我们没有把原子周围各个电子层中的电子表示出来,也没有指出这些电子哪些属于 p-轨道,哪些属于 s-轨道。在大多数情况下,我们都不需要描述得这么详细,但是,在写具有共价键的成对电子的化学反应方程式时,就必须要把电子表示出来。

然而,真正的轨道外形其实也很重要,因为在对它们空间相互作用进行复杂计算时,经常会考虑到轨道的真正外形。这些复杂计算的结果——不同的能量参数仅仅是一些数字,正是这些数字引起了研究者的兴趣,他们把所有类似的计算都用三维图像表示出来,虽然没有太大的必要。只有一小部分化学家热衷于这项工作,他们将轨道形状呈现在我们面前,正是由于他们的辛勤工作,我们才能够看到真正的轨道形状,也让我们由衷地感叹大自然的鬼斧神工。

每个元素都有其最合适的轨道

如果 p-轨道经常在有机化学教科书中被提及,那么在它之后的 d-轨道就是研究复合性化合物性质的配位化学经常涉及的一个问题。d-轨道经常出现在第三个电子层，在它之后的每一个电子层中总是有五个 d-轨道。这些轨道被第四期元素的电子所占满，从钪到锌的第四期元素被称为过渡性元素（通常称为 d 元素）。在元素周期表中，为了将它们与 p 元素区别开，将 d 元素涂上颜色。d-轨道的外形比P-轨道的外形更为复杂，在五个 d-轨道中有四个形状相同，但是其空间朝向不同。第五个 d-轨道形状特殊，它是一个凹处套个圆环的立体的"8"字。在配位化学教科书中，这些轨道的图示如下：

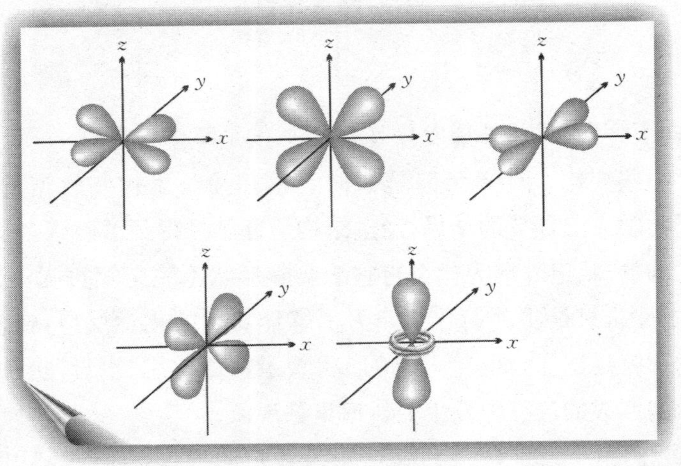

无论处在哪个电子层，d-轨道的描绘都是如此。而描绘出的 d-轨道图像与真正的 d-轨道图像相差无几，但是这种图形仅限于第三个电子层的轨道，下面所附图片证实了这一点。

第五周期元素的电子填充了 d-轨道，因此，从钇元素到镉元素，新的 d 元素诞生了，在元素周期表中，它们被涂成了与 d 元素相同的颜色。前面所讲的全部内容告诉我们，轨道的外形存在差异，它们实际上形状确实并不完全相同。从水滴形状到蘑菇形状，再到其他形状，应有尽有。

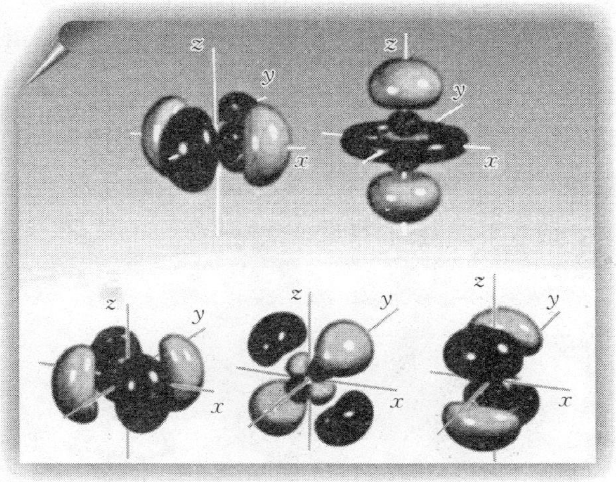

这些轨道被 d 元素下一期元素的电子所占满，d 元素下一期的元素指的是镧系元素和从铪到汞的元素。下一个电子层的 d-轨道外形更为复杂，这一点现在看来已经毫不奇怪。

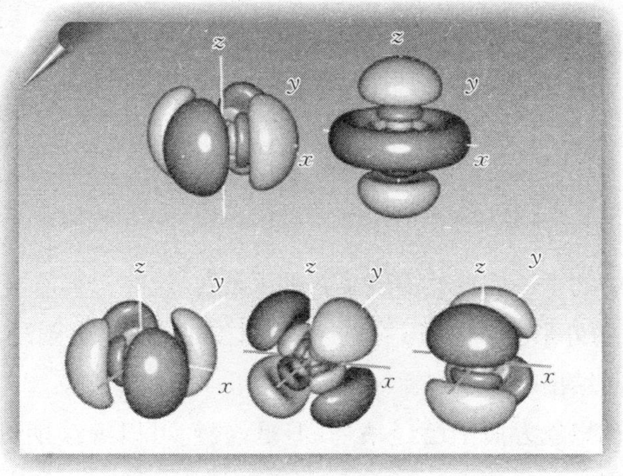

如果您只想看到简化的图像或者只想简单地讨论形状，那么可以认为，所有d-轨道都有跟第三电子层类似的形状。但是，在化学家的努力下我们能够看到这些轨道的真实形状，这真是我们的幸运哩。

并非每个人都能看到

在第四电子层中出现七个F-轨道，并且在它之后的每一个电子层都有七个f-轨道。它们被镧系元素(也称f元素)的电子所占据，镧系元素是指从铈到镥的元素，在元素周期表中它们被涂上一种特殊颜色。如果所有前面提到的轨道其简化形式都可以在各种书籍中看到，但是很少有人知道f-轨道的外形，尽管它们也完全可以作为教科书的封面。请看下图，它们难道不美丽吗?

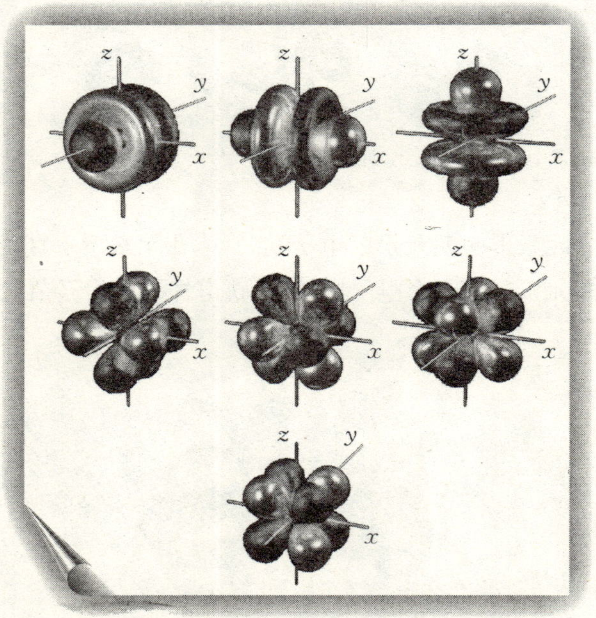

元素周期表中的下一期自然出现了新的f元素，这些元素是从钍到铹的元素，这些元素的f-轨道的外形更不寻常，在两个大环之间有一些小圆环，好像在果树的藤蔓上两个大果之间结出一些小果。

大自然的超凡想象力似乎已经枯竭，但是，我们可以继续期待某些更加非同寻常的结构。

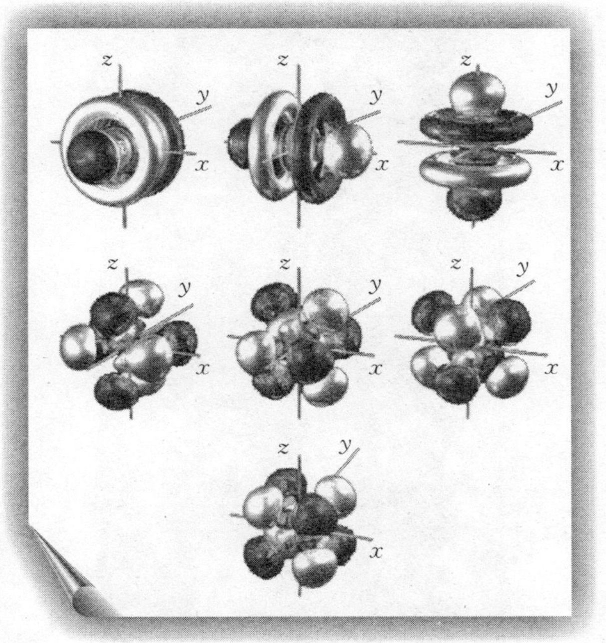

大自然的最终幻想

在 f-轨道后面就是九个 g-轨道，它们在下一个电子层（第五电子层）出现，也就是说，它们的出现完全按照既定的程序，即每一个新的电子层总会有一个自己的新轨道。前面说过，从氢开始的每个原子都有一套完整的轨道，但是为了使电子能在某个上层轨道移动，必须把所有之前提到过的轨道按照严格的次序填满。因此，我们感到遗憾的是，我们还不能为那些电子处在 g-轨道上的元素命名，这样的元素暂时还没有发现。计算表明，电子有可能最先出现在这个轨道上的化学元素是 125 号化学元素，不过现在只需等待，极有可能等待的时间不会太长，因为我们目前已经获得 118 号元素。从 125 号元素开始会出现一系列 g 元素（新增加一个元素就向 g-轨道增加一个电子），这些元素原则上都是新元素，在周期表中暂时还没有类似的元素。

这些元素并非轻易得到，而且研究其属性更加困难，因为它们极有可能是一些寿命较短的放射性元素。我们可能等不到这些元素出现，但是，我们现在可以欣赏到 g-轨道的形状。见下页图：

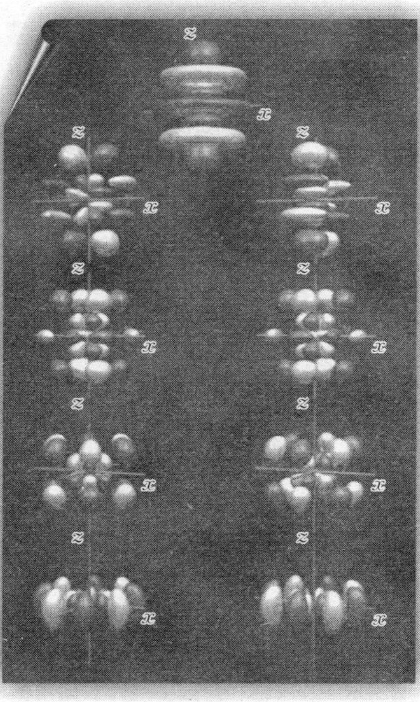

很难想象，大自然竟然给电子提供了如此奇异的最有可能存在的区域。甚至很难想象出可以与这些轨道进行比较的真实东西，这些轨道是由九个特别的集聚体组成，看起来像一串豌豆或一串咖啡豆。这些轨道也像宇宙飞行器，这个飞行器由五个大小不一的环面组成，中心有两个水滴状的物体穿过。这九个拥有特殊外形的轨道互不干扰，围绕在一个原子核周围。我们根本无法想象出这种结构，因为这种结构还涉及量子力学。毫无疑问，在与大自然的角逐中，我们的想象力落后了。

不准确，但是能理解

让我们再来看一看前面提到的甲烷分子 CH_4。像所有后面元素中的原子一样，碳原子在第二个电子层中有四个轨道(一个 s-轨道，三个 p-轨道)。此外，碳有四个价电子，两个位于 s-轨道，而在两个 p-轨道上各有一个电子，碳原子的第三个轨道上没有价电子。

在碳原子与四个氢原子形成四个化学键的时候，所有四个轨道似乎合并在一起，形成杂化轨道，这个轨道看起来像个不对称的八面体(大水滴和小尾巴)。这个新轨道被称为杂化轨道，为了能够弄清楚它们由哪些轨道构成，它们通常写成 sp^3-杂化轨道，也就是说，是由 1 个 s-轨道和三个 p-轨道构成(有多少轨道参与杂化轨道的形成，就会得到多少杂化轨道)。见下图：

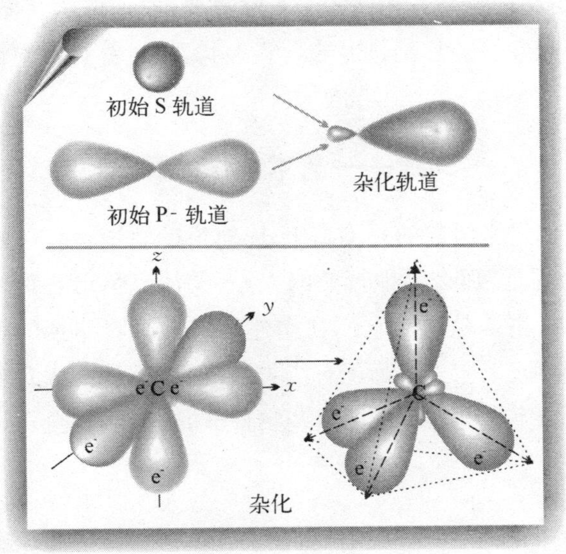

这些图片在所有有机化学教科书中都可以看见，但是真正的杂化轨道，其外形与上图略有不同。为了使其外形看起来更加直观，我们将轨道间的距离画得稍微宽些(如下图的左半部分)，但是为了看到真实的轨道图片，我们将轨道上的四个白点(这四个白点就是碳原子核所处的位置)重合到一起，下组图片里，中间的图片就是重叠后的影像。

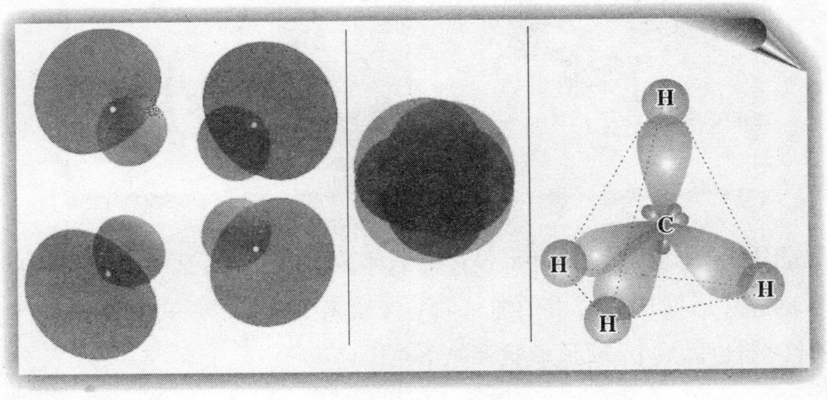

这四个轨道按照我们想象的四面体形状排列，其顶端与四个氢原子的球面轨道相连接，形成四个化学键。但是这种结构给制图造成很大困难，一个由球状物组成的聚集体再与四个球体连接在一起，这种图很难画出来。如果将杂化轨道的形状拉长一些，便可以看得更加清楚。因此为了实际需要，轨道的形状做了一些修改，这种做法可以理解。不过左侧图片是轨道的真实形状，这也算作是对图形修改这种做法的一个补偿。

轨道——艺术创作的源泉

如果说化学家们经常研究的是不高于 d-轨道的轨道，对于他们来说，f-轨道和 g-轨道都显得那么遥远，那么其他行业的人，其关注点恰恰在后两组轨道上。究其原因，我们不难发现，主要是因为它们在构建形式上有着非凡的魅力。那些追求实用主义的画家、设计师、工艺美术师还有广告装潢者，都认为大自然的鬼斧神工远远超过人类的想象。珠宝大师发现下面这些物件非常有趣，完全可以在这些物件的基础上制作装饰品。

进行家具、鞋类、家用电器外形设计的艺术家，不可能对这些奇特的形状熟视无睹。很多轨道外形被作为城市的象征物，d-轨道外形就是一个和平主义者的象征物，沙漏计时器也做成 p-轨道形状。见下页图：

将轨道形状用于电视塔的塔身和塔尖设计，其效果更佳，而且，g－轨道的图形竟然与电视天线的形状惊人地相似。

以上所讲内容都是轨道图形在艺术领域的应用，我们姑且给它们起一个好听的名字，就叫“轨道艺术设计”吧！

严肃对待与轻松面对

前面所列的轨道外形虽然有些怪异，但确实是真实的图形。“轨道艺术设计”究竟适用于哪些方面，读者可以自己去思索。在化学中常常是严肃与轻松结合，幻想与现实交织，这是化学家们所具有的一种特质，尤其是那些喜欢带着微笑讲述严肃内容的化学家。

结　　语

我们来归纳总结一下本书所讲述的内容。乍一看去，将如此庞杂的信息和大量的故事汇集到一本书里似乎不太可能。但是，我们采取的是粗略介绍的方法，从这个角度来说，本书完全可以讲述化学领域的方方面面。

阅读此书，您可以发现一个规律，即化学是一门特殊的科学，它经常可以从严肃的框架中挣脱出来。在一些中学的化学教科书中经常会出现一些小章节，题目就叫"你知道吗？"在这些章节中讲述的都是一些有趣的化学现象。

在大学教科书中，这种方法也经常使用。为了增加所述内容的趣味性，作者经常讲述一些化学现象。由威廉·雷米主编的普及率很高的教科书《无机化学教程》中，这种讲述几乎占全书的一半，而在《有机化学》教科书中情况也是如此。这一传统可能源于门捷列夫的著作《化学原理》，在这部著作中，用花体字印刷出来的注解文字占了这本书的近 2/3。

化学中有大量的信息和现象，很难将它们归到哪个体系中。例如，碘化铅从水溶液中结晶，形成一个非常美丽的金盘，铜盐晶体落进硅酸钠溶液后会长出蓝色的多枝的树状物。或许，化学的奥秘就蕴含在这纷繁复杂的现象之中吧！

译者感言

化学——这是一门充满奇迹的科学领域，其中蕴含着奥妙无穷的大千世界。阅读本书如同完成一次神奇的化学王国之旅，那枯燥乏味的化学分子式变成了五光十色的生动世界，那毫无生气的化学符号变成了充满活力的有机生命体。可以说，化学绝非无形的抽象知识，而是能够促进人类不断进步的生活科学。

本书作者将知识性、趣味性和通俗性巧妙融合，将抽象理论、枯燥分子式和故事性有机结合，将化学这门基础科学绘声绘色地讲述给读者，里面充满了睿智和妙趣，蕴含了丰富的哲理和感悟，足以让读者津津有味读完本书。这些都彰显了作者不凡的功力和独到的匠心，实为一本让人爱不释手的好书。

高尔基说过，书是知识的源泉。阅读本书，读者可以置身于五彩缤纷的化学世界，畅游在浩瀚无际的知识海洋。在这里，读者的好奇心将得到激发，想象力将得到启迪，它可以让您眼界大开，可以让您知道何为化学，可以让您更加热爱科学！相信读者读过本书之后，一定会喜欢上化学这门神奇的科学！

在本书的翻译和出版过程中，我们得到很多人的帮助，在此我向所有帮助过我们的人表示衷心的感谢。感谢我的同事、朋友和学生，感谢他们在资料收集、资料传递、译文校对等方面所做出的巨大努力，他们是：张杰、庞博、史磊、张欣莉、黄贵丽、肖欣、宋佳、肖依娜、于娇、王秋爽、李吉飞等。特别要感谢化学教授、博士张丰老师的专业指导。

译　者